# Pré-Cálculo para Leigos

**Folha de Cola**

## Círculo Unitário

$(x, y) = (\cos θ, \operatorname{sen} θ)$

- $(-\frac{1}{2}, \frac{\sqrt{3}}{2})$ — 120° — $\frac{2π}{3}$
- $(-\frac{\sqrt{2}}{2}, \frac{\sqrt{2}}{2})$ — 135° — $\frac{3π}{4}$
- $(-\frac{\sqrt{3}}{2}, \frac{1}{2})$ — 150° — $\frac{5π}{6}$
- $(0, 1)$ — 90° — $\frac{π}{2}$
- $(\frac{1}{2}, \frac{\sqrt{3}}{2})$ — 60° — $\frac{π}{3}$
- $(\frac{\sqrt{2}}{2}, \frac{\sqrt{2}}{2})$ — 45° — $\frac{π}{4}$
- $(\frac{\sqrt{3}}{2}, \frac{1}{2})$ — 30° — $\frac{π}{6}$
- $(-1, 0)$ — 180° — $π$
- $(1, 0)$ — 0°, $2π$ / 360°
- $(-\frac{\sqrt{3}}{2}, -\frac{1}{2})$ — 210° — $\frac{7π}{6}$
- $225°$ — $\frac{5π}{4}$
- $(-\frac{\sqrt{2}}{2}, -\frac{\sqrt{2}}{2})$ — 240° — $\frac{4π}{3}$
- $(-\frac{1}{2}, -\frac{\sqrt{3}}{2})$ — 270° — $\frac{3π}{2}$
- $(0, -1)$
- $(\frac{1}{2}, -\frac{\sqrt{3}}{2})$ — 300° — $\frac{5π}{3}$
- $(\frac{\sqrt{2}}{2}, -\frac{\sqrt{2}}{2})$ — 315° — $\frac{7π}{4}$
- $(\frac{\sqrt{3}}{2}, -\frac{1}{2})$ — 330° — $\frac{11π}{6}$

## Notação dos Intervalos

**Intervalos fechados** [c, d]
significa $c ≤ x ≤ d$

**Intervalos abertos** (s, t)
significa $s < x < t$

**Intervalos infinitos:**

[b, ∞) significa $x ≥ b$

[b, ∞) significa $x > b$

(– ∞, b] significa $x ≤ b$

(– ∞, b) significa $x < b$

## Valor Absoluto

$|x − c| = d$ significa
$x − c = d$ e/ou
$x − c = −d$

$|x − c| ≤ d$ significa
$x − c ≤ d$ e
$x − c ≥ −d$

$|x − c| > d$ significa
$x − c > d$ ou $x − c > −d$

## Triângulos Retângulos e Funções Trigonométricas

**Teorema de Pitágoras:** $(op)^2 + (adj)^2 = (hip)^2$

$\operatorname{sen}θ = \dfrac{op}{hip}$   $\cos θ = \dfrac{adj}{hip}$   $\operatorname{tg}θ = \dfrac{op}{adj}$

Triângulos Retângulos Especiais:

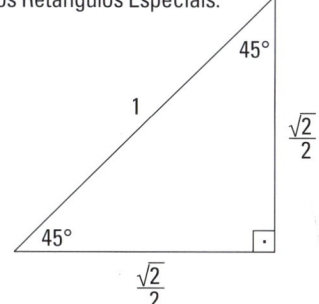

45°—45°—90° com catetos $\frac{\sqrt{2}}{2}$, $\frac{\sqrt{2}}{2}$ e hipotenusa 1

30°—60°—90°

*Para Leigos: A série de livros para iniciantes que mais vende no mundo.*

# Pré-Cálculo Para Leigos

**Folha de Cola**

## Identidades Trigonométricas

**Identidades Pitagóricas:**

$\text{sen}^2\theta + \cos^2\theta = 1$

$\text{tg}^2\theta + 1 = \sec^2\theta$

$1 + \text{cotg}^2\theta = \text{cosec}^2\theta$

**Identidades Recíprocas:**

$\text{cosec}\,x = \dfrac{1}{\text{sen}\,x}$

$\sec x = \dfrac{1}{\cos x}$

$\text{cotg}\,x = \dfrac{1}{\text{tg}\,x}$

**Identidades Par-Ímpar:**

$\text{sen}(-x) = -\text{sen}\,x$

$\cos(-x) = \cos x$

$\text{tg}(-x) = -\text{tg}\,x$

**Identidades de cofunção:**

$\cos\left(\dfrac{\pi}{2} - x\right) = \text{sen}\,x$

$\text{sen}\left(\dfrac{\pi}{2} - x\right) = \cos x$

$\text{tg}\left(\dfrac{\pi}{2} - x\right) = \text{cotg}\,x$

$\text{cotg}\left(\dfrac{\pi}{2} - x\right) = \text{tg}\,x$

$\text{cosec}\left(\dfrac{\pi}{2} - x\right) = \sec x$

$\sec\left(\dfrac{\pi}{2} - x\right) = \text{cosec}\,x$

**Identidades Periódicas:**

$\text{sen}(x \pm 2\pi) = \text{sen}\,x$

$\cos(x \pm 2\pi) = \cos x$

$\text{tg}(x \pm \pi) = \text{tg}\,x$

$\text{cotg}(x \pm \pi) = \text{cotg}\,x$

$\sec(x \pm 2\pi) = \sec x$

$\text{cosec}(x \pm 2\pi) = \text{cosec}\,x$

**Fórmulas da soma e da diferença:**

$\text{sen}(x \pm y) = \text{sen}\,x\cos y \pm \cos x\,\text{sen}\,y$

$\cos(x \pm y) = \cos x\cos y \mp \text{sen}\,x\,\text{sen}\,y$

$\text{tg}(x \pm y) = \dfrac{\text{tg}\,x \pm \text{tg}\,y}{1 \mp \text{tg}\,x\,\text{tg}\,y}$

**Fórmulas soma e produto:**

$\text{sen}\,x \cdot \text{sen}\,y = \tfrac{1}{2}[\cos(x-y) - \cos(x-y)]$

$\cos x \cdot \cos y = \tfrac{1}{2}[\cos(x+y) + \cos(x-y)]$

$\text{sen}\,x \cdot \cos y = \tfrac{1}{2}[\text{sen}(x+y) + \text{sen}(x-y)]$

**Soma e produto:**

$\text{sen}\,x \pm \text{sen}\,y = 2\text{sen}\left(\dfrac{x \pm y}{2}\right)\cos\left(\dfrac{x \mp y}{2}\right)$

$\cos x + \cos y = 2\cos\left(\dfrac{x+y}{2}\right)\cos\left(\dfrac{x+y}{2}\right)$

$\cos x - \cos y = -2\text{sen}\left(\dfrac{x+y}{2}\right)\text{sen}\left(\dfrac{x-y}{2}\right)$

**Fórmulas de ângulo duplo:**

$\text{sen}\,2\theta = 2 \cdot \text{sen}\,\theta\cos\theta$

$\cos 2\theta = \cos^2\theta - \text{sen}^2\theta = 1 - 2\text{sen}^2\theta = 2\cos^2\theta - 1$

$\text{tg}\,2\theta = \dfrac{2\,\text{tg}\,\theta}{1 - \text{tg}^2\theta}$

**Fórmulas de meio-ângulo:**

$\text{sen}\left(\dfrac{x}{2}\right) = \pm\sqrt{\dfrac{1 - \cos x}{2}}$

$\cos\left(\dfrac{x}{2}\right) = \pm\sqrt{\dfrac{1 + \cos x}{2}}$

$\text{tg}\left(\dfrac{x}{2}\right) = \dfrac{\text{sen}\,x}{1 - \cos x}$

**Lei dos senos:** $\dfrac{a}{\text{sen}\,A} = \dfrac{b}{\text{sen}\,B} = \dfrac{c}{\text{sen}\,C}$

**Lei dos cossenos:**

$a^2 = b^2 + c^2 - 2bc\cos\hat{A}$

$A = \cos^{-1}\left(\dfrac{b^2 + c^2 - a^2}{2bc}\right)$

**Área do triângulo:**

$\tfrac{1}{2}ab\,\text{sen}\,C$

$\sqrt{s(s-a)(s-b)(s-c)}$, quando $s = \tfrac{1}{2}(a+b+c)$

*Para Leigos: A série de livros para iniciantes que mais vende no mundo.*

# Pré-Cálculo

PARA
LEIGOS

# Pré-Cálculo PARA LEIGOS

por Krystle Rose Forseth, Christopher Burger
e Michelle Rose Gilman,
com Deborah Rumsey

ALTA BOOKS
EDITORA

Rio de Janeiro, 2011

**Pré-Cálculo para Leigos** Copyright © 2011 da Starlin Alta Con. Com. Ltda.
**ISBN:** 978-85-7608-530-0

**Produção Editorial:**
Starlin Alta Con. Com. Ltda

**Gerência Editorial:**
Anderson Vieira

**Supervisão de Produção:**
Angel Cabeza

**Tradução:**
Andréa Lucia Coronado Dorce

**Revisão Gramatical:**
Fátima Regina Silva Felix e
Lara Alves de Souza

**Diagramação:**
Ana Lucia Seraphim Quaresma

**Revisão Técnica:**
Leandro Millis da Silva

*Mestre em Educação em Ciências e Matemática pela PUCRS, Especialista em Educação Matemática pela ULBRA e Licenciado em Matemática pela ULBRA.*

**Fechamento:**
Paulo Cesar Oliveira
Gustavo de Oliveira Soares

*Engenheiro de Telecomunicações e Técnico em Eletrônica. Ministrou aulas de computação gráfica, manutenção e montagem de computadores, redes avançadas e segurança de redes.*

**Fechamento:**
Gustavo de Oliveira Soares

Translated From Original Pre-Calculus For Dummies ISBN 978-0-470-16984-1 Copyright © 2008 by Wiley Publishing, Inc. by Krystle Rose Forseth, Christopher Burger, Michelle Rose Gilman. All rights reserved including the right of reproduction in whole or in part in any form. This translation published by arrangement with Wiley Publishing, Inc Portuguese language edition Copyright © 2011 da Starlin Alta Con. Com. Ltda All rights reserved including the right of reproduction in whole or in part in any form. This translation published by arrangement with Wiley Publishing, Inc

"**Willey, the Wiley Publishing Logo, for Dummies, the Dummies Man** and related trad dress are trademarks or registered trademarks of John Wiley and Sons, Inc and/or its affiliates in the United States and/or other countries. Used under license

Todos os direitos reservados e protegidos pela Lei 9610 de 19/02/98. Nenhuma parte deste livro, sem autorização prévia por escrito da editora, poderá ser reproduzida ou transmitida sejam quais forem os meios empregados: eletrônico mecânico, fotográfico, gravação ou quaisquer outros.

Todo o esforço foi feito para fornecer a mais completa e adequada informação contudo, a editora e o(s) autor(es) não assumem responsabilidade pelos resultado e usos da informação fornecida.

**Erratas e atualizações:** Sempre nos esforçamos para entregar ao leitor um livro livre de erros técnicos ou de conteúdo; porém, nem sempre isso é conseguido seja por motivo de alteração de software, interpretação ou mesmo quando h alguns deslizes que constam na versão original de alguns livros que traduzimos Sendo assim, criamos em nosso site, www.altabooks.com.br, a seção *Erratas*, onde relataremos, com a devida correção, qualquer erro encontrado em nossos livros.

**Avisos e Renúncia de Direitos:** Este livro é vendido como está, sem garantia de qualquer tipo, seja expressa ou implícita.

**Marcas Registradas:** Todos os termos mencionados e reconhecidos como Marc Registrada e/ou comercial são de responsabilidade de seus proprietários. A Editor informa não estar associada a nenhum produto e/ou fornecedor apresentado no livr No decorrer da obra, imagens, nomes de produtos e fabricantes podem ter sido ut lizados, e, desde, já a Editora informa que o uso é apenas ilustrativo e/ou educativ não visando ao lucro, favorecimento ou desmerecimento do produto/fabricante.

Impresso no Brasil

O código de propriedade intelectual de 1º de julho de 1992 proíbe expressa mente o uso coletivo sem autorização dos detentores do direito autoral da obr bem como a cópia ilegal do original. Esta prática generalizada, nos estabele mentos de ensino, provoca uma brutal baixa nas vendas dos livros a ponto d impossibilitar os autores de criarem novas obras.

**ALTA BOOKS**
EDITORA

Rua Viúva Cláudio, 291 - Bairro Industrial do Jacaré
CEP: 20970-031 – Rio de Janeiro – Tel: 21 3278-8069/8419 Fax: 21 3277-1253
www.altabooks.com.br – e-mail: altabooks@altabooks.com.br

# Sobre os Autores

**Krystle Rose Forseth** se graduou na Universidade da Califórnia, Santa Cruz, onde se especializou em matemática com ênfase em educação. Ela instrui matemática há oito anos e leciona há três. Atualmente, é a responsável pelo departamento no *Fusion Learning Center* e *Fusion Academy*, onde ensina matemática e coordena os instrutores da área. Ministrar aulas fez de Krystle uma pessoa mais generosa, e seu entusiasmo pela matéria torna o aprendizado divertido.

**Christopher Burger** se graduou com um Bacharelado de Artes em matemática na *Coker College*, em *Hartsville*, Carolina do Sul, com menos ênfase em arte e teatro. Ele lecionou matemática por mais de 10 anos e instruiu assuntos desde matemática básica até cálculo por 20 anos. Atualmente, é o diretor de estudos independentes do *Fusion Learning Center* e *Fusion Academy*, em *Solana Beach*, Califórnia, onde não apenas ensina alunos individualmente, mas como também escreve currículos, supervisiona uma equipe de 35 professores e mantém altos níveis de rigor acadêmico dentro da escola. Christopher leva o magistério e a conexão com seus alunos muito a sério, e acredita que faz uma diferença não apenas em seu aprendizado de matemática, mas também em suas vidas.

**Michelle Rose Gilman** se orgulha de ser conhecida como mãe do Noah (Oi, Noah!). Graduada pela *University of South Florida*, Michelle encontrou seu caminho cedo, e, aos 19 anos, ela trabalhava com alunos emocionalmente perturbados e com deficiências de aprendizado em hospitais. Aos 21 foi para a Califórnia, onde encontrou sua paixão ao ajudar jovens a se tornarem bem sucedidos na escola e na vida. O que começou como um pequeno reforço escolar na garagem de sua casa na Califórnia se expandiu e cresceu a ponto de ser necessário controle de tráfego na sua rua.

Hoje, Michelle é a fundadora e CEO do *Fusion Learning Center* e *Fusion Academy*, uma escola particular e preparatória de exames em *Solana Beach*, Califórnia, atendendo mais de 2.000 alunos por anos. É a autora de The ACT For Dummies e outros livros sobre autoestima, escrita e tópicos motivacionais. Michelle coordenou dezenas de programas nos últimos 20 anos, focando em ajudar crianças a se tornarem adultos saudáveis. Atualmente ela é especializada em motivar o adolescente desmotivado, confortando seus pais e auxiliando sua equipe de 35 professores.

Michelle vive pelo seguinte lema: Há pessoas que se contentam em lembrar – Eu não sou uma delas.

# Dedicatória

Gostaríamos de dedicar este livro para cada aluno que ensinamos – cada um de vocês nos ensinou algo. Para todos aqueles de quem sentimos falta nos últimos meses em que escrevíamos este livro – nos veremos em breve!

# Agradecimentos dos Autores

Agradecimentos a todos que ajudaram a juntar as peças; a Bill Gladstone pela oportunidade de escrever este livro; Virginia Highstone, pelos seus conselhos precisos; Kate Brutlag, por estender a mão quando ninguém mais podia; Kristin DeMint, Tracy Boggier, Joyce Pepple, e todos os editores da Wiley; e finalmente Nicholas Angelo, por aceitar tudo e suportar com seu esforço (obrigado pela comida!).

# Sumário

Introdução ............................................................................... 1

## Parte I: Configure, Resolva e Faça o Gráfico ................. 7
Capítulo 1: Pré-Pré-Cálculo .................................................................. 9
Capítulo 2: Lidando com Números Reais .......................................... 21
Capítulo 3: A Base do Pré-Cálculo: Funções ..................................... 33
Capítulo 4: Encontrando e Usando Raízes para Plotar
    Funções Polinomiais ........................................................................ 67
Capítulo 5: Avançando com Funções Exponenciais e Logarítmicas ........ 97

## Parte II: Os Fundamentos da Trigonometria ................. 117
Capítulo 6: Fazendo Ângulos com o Círculo Unitário ....................... 119
Capítulo 7: Transformando e Plotando Funções Trigonométricas ..... 147
Capítulo 8: Usando Identidades Trigonométricas: O Básico ............. 177
Capítulo 9: Pré-Cálculo, aqui vou eu! As Identidades Avançadas
    Abrem o Caminho ........................................................................... 195
Capítulo 10: Resolvendo Triângulos Oblíquos com as Leis dos Senos e
    Cossenos ........................................................................................... 217

## Parte III: Geometria Analítica e Resolução de Sistemas 235
Capítulo 11: Um Novo Plano de Pensamento: Números Complexos e
Coordenadas Polares ........................................................................... 237
Capítulo 12: Cortando com Seções Cônicas ....................................... 253
Capítulo 13: Resolvendo Sistemas e Misturando com Matrizes ........ 283
Capítulo 14: Sequências, Séries e Expansão de Binômios ................ 315
Capítulo 15: Esperando Ansiosamente o Cálculo ............................... 337

## Parte IV: A Parte dos Dez ............................................. 349
Capítulo 16: Dez Hábitos que Ajudam Você a Atacar o Cálculo ........ 351
Capítulo 17: Dez Hábitos para se Livrar Antes de Entrar em Cálculo ..... 359

## Índice Remissivo .......................................................... 365

# Sumário

## Introdução ............................................................................................. 1
Sobre Este Livro .................................................................................................. 1
Convenções Usadas Neste Livro ....................................................................... 2
Suposições Tolas ................................................................................................. 3
Como este Livro Está Organizado ..................................................................... 3
    Parte I: Configure, Resolva e Faça o Gráfico ........................................ 3
    Parte II: Os Fundamentos da Trigonometria ........................................ 3
    Parte III: Geometria Analítica e Solução de Sistema ........................... 4
    Parte IV: A Parte dos Dez .......................................................................... 4
Ícones Usados Neste Livro ................................................................................ 4
Para Onde Ir Daqui ............................................................................................. 5

## Parte I: Configure, Resolva e Faça o Gráfico ........................... 7

### Capítulo 1: Pré-Pré-Cálculo ............................................................................ 9
Pré-Cálculo: Uma Descrição Geral .................................................................... 9
Todos os Fundamentos dos Números (Não, não é como contá-los!) .......... 11
    A variedade de tipos de números: Termos para conhecer ................ 11
    As operações fundamentais que você pode realizar em números ...... 12
    As propriedades dos números: Verdades a serem lembradas .......... 13
Colocando Expressões Matemáticas em Formato Visual: Diversão com Gráficos ... 14
    Digerindo termos básicos e conceitos ................................................ 15
    Gráficos de igualdades versus desigualdades ................................... 16
    Obtendo informações de gráficos ........................................................ 16
Obtendo um Grip em uma Calculadora Gráfica ............................................ 18

### Capítulo 2: Lidando com Números Reais ................................................... 21
Resolvendo Desigualdades .............................................................................. 21
    Uma rápida recapitulação sobre desigualdade .................................. 22
    Resolvendo equações e desigualdades quando o módulo estiver envolvido ............................................................................. 22
    Expressando Soluções para Desigualdades com Notação de Intervalo ..... 24
Variações em Divisão e Multiplicação: Trabalhando com Radicais e Expoentes ............................................................................................... 26
    Definindo e relacionando radicais e expoentes .................................. 26
    Reescrevendo radicais como expoentes (ou, criando expoentes racionais) ... 27

Tirando um radical de um denominador: Racionalizando ............... 28

## Capítulo 3: A Base do Pré-Cálculo: Funções ................................. 33

Qualidades de Funções Pares e Ímpares e seus Gráficos ........................ 34
Lidando com Funções Pai (As Mais Comuns) e seus Gráficos ................ 34
    Funções quadráticas ........................................................................ 34
    Funções raiz quadrada .................................................................... 35
    Funções modulares ......................................................................... 36
    Funções cúbicas .............................................................................. 37
    Funções raiz cúbica ........................................................................ 37
Transformando os Gráficos Pai ................................................................. 38
    Transformações verticais ............................................................... 39
    Transformações horizontais .......................................................... 40
    Translações ..................................................................................... 41
    Reflexões ......................................................................................... 43
    Combinando várias transformações (uma transformação em si mesmo!) ... 44
    Transformando funções ponto a ponto ........................................ 46
Expressando em Gráfico, Funções que têm mais de uma Regra: Funções em Intervalos Definidos ............................................................................. 47
Calculando Saídas para Funções Racionais ............................................. 49
    Passo 1: Busca por assíntotas verticais ........................................ 50
    Passo 2: Procure por assíntotas horizontais ................................ 51
    Passo 3: Procure assíntotas oblíquas ............................................ 51
    Passo 4: Localizando as interseção de x e y ................................. 52
Colocando a Saída em Funcionamento: Desenhando Funções Racionais ... 52
    O denominador tem o grau maior ................................................. 53
    O numerador e o denominador têm graus iguais ........................ 55
    O numerador tem um grau maior ................................................. 57
Não é Necessário um Bisturi: Fazendo Operações com Funções ........... 58
    Adição e subtração ......................................................................... 58
    Multiplicação e divisão ................................................................... 59
    Separando uma função composta ................................................. 60
    Ajustando o domínio e a imagem de funções compostas (se aplicável) ... 60
Fazendo Mundanças com Funções Inversas ............................................ 63
    Elaborando o gráfico de uma inversa ........................................... 63
    Invertendo uma função para encontrar sua inversa .................... 64
    Verificando uma inversa ................................................................ 65

## Capítulo 4: Encontrando e Usando Raízes para Plotar Funções Polinomiais ... 67

A Função de Graus e Raízes ...................................................................... 68
Fatorando uma Expressão Polinomial ...................................................... 69

Sempre o primeiro passo: Procure um MMC ............................................................. 70
Para terminar: O método FOIL para trinômios ......................................................... 71
Reconhecendo e fatorando tipos especiais de polinômios .................... 73
Agrupando para fatorar quatro ou mais termos ................................................... 77
Encontrando as Raízes de uma Equação Fatorada ........................................................ 78
Quebrando uma Equação Quadrática quando não é Possível Fatorar ............... 78
Usando a fórmula quadrática ................................................................. 79
Completando o quadrado ................................................................. 79
Resolvendo Polinômios Infatoráveis com Grau Maior do que Dois .................... 80
Contando o número total de raízes de um polinômio ............................... 81
Contando as raízes reais: a Regra dos Sinais de Descartes .................... 81
Contando raízes imaginárias: o Teorema Fundamental de Álgebra ........ 82
Adivinhando e verificando as raízes reais .................................................. 84
Tudo ao Reverso: Usando Soluções para Encontrar Fatores ................................... 91
Expressando Polinômios em Gráfico ................................................................. 91
Quando todas as raízes são números reais .............................................. 92
Quando algumas (ou todas) raízes são números imaginários:
Combinando todas as técnicas ............................................................. 95

## Capítulo 5: Avançando com Funções Exponenciais e Logarítmicas ............ 97

Explorando Funções Exponenciais ................................................................. 98
Buscando as entradas e saídas de uma função exponencial .................. 98
Elaborando gráficos e transformando uma função exponencial ......... 100
Logaritmos: Investigando o Inverso das Funções Exponenciais ....................... 102
Entendendo melhor os logaritmos ................................................................. 103
Gerenciando as propriedades e identidades dos logs ........................... 104
Alterando a base de um log (quando o
log não é decimal nem natural) ................................................................. 105
Calculando um número quando você conhece seu log: logs inversos ...... 106
Plotando logs ................................................................................................. 106
Resolvendo Equações com Expoentes e Logs ............................................................ 109
Passando pelo processo de resolução de equações exponenciais ....... 110
Tomando medidas para resolver equações logarítmicas ...................... 112
Sobrevivendo a Problemas de Ordem Exponencial ................................................ 113

# Parte II: Os Fundamentos da Trigonometria ............................. 117

## Capítulo 6: Fazendo Ângulos com o Círculo Unitário ........................................ 119

Apresentando Radianos: A Medida Básica em Pré-Cálculo ............................... 119
Razões Trigonométricas: Levando os Triângulos Retângulos um Passo à Frente .. 120
Formando um seno ................................................................................................. 121

Procurando um cosseno ..................................................................................122
Entrando em uma tangente ............................................................................123
Descobrindo o outro lado: funções trigonométricas opostas ...............124
Trabalhando ao reverso: funções trigonométricas inversas .................125
Entendendo como Raios Trigonométricos Funcionam no Plano de
Cordenadas ..............................................................................................................126
Entendendo o Círculo Unitário ..........................................................................128
Familiarizando-se com os ângulos mais comuns ..................................128
Desenhando ângulos incomuns ..................................................................130
Digerindo Razões de Triângulos Especiais ....................................................131
O triângulo 45: triângulos de 45°, 45°, 90° ..............................................131
O velho 30-60: triângulos de 30°,60°, 90° ................................................132
A Fusão dos Triângulos e do Círculo Unitário: Trabalhando Juntos pelo Bem ....134
Posicionando os ângulos principais corretamente, sem transferidor ......134
Recuperando valores de funções trigonométricas no círculo unitário.....136
Encontrando o ângulo de referência para descobrir ângulos no
círculo unitário .................................................................................................140
Um Trabalho não só para Noé: Construindo e Medindo Arcos ......................145

## Capítulo 7: Transformando e Plotando Funções Trigonométricas ................147

Rascunhando os Gráficos Pai do Seno e Cosseno ..........................................148
O gráfico do seno ............................................................................................148
O gráfico do cosseno .....................................................................................150
Plotando a Tangente e a Cotangente ..............................................................152
Tangente ...........................................................................................................152
Cotangente .......................................................................................................154
Expressando a Secante e a Cossecante em Figuras ....................................156
Secante ..............................................................................................................156
Cossecante .......................................................................................................158
Transformando Gráficos Trigonométricos .....................................................159
Dominando gráficos de seno e cosseno ..................................................160
Adaptando gráficos de tangente e cotangente ......................................170
Transformando os gráficos de secante e cossecante ..........................173

## Capítulo 8: Usando Identidades Trigonométricas: O Básico .......................177

Mantendo o Fim em Mente: Instruções Rápidas sobre Identidades .................178
Alinhando os Meios até o Fim: Identidades Trigonométricas Básicas ............178
Identidades recíprocas .................................................................................179
Identidades Pitagóricas ou fundamentais ...............................................181
Identidades pares/ímpares ..........................................................................183

Identidades de cofunções .................................................................................... 185
Identidades de periodicidade ............................................................................... 187
Lidando com Provas Trigonométricas Difíceis: Algumas Técnicas que Você
Precisa Saber ............................................................................................................. 189
Lidando com os temidos denominadores ........................................................ 189
Trabalhando exclusivamente em cada lado ..................................................... 193

## Capítulo 9: Pré-Cálculo, aqui vou eu! As Identidades Avançadas Abrem o Caminho ........................................................................................... 195

Encontrando Funções Trigonométricas de Somas e Diferenças ...................... 196
Procurando o seno de (a ± b) ............................................................................ 197
Calculando o cosseno de (a ± b) ....................................................................... 200
Dominando a tangente de (a ± b) ..................................................................... 202
Dobrando o Valor Trigonométrico de um Arco sem
Conhecer o Ângulo .................................................................................................. 205
Encontrando o seno de um arco duplo ............................................................ 205
Calculando cossenos entre dois ......................................................................... 207
Espantando suas preocupações ao quadrado ................................................. 208
Diversão em dobro com as tangentes .............................................................. 208
Tirando Funções Trigonométricas de Arcos Comuns
Divididos em Dois .................................................................................................... 210
Uma Visão sobre Cálculo: Indo dos Produtos a Somas e Voltando ................. 211
Expressando produtos como somas (ou diferenças) ..................................... 212
Transportando de somas (ou diferenças) a produtos .................................... 213
Eliminando Expoentes em Funções Trigonométricas com Fórmulas
de Redução de Potência ......................................................................................... 214

## Capítulo 10: Resolvendo Triângulos Oblíquos com as Leis dos Senos e Cossenos ........................................................................................................... 217

Resolvendo um Triângulo com a Lei dos Senos .................................................. 218
Quando você conhece as medidas de dois ângulos ...................................... 219
Quando se sabe dois comprimentos de lados consecutivos (LLA) ............ 221
Conquistando um Triângulo com a Lei dos Cossenos ....................................... 228
Encontrando ângulos usando apenas os lados (caso 1) ............................... 228
Identificando o ângulo do meio (e os dois lados) (caso 2) ........................... 230
Preenchendo o Triângulo ao Calcular a Área .................................................... 232
Encontrando a área com dois lados e um ângulo
incluso (para caso 1) ........................................................................................... 232
Fórmula de Heron (para caso 2) ....................................................................... 233

### Parte III: Geometria Analítica e Resolução de Sistemas ............. 235

#### Capítulo 11: Um Novo Plano de Pensamento: Números Complexos e Coordenadas Polares ...................................................................... 237

Entendendo real versus imaginário (de acordo com os matemáticos) ............ 238
Combinando Real e Imaginário: O Sistema de Números Complexos ................ 239
    Entendendo a utilidade dos números complexos ..................................... 239
    Realizando operações com números complexos ..................................... 240
Plotando Números Complexos ............................................................. 242
Delimitação ao Redor de um Polo: Coordenadas Polares ............................ 243
    Compreendendo o plano de coordenadas polares ................................... 243
    Elaborando o gráfico de coordenadas polares com valores negativos ..... 246
    Alternando para coordenadas polares ..................................................... 247
    Desenhando equações polares ................................................................ 250

#### Capítulo 12: Cortando com Seções Cônicas ...................................... 253

De Cone a Cone: Identificando as Quatro Seções Cônicas ........................... 254
    Em figura (na forma de gráfico) ............................................................... 254
    Por escrito (na forma de equação) ........................................................... 256
Andando em Círculos .......................................................................... 257
    Desenhando o gráfico de um círculo ....................................................... 257
Passando por Altos e Baixos com as Parábolas ......................................... 259
    Identificando as partes ........................................................................... 260
    Entendendo as características de uma parábola padrão ......................... 261
    Delimitando as variações: parábolas em todo o plano (não na origem) ..... 261
    Encontrando o vértice, o eixo de simetria, o foco e a diretriz ................. 263
    Identificando o mínimo e o máximo em parábolas verticais ................... 266
A Parte Gorda e a Magra da Elipse (Uma Palavra Rebuscada que quer Dizer "Oval") ............................................................................... 268
    Identificando elipses e expressando-as com álgebra ............................... 269
    Identificando as partes da forma oval: vértices, covértices, eixos e focos ..... 270
Junte Duas Parábolas e o que Você Tem? Hipérboles ................................ 273
    Visualizando os dois tipos de hipérboles e suas partes .......................... 273
    Desenhando o gráfico de uma hipérbole a partir de uma equação ......... 275
    Encontrando a equação das assíntotas ................................................... 277
Expressando Seções Cônicas Fora do Âmbito das Coordenadas Cartesianas ..... 278
    Desenhando o gráfico de seções cônicas no formato paramétrico ......... 278
    As equações das seções cônicas no plano de coordenadas polares .... 280

#### Capítulo 13: Resolvendo Sistemas e Misturando com Matrizes .................. 283

Uma Opção Elementar entre suas Escolhas de Solução de Sistemas ............. 284

Encontrando Soluções de Sistemas com Duas Equações Algebricamente......285
    Resolvendo sistemas lineares..................................................285
    Trabalhando com sistemas não lineares....................................288
Resolvendo Sistemas com mais de Duas Equações............................291
Decompondo Frações Parciais ...........................................................293
Consultando Sistemas de Desigualdades ............................................295
Apresentando as Matrizes: O Básico ..................................................296
    Aplicando as operações básicas às matrizes ...........................297
    Multiplicando matrizes umas pelas outras ...............................298
Simplificando Matrizes para Facilitar o Processo de Resolução......................301
    Escrevendo um sistema em formato de matriz........................301
    Formato de matriz escalonada reduzido..................................302
    Formato aumentado..................................................................305
Conquistando as matrizes .................................................................305
    Usando a eliminação de Gauss para resolver sistemas.......................306
    Multiplicando uma matriz por sua inversa ...............................309
    Usando determinantes: a regra de Cramer ...............................311

**Capítulo 14: Sequências, Séries e Expansão de Binômios.........................315**

Falando em Sequência: Entendendo o Método Geral .........................316
    Calculando os termos de uma sequência usando a expressão da
    sequência.................................................................................316
    Trabalhando ao inverso: Formando uma expressão
    a partir dos termos.................................................................. 317
    Sequências recursivas: um tipo de sequência geral .............................318
Cobrindo a Distância entre os Termos: Sequências Aritméticas ......................319
    Usando termos consecutivos para encontrar outro termo em uma
    sequência aritmética................................................................319
    Usando dois termos quaisquer..................................................320
Divisão Proporcional com Pares e Termos Consecutivos..................... 321
    Identificando um termo quando você conhece os
    termos consecutivos ................................................................ 322
    Saindo da ordem: encontrando um termo quando os termos
    não são consecutivos...............................................................323
Criando uma Série: Somando Termos de Uma Sequência....................324
    Revisando as notações de soma gerais ....................................324
    Somando uma sequência aritmética.........................................325
    Vendo como uma sequência geométrica é adicionada .........................326
Expandindo com o Teorema dos Binômios.........................................329
    Detalhando o Teorema dos Binômios.......................................330
    Começando pelo início: coeficientes binomiais .......................330
    Expandindo usando o Teorema dos Binômios .........................332

### Capítulo 15: Esperando Ansiosamente o Cálculo ......................................... 337

As Diferenças entre Pré-Cálculo e Cálculo ........................................................ 338
Entendendo e Comunicando Limites .................................................................. 339
Encontrando o Limite de uma Função ................................................................ 339
    Graficamente ................................................................................................. 340
    Analiticamente .............................................................................................. 341
    Algebricamente ............................................................................................. 342
Realizando Operações com Limites: As Leis dos Limites ................................ 345
Explorando a Continuidade nas Funções .......................................................... 346
    Determinando se uma função é contínua ................................................. 347
    Trabalhando com a descontinuidade ........................................................ 347

## Parte IV: A Parte dos Dez ........................................................ 349

### Capítulo 16: Dez Hábitos que Ajudam Você a Atacar o Cálculo .................. 351

Descubra o que o Problema Está Pedindo ........................................................ 351
Faça Desenhos (E Muitos Deles) ........................................................................ 352
Planeje seu Ataque .............................................................................................. 352
Escreva as Fórmulas ............................................................................................ 354
Mostre cada Passo do seu Trabalho .................................................................. 354
Saiba Quando "Desistir" ..................................................................................... 354
Confira suas Respostas ....................................................................................... 355
Pratique com Muitos Problemas ........................................................................ 356
Assegure-se de Entender os Conceitos ............................................................. 356
Bombardeie seu Professor de Perguntas .......................................................... 357

### Capítulo 17: Dez Hábitos para se Livrar Antes de Entrar em Cálculo ................ 359

Realizando Operações Fora da Ordem .............................................................. 359
Elevar ao Quadrado sem o Método de Produtos Notáveis ............................. 360
Dividindo Denominadores .................................................................................. 360
Combinando os Termos Errados ........................................................................ 360
Esquecendo a Recíproca ..................................................................................... 360
Perdendo a Conta dos Sinais de Menos ............................................................ 361
Simplificando Demais os Radicais ..................................................................... 361
Errando ao Lidar com Exponenciais .................................................................. 362
Cancelando Rápido Demais ................................................................................ 362
Distribuindo Inadequadamente ......................................................................... 363

## Índice Remissivo ........................................................................ 365

# Introdução

Bem-vindos ao *Pré-Cálculo Para Leigos*. Este é um livro não discriminatório, de oportunidades iguais. Você é convidado a participar se for um gênio ou se (como nós) precisa de receita até para fazer gelo. Não deixe o título afastar você. Se chegou tão longe em matemática, de maneira alguma você é um leigo! Você pode estar lendo este livro por algumas razões perfeitamente boas. Talvez você precise de um livro de referência que possa realmente *entender* (nunca encontramos um livro de pré-cálculo de que gostássemos). Talvez seu tutor escolar tenha lhe dito que tomar aulas de pré-cálculo seria bom para seu aproveitamento na faculdade, mas você não se importa com a matéria e apenas quer ter uma boa nota. Ou, talvez você esteja apenas contemplando comprar este livro para checar se formamos uma boa equipe (assim como você espia seu encontro às cegas antes de entrar no restaurante). Independente do motivo por você ter aberto este livro, ele vai te ajudar a navegar pelo difícil caminho que é o pré-cálculo.

Você também pode estar pensando, "Quando eu vou usar pré-cálculo?" Você não está sozinho. Alguns dos nossos alunos também se referem a ele como algo inútil. Bem, rapidamente eles descobriram como estavam enganados. Os conceitos deste livro são usados em muitas aplicações do mundo real.

Este livro tem somente um e único objetivo – te ensinar pré-cálculo da maneira menos dolorosa possível. Se você pensava que nunca conseguiria entender este assunto e acabaria com uma nota apenas decente na sua aula, você se importaria em nos enviar uma carta? *E-mail* também é bom. Adoramos ouvir as histórias de sucesso dos nossos alunos!

## Sobre Este Livro

Este livro não é necessariamente destinado a ser lido a partir do início. Está estruturado de uma forma que você pode pular para um capítulo em particular e encontrar o que precisa (aquelas coisas que sempre queremos saber). Às vezes, podemos te dizer para olhar em outro capítulo para obter uma explicação mais aprofundada, mas tentamos deixar cada capítulo independente dos outros.

Todo vocabulário é matematicamente correto e claro. Tomamos liberdades em alguns pontos deste livro para tornar a linguagem mais abordável e provável. É mais divertido assim.

Pré-cálculo é seu próprio tópico especial de matemática. Veja só, alguns estados, como a Califórnia, não possuem nenhum padrão de conjunto que os alunos precisam aprender para oficialmente dominar o pré-cálculo Como um resultado, o assunto de pré-cálculo varia entre as cidades, escolas e professores individuais. Como não sabemos o que seu professor quer que você absorva deste curso, abordamos quase todos os conceitos de pré-cálculo. Abordamos áreas que talvez você nunca vai usar. Mas tudo bem. Apenas use este livro de acordo com suas necessidades individuais.

Se você usar este livro apenas para apropriadamente abrir uma porta ou como um destruidor de *bugs*, você não vai ter o que precisa. Sugerimos duas alternativas:

- Procure apenas o que você precisa saber quando você precisar saber. Este livro é útil para isto. Use o Índice Remissivo, a Tabela de Conteúdos, ou, melhor ainda, o rápido Índice encontrado na frente deste livro para encontrar o que precisa.

- Comece pelo início e leia todo o livro, capítulo por capítulo. Esta é uma boa maneira de lidar com este assunto porque os tópicos, às vezes, são baseados nos anteriores. Mesmo se você for um gênio da matemática e quiser detalhar uma seção que pensa que conhece, pode acabar lembrando de algo que esqueceu. Recomendamos começar pelo início, e, lentamente, passar por todo o material. Quanto mais prática você tiver, melhor.

## *Convenções Usadas Neste Livro*

Para que a leitura deste livro seja consistente e hábil, ele usa as seguintes convenções:

- Termos matemáticos são escritos em *itálico* para indicar sua introdução e para te ajudar a encontrar suas definições.

- Variáveis também são escritas em *itálico* para distingui-las das letras comuns.

- O passo a passo dos problemas está sempre em **negrito** para te ajudar a identificá-los mais facilmente.

- O símbolo para números imaginários é um *i* minúsculo.

## Suposições Tolas

Não podemos supor que, apenas, porque absolutamente amamos matemática, você compartilha o mesmo entusiasmo pelo assunto. Podemos supor, porém, que você abriu este livro por alguma razão: Você precisa de uma lembrança sobre o assunto, precisa aprender pela primeira vez, está tentando reaprender para a faculdade, ou precisa ajudar seu filho em casa a entender. Também podemos supor que você já foi exposto, pelo menos em parte, a muitos dos conceitos encontrados neste tópico porque pré-cálculo realmente leva geometria e conceitos de Álgebra II para o próximo nível.

Também supomos que você está disposto a trabalhar. Embora pré-cálculo não seja o único objetivo dos cursos de matemática por aí, é ainda um curso de matemática de nível mais alto. Você vai ter de trabalhar um pouco, mas você sabia disto, não sabia?

Também temos muita certeza de que você é uma alma aventureira e escolheu esta aula porque pré-cálculo não é necessariamente uma matéria exigida no ensino médio. Talvez porque você ama matemática como nós, ou porque não tem nada melhor para fazer da vida, novamente como nós, ou porque o curso vai melhorar sua performance na faculdade. Obviamente, você conseguiu passar por alguns conceitos bem complexos em Geometria e Álgebra II. Podemos supor que, se você chegou tão longe, vai chegar ainda mais. Nós vamos ajudar!

## Como Este Livro Está Organizado

Este livro está dividido em quatro seções lidando com os conceitos mais frequentemente ensinados e estudados em pré-cálculo.

### Parte I: Configure, Resolva e Faça o Gráfico

Os capítulos na Parte I começam com uma revisão do material que você já sabe de Álgebra II. Então, revisamos números reais e como operá-los. A partir daí abordamos funções, incluindo polinomiais, racionais, exponenciais e logarítmicas, e fazemos gráficos delas, resolvemos e executamos operações nelas.

### Parte II: Os Fundamentos da Trigonometria

Os capítulos na Parte I começam com uma revisão de ângulos, triângulos retângulos e proporções trigonométricas. Então, criamos o glorioso círculo unitário. Gráfico de funções trigonométricas pode ou não ser uma revisão, dependendo do curso de Álgebra II que você teve, então, mostramos a você como fazer o gráfico pai das seis funções trigonométricas básicas e explicamos como transformar estes gráficos para chegar aos mais complicados.

Esta parte também resolve as fórmulas e identidades mais difíceis para funções trigonométricas, dividindo-as metodicamente para que você possa internalizar cada identidade e realmente entendê-las. Seguimos então para a simplificação de expressões trigonométricas e solução de uma variável desconhecida usando estas fórmulas e identidades. E, finalmente, esta parte aborda como resolver triângulos que não são triângulos retângulos usando a Lei dos Senos e a Lei dos Cossenos.

## Parte III: Geometria Analítica e Solução de Sistema

A Parte III aborda uma variedade de tópicos de pré-cálculo. Começa com o entendimento de números complexos e como realizar operações com eles. A seguir, vêm gráficos de coordenadas polares e finalmente cônicas. Sistemas de equações estão nesta parte, assim como sequências, séries, e expansão binomial. Finalmente, esta parte conclui com cálculo e o estudo de limites e continuidade de funções.

## Parte IV: A Parte dos Dez

Depois de passar por tudo e chegar neste ponto do livro, você deve estar observando o próximo grande desafio matemático: cálculo. (E se você decidir parar com o pré-cálculo, tudo bem também.) Mas antes de avançar para conceitos ainda mais complexos, você precisa fazer duas coisas: pegar alguns bons hábitos matemáticos para levar para o cálculo, e destruir qualquer habito ruim que você tenha desenvolvido ao longo do caminho. Esta parte te ajuda com estas tarefas. Ambas as pontas deste espectro são cruciais para o sucesso porque os problemas ficam maiores, e a paciência dos professores para erros de álgebra fica menor.

# Ícones Usados Neste Livro

Ao longo deste livro você vai encontrar pequenos desenhos (que chamamos de *ícones*) que são destinados a chamar sua atenção para algo importante ou interessante a saber.

Este ícone indica as regras básicas do pré-cálculo. Elas devem ser observadas sempre para que os problemas sejam resolvidos corretamente.

Este ícone alerta você para informações que são úteis, mas não exigidas para obter conhecimento total do conceito nesta seção.

Amamos Dicas! Quando você vir este ícone, sabe que ele direciona para uma maneira de tornar sua vida muito mais fácil. Mais fácil é bom.

Você verá este ícone quando mencionarmos uma ideia antiga que você nunca deve esquecer. Ele é usado quando queremos que você se recorde de um conceito previamente aprendido ou de um conceito de uma série anterior.

Pense nesse sinal como um grande aviso de pare. Sua presença alerta sobre erros comuns, ou aponta algo que pode ser uma armadilha.

# Para Onde Ir Daqui

Se você tem um histórico realmente firme em álgebra básica, sinta-se à vontade para pular o Capítulo 1 e ir direto para o Capítulo 2. Se você quiser relembrar, sugerimos ler o Capítulo 1. De fato, tudo no Capítulo 2 também é uma revisão, exceto notação de intervalo. Então, se você for realmente impaciente ou se for um gênio da Matemática, ignore tudo até chegar à notação de intervalo no Capítulo 2. Conforme for seguindo o livro, tenha em mente que muitos conceitos em pré-cálculo são retirados de Álgebra II, então, não cometa o erro de pular completamente os capítulos, apenas porque parecem familiares. Eles podem soar familiares, mas, provavelmente, incluem algum material novo. Também não sentamos ao seu lado quando você aprendeu Álgebra II, logo, não podemos ter certeza do que o seu professor abordou. Então, aqui está uma breve lista das seções que podem parecer familiares, mas inclui conceitos novos nos quais você deve prestar atenção:

- Tradução de funções comuns
- Solução de polinômios
- Toda informação trigonométrica
- Números complexos
- Matrizes

Então, para onde ir a partir daqui? Vamos direto para o pré-cálculo! Boa sorte.

# Parte I
# Configure, Resolva e Faça o Gráfico

**A 5ª Onda**  Por Rich Tennant

"David está usando álgebra para calcular a gorgeta. Bárbara, você se importa em ser um expoente fracionário?"

## *Nesta parte...*

**U**m objetivo principal do pré-cálculo é trazer à tona as grandes ideias da álgebra e enfatizar as habilidades mais necessárias para o cálculo. Esta parte une e expande estes conceitos de álgebra. E, talvez o mais importante, ela identifica os erros mais comuns que os alunos cometem em álgebra para que você possa resolvê-los antes de seguir adiante em conceitos de nível mais alto.

Os capítulos na Parte I trazem uma revisão do trabalho com números reais, incluindo os sempre evasivos radicais. A partir daí revisamos funções – desde como fazer gráfico delas, até transformar seus gráficos, e como executar operações nelas. Então seguimos para funções polinomiais e revisamos como resolver polinômios usando técnicas comuns, incluindo fatoração, completar o quadrado e a fórmula quadrática. Também explicamos como fazer gráfico de funções polinomiais complexas e racionais. E, finalmente, mostramos a você como lidar com funções exponenciais e logarítmicas.

# Capítulo 1
# Pré-Pré-Cálculo

*Neste Capítulo*

▶ Refrescando sua memória sobre números e variáveis
▶ Compreendendo a importância dos gráficos
▶ Preparando para pré-cálculo pegando uma calculadora gráfica

Pré-cálculo é a ponte (ou purgatório?) entre álgebra II e cálculo. No seu escopo, você vai revisar conceitos que viu anteriormente em matemática, mas rapidamente trabalhou neles. Você verá algumas ideias novas, mas também aquelas baseadas no material visto anteriormente; a principal diferença é que os problemas ficam muito mais difíceis (por exemplo, ir de sistemas para sistemas não lineares). Você continua construindo até chegar ao final do curso, e o trabalho dobra no início do cálculo. Mas não tema! Estamos aqui para te ajudar a cruzar a ponte (sem pedágio!).

Como provavelmente você já estudou álgebra, álgebra II e geometria, supomos ao longo deste livro que há certas coisas que você já sabe como fazer. (Falamos sobre elas brevemente na Introdução deste livro). Porém, apenas para garantir, revisamos cada uma delas neste capítulo com um pouco mais de detalhes antes de seguir para o pré-cálculo.

Se abordarmos algum tópico neste capítulo com o qual você não é familiar, não lembra como faz ou não se sente confortável em fazer, sugerimos que pegue outro livro de matemática *Para Leigos* e comece daí. Não se sinta um fracasso em matemática se precisar fazer isto. Mesmo os profissionais precisam pesquisar estas coisas de vez em quando. Estes livros podem ser como enciclopédias ou a Internet – se você não conhece o material, pesquise e comece daí.

## Pré-Cálculo: Uma Descrição Geral

Você não adora prévias de filmes e trailers? Algumas pessoas chegam cedo ao cinema apenas para ver o que está por vir no futuro. Bem, considere esta seção um trailer que você vê meses antes de o filme *Pré-Cálculo para Leigos* sair! (Quem será que vai fazer nosso papel no cinema?) Na lista a seguir, apresentamos algumas matérias que você aprendeu anteriormente em matemática, e então damos alguns exemplos de para onde o pré-cálculo vai te levar a seguir:

- **Álgebra I e II:** Lidar com números reais e resolver equações e desigualdades.

  **Pré-cálculo:** Expressar desigualdades de uma nova maneira chamada *notação de intervalo*.

  Antes, suas soluções para desigualdades eram dadas como notação de conjunto. Por exemplo, uma solução pode ser $x > 4$. Em pré-cálculo, você expressa esta solução como um intervalo: $(4, \infty)$. (Veja mais no Capítulo 2).

- **Geometria:** Resolver triângulos retângulos, onde todos os lados são positivos.

  **Pré-cálculo:** Resolver triângulos quaisquer, onde os lados não são necessariamente sempre positivos.

  Você aprendeu que um comprimento nunca pode ser negativo. Bem, em pré-cálculo você usa números negativos para lados de triângulos para mostrar onde estes triângulos ficam no plano coordenado (podem estar em qualquer lugar dos quatro quadrantes).

- **Geometria/trigonometria:** Usar o Teorema de Pitágoras para encontrar o comprimento dos lados de um triângulo.

  **Pré-cálculo:** Organizar as informações em um pacote correto conhecido como círculo unitário (veja a Parte II).

  Neste livro, damos a você um atalho para encontrar os lados dos triângulos, que é um atalho ainda mais curto para encontrar os valores trigonométricos para os ângulos nestes triângulos.

- **Álgebra I e II:** Fazer gráfico de equações em um plano coordenado.

  **Pré-cálculo:** Fazer gráfico de uma maneira totalmente nova, com o sistema de coordenadas polares (veja o Capítulo 11).

  Diga adeus aos bons e velhos tempos de gráfico no plano Cartesiano. Você tem uma nova maneira de fazer gráfico, e ela envolve andar em círculos. Não estamos tentando te enlouquecer; na verdade, coordenadas polares podem te trazer ótimas figuras.

- **Álgebra II:** Lidar com números imaginários.

  **Pré-cálculo:** Adicionar, subtrair, multiplicar e dividir números complexos fica chato quando os números complexos estão em formato retangular ($A + Bi$). Em pré-cálculo, você vai se familiarizar com algo novo chamado de *forma polar* e vai usar isto para encontrar soluções de equações que você nem sabia que existiam.

# Todos os Fundamentos dos Números (Não, não é como contá-los!)

Ao entrar em pré-cálculo, você deve estar confortável com conjuntos numéricos (naturais, inteiros, racionais, e assim por diante). Neste ponto da sua carreira matemática, você também deve saber como realizar operações com números. Revisamos rapidamente estes conceitos nesta seção. Também, certas propriedades são verdadeiras para todos os conjuntos de números; alguns professores de matemática podem querer que você as conheça por nome, então revisamos nesta seção também:

## A variedade de tipos de números: Termos para conhecer

Matemáticos estúpidos adoram dar nomes às coisas; faz com que elas se tornem especiais. Neste espírito, matemáticos anexaram nomes a muitos conjuntos de números para diferenciá-los e fortificar seus lugares nas cabeças dos alunos para sempre:

- **O conjunto de *números naturais ou contáveis*:** $\{0, 1, 2, 3, ...\}\mathbb{N}$. Sem o zero $\mathbb{N}^*$.

- **O conjunto dos *números inteiros*:** $\{..., -3, -2, -1, 0, 1, 2, 3...\}\mathbb{Z}$.

    Lidar com inteiros é como lidar com dinheiro: Pense nos positivos como tendo dinheiro e nos negativos como não tendo. Isto é importante quando operamos em números (veja a próxima seção).

- **O conjunto de *números racionais*, que são os números que podem ser expressos como uma fração onde o numerador e o denominador são ambos inteiros.** A palavra *racional* vem da ideia de uma proporção (fração ou divisão) de dois inteiros.

    Exemplos de números racionais incluem (mas de forma alguma são limitados a) $\frac{1}{5}$, $-\frac{7}{2}$ e $0{,}23$. Se você analisar qualquer número racional em formato decimal, vai perceber que o decimal para ou se repete.

    Somar ou subtrair frações se trata de encontrar um denominador comum, e raízes devem ser como termos para ser possível somá-las e subtraí-las.

**Parte I: Configure, Resolva e Faça o Gráfico**

- O conjunto de *números irracionais*, que são todos os números que não podem ser expressos como frações. Exemplos de números irracionais incluem $\sqrt{2}$, $\sqrt{21}$ e $\pi$.

- O conjunto de *todos os números reais*, que engloba todos os conjuntos de números previamente discutidos. Para exemplos de um número real, pense em um número... qualquer número. Seja qual for, é real. Qualquer número das listas anteriores serve como um exemplo. Os números que não são reais são imaginários.

  Como atendentes de telemarketing e anúncios *pop-up* da Internet, números reais estão em todo lugar; você não pode fugir deles – nem mesmo no pré-cálculo. Por quê? Porque eles incluem *todos* os números, exceto os seguintes:

  - **Uma fração com um zero como denominador:** Tais números não existem.
  - **A raiz quadrada de um número negativo:** Estes números são chamados de *números complexos* (veja o Capítulo 11).
  - **Infinito:** Infinito é um conceito, não um número real.

- O conjunto de *números imaginários*, que são raízes quadradas de números negativos. Números imaginários possuem uma unidade imaginária, como $i$, $4i$, e $-2i$. Números imaginários antigamente eram números fictícios, mas matemáticos logo perceberam que estes números surgiam no mundo real. Ainda os chamamos de imaginários porque eles são raízes quadradas de números negativos, mas eles realmente existem. A unidade imaginária é definida como $i = \sqrt{-1}$. (Para mais informações sobre estes números, vá para o Capítulo 11).

- O conjunto de *números complexos*, que são a soma e diferença de um número real e um número imaginário. Números complexos aparecem como estes exemplos: $3 + 2i$, $2 - \sqrt{2}i$, e $4 - \frac{2}{3}i$. Porém, eles também cobrem todas as listas anteriores, incluindo os números reais (3 é a mesma coisa que $3 + 0i$) e os números imaginários ($2i$ é a mesma coisa que $0 + 2i$).

  O conjunto de números complexos é o conjunto mais completo de números no vocabulário matemático, porque ele inclui números reais (qualquer número que você puder imaginar), números imaginários ($i$), ou qualquer combinação dos dois.

## As operações fundamentais que você pode realizar com números

De positivos a negativos até frações, decimais e raízes quadradas, você deve saber como realizar todas as operações básicas em todos os números reais. Isto significa somar, subtrair, multiplicar, dividir, elevar o expoente e extrair a raiz quadrada de números. A *ordem de operações* é a forma como você executa estas operações.

O artifício mnemônico mais frequentemente usado para lembrar a ordem é PEMDAS, que significa:

1. **P**arênteses (e outros símbolos de agrupamento)
2. **E**xpoentes
3. **M**ultiplicação e **D**ivisão, qual for o primeiro, da esquerda para a direita
4. **A**dição e **S**ubtração, qual for o primeiro, da esquerda para a direita

Um tipo de operação que a maioria dos seus alunos negligencia ou esquece de incluir na lista anterior: o valor absoluto. *Valor absoluto* é a distância até 0 na reta numérica. Valor absoluto deveria ser incluído com o passo dos parênteses, porque você tem de considerar primeiro o que está dentro das barras de valor absoluto (porque as barras são um símbolo de agrupamento). Não esqueça que valor absoluto é sempre positivo. Ei, mesmo se você estiver andando para trás, ainda assim está andando!

## *As propriedades numéricas: Verdades a serem lembradas*

É importante lembrar as propriedades dos números porque você vai usá-las consistentemente em pré-cálculo. Porém, frequentemente você não as verá usadas pelo nome em pré-cálculo, mas é assumido que você saiba quando precisa utilizá-las. A lista a seguir mostra as propriedades numéricas:

- **Propriedade reflexiva:** $a = a$. Por exemplo, $10=10$.
- **Propriedade simétrica:** Se $a = b$, então $b = a$. Por exemplo, se $5 + 3 = 8$, então $8 = 5 + 3$.
- **Propriedade transitiva:** Se $a = b$ e $b = c$, então $a = c$. Por exemplo, se $5 + 3 = 8$ e $8 = 4 \cdot 2$, então $5 + 3 = 4 \cdot 2$.
- **Propriedade comutativa de adição:** $a + b = b + a$. Por exemplo, $2 + 3 = 3 + 2$.
- **Propriedade comutativa de multiplicação:** $a \cdot b = b \cdot a$. Por exemplo, $2 \cdot 3 = 3 \cdot 2$.
- **Propriedade associativa de adição:** $(a + b) + c = a + (b + c)$. Por exemplo, $(2 + 3) + 4 = 2 + (3 + 4)$.
- **Propriedade associativa de multiplicação:** $(a \cdot b) \cdot c = a \cdot (b \cdot c)$. Por exemplo, $(2 \cdot 3) \cdot 4 = 2 \cdot (3 \cdot 4)$.

- **Identidade Aditiva:** $a + 0 = a$. Por exemplo, $0 + -3 = -3$.
- **Identidade Multiplicativa:** $a \cdot 1 = a$. Por exemplo, $4 \cdot 1 = 4$.
- **Propriedade Inversa Aditiva:** $a + (-a) = 0$. Por exemplo, $2 + -2 = 0$.
- **Propriedade inversa multiplicativa:** $a \cdot (1/a) = 1$. Por exemplo, $2 \cdot \frac{1}{2} = 1$.
- **Propriedade distributiva:** $a(b + c) = a \cdot b + a \cdot c$. Por exemplo, $10(2 + 3) = 10 \cdot 2 + 10 \cdot 3 = 50$.
- **Propriedade multiplicativa de zero:** $a \cdot 0 = 0$. Por exemplo, $5 \cdot 0 = 0$.
- **Propriedade de produto zero:** Se $a \cdot b = 0$, $a = 0$ ou $b = 0$. Por exemplo, se $x(x + 2) = 0$, então $x = 0$ ou $x + 2 = 0$.

Se você estiver tentando executar uma operação que não está na lista anterior, então a operação provavelmente não está correta. Afinal, álgebra existe desde 1600 a.C., e se uma propriedade existe, alguém, provavelmente, já a descobriu. Por exemplo, pode parecer convidativo dizer que $10(2 + 3) = 10 \cdot 2 + 3 = 23$, mas está incorreto. A resposta correta é $10 \cdot 2 + 10 \cdot 3 = 20 + 30 = 50$. Saber o que você *não pode* fazer é tão importante quanto saber o que você *pode fazer*.

# Colocando Expressões Matemáticas em Formato Visual: Diversão com Gráficos

Gráficos são ótimas ferramentas visuais. Eles são usados para exibir o que está acontecendo em problemas matemáticos, em empresas e em experimentos científicos. Por exemplo, gráficos podem ser usados para mostrar como algo (como preços do mercado imobiliário) muda com o tempo. Pesquisas podem ser feitas para obter fatos ou opiniões, e os resultados delas podem ser exibidos em um gráfico. Abra o jornal em qualquer dia e você pode encontrar um gráfico em algum lugar.

Felizmente isto responde a pergunta de por que você precisa entender como se constroem gráficos. Mesmo que na vida real você não ande por aí com gráficos e papel para anotar as decisões que encontra, fazer gráfico é vital em matemática e em outras partes da vida. Independente da ausência de papel para gráfico, gráficos estão realmente em todo lugar.

Por exemplo, quando um cientista sai e coleta dados ou mede coisas, ele organiza os dados como valores $x$ e $y$. Tipicamente, o cientista está procurando por algum tipo de relação geral entre estes dois valores para suportar sua hipótese. Estes valores podem ser então grafados em um plano de coordenadas para mostrar resultados em formato de gráfico. Um bom cientista pode mostrar que, quanto mais você ler este livro, mais você vai entender pré-cálculo! (Outro cientista pode mostrar que pessoas com braços mais longos possuem pés maiores. Chato!)

## Digerindo termos básicos e conceitos

Gráficos de equações são uma grande parte de pré-cálculo, e eventualmente cálculo, então queremos revisar os fundamentos de gráfico antes de entrarmos em gráficos mais complicados e não familiares que você verá adiante neste livro.

Embora alguns dos gráficos em pré-cálculo pareçam muito familiares, alguns serão novos — e possivelmente intimidantes. Estamos aqui para familiarizá-lo com estes gráficos para que você possa estudá-los em detalhes em cálculo. Porém, as informações neste capítulo são principalmente informações que seu professor de pré-cálculo ou o livro irão supor que você lembra-se de Álgebra II. Então você prestou atenção, certo?

Cada ponto no plano de coordenadas no qual você constrói gráficos — composto pelo eixo horizontal ou $x$, e vertical, ou $y$, criando um plano de quatro quadrantes — é chamado de *par ordenado (x, y)*, que é frequentemente referenciado como um *par de coordenadas Cartesianas*.

O nome *coordenadas Cartesianas* vem do filósofo e matemático francês que inventou toda esta coisa de gráficos, René Descartes. Descartes trabalhou para unir álgebra e geometria Euclidiana (geometria plana), e seu trabalho influenciou no desenvolvimento da geometria analítica, cálculo e cartografia.

Uma função é um conjunto (que significa um ou mais) de pares ordenados que podem ser grafados em um plano coordenado. Cada função é como um computador que expressa $x$ como entrada e $y$ como saída. Você sabe que está lidando com uma relação quando está entre chaves (como estas: { }) e tem um ou mais pontos dentro. Por exemplo, R= {(2, −1), (3, 0), (−4, 5)} é uma relação com três pares ordenados. Pense em cada ponto como (entrada, saída) assim como no computador.

O *domínio* de uma função é o conjunto de todos os valores de entrada do menor para o maior. O domínio do conjunto R é {−4, 2, 3}. A *imagem* é o conjunto de todos os valores de saída, também do menor para o maior. A imagem de R é {−1, 0, 5}. Se algum valor no domínio ou imagem for repetido, você não precisa listá-lo duas vezes. Na verdade, o domínio é a variável $x$ e a imagem é $y$.

Se variáveis diferentes aparecerem, como $m$ e $n$, entrada (domínio) e saída (imagem) geralmente vão alfabeticamente, a menos que lhe digam outra coisa. Neste caso, $m$ seria sua entrada/domínio e $n$ seria sua saída/imagem. Mas quando escrita como um ponto, uma função é sempre (entrada, saída).

Nota: dados dois conjuntos A e B não vazios, chama-se *função* uma relação R de A em B se, e somente se, para todo elemento $x$ de A existir um único elemento $y$ em B

## Gráficos de igualdades versus desigualdades

Quando você entendeu como fazer gráfico de uma linha em um plano coordenado, você aprendeu a pegar valores domínio ($x$) e plugá-los na equação para resolver para a imagem ($y$). E então você passou pelo processo múltiplas vezes, expressou cada par como um ponto coordenado, e conectou os pontos para formar uma linha. Alguns matemáticos chamam isso de método *plug and chug*.

Depois de um tempo neste trabalho tedioso, alguém disse, "Espera um pouco! Existe um atalho". Este atalho é chamado de *formato inclinação-interseção* — $y = mx + b$. A variável $m$ significa a *inclinação (slope)* da reta (veja a próxima seção), e $b$ significa a interseção $y$ (intercept – ou onde a linha cruza o eixo $y$). Você pode mudar equações que não estão escritas no formato inclinação-interseção resolvendo por $y$. Por exemplo, fazer gráfico de $2x - 3y = 12$ exige que você subtraia $2x$ de ambos os lados primeiro para obter $-3y = -2x + 12$. Então você divide todos os termos por $-3$ para obter $y = \frac{2x}{3} - 4$. Este gráfico inicia em $-4$ no eixo $y$; para encontrar o próximo ponto, você move para cima dois e para a direita três (usando a inclinação). Inclinação é sempre a fração porque é inclinada — neste caso $\frac{2}{3}$.

*Desigualdades* são usadas para comparações, que são uma grande parte do pré-cálculo. Elas mostram uma relação entre duas expressões (estamos falando de maior que, menor que ou igual a). Fazer gráfico de desigualdades começa exatamente da mesma maneira que fazer gráfico de igualdades, mas, no final do processo (você ainda coloca a equação no formato inclinação-interseção e gráfico), você tem duas decisões a tomar:

- A linha está sombreada – $y <$ou $y>$ – ou a linha está *sólida* – $y \leq$ ou $y \geq$?
- Você sombreia abaixo da linha — $y <$ ou $y \leq$ — ou você sombreia acima da linha — $y >$ ou $y \geq$? Simples desigualdades (como $x < 3$) expressam todas as respostas. Para desigualdades, você mostra todas as respostas possíveis sombreando o lado da linha que funciona na equação original.

Por exemplo, ao fazer gráfico de $y < 2x - 5$, você segue estes passos:
1. Inicie em $-5$ no eixo $y$ e marque um ponto.
2. Mova para cima dois e para a direita um para encontrar um segundo ponto.
3. Ao conectar os pontos, você produz uma linha reta que será sombreada.
4. Sombreie a metade inferior do gráfico para mostrar todos os pontos possíveis na solução.

## Obtendo informações de gráficos

Depois de se acostumar com pontos coordenados e gráficos lineares de linhas no plano coordenado, típicos livros de matemática e professores vão começar a te fazer perguntas sobre os pontos e linhas que você está grafando. As três coisas que serão solicitadas que você encontre são: a distância entre dois pontos, ponto médio e exata de uma reta que passa entre dois pontos. Falaremos mais sobre isto nas próximas seções!

### Calculando distância

Saber como calcular distância usando as informações de um gráfico é muito útil para pré-cálculo, pois nos permite revisar algumas coisas primeiro. *Distância* é o espaço entre dois objetos, ou dois pontos. Para encontrar a distância, $d$, entre dois pontos $(x_1, y_1)$ e $(x_2, y_2)$ em um plano coordenado, por exemplo, use a fórmula seguinte:

$$d = \sqrt{(x_2 - x_1)^2 + (y_2 - y_1)^2}$$

Você pode usar esta equação para encontrar a distância entre dois pontos em um plano coordenado sempre que surgir a necessidade. Por exemplo, para encontrar a distância entre A(–6, 4) e B(2, 1), primeiro identifique as partes: $x_1 = -6$ e $y_1 = 4$; $x_2 = 2$ e $y_2 = 1$. Coloque estes valores na fórmula de distância:

$d = \sqrt{(2-6)^2 + (1-4)^2}$. Isto é simplificado em $\sqrt{73}$.

### Encontrando o ponto médio

Encontrar o ponto do meio de um segmento vai trazer à tona alguns tópicos de pré-cálculo como cônicas (Capítulo 12). Para encontrar o ponto médio do segmento conectando dois pontos, você apenas calcula a média dos seus valores $x$ e $y$ e expressa a resposta como um par ordenado:

$$M = \left( \frac{x_1 + x_2}{2}, \frac{y_1 + y_2}{2} \right)$$

Você pode usar esta fórmula para encontrar o centro de vários gráficos em um plano coordenado, mas por enquanto você está apenas encontrando o ponto central. Você encontra o ponto do meio do segmento conectando os dois pontos $\overline{AB}$ (veja a seção anterior) usando a fórmula anterior. Isto deverá te dar $\left( \frac{-6+2}{2}, \frac{4+1}{2} \right)$, ou (–2, 5/2).

### Desenhando a inclinação de uma reta

Quando você faz o gráfico de uma equação linear, a inclinação tem o seu papel. A *inclinação* de uma reta diz quão íngreme ela está no plano coordenado. Quando você tem dois pontos $(x_1, y_1)$ e $(x_2, y_2)$ e precisa encontrar a inclinação da reta entre eles, usa a seguinte fórmula:

$$m = \frac{y_2 - y_1}{x_2 - x_1}$$

Se você usar os mesmos dois pontos A e B das seções anteriores e anexar os valores na fórmula, a inclinação é de -3/8.

Inclinações positivas sempre movem para cima e para a direita no plano. Inclinações negativas movem para baixo ou para a esquerda. (Note que se você moveu a inclinação para cima e para a esquerda, ela será ⁻/₋ , que é na verdade positivo). Linhas horizontais possuem inclinação zero, e linhas verticais possuem inclinação indefinida.

Se algum dia se confundir com os diferentes tipos de inclinação, lembre-se do esquiador na pista de patinação:

- ✔ Quando está subindo o morro, está fazendo muito trabalho (+ inclinação).
- ✔ Quando está descendo o morro, o morro está fazendo o trabalho por ele (− inclinação).
- ✔ Quando está parado no plano, não está fazendo trabalho nenhum (inclinação 0).
- ✔ Quando chega ao topo (a linha vertical), está morto e não pode esquiar mais (inclinação indefinida)!

# Obtendo um Grip em uma Calculadora Gráfica

É *altamente* recomendado que você compre uma calculadora gráfica para o trabalho de pré-cálculo. Desde a invenção da calculadora gráfica, as aulas de matemática começaram a mudar seu escopo. Alguns professores sentem que a maior parte do trabalho deveria ser feita usando a calculadora. Professores de matemática mais conservadores, porém, não permitem nem que você use. Seu instrutor deve esclarecer suas ideias desde o primeiro dia de aula. Uma calculadora gráfica faz tantas coisas para você, e mesmo se um professor não permitir que você use uma em um teste, você sempre pode usar uma para checar seu trabalho nas tarefas de casa.

Há muitos tipos diferentes de calculadora gráfica, e seus funcionamentos internos são todos diferentes. Em relação a qual comprar, peça conselhos para alguém que já teve aulas de pré-cálculo, e então busque na Internet pelo melhor negócio.*

Apenas uma dica: se você encontrar alguma do modelo exato/ aproximado, vai nos agradecer mais tarde porque ela lhe dará os valores exatos (ao invés de aproximações decimais), que é o que geralmente os professores esperam.

Recomendamos que se, por acaso, você tiver permissão de usar calculadora gráfica, ainda assim faça o trabalho à mão. E depois use a calculadora para checar seu trabalho. Desta forma, você não vai ficar dependente da tecnologia fazer o trabalho por você; algum dia, você pode não ter permissão de usar uma (um teste de colocação em uma faculdade de matemática, por exemplo).

---

* Na nossa opinião, a TI-89 ou TI-89 Titanium é a melhor calculadora de todas, mas claro, se você souber como usá-la (nós ainda estamos aprendendo!).

## Capítulo 1: Pré-Pré-Cálculo

**LEMBRE-SE**

Muitos dos conceitos mais teóricos neste livro, e em pré-cálculo em geral, são perdidos quando você usa sua calculadora gráfica. Tudo o que lhe é dito é "coloque os números e obtenha a resposta". Claro, você obtém a resposta, mas realmente sabe o que a calculadora fez para obter a resposta? Não. Para este objetivo, este livro passeia entre o uso da calculadora e fazer à mão complicados e longos problemas. Mas mesmo que você esteja autorizado a usar a calculadora gráfica, use com inteligência. Se planeja seguir para cálculo depois deste curso, você precisa saber a teoria e os conceitos por trás de cada tópico.

Não podemos nem começar a ensiná-lo como usar sua exclusiva calculadora gráfica, mas os caras legais de *Para Leigos* da Wiley fornecem a você livros inteiros sobre o uso delas, dependendo do tipo que você possui. Podemos, no entanto, dar a você algumas "dicas" gerais de como usá-las. Aqui está uma lista de dicas que devem ajudar com sua calculadora gráfica.

**TRUQUES MATEMÁTICOS**

- **Sempre certifique-se de que o modo na sua calculadora está configurado de acordo com o problema em que você está trabalhando.** Procure por um botão em algum lugar na calculadora que diz "*mode*". Dependendo da marca da calculadora, ela vai permitir que você altere coisas como graus ou radianos, ou $f(x)$ ou $r(\theta)$, que discutiremos no Capítulo 11. Por exemplo, se você estiver trabalhando em graus, deve ter certeza de que a calculadora sabe disso antes de pedir a ela para resolver um problema. O mesmo funciona ao trabalhar com radianos. Algumas calculadoras possuem mais de 10 tipos diferentes de modos para escolher. Cuidado!

- **Tenha certeza de que pode resolver por *y* antes de tentar construir um gráfico.** Você pode fazer gráfico de qualquer coisa na sua calculadora, desde que consiga resolver por *y*. As calculadoras são configuradas para aceitar somente equações que foram resolvidas por *y*.

  Equações que você tem de resolver por *x* geralmente não são funções verdadeiras e não são estudadas em pré-cálculo — exceto seções cônicas, e os alunos normalmente não possuem permissão de usar calculadoras gráficas para este material porque está inteiramente baseado em gráficos (veja o Capítulo 12).

- **Conheça todos os menus de atalho disponíveis para você e use quantas funções da calculadora conseguir.** Tipicamente, abaixo do menu de gráfico da sua calculadora você pode encontrar atalhos para outros conceitos matemáticos (como alterar um decimal para uma fração, encontrar raízes de números, ou inserir matrizes, e então realizar operações com elas). Cada marca de calculadora gráfica é exclusiva, então leia o manual. Atalhos oferecem caminhos para checar suas respostas!

- **Digite uma expressão exatamente da maneira como ela aparece e a calculadora vai fazer o trabalho e simplificar a expressão.** Todas as calculadoras gráficas fazem ordem de operações para você, então você não vai precisar se preocupar com a ordem. Apenas saiba que alguns atalhos matemáticos embutidos automaticamente iniciam com parênteses.

Por exemplo, a calculadora que usamos inicia uma raiz quadrada como $\sqrt{\phantom{x}}$ (então todas as informações que digitarmos depois disto estão automaticamente dentro do sinal de raiz quadrada até fecharmos os parênteses. Por exemplo, $\sqrt{(4+5)}$ e $\sqrt{(4)}+5$ representam dois cálculos diferentes e, logo, dois valores diferentes (3 e 7, respectivamente). Algumas calculadoras inteligentes até resolvem a equação para você. Num futuro próximo, você provavelmente nem terá de assistir aulas de pré-cálculo; a calculadora vai assistir no seu lugar!

Ok, agora você está pronto para pegar o voo do pré-cálculo. Boa sorte para você e curta a viagem!

# Capítulo 2
# Lidando com Números Reais

*Neste Capítulo*
- Revisando os elementos básicos de números reais
- Trabalhando com equações e desigualdades
- Aprendendo radicais e expoentes

Se você estiver tendo aulas de pré-cálculo, provavelmente já estudou Álgebra I e II e sobreviveu (uau!). Você também pode estar pensando, "Ainda bem que isto acabou; agora posso seguir para coisas novas". Embora pré-cálculo apresente muitas técnicas e ideias novas e maravilhosas, estas novas ideias foram construídas na fundação sólida de álgebra.

Supomos que você tenha certas habilidades de álgebra, mas vamos começar este livro revisando alguns dos fundamentos mais difíceis que formam a base do pré-cálculo. Neste capítulo, revisamos a resolução de desigualdades, equações modulares e desigualdade, bem como radicais e expoentes racionais. Também introduzimos uma nova maneira de expressar conjuntos de solução: notação de intervalo.

## Resolvendo Desigualdades

Até o momento você está familiarizado com equações e como resolvê-las. Professores de pré-cálculo geralmente vão supor que você sabe como resolver equações, então a maioria dos cursos começa com desigualdades. Uma *desigualdade* é uma sentença matemática indicando que duas expressões não são iguais. Os símbolos seguintes expressam desigualdades:

Menor que: <

Menor ou igual a: ≤

Maior que: >

Maior ou igual a: ≥

## Uma rápida recapitulação sobre desigualdade

Desigualdades são configuradas e resolvidas da mesma forma que equações — o sinal de desigualdade não muda o método de solução. De fato, para resolver uma desigualdade, você trata-a exatamente como uma equação — com uma exceção.

*LEMBRE-SE*

Se multiplicar ou dividir uma desigualdade por um número negativo, você deve alterar o sinal de desigualdade para o outro lado.

Por exemplo, se você deve resolver $-4x + 1 < 13$, faça o seguinte:

$-4x < 12$
$x > -3$

Primeiro você subtrai 1 dos dois lados, e então divide os dois lados por $-4$, no ponto em que o sinal de menor que muda para o sinal de maior que. Você pode verificar esta solução pegando um número que seja maior que $-3$ e colocando-o na equação original para ter certeza de obter uma expressão verdadeira. Se fizer isto com 0, por exemplo, você obtém $-4(0) + 1 < 13$, que é uma expressão verdadeira.

*LEMBRE-SE*

Mudar a desigualdade é um passo que muitos alunos esquecem. Observe uma desigualdade com números, como $-2 < 10$. Esta expressão é verdadeira. Se multiplicar 3 em ambos os lados, você obtém $-6 < 30$, que ainda é verdadeiro. Mas se você multiplicar $-3$ em ambos os lados — e não consertar o sinal — você obtém $6 < -30$. Esta expressão é falsa, e você quer sempre manter as expressões verdadeiras. A única forma de a expressão funcionar é trocar o sinal de desigualdades para ler $6 > -30$. A mesma regra se aplica se você dividir $-2 < 10$ por $-2$ nos dois lados. A única maneira de o problema fazer sentido é ler $1 > -5$.

## Resolvendo equações e desigualdades quando o módulo estiver envolvido

Se você voltar lá em Álgebra I, provavelmente vai lembrar que uma equação modular normalmente tem duas soluções possíveis. Módulo é um pouco mais complicado de lidar quando você está resolvendo desigualdades. Similarmente, porém, desigualdades possuem duas soluções possíveis:

- Uma onde a quantidade dentro das barras de módulo é maior do que um número.
- Uma onde a quantidade dentro das barras de módulo é menor do que o número.

Na terminologia matemática, a desigualdade $|ax \pm b| < c$ — onde $a$, $b$ e $c$ são números reais – sempre se torna duas desigualdades:

$$ax \pm b < c \text{ E } ax + b > -c$$

O "E" vem do gráfico do conjunto de soluções, que você pode ver na Figura 2-1a.

A desigualdade $|ax \pm b| > c$ se torna:

$$ax \pm b < c \text{ OU } ax \pm b > -c$$

O "OU" também vem do gráfico do conjunto de soluções, que você pode ver na figura 2-1b.

**Figura 2-1:**
A solução para $|ax \pm b| < c$ e $|ax \pm b| > c$.

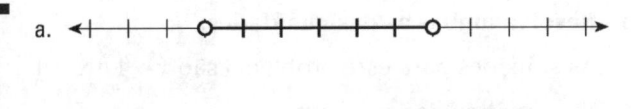

Aqui estão dois lembretes para saber quando lidar com valores absolutos:

- **Se o módulo for menor que (<) ou menor ou igual a (≤) um número negativo, não há solução.** Um valor absoluto deve sempre ser positivo (a única coisa menor que números negativos são outros números negativos). Por exemplo, a desigualdade de valor absoluto $|2x - 1| < -3$ não tem uma solução porque a desigualdade é menor que um número negativo.

  Ter 0 como uma possível solução é perfeitamente aceitável. Porém, é importante notar que não ter soluções (0) é uma coisa completamente diferente. Sem soluções significa que o número não funciona, de forma alguma.

- **Se o resultado for maior que ou igual a um número negativo, as soluções são infinitas.** Por exemplo, dada a equação $|x - 1| > -5$, $x$ são todos os números reais. O lado esquerdo desta equação é um valor absoluto, e um valor absoluto sempre representa um número positivo. Como números positivos são sempre maiores do que números negativos, estes tipos de desigualdades sempre terão uma solução. Qualquer número real que você puser nesta equação vai funcionar.

Para resolver e fazer gráfico de uma desigualdade com um valor absoluto — por exemplo, $2|3x - 6| < 12$ —, siga estes passos:

1. **Isole a expressão modular.**

   Neste caso, divida pelos dois lados por 2 para obter $|3x - 6| < 6$.

2. **Quebra a desigualdade em duas.**

   Este processo dá a você $3x - 6 < 6$ e $3x - 6 > -6$. Você notou que o sinal de desigualdade da segunda parte mudou? Quando você muda de positivos para negativos em uma desigualdade, você deve alterar o sinal de desigualdade.

   Não caia na armadilha de alterar a equação dentro do módulo. Por exemplo, $|3x - 6| < 6$ não muda $3x + 6 < 6$ ou $3x + 6 > -6$.

3. **Resolva ambas as desigualdades.**

   As soluções para este problema são $x < 4$ e $x > 0$.

4. **Faça gráfico das soluções.**

   Crie uma reta numérica e mostre as respostas para a desigualdade. A Figura 2-2 mostra esta solução.

**Figura 2-2:** A solução para $2|3x - 6| < 12$ em uma reta numérica.

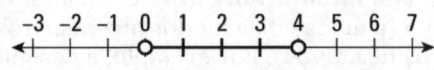

## Expressando Soluções para Desigualdades com Notação de Intervalo

Agora vem a hora de se aventurar em notação de intervalo para expressar onde um conjunto de soluções começa e onde ele termina. *Notação de intervalo* é outra maneira de expressar o conjunto de solução para uma desigualdade, e é importante porque é assim que você vai expressar conjuntos de solução em cálculo. A maioria dos livros de pré-cálculo e alguns professores de pré-cálculo agora exigem que todos os conjuntos sejam reescritos em notação de intervalo.

**Capítulo 2: Lidando com Números Reais**

> A forma mais fácil de encontrar notação de intervalo é desenhar uma reta numérica primeiro, como uma representação visual do que está acontecendo no intervalo.

Se o ponto de coordenada do número não estiver incluído no problema (para < ou >), o intervalo é chamado de *intervalo aberto*. Você mostra isto no gráfico com um círculo aberto no ponto e usando parênteses na notação. Se o ponto estiver incluído na solução (≤ ou ≥), o intervalo é chamado de *intervalo fechado*, que você mostra no gráfico com um círculo preenchido no ponto e usando chaves na notação.

Por exemplo, o conjunto de solução $-2 < x \leq 3$ é mostrado na Figura 2-3. **Nota:** você pode reescrever este conjunto de solução como uma expressão "E":

$$-2 < x \text{ E } x \leq 3$$

Na notação de intervalo, você escreve esta solução como:

$$(-2, 3]$$

E finalmente: Estas duas desigualdades *têm* de ser verdadeiras ao mesmo tempo.

**Figura 2-3:**
O gráfico de $-2 < x \leq 3$ em uma reta numérica.

Você também pode grafar expressões "OU" (também conhecidas como *conjuntos separados* porque as soluções não se sobrepõem). Expressões "OU" são duas desigualdades diferentes onde uma ou a outra é diferente. Por exemplo, a Figura 2-4 mostra o gráfico de $x < -4$ OU $x > -2$.

**Figura 2-4:**
O gráfico da expressão OU $x < -4$ ou $x > -2$.

Escrever o conjunto para a Figura 2-4 na notação de intervalo pode ser confuso. $x$ pode pertencer a dois intervalos diferentes, mas como os intervalos não se sobrepõem, você tem de escrevê-los separadamente:

- O primeiro intervalo é $x < -4$. Este intervalo inclui todos os números entre infinito negativo e $-4$. Como $-\infty$ não é um número real, você usa um intervalo aberto para representá-lo. Então, em notação de intervalo, você escreve esta parte do conjunto como $(-\infty, -4)$.
- O segundo intervalo é $x > -2$. Este conjunto é de todos os números entre $-2$ e infinito positivo, então você o escreve como $(-2, \infty)$.

Você descreve o conjunto inteiro como $(-\infty, -4) \cup (-2, \infty)$. O símbolo entre os dois conjuntos é o *símbolo da união* e significa que a solução pode pertencer a qualquer um dos intervalos.

**LEMBRE-SE**

Quando estiver resolvendo uma desigualdade de valor absoluto que for maior que um número, você escreve suas soluções como expressões "OU". Dê uma olhada no seguinte exemplo: $|3x - 2| > 7$. Você pode reescrever esta desigualdade como $3x - 2 > 7$ ou $3x - 2 < -7$. Você terá duas soluções: $x > 3$ ou $x < -5/3$.

Em notação de intervalo, esta solução é $(-\infty, -5/3) \cup (3, \infty)$ onde $\cup$ representa a união dos dois conjuntos separados.

# Variações em Divisão e Multiplicação: Trabalhando com Radicais e Expoentes

Radicais e expoentes (também conhecidos como *raízes* e *potências*) são dois elementos comuns — e às vezes frustrantes — da álgebra básica. E, claro, eles seguem você para qualquer lugar que for na matemática, assim como uma multidão de mosquitos segue um novato em acampamento. A melhor coisa que você pode fazer para se preparar para o cálculo é ser superconsistente no que pode e não pode ser feito ao operar com expoentes e radicais. É bom ter este conhecimento para que, quando problemas mais desafiadores surgirem, as respostas corretas também surjam. Esta seção dá a você o embasamento sólido que precisa para estes momentos desafiadores.

## Definindo e relacionando radicais e expoentes

Antes de você mergulhar mais profundamente no seu trabalho com radicais e expoentes, certifique-se de que você lembra exatamente o que eles são e como estão relacionados um ao outro:

- **Um *radical* é uma raiz de um número.** Radicais são representados pelo sinal de raiz, $\sqrt{\phantom{x}}$. Por exemplo, se você pegar a raiz quadrada de 9, você tem 3 porque $3 \cdot 3 = 9$. Se você pegar a raiz cúbica de 27, você tem 3, porque $3 \cdot 3 \cdot 3 = 27$. (No formato de equação, você escreve $\sqrt[3]{27} = 3$.)

    A raiz quadrada de qualquer número representa a raiz principal (o termo elegante para a *raiz positiva*) deste número. Por exemplo, $\sqrt{16}$ é 4, mesmo que $(-4)^2$ também te dê 16. $-\sqrt{16}$ é $-4$ porque é o oposto da raiz principal. Quando você tem uma equação $x^2 = 16$, tem de expressar ambas as soluções: $x = \pm 4$.

    E também, você não pode extrair a raiz quadrada de um número negativo; porém, você pode pegar a raiz cúbica de um número negativo. Por exemplo, a raiz cúbica de $-8$ é $-2$, porque $(-2)^3 = -8$.

- **Um *expoente* representa a potência de um número.** Se o expoente é um número inteiro — digamos, 2 — significa que a base é multiplicada por ela mesma este número de vezes — duas vezes, neste caso. Por exemplo, $3^2 = 3 \cdot 3 = 9$.

    Outros tipos de expoentes, incluindo expoentes negativos e expoentes fracionários, possuem diferentes significados e são discutidos nas seções seguintes.

## *Reescrevendo radicais como expoentes (ou, criando expoentes racionais)*

Às vezes, uma maneira diferente (mas equivalente) de expressar radicais faz surgir uma solução mais fácil. Por exemplo, pode ser mais fácil reescrever um problema dado em formato de radical usando *expoentes racionais* — um expoente que é uma fração. Você pode reescrever todo radical como um expoente usando a propriedade seguinte — o número no topo no expoente racional resultante diz a você a potência, e o número abaixo diz a raiz que está usando:

$$x^{m/n} = \sqrt[n]{x^m} = \left(\sqrt[n]{x}\right)^m$$

Por exemplo, você pode reescrever $\sqrt[3]{8^2}$ ou $\left(\sqrt[3]{8}\right)^2$ como $8^{2/3}$.

Expoentes fracionários são raízes e nada mais. Por exemplo, $64^{1/3}$ não significa 64 vezes ⅓ (que é escrito como $64 \cdot ⅓$); e não significa 1 sobre 64 à terceira potência (escrito como $64^{-3}$). Neste exemplo, você deve achar a raiz mostrada no denominador (a raiz cúbica) e então elevá-la à potência no numerador (a primeira potência). Então, a resposta para $64^{1/3}$ é 4 ou $\sqrt[3]{64} = 4$.

A ordem destes processos realmente não importa. Você pode

1. Extrair a raiz cúbica de 8 e então a raiz quadrada deste número

ou

2. Extrair a raiz quadrada de 8 e então a raiz cúbica deste número.

De qualquer maneira, a equação é simplificada em 4. Dependendo da expressão original, porém, pode ser mais fácil extrair a raiz primeiro, e então a potência, ou pode ser mais fácil extrair a potência primeiro. Por exemplo, $64^{(3/2)}$ é mais fácil se você escrever como $(64^{1/2})^3 = 8^3 = 512$ ao invés de $(64^3)^{1/2}$, porque você teria de encontrar a raiz quadrada de 262,144.

Dê uma olhada em alguns passos que ilustram este processo. Para simplificar a expressão $\sqrt{x}\left(\sqrt[3]{x^2} - \sqrt[3]{x^4}\right)$, ao invés de trabalhar com raízes, execute o seguinte:

1. **Reescreva a expressão seguinte usando expoentes racionais.**

    Agora você tem todas as propriedades de expoentes disponíveis para ajudá-lo a simplificar a expressão: $x^{1/2}(x^{2/3} - x^{4/3})$.

2. **Distribua para se livrar dos parênteses.**

    Quando você multiplica monômios com a mesma base, soma os expoentes.

    Dessa forma, o expoente no primeiro termo é ½ + ⅔ = ⁷⁄₆. Então você obtém $x^{7/6} - x^{11/6}$.

3. **Como a solução é escrita em formato exponencial e não em formato radical, como a expressão original era, reescreva-a para ser compatível com a expressão original.**

    Isso lhe dá $\sqrt[6]{x^7} - \sqrt[6]{x^{11}}$.

    Geralmente, sua resposta final deve ser no mesmo formato que o problema original; se o problema original estiver no formato de radical, sua resposta deve estar no formato de radical. E se o problema original estiver em formato exponencial com expoentes racionais, sua solução também deve ser assim.

## *Tirando um radical de um denominador: Racionalizando*

Outra convenção de matemática é que você não deixa radicais no denominador de uma expressão quando a deixa no seu formato final — chamado de *racionalizar o denominador*. Esta convenção torna mais fácil coletar termos, e suas respostas serão verdadeiramente simplificadas.

Um numerador pode conter um radical, mas não o denominador; a expressão final pode parecer mais complicada no seu formato racional, mas é isto o que você tem de fazer às vezes.

Esta seção mostra a você como se livrar dos radicais incômodos que podem aparecer no denominador de uma fração. O foco é em duas situações separadas: expressões que contêm um radical no denominador e expressões que contêm dois termos no denominador, onde pelo menos um é um radical.

## Uma raiz quadrada

Racionalizar expressões com uma raiz quadrada no denominador é fácil. No final, você está apenas se livrando de uma raiz quadrada. Normalmente, a melhor maneira de fazer isto em uma equação é ajustar ambos os lados. Por exemplo, se $\sqrt{(x-3)} = 5$, $\sqrt{(x-3)}^2 = 5^2$ ou $x - 3 = 25$.

Porém, você não pode cair na armadilha de racionalizar uma fração extraindo a raiz quadrada do numerador e do denominador. Se você tem $\frac{2}{\sqrt{3}}$, por exemplo, *não é* equivalente a $^4/_3$ extraindo a raiz quadrada do número superior e inferior.

Ao invés disto, siga estes passos:

1. **Multiplique o numerador e o denominador pela mesma raiz quadrada.**

    Sempre que multiplicar o número inferior de uma fração você deve multiplicar o superior; desta forma, é como se você multiplicasse um por um e não mudasse a fração. Fica assim:
    $$\frac{2}{\sqrt{3}} \cdot \frac{\sqrt{3}}{\sqrt{3}} = \frac{2\sqrt{3}}{\sqrt{32}} = \frac{2\sqrt{3}}{\sqrt{9}} = \frac{2\sqrt{3}}{\sqrt{3}}.$$

2. **Multiplique os superiores e multiplique os inferiores e simplifique.**

    Para este exemplo, você obtém $\frac{2\sqrt{3}}{3}$.

## Uma raiz cúbica

O processo para racionalizar uma raiz cúbica no denominador é muito similar a racionalizar uma raiz quadrada. Para se livrar de uma raiz cúbica no denominador de uma fração, você deve colocá-la em cubo. Se o denominador é uma raiz cúbica elevada à primeira potência, por exemplo, você multiplica tanto o numerador quanto o denominador pela raiz cúbica à segunda potência para elevar a raiz cúbica à terceira potência (no denominador). Elevar uma raiz cúbica à terceira potência cancela a raiz — e pronto!

### Uma raiz quando o denominador é binomial

Você deve racionalizar o denominador de uma fração quando ele contém um binômio com um radical. Por exemplo, observe as equações seguintes:

$$\frac{3}{x+\sqrt{2}}$$

$$\frac{-2}{\sqrt{x}-\sqrt{5}}$$

Desfazer-se do radical nestes denominadores envolve usar o conjugado dos denominadores. Um *conjugado* é um binômio formado pegando o oposto do segundo termo do binômio original. O conjugado de $a + \sqrt{b}$ é $a - \sqrt{b}$. O conjugado de $x + 2$ é $x - 2$; similarmente, o conjugado de $x + \sqrt{2}$ é $x - \sqrt{2}$.

Multiplicar um número pelo seu conjugado* é aplicar as propriedades de produtos notáveis $(a+b) \cdot (a-b) = a^2 - b^2$. $a$ — 1º termo e $b$ — 2º termo. Então, $(x + \sqrt{2})(x - \sqrt{2}) = x^2 - x\sqrt{2} + x\sqrt{2} - \sqrt{2}^2$. Os dois termos do meio sempre cancelam um ao outro, e os radicais desaparecem. Para este problema, você tem $x^2 - 2$.

Dê uma olhada em um exemplo típico envolvendo racionalização de um denominador usando o conjugado. Primeiro, simplifique a expressão $\frac{1}{\sqrt{5}-2}$. Para racionalizar este denominador, você multiplica o número superior e o inferior pelo conjugado de $\sqrt{5} - 2$, que é $\sqrt{5} + 2$. A quebra passo a passo quando você faz esta multiplicação é:

$$\frac{1}{\sqrt{5}-2} \frac{(\sqrt{5}+2)}{(\sqrt{5}+2)} = \frac{\sqrt{5}+2}{(\sqrt{5})^2 + 2\sqrt{5} - 2\sqrt{5} - 4} = \frac{\sqrt{5}+2}{5-4} = \sqrt{5}+2$$

Aqui está um segundo exemplo: Suponha que você precise simplificar $\frac{\sqrt{2}-\sqrt{6}}{\sqrt{10}+\sqrt{8}}$. Siga estes passos:

1. **Multiplique pelo conjugado.**

   O conjugado de $\sqrt{10} + \sqrt{8}$ é $\sqrt{10} - \sqrt{8}$, como em $\frac{\sqrt{2}-\sqrt{6}}{\sqrt{10}+\sqrt{8}} \frac{(\sqrt{10}-\sqrt{8})}{(\sqrt{10}-\sqrt{8})}$.

2. **Multiplique os numeradores e denominadores**

   Faça a distributiva da multiplicação no superior e produtos notáveis no inferior. (Difícil, nós sabemos!) Fizemos assim:

   $$\frac{\sqrt{20} - \sqrt{16} - \sqrt{60} + \sqrt{48}}{(\sqrt{10})^2 - \sqrt{80} + \sqrt{80} - (\sqrt{8})^2}$$

---

* No original, utiliza-se o método FOIL, que significa F (first — primeiro), O (outside — fora), I (inside — dentro) e L (last — último).

3. **Simplifique.**

   Tanto o numerador quanto o denominador simplificam primeiro a $\dfrac{2\sqrt{5} - 4 - 2\sqrt{15} + 4\sqrt{3}}{10 - 8}$, que se torna $\dfrac{2\sqrt{5} - 4 - 2\sqrt{15} + 4\sqrt{3}}{2}$. Isso simplifica ainda mais porque o denominador se divide em cada termo no numerador, o que lhe dá $\sqrt{5} - 2 - \sqrt{15} + 2\sqrt{3}$.

**LEMBRE-SE**

Simplifique qualquer radical na sua resposta final — sempre. Por exemplo, para simplificar uma raiz quadrada, encontre fatores primos: $\sqrt{20} = \sqrt{4 \cdot 5} = 2\sqrt{5}$. Você também pode adicionar e subtrair somente radicais que são como os termos. Isto significa que o número dentro do radical e o *índice* (que é o que diz se é uma raiz quadrada, uma raiz cúbica, uma raiz quarta, ou qualquer outra coisa) são os mesmos.

# Capítulo 3
# A Base do Pré-Cálculo: Funções

*Neste capítulo*
- Identificando, representando em gráficos e traduzindo funções fundamentais
- Reunindo funções definidas em trechos
- Dividindo e representando funções racionais em gráficos
- Realizando diferentes operações com funções racionais
- Encontrando e verificando inversos de funções

Os mapas de todo o mundo identificam cidades como pontos e usam linhas para representar as estradas que as conectam. Os mapas modernos de países e cidades usam um sistema de malhas para ajudar os usuários a encontrar lugares facilmente. Se não conseguir localizar o lugar que procura, você olha no índice, que oferece uma letra e um número. Estas informações delimitam sua área de busca e, após isso, você é capaz de descobrir facilmente como chegar aonde quer ir.

Podemos pegar essa ideia e usá-la para nossos próprios objetivos em relação ao pré-cálculo no processo de elaboração de gráficos. Mas em vez de denominar cidades, os pontos denominam posições no plano de coordenadas (sobre o qual discutimos mais no Capítulo 1). Um ponto nesse plano relaciona dois números um ao outro, geralmente na forma de entrada e saída. O plano de coordenadas como um todo é, na verdade, apenas um grande computador, pois ele se baseia em entradas e saídas, com você sendo o sistema operacional. Essa ideia de entrada e saída é melhor expressa, matematicamente, usando funções. Uma *função* é um conjunto de pares ordenados em que todo valor $x$ oferece um e apenas um valor $y$ (em oposição a uma relação).

Este capítulo mostra como você pode realizar seu papel de sistema operacional, explicando o mapa do mundo de pontos e linhas no plano de coordenadas em seu decorrer.

# Qualidades de Funções Pares e Ímpares e seus Gráficos

Saber se uma função é par ou ímpar ajuda você a expressá-la em um gráfico, pois você só terá de expressar metade dos pontos no gráfico. Esses tipos de funções são simétricas, por isso, aquilo que estiver de um lado será exatamente igual do outro lado. Se uma função for par, o gráfico será simétrico ao longo do eixo $y$. Se a função for ímpar, o gráfico será simétrico na origem.

A definição matemática de uma *função par* é $f(-x) = f(x)$ para qualquer valor de $x$. O exemplo mais simples para isso é $f(x) = x^2$; $f(3) = 9$ e $f(-3) = 9$. Basicamente, tem-se uma entrada oposta e a mesma saída. Falando em termos visuais, o gráfico é uma imagem espelhada ao longo do eixo $y$.

A definição para uma *função ímpar* é $f(-x) = -f(x)$ para qualquer valor de $x$. A entrada oposta dá a saída oposta. Esses gráficos terão uma simetria de 180 graus em sua origem. Se você virar o gráfico de cabeça para baixo, ele será o mesmo. Por exemplo, $f(x) = x^3$ é uma função ímpar, pois $f(3) = 27$ e $f(-3) = -27$.

# Lidando com Funções "Pai" (As Mais Comuns) e seus Gráficos

Em matemática, você verá determinados gráficos sendo repetidos. Por esse motivo, essas funções originais e comuns são chamadas de *gráficos fundamentais* que chamaremos de *"gráficos pais"*, e incluem gráficos de funções quadráticas, raízes quadradas, módulo, cúbicos e raízes cúbicas. Nesta seção, trabalharemos para que você se acostume a elaborar os gráficos pai, para que possa passar para um trabalho de elaboração de gráfico mais aprofundado.

## Funções quadráticas

As *funções quadráticas* são equações em que a segunda potência, ou quadrado, é a potência mais alta à qual a quantidade ou variável desconhecida é elevada. Em tal equação, quer $x$ ou $y$ são elevados ao quadrado, mas não ambos. O gráfico para $x = y^2$ não é uma função, pois qualquer valor de $x$ produz dois valores diferentes de $y$ — observe (4, 2) e (4, –2), por exemplo. A equação $y$ ou $f(x) = x^2$ é uma função quadrática e é o gráfico pai de todas as outras funções quadráticas.

**DICA**

A maneira mais fácil de expressar em gráfico a função $f(x) = x^2$ é começar no ponto (0, 0) (a *origem*) e marcar o ponto, chamado de *vértice*. Observe que o ponto (0, 0) é o vértice somente da função pai — posteriormente, ao transformar gráficos, o vértice se moverá pelo plano de coordenadas. Em cálculo, esse ponto é chamado de *ponto crítico*, e alguns professores de pré-cálculo também usam essa terminologia. Sem ter de entrar nas terminologias do cálculo, isso significa que esse ponto é especial.

O gráfico de qualquer função quadrática é chamado de *parábola*. Todas as parábolas têm a mesma forma básica (para saber mais, consulte o Capítulo 12). Para obter os outros pontos, você deve se mover horizontalmente a partir do vértice 1, para cima até $1^2$, passando por 2, para cima até $2^2$, passando por 3, para cima até $3^2$, e assim por diante. Esse gráfico ocorre em ambos os lados do vértice e continua seguindo, mas geralmente apenas alguns pontos em um dos lados do vértice já oferecem uma boa ideia de como o gráfico ficará. Confira a Figura 3-1 para ter um exemplo de uma função quadrática em forma de gráfico.

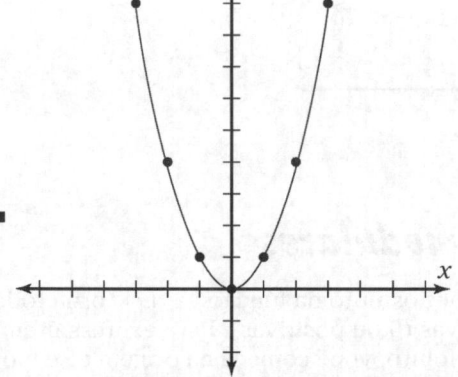

**Figura 3-1**
Expressando em gráfico uma função quadrática.

## Funções de raiz quadrada

**REGRAS DO PRÉ-CÁLCULO**
$\frac{1}{+1}$
$\overline{2}$

Um *gráfico de raiz quadrada* relaciona-se a um gráfico quadrático (consulte a seção anterior); o gráfico quadrático é $f(x) = x^2$, enquanto o gráfico da raiz quadrada é $g(x) = x^{1/2}$. O gráfico de uma função de raiz quadrada se parece com uma parábola que foi girada em 90° no sentido horário. Também é possível expressar a função de raiz quadrada como $g(x) = \sqrt{x}$.

No entanto, apenas metade da parábola existe, por dois motivos. Seu gráfico pai existe apenas quando $x$ é positivo (pois não é possível encontrar a raiz quadrada de números negativos [pelo menos não enquanto forem reais]) e quando $g(x)$ é positivo (pois quando você vê $\sqrt{x}$, está sendo pedido que você encontre somente a raiz principal ou positiva).

O gráfico começa na origem (0, 0) e, então, move-se para a direita em 1 posição, para cima até $\sqrt{1}$ (1); para a direita até 2, para cima até $\sqrt{2}$; para a direita até 3, para cima até $\sqrt{3}$; e assim por diante. Confira a Figura 3-2 para ter um exemplo desse gráfico.

**DICA**

Observe que os valores que você obtém ao delinear pontos consecutivos não oferecem exatamente os melhores números. Em vez disso, tente escolher valores para os quais seja possível encontrar facilmente a raiz quadrada. Funciona dessa forma: comece na origem e vá para a direita até 1, para cima até $\sqrt{1}$ (1); para a direita até 4, para cima até $\sqrt{4}$ (2); para a direita até 9, para cima até $\sqrt{9}$ (3); e assim por diante.

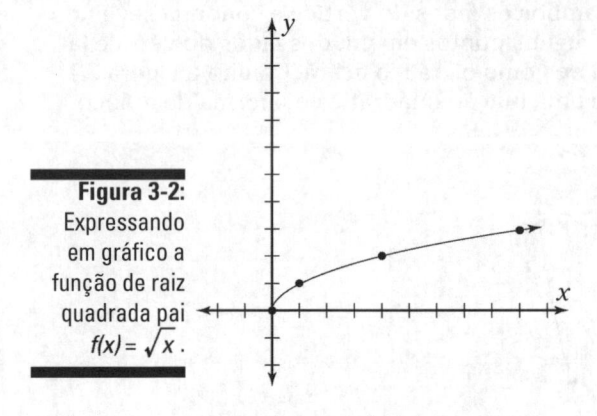

**Figura 3-2:** Expressando em gráfico a função de raiz quadrada pai $f(x) = \sqrt{x}$.

## Funções de modulares

**REGRAS DO PRÉ-CÁLCULO**
1
+1
2

O gráfico pai de valor absoluto da função $y = |x|$ torna todas as entradas não negativas (0 ou positivas). Para expressar em gráfico, funções de valor absoluto, você começa na origem e se move em ambas as direções ao longo do eixo $x$ e do eixo $y$ a partir daí: passando por 1, para cima até 1; passando por 2, para cima até 2; e assim por diante infinitamente. A Figura 3-3 mostra esse gráfico em ação.

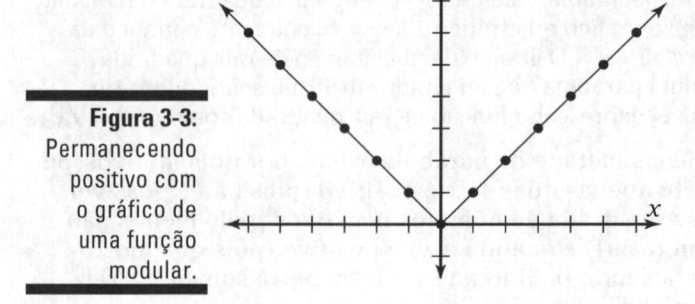

**Figura 3-3:** Permanecendo positivo com o gráfico de uma função modular.

## Funções cúbicas

Em uma *função cúbica,* o grau mais elevado de qualquer variável é três — $f(x) = x^3$ é a função pai. Você inicia o gráfico do pai da função cúbica em seu ponto crítico, que também é a origem (0, 0). A origem, no entanto, não é um ponto crítico para todas as funções.

A partir do ponto crítico, o gráfico cúbico se move para a direita até 1, para cima até $1^3$; para a direita até 2, para cima até $2^3$; e assim por diante. A função $x^3$ é uma função ímpar, por isso, você gira metade do gráfico em 180° na origem para obter a outra metade. Ou então, você pode se mover para a esquerda até –1, para baixo até $(-1)^3$; para a esquerda até –2, para baixo até $(-2)^3$; e assim por diante. A maneira como você delineia o gráfico depende de sua preferência pessoal. Considere $g(x) = x^3$ na Figura 3-4.

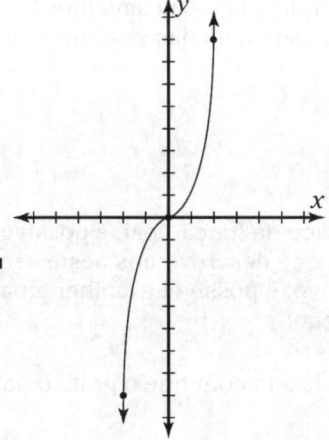

**Figura 3-4:** Expressando a função pai cúbica em forma de gráfico.

## Funções de raiz cúbica

As *funções de raiz cúbica* estão relacionadas às funções cúbicas da mesma forma que as funções de raiz quadrada se relacionam às funções quadráticas: o gráfico da função de raiz cúbica é o gráfico da função cúbica girado em 90° no sentido horário. Escrevem-se as funções cúbicas como $f(x) = x^3$ e as funções de raiz cúbica como $g(x) = x^{1/3}$, ou $g(x) = \sqrt[3]{x}$.

É importante observar que uma função de raiz cúbica é ímpar, pois isso ajuda a expressá-la em gráfico. O ponto crítico do gráfico pai da raiz cúbica fica na origem (0, 0), como mostrado na Figura 3-5.

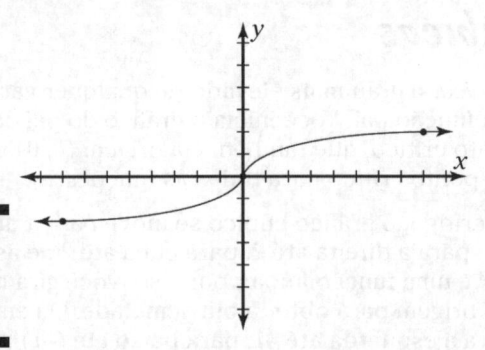

**Figura 3-5:** O gráfico da função de raiz cúbica.

# Transformando os Gráficos Pai

Em determinadas situações, é preciso usar uma função pai para obter o gráfico de uma versão mais complicada da mesma função. Por exemplo, é possível expressar em gráfico cada uma das seguintes situações *transformando* seu gráfico pai:

$f(x) = -2(x + 1)^2 - 3$
$g(x) = ¼ \ |x - 2|$
$h(x) = (x - 1)^4 + 2$

Contanto que você tenha o gráfico da função pai, é possível transformá-la usando as regras que descrevemos nesta seção. Ao usar uma função pai com esse objetivo, é possível escolher a partir de diferentes tipos de transformação:

- **Transformações verticais** fazem com que o gráfico pai aumente ou diminua verticalmente.

- **Transformações horizontais** fazem com que o gráfico pai aumente ou diminua horizontalmente.

- **Translações** fazem com que o gráfico pai se mova para a esquerda, a direita, para cima ou para baixo (ou um movimento combinado tanto horizontal quanto verticalmente).

- **Reflexões** giram o gráfico pai em uma linha horizontal ou vertical. Elas fazem aquilo que seu nome sugere: espelham os gráficos pai (a menos que outras transformações estejam envolvidas, é claro).

Os métodos para transformar funções quadráticas também funcionam para todos os outros tipos de funções comuns, como raízes quadradas. Uma função sempre é uma função, por isso, as regras para a transformação de funções sempre se aplicam, independentemente do tipo de função com o qual está lidando.

**Capítulo 3: A Base do Pré-Cálculo: Funções** 39

E se você não conseguir se lembrar desses métodos simplificados posteriormente, sempre poderá tomar o caminho mais longo: escolher valores aleatórios para $x$ e aplicá-los à função para ver que valor de $y$ você obtém.

## Transformações verticais

Um número (ou *coeficiente*) sendo multiplicado em frente a uma função causa uma *transformação vertical*. Esse é um termo matemático elaborado para altura. O coeficiente sempre afeta a altura de todo e cada ponto do gráfico da função. Chamamos a transformação vertical de *extensão* se o coeficiente for maior do que 1 e de *redução* se o coeficiente estiver entre 0 e 1.

Por exemplo, o gráfico de $f(x) = 2x^2$ assume o gráfico de $f(x) = x^2$ e o estende em um fator vertical de dois. Isso significa que cada vez que você delimita um ponto verticalmente no gráfico, o valor é multiplicado por dois (tornando o gráfico duas vezes mais alto em cada ponto). Assim, a partir do vértice, você move passando por 1, para cima até $2 \cdot 1^2$ (2); passando por 2, para cima até $2 \cdot 2^2$ (8); passando por 3, para cima até $2 \cdot 3^2$ (18); e assim por diante. A Figura 3-6 mostra dois gráficos diferentes para ilustrar a transformação vertical.

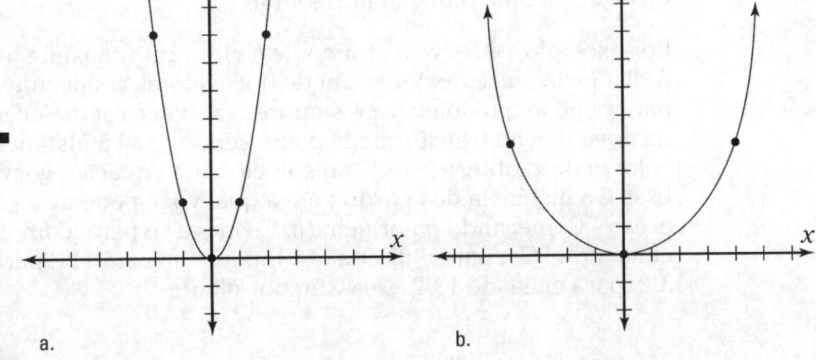

**Figura 3-6:**
Expressando em gráfico a transformação vertical de $f(x) = 2x^2$ e $g(x) = ¼x^2$.

a.    b.

As regras de transformação se aplicam a *qualquer* função, por isso, a Figura 3-7, por exemplo, mostra $f(x) = 4\sqrt{x}$. O 4 é uma extensão vertical; ele torna o gráfico quatro vezes mais alto em cada ponto: à direita até 1, para cima até $4 \cdot \sqrt{1}$ (4); à direita até 4, para cima até $4 \cdot \sqrt{4}$ (observe que estamos usando números a partir dos quais é possível obter facilmente a raiz quadrada para tornar a elaboração do gráfico uma tarefa simples); e assim por diante.

**Figura 3-7:** A transformação vertical de $y = 4\sqrt{x}$

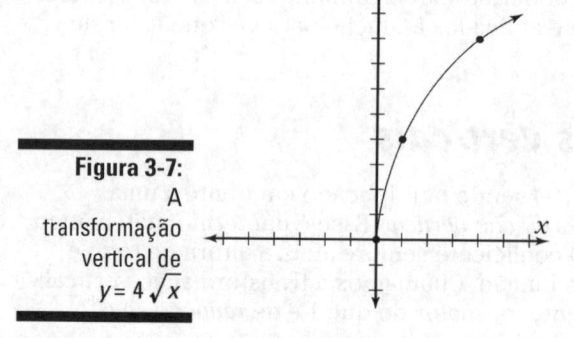

## Transformações horizontais

*Transformação horizontal* significa estender ou reduzir um gráfico ao longo do eixo $x$. Um número sendo multiplicado por uma variável dentro de uma função afeta a posição horizontal do gráfico – um pouco como o botão de avançar ou de câmera lenta em um controle remoto, fazendo o gráfico se mover mais rápido ou mais devagar. Um coeficiente maior do que 1 faz com que a função se estenda horizontalmente, fazendo com que ela pareça se mover mais rapidamente. Um coeficiente entre 0 e 1 faz com que a função pareça se mover mais vagarosamente; ou seja, em uma redução horizontal.

Por exemplo, observe o gráfico de $f(x) = |2x|$ (consulte a Figura 3-8). A distância entre qualquer um de dois valores consecutivos do gráfico pai $|x|$ ao longo do eixo $x$ é sempre 1. Se você estabelecer o interior da nova função transformada como sendo igual à distância entre os valores de $x$, obterá $2x = 1$. Ao solucionar a equação, você obtém $x = \frac{1}{2}$. Essa é a distância de acordo com a qual você pode avançar ao longo do eixo $x$. Começando na origem (0, 0), mova-se para a direita até ½, para cima até $|1/2|$; para a direita até 1, para cima até $|1|$; para a direita até 3/2, para cima até $|3/2|$; e assim por diante.

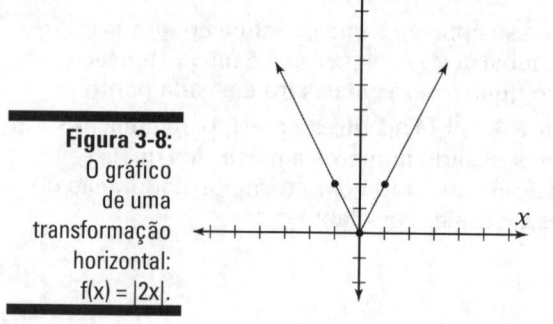

**Figura 3-8:** O gráfico de uma transformação horizontal: $f(x) = |2x|$.

## Translações

Denomina-se translação a movimentação de um gráfico horizontalmente ou verticalmente. Em outras palavras, cada ponto no gráfico pai muda de posição para a esquerda, para a direita, para cima ou para baixo. Nesta seção, você encontrará informações sobre ambos os tipos de translações: mudanças horizontais e verticais.

### Deslocamentos horizontais

Um número que se adiciona ou se subtrai dentro dos parênteses (ou outro dispositivo de agrupamento) de uma função cria um *deslocamento horizontal*. Tais funções são escritas na forma $f(x - h)$, em que $h$ representa o deslocamento horizontal.

*LEMBRE-SE*

Os números nessa função fazem o oposto do que parecem ter de fazer. Por exemplo, se você tem a equação $g(x) = (x - 3)^2$, o gráfico se movimentará para a direita em três unidades; em $h(x) = (x + 2)^2$, o gráfico se moverá para a esquerda em duas unidades.

Por que isso funciona dessa forma? Examine a função pai $f(x) = x^2$ e a mudança horizontal $g(x) = (x - 3)^2$. Em que $x = 3$, $f(3) = 3^2 = 9$ e $g(3) = (3 - 3)^2 = 0^2 = 0$. A função $g(x)$ age como a função $f(x)$, em que $x$ era igual a 0. Em outras palavras, $f(0) = g(3)$. Também é verdade que $f(1) = g(4)$. Cada ponto na função pai é movido para a direita em três unidades; assim, três é o deslocamento horizontal para $g(x)$.

Experimente elaborar o gráfico de $g(x) = \sqrt{(x-1)}$. Devido ao fato de que –1 está embaixo do símbolo de raiz quadrada, esse é um deslocamento horizontal — o gráfico é movido para a direita em uma posição. Se $k(x) = \sqrt{x}$ (a função pai), você descobrirá que $k(0) = g(1)$, o que fica à direita em uma posição. A Figura 3-9 mostra o gráfico de $g(x)$.

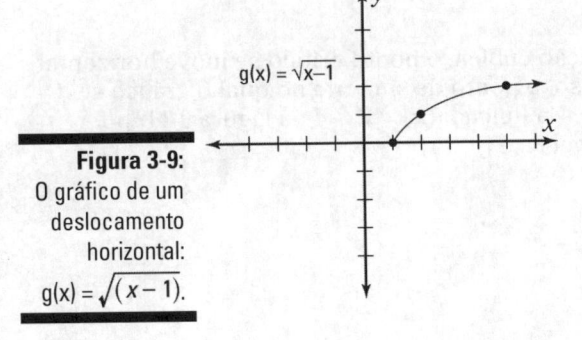

**Figura 3-9:**
O gráfico de um deslocamento horizontal:
$g(x) = \sqrt{(x-1)}$.

### Deslocamentos verticais

Adicionar ou subtrair números completamente separados da função causa um *deslocamento vertical* no gráfico da função. Considere a expressão $f(x) + v$, em que $v$ representa o deslocamento vertical. Observe que a adição de uma variável existe fora da função.

Os deslocamentos verticais são menos complicados do que os deslocamentos horizontais (consulte a seção anterior), pois ao lê-los você sabe exatamente o que fazer. Na equação $f(x) = x^2 - 4$, você, provavelmente, pode adivinhar o que o gráfico fará. Certo! Ele se moverá para baixo em quatro unidades, em que o gráfico de $g(x) = x^2 + 3$ se move para cima em três unidades.

**Nota:** Você não vê uma extensão ou redução vertical para $f(x)$ ou $g(x)$, pois o coeficiente à frente de $x^2$ para ambas as funções é 1. Se outro número fosse multiplicado pelas funções, você teria uma extensão ou redução vertical.

Para expressar em gráfico a função $h(x) = |x| - 5$, observe que o deslocamento vertical desce cinco unidades. A Figura 3-10 mostra esse gráfico transformado.

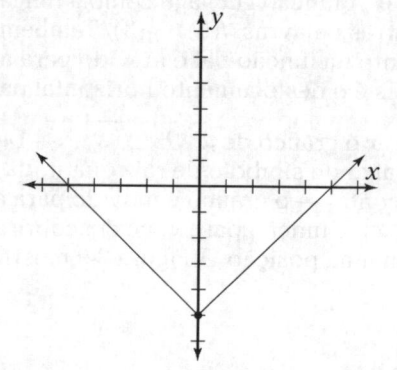

**Figura 3-10:**
O gráfico de um deslocamento vertical: $h(x) = |x| - 5$.

Ao transformar uma função cúbica, o ponto crítico se move horizontal ou verticalmente, por isso, o ponto de simetria no qual o gráfico se baseia também se move. Na função $f(x) = x^3 - 4$ na Figura 3-11, por exemplo, o ponto de simetria é (0, –4).

**Figura 3-11:** Um deslocamento vertical afetando o ponto de simetria em uma função cúbica.

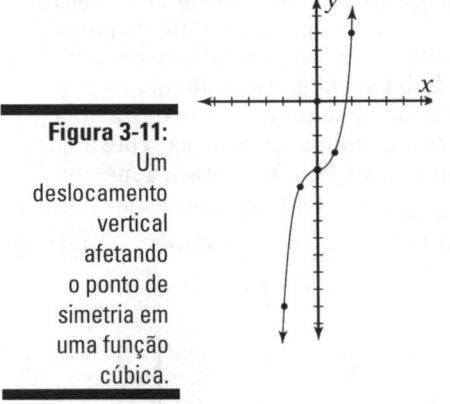

## Reflexões

*Reflexões* assumem a função pai e oferecem uma imagem espelhada dela em uma linha horizontal ou vertical. Você irá se deparar com dois tipos de reflexões:

- **Um número negativo sendo multiplicado por toda a função (como em $f(x) = -1\sqrt{x}$)**: O número negativo fora da função se reflete em uma linha horizontal, pois ele tornaria o valor de saída negativo se fosse positivo, e o tornaria positivo se fosse negativo. Observe a Figura 3-12, que mostra a função pai $f(x) = x^2$ e a reflexão horizontal $g(x) = -1x^2$. Se você encontrar o valor de ambas as funções no mesmo número no domínio, obterá valores opostos no intervalo. Por exemplo, se $x = 4$, $f(4) = 16$ e $g(4) = -16$.

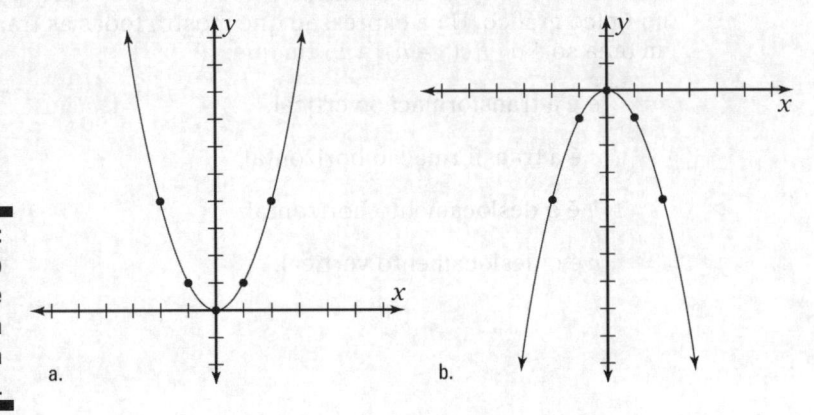

**Figura 3-12:** Uma reflexão horizontal se espalha para cima e para baixo.

✔ **Um número negativo sendo multiplicado apenas pela entrada $x$ (como em $g(x) = \sqrt{-x}$):** Reflexões verticais funcionam da mesma forma que as reflexões horizontais, exceto pelo fato de que as reflexões acontecem em uma linha vertical e se refletem de um lado para o outro em vez de ser de cima para baixo. Agora você tem um número negativo dentro da função. Para essa reflexão, avaliar entradas opostas em ambas as funções gerará a mesma saída. Por exemplo, se $f(x) = \sqrt{x}$, é possível expressar sua reflexão vertical como $g(x) = \sqrt{-x}$. Em $f(4) = 2$, $g(-4) = 2$ também (confira o gráfico na Figura 3-13).

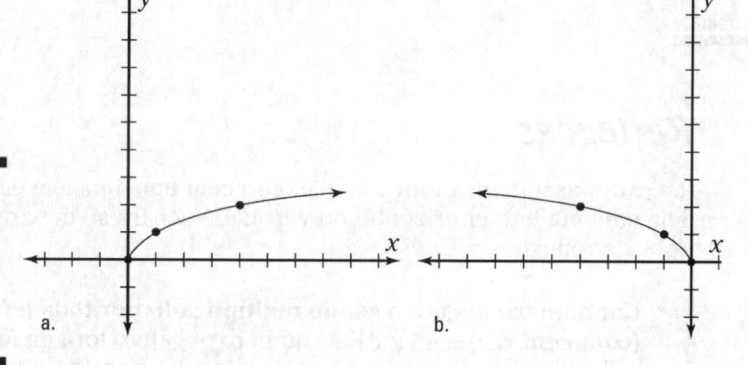

**Figura 3-13:** Uma reflexão vertical se reflete de um lado para o outro.

## Combinando várias transformações (uma transformação em si mesmo!)

Certas expressões matemáticas permitem que você combine a extensão, a redução, a translação e a reflexão de uma função, tudo em um único gráfico. Uma expressão que mostra todas as transformações em uma só é $a \cdot f[c(x - h)] + v$, em que:

*a* é a transformação vertical.

*c* é a transformação horizontal.

*h* é o deslocamento horizontal.

*v* é o deslocamento vertical.

Por exemplo, $f(x) = -2(x - 1)^2 + 4$ move-se para a direita em uma unidade e para cima em quatro, estende-se com o dobro de altura e se reflete de cima para baixo. A Figura 3-14 mostra que:

(a) é o gráfico pai: $k(x) = x^2$.

(b) é o deslocamento horizontal para a direita em uma unidade: $h(x) = (x - 1)^2$.

(c) é o deslocamento vertical para cima em quatro unidades: $g(x) = (x - 1)^2 + 4$.

(d) é a extensão vertical em duas unidades:
$f(x) = -2(x - 1)^2 + 4$. (Observe que, devido ao fato de o valor ser negativo, o gráfico também girou de cima para baixo.)

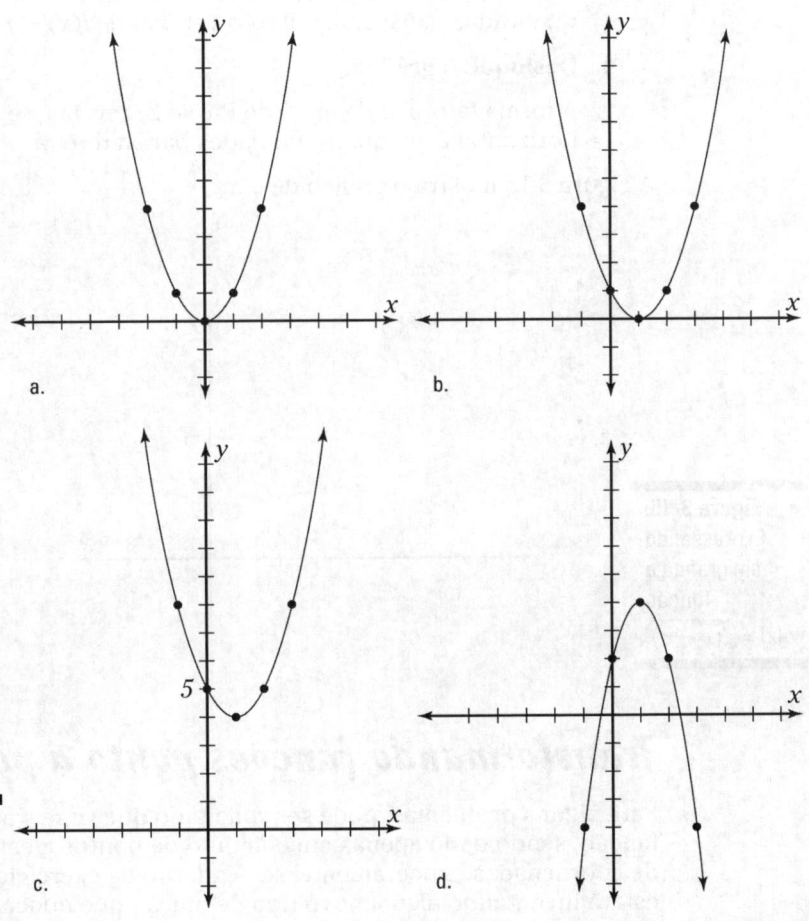

**Figura 3-14:** Uma visão de transformações múltiplas.

Permita-nos que mostremos mais uma transformação — e ilustremos a importância da ordem do processo. Você expressa em gráfico a função $q(x) = \sqrt{(4-x)}$ com os seguintes passos:

1. **Reescreva a função na forma $a \cdot f[c(x - h)] + v$**

   Primeiramente, reordene a função de forma que $x$ venha primeiro (em ordem descendente). E não esqueça o sinal de negativo! Dessa forma: $q(x) = \sqrt{(-x+4)}$.

2. **Fatore o coeficiente em frente ao $x$.**

   Agora você tem $q(x) = \sqrt{-1(x-4)}$.

3. **Reflita o gráfico pai.**

   Devido ao fato de que o –1 está dentro da função da raiz quadrada, $q(x)$ é uma reflexão vertical de $f(x) = \sqrt{x}$.

4. **Desloque o gráfico.**

   A forma fatorada de $q(x)$ (do Passo 2) revela que o deslocamento horizontal é em quatro unidades para a direita.

A Figura 3-15 mostra o gráfico de $q(x)$.

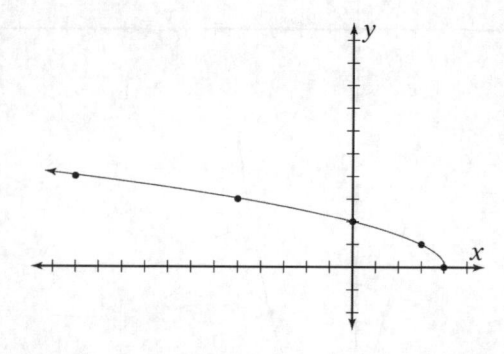

**Figura 3-15:** Expressando em gráfico a função $q(x) = \sqrt{(4-x)}$

## *Transformando funções ponto a ponto*

Para alguns problemas, pode ser solicitado que você transforme uma função, sendo dado apenas um conjunto de pontos aleatórios no plano de coordenadas. Sinceramente, seu caderno de exercícios ou professor estará inventando algum novo tipo de função que nunca antes existiu. Apenas lembre-se que *todas* as funções seguem as mesmas regras de transformação, e não apenas as funções comuns que explicamos até agora neste capítulo.

Por exemplo, os gráficos de $y = f(x)$ e $y = \frac{1}{2} f(x-4) - 1$ são mostrados na Figura 3-16.

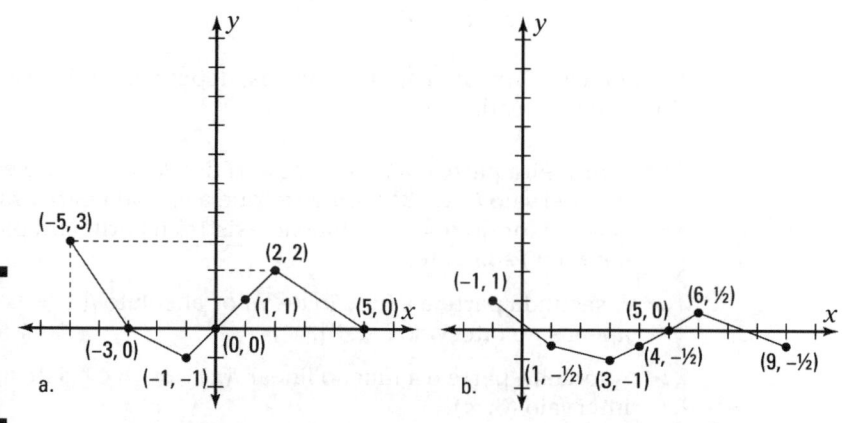

**Figura 3-16:**
O gráfico de
$y = f(x)$ e $y = \frac{1}{2} f(x-4) - 1$.

a. Pontos: (−5, 3), (−3, 0), (−1, −1), (0, 0), (1, 1), (2, 2), (5, 0).

b. Pontos: (−1, 1), (1, −½), (3, −1), (4, −½), (5, 0), (6, ½), (9, −½).

A Figura 3-16a representa a função pai (o conjunto de pontos aleatórios). A Figura 3-16b transforma a função pai ao fazer sua translação para a direita em quatro unidades e para baixo em uma unidade, e ao reduzi-la em um fator de ½. O primeiro ponto aleatório na função pai é (−5, 3); deslocá-lo para a direita em quatro unidades o deixará em (−1, 3), e deslocá-lo para baixo em uma unidade o deixará em (−1, 2). Devido ao fato de que a altura com a translação é dois, você reduz a função ao encontrar ½ de 2. Você acaba no ponto final, que é (−1, 1).

Você deve repetir o processo para todos os pontos que vê no gráfico original para obter o transformado.

# Expressando em Gráfico, Funções que têm mais de uma Regra: Funções em Intervalos Definidos

*Funções em intervalos definidos* são funções divididas em pedaços, dependendo da entrada. Uma função em intervalos definidos terá mais do que uma função, mas cada função será definida apenas em um intervalo específico. Basicamente, a saída depende da entrada, e o gráfico da função, às vezes, se parecerá como se tivesse sido literalmente quebrado em pedaços.

Por exemplo, o seguinte representa uma função em intervalos definidos:

$$f(x) = \begin{cases} x^2 - 1 & \text{se } x \leq -2 \\ |x| & \text{se } -2 < x \leq 3 \\ x + 8 & \text{se } x > 3 \end{cases}$$

Essa função é dividida em três partes, dependendo dos valores de domínio para cada parte:

- A primeira parte é a função quadrática $f(x) = x^2 - 1$ e existe apenas no intervalo $(-\infty, -2]$. Contanto que a entrada para essa função seja menor do que –2, a função existirá na primeira parte (a linha superior) somente.
- A segunda parte é a função de valor absoluto $f(x) = |x|$ e existe apenas no intervalo $(-2, 3]$.
- A terceira parte é a função linear $f(x) = x + 8$ e existe apenas no intervalo $(3, \infty)$.

Para expressar em gráfico essa função de exemplo, siga esses passos:

1. **Desenhe com um risco claro uma função quadrática que se move para baixo em uma unidade (consulte a seção anterior "Funções quadráticas") e escureça todos os valores à esquerda de $x = -2$.**

    Por causa do intervalo da função quadrática da primeira parte, você escurece todos os pontos à esquerda de –2. E devido ao fato de que $x = -2$ está incluído (o intervalo é $x \leq -2$), o círculo em $x = -2$ é preenchido.

2. **Entre –2 e 3, o gráfico se move para a segunda função da equação ($|x|$ se $-2 < x \leq 3$); desenhe o gráfico modular (consulte a seção anterior "Funções modulares"), mas preste atenção apenas aos valor de $x$ entre –2 e 3.**

    Você não inclui –2 (círculo aberto), mas o 3 é incluído (círculo fechado).

3. **Para os valores de $x$ maiores do que 3, o gráfico segue a terceira função da equação: $x + 4$ se $x > 3$.**

    Você desenha nessa função linear em que $b = 4$ com uma subida de 1, mas apenas para a direita de $x = 3$ (esse ponto é um círculo aberto). O produto final é mostrado na Figura 3-17.

Observe que não é possível desenhar o gráfico dessa função em intervalos definidos sem levantar seu lápis do papel. Falando em termos matemáticos, isso é chamado de *função descontínua*. Você praticará descontinuidades com funções racionais posteriormente neste capítulo.

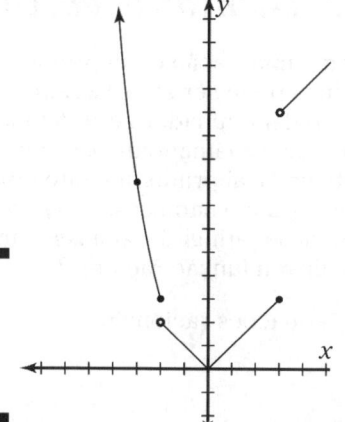

**Figura 3-17:**
Uma função em intervalos definidos é descontínua.

# Calculando Saídas para Funções Racionais

Além das funções pai comuns, você terá de expressar em gráfico outro tipo de função em pré-cálculo: *funções racionais* que, basicamente, são funções em que a variável aparece no denominador de uma fração. (No entanto, isso não é igual aos expoentes racionais que você viu no Capítulo 2. O termo "racional" significa fração: antes da fração estava o expoente, e agora está toda a função.)

A definição matemática de uma *função racional* é uma função que pode ser expressa como o quociente de dois polinômios, assim como $f(x) = \dfrac{p(x)}{q(x)}$, em que o grau de $q(x)$ é maior do que zero.

A variável no denominador de uma função racional poderia criar uma situação em que o denominador fosse zero para certos números no domínio. É claro que a divisão por zero é um valor indefinido em matemática. Geralmente, em uma função racional, você encontrará pelo menos um valor de $x$ para o qual a função racional é indefinida, em cujo ponto o gráfico terá uma *assíntota* — o gráfico fica cada vez mais perto desse valor, mas nunca o cruza (no caso de assíntotas verticais). Saber com antecedência que esses valores de $x$ são indefinidos o ajuda a elaborar o gráfico.

Nas seções seguintes, mostramos a você os passos envolvidos em encontrar as saídas (e por fim expressar em gráfico) de funções racionais.

## Passo 1: Busca por assíntotas verticais

Ter a variável na parte inferior de uma fração é um problema, pois o denominador de uma fração nunca pode ser zero. Geralmente, alguns valores de domínio de *x* tornam o denominador zero. A função "pulará" esse valor no gráfico, criando o que é chamado de *assíntota vertical*. Expressar em gráfico a assíntota vertical primeiramente mostra a você o número no domínio pelo qual o gráfico não passará. O gráfico se aproximará desse ponto, mas nunca o atingirá. Com isso em mente, que valor(es) para *x* você *não* pode ligar à função racional?

As equações a seguir são todas equações racionais:

$$f(x) = \frac{3x-1}{x^2+4x-21}$$

$$g(x) = \frac{6x+12}{4-3x}$$

$$h(x) = \frac{x^2-9}{x+2}$$

Agora tente encontrar o valor de *x* para o qual a função é indefinida. Use os passos a seguir para encontrar a assíntota vertical para $f(x)$ primeiro:

1. **Estabeleça o denominador da função racional igual a zero.**

    Para $f(x)$, $x^2 + 4x - 21 = 0$

2. **Solucione essa equação para *x*.**

    Devido ao fato de que essa equação é quadrática (consulte a seção anterior "Funções quadráticas" e o Capítulo 4), tente fatorá-la. Essa equação quadrática é fatorada como $(x+7)(x-3) = 0$. Estabeleça cada fator igual a zero para solucioná-la. Se $x + 7 = 0$, $x = -7$. Se $x - 3 = 0$, $x = 3$. Suas duas assíntotas verticais, portanto, são $x = -7$ e $x = 3$.

Agora você pode encontrar a assíntota vertical para $g(x)$. Siga o mesmo conjunto de passos:

$4 - 3x = 0$. Isso foi fácil!
$x = 4/3$

Agora você tem sua assíntota vertical para $g(x)$. É hora de fazer tudo de novo para $h(x)$:

$x + 2 = 0$. Mamão com açúcar!!
$x = -2$

Mantenha essas equações para as assíntotas verticais por perto, pois você precisará delas quando elaborar o gráfico mais tarde.

## Passo 2: Procure por assíntotas horizontais

Para encontrar uma assíntota horizontal de uma função racional, você precisa olhar para o grau dos polinômios no numerador e no denominador. O *grau* é a potência mais elevada da variável na expressão polinomial. Proceda da seguinte forma:

- Se o denominador tiver o grau maior (como no exemplo de $f(x)$ na seção anterior), a assíntota horizontal é automaticamente o eixo $x$ ou $y = 0$.

- Se o numerador e o denominador tiverem um grau igual, você deve dividir os *coeficientes regentes* (os coeficiente dos termos com os graus mais elevados) para encontrar a assíntota horizontal.

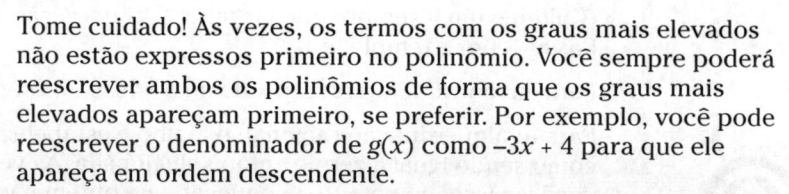

  Tome cuidado! Às vezes, os termos com os graus mais elevados não estão expressos primeiro no polinômio. Você sempre poderá reescrever ambos os polinômios de forma que os graus mais elevados apareçam primeiro, se preferir. Por exemplo, você pode reescrever o denominador de $g(x)$ como $-3x + 4$ para que ele apareça em ordem descendente.

  A função $g(x)$ tem graus iguais na parte superior e na inferior. Para encontrar a assíntota horizontal, divida os coeficientes regentes nos termos de grau mais elevado: $y = 6 \div -3$ ou $y = -2$. Você agora tem a assíntota horizontal para $g(x)$. Guarde essa equação para elaborar o gráfico!

- Se o numerador tiver o grau mais elevado com exatamente um a mais que o denominador, o gráfico terá uma assíntota oblíqua; consulte o Passo 3 para mais informações sobre como proceder.

## Passo 3: Procure assíntotas oblíquas

*Assíntotas oblíquas* não são nem horizontais nem verticais. Na verdade, uma assíntota oblíqua não precisa nem ao menos ser uma linha reta; ela pode ser uma curva ligeira ou uma curva bastante complicada.

Para encontrar uma assíntota oblíqua, você tem de usar a divisão longa de polinômios para encontrar o quociente. Você pega o denominador da função racional e o divide pelo numerador. O quociente (negligenciando o restante) oferece a você a equação da linha de sua assíntota oblíqua.

Cobrimos a divisão longa de polinômios no Capítulo 4. Você precisa entender a divisão longa de polinômios para concluir o gráfico de uma função racional com uma assíntota oblíqua.

O exemplo de $h(x)$ do Passo 1 tem uma assíntota oblíqua, pois o numerador tem o grau mais elevado no polinômio. Ao usar a divisão longa, você obtém um quociente de $x - 2$. Isso significa que a assíntota oblíqua segue a equação $y = x - 2$ (o quociente). Devido ao fato de que essa é uma equação de primeiro grau, você a expressa em gráfico usando a forma de interseção de curva. Guarde essa assíntota oblíqua, pois o gráfico vem a seguir.

### Passo 4: Localizando as interseção de x e y

A peça final do quebra-cabeça é encontrar a interseção (em que a linha ou curva cruza os eixos $x$ e $y$) da função racional, se houver:

- Para encontrar a interseção $y$ de uma equação, estabeleça $x = 0$. (Coloque um 0 sempre que vir um $x$.) A interseção $y$ de $f(x)$ do Passo 1, por exemplo, é $\frac{1}{21}$.

- Para encontrar a interseção $x$ de uma equação, estabeleça $y = 0$.

  Para qualquer função racional, o atalho é estabelecer o numerador como sendo igual a zero e então solucioná-la. Às vezes, quando você faz isso, no entanto, a equação que obtém não pode ser solucionada, o que significa que a função racional não tem uma interseção $x$.

  A interseção $x$ de $f(x)$ é $\frac{1}{3}$.

Agora encontre as interseções de $g(x)$ e $h(x)$ do Passo 1. Ao fazer isto, você descobrirá que:

- $g(x)$ tem uma interseção $y$ em 3 e uma interseção $x$ em $-2$.

- $h(x)$ tem uma interseção $y$ em $-\frac{9}{2}$ e uma interseção $x$ em $\pm 3$.

## Colocando a Saída em Funcionamento: Desenhando Funções Racionais

Após calcular todas as assíntotas e as interseções $x$ e $y$, de uma função racional (nós o guiamos por esse processo na seção anterior), você tem todas as informações de que precisa para começar o gráfico da função racional. Expressar em gráfico uma função racional envolve primordialmente o grau do numerador e do denominador. Devido ao fato de que o numerador e o denominador são polinômios, é fácil de localizar seus graus – apenas procure o expoente mais elevado de cada um.

Há três tipos de funções racionais, dependendo do grau:

- ✔ O denominador tem o grau maior.
- ✔ O numerador e o denominador têm graus iguais.
- ✔ O numerador tem o grau maior.

As seções a seguir descrevem como desenhar o gráfico de acordo com cada caso.

## O denominador tem o grau maior

As funções racionais são na verdade apenas frações. Se você observar diversas frações em que o numerador permanece o mesmo, mas o denominador aumenta, a fração como um todo ficará menor. Por exemplo, observe $\frac{1}{2}$, $\frac{1}{20}$, $\frac{1}{200}$ e $\frac{1}{2000}$.

Em qualquer função racional em que o denominador tem um grau maior conforme os valores de $x$ ficam infinitamente maiores, a fração fica infinitamente menor até que chegue a zero (esse processo é chamado de *limite*; você poderá vê-lo novamente no Capítulo 17). As seções a seguir detalham os gráficos para esse tipo de função.

### Expressando em gráfico as informações que você conhece

Quando o denominador tem o grau maior, você começa expressando em gráfico as informações que conhece para $f(x)$. (Veja o Passo 1 da seção "Calculando saídas para funções racionais", bem como as informações dos passos subsequentes para ter uma visão completa sobre essa função.) A Figura 3-18 mostra todas essas partes do gráfico claramente identificadas:

1. **Desenhe a(s) assíntota(s) vertical(is).**

   Sempre que expressar assíntotas em um gráfico, assegure-se de usar linhas pontilhadas, e não linhas sólidas, pois as assíntotas não são parte da função racional.

   Para $f(x)$, você verá que as assíntotas verticais são $x = -7$ e $x = 3$, por isso, você deve desenhar duas linhas verticais pontilhadas, uma em $x = -7$ e outra em $x = 3$.

2. **Desenhe a(s) assíntota(s) horizontal(is).**

   Continuando com o exemplo, a assíntota horizontal é $y = 0$ — ou o eixo $x$.

3. **Delimite a(s) interseção(ões) de $x$ e de $y$.**

   No exemplo, a interseção de $y$ é $y = \frac{1}{21}$, e a interseção de $x$ é $x = \frac{1}{3}$.

**Figura 3-18:** O gráfico de f(x) com assíntotas e interseção preenchidas.

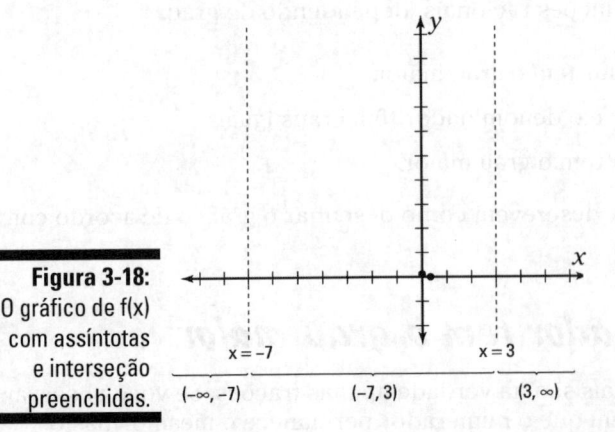

$(-\infty, -7)$   $(-7, 3)$   $(3, \infty)$

$x = -7$   $x = 3$

## Preenchendo as lacunas delimitando saídas de valores de teste

As assíntotas verticais dividem o gráfico e o domínio de f(x) em três intervalos: $(-\infty, -7)$, $(-7, 3)$ e $(3, \infty)$. Para cada um desses três intervalos, você deve escolher pelo menos um valor de teste e colocá-lo na função racional original; você faz isso para determinar se o gráfico nesse intervalo está acima ou abaixo da assíntota horizontal (o eixo x). Siga esses passos:

1. **Teste um valor no primeiro intervalo.**

   No exemplo, o primeiro intervalo é $(-\infty, -7)$, por isso, você pode escolher qualquer número que desejar, contanto que ele seja menor que –7. Nós escolheremos x = –8. Agora, você avalia $f(-8) = -25/11$. Esse valor negativo diz a você que a função está abaixo da assíntota horizontal somente no primeiro intervalo.

2. **Teste um valor no segundo intervalo.**

   Se você observar o segundo intervalo (–7, 3) na Figura 3-18, perceberá que já tem dois pontos de teste localizados nele. A interseção de y tem um valor de posição, que diz que o gráfico está acima da assíntota horizontal para essa parte do gráfico.

   Agora aqui vai a bola com efeito: é de conhecimento geral que um gráfico nunca deve cruzar uma assíntota; ele deve apenas se aproximar dela. Nesse caso, há uma interseção x, o que significa que o gráfico de fato cruza sua própria assíntota horizontal. O gráfico se torna negativo durante o resto do intervalo.

   Às vezes, os gráficos de funções racionais cruzam uma assíntota horizontal, e às vezes não. Nesse caso, quando o denominador tiver um grau maior e a assíntota horizontal for o eixo x, tudo dependerá se a função tem raízes ou não. Você pode descobrir isso estabelecendo o numerador como sendo igual a zero e resolvendo a equação. Se encontrar uma solução, haverá um zero e o gráfico cruzará o eixo $x$. Caso contrário, o gráfico não cruzará o eixo $x$.

**LEMBRE-SE**

As assíntotas verticais são as únicas assíntotas que *nunca* serão cruzadas. Uma assíntota horizontal de fato diz a você de qual valor o gráfico está se aproximando para valores infinitamente grandes ou pequenos de $x$.

3. **Teste um valor no terceiro intervalo.**

   Para o terceiro intervalo $(3, \infty)$, usamos o valor de teste de 4 (você pode usar qualquer número maior do que 3) para determinar o local do gráfico no intervalo. Nós obtemos $f(4) = 1$, que diz que o gráfico está acima da assíntota horizontal para esse último intervalo.

Conhecendo um valor de teste em cada intervalo, você pode delimitar o gráfico começando em um valor de teste e se movendo a partir daí em direção às assíntotas horizontais e verticais. A Figura 3-19 mostra o gráfico completo de $f(x)$.

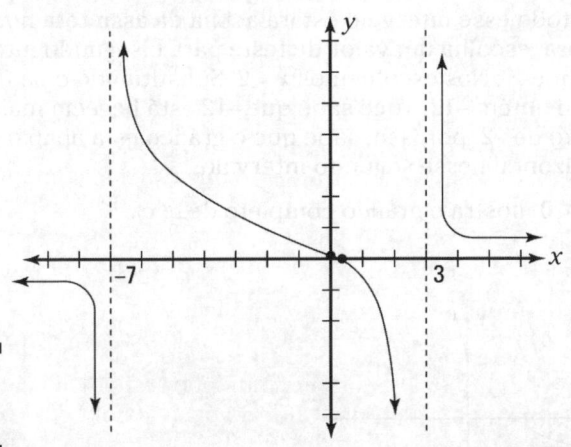

**Figura 3-19:**
O gráfico final de f(x).

## O numerador e o denominador têm graus iguais

As funções racionais com graus iguais no numerador e no denominador se comportam da maneira que o fazem devido aos limites (consulte o Capítulo 15). O que você precisa lembrar é que a assíntota horizontal é o quociente dos coeficientes regentes das partes superior e inferior da função (consulte a seção "Passo 2: Procurando por assíntotas horizontais" para mais informações).

Observe $g(x) = \dfrac{6x+12}{4-3x}$ que tem graus iguais nas variáveis para cada parte da fração. Siga esses passos simples para elaborar o gráfico de $g(x)$:

1. **Desenhe a(s) assíntota(s) vertical(ais) de $g(x)$.**

    A partir de seu trabalho na seção anterior, você descobre apenas uma assíntota vertical em $x = 4/3$, o que significa que você tem apenas dois intervalos para considerar: $(-\infty, 4/3)$ e $(4/3, \infty)$.

2. **Desenhe a assíntota horizontal para $g(x)$.**

    Você descobre no Passo 2 da seção anterior que a assíntota horizontal é $y = -2$. Por isso, você desenha uma linha horizontal nessa posição.

3. **Delimite as interseções de $x$ e $y$ para $g(x)$.**

    Você descobre no Passo 4 da seção anterior que as interseções são $x = -2$ e $y = 3$.

4. **Use os valores de teste de sua escolha para determinar se o gráfico está acima ou abaixo da assíntota horizontal.**

    As duas interseções já estão localizadas no primeiro intervalo e acima da assíntota horizontal, por isso, você sabe que o gráfico em todo esse intervalo estará acima da assíntota horizontal. Agora, escolha um valor de teste para o segundo intervalo maior do que $4/3$. Nós escolhemos $x = 2$. Substituindo-o na função $g(x)$, você obtém $-12$. Você sabe que $-12$ está beeeem mais para baixo de $-2$, por isso, sabe que o gráfico está abaixo da assíntota horizontal nesse segundo intervalo.

A Figura 3-20 mostra o gráfico completo de $g(x)$.

**Figura 3-20:** O gráfico de g(x), que é uma função racional com graus iguais nas partes superior e inferior.

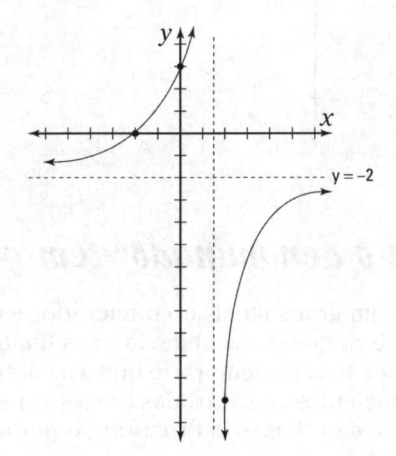

## O numerador tem um grau maior

As funções racionais em que o numerador tem um grau maior não têm assíntotas horizontais. Em vez disso, elas têm assíntotas oblíquas, que você encontra usando a divisão longa (consulte o Capítulo 4).

É hora de elaborar o gráfico de $h(x)$, que é $\dfrac{x^2-9}{x+2}$ do Passo 1 da seção anterior:

1. **Desenhe a(s) assíntota(s) vertical(is) de $h(x)$.**

   Você encontra apenas uma assíntota vertical para essa função racional no Passo 1: $x = -2$. Você encontra apenas dois intervalos para esse gráfico, pois há apenas uma assíntota vertical: $(-\infty, -2)$ e $(-2, \infty)$.

2. **Desenhe a assíntota oblíqua de $h(x)$.**

   Devido ao fato de que o numerador dessa função racional tem o grau maior, a função tem uma assíntota oblíqua. Usando a divisão longa, você descobre que a assíntota oblíqua segue a equação $y = x - 2$.

3. **Delimite as interseções de $x$ e $y$ para $h(x)$.**

   Você descobre que a interseção de $x$ é ±3 e a interseção de $y$ é -9/2.

4. **Use valores de teste de sua escolha para determinar se o gráfico está acima ou abaixo da assíntota oblíqua.**

   Observe que as interseções convenientemente oferecem pontos de teste em cada intervalo. Você não precisa criar seus próprios pontos de teste, mas pode fazê-lo caso queira. No primeiro intervalo, o ponto de teste (-3, 0), daí o gráfico, está localizado acima da assíntota oblíqua. No segundo intervalo, os pontos de teste (0, -9/2) e (3, 0), assim como o gráfico, estão localizados abaixo da assíntota oblíqua.

A Figura 3-21 mostra o gráfico completo de $h(x)$.

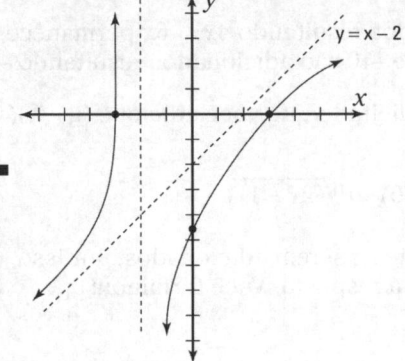

**Figura 3-21:** O gráfico de h(x), que tem uma assíntota oblíqua.

## Não é Necessário um Bisturi: Fazendo Operações com Funções

Sim, as funções de gráfico são divertidas, mas e se você quiser mais? Bem, temos boas notícias: você também pode fazer operações com as funções. Isso mesmo; estamos aqui para mostrar como adicionar, subtrair, multiplicar ou dividir duas ou mais funções.

**LEMBRE-SE**

Fazer operações (às vezes chamado de *combinar*) funções é bastante fácil, mas os gráficos de novas funções combinadas podem ser difíceis de serem criados, pois essas funções combinadas não têm funções pai e, portanto, não há transformações de funções pai que permitam que você elabore os gráficos facilmente. Por isso, nós as evitamos em pré-cálculo... bem, exceto algumas. Se você for solicitado a elaborar um gráfico para uma função combinada, deve adotar o velho método de inserir variáveis (ou talvez seu professor seja bonzinho o suficiente para deixar que você use sua calculadora gráfica; consulte o Capítulo 1).

Esta seção discute várias operações que você pode ter de resolver em relação a funções, usando as três funções a seguir em todos os exemplos:

$f(x) = x^2 - 6x + 1$

$g(x) = 3x^2 - 10$

$h(x) = \sqrt{(2x-1)}$

### Adição e subtração

Quando for solicitado que adicione funções, você simplesmente combina os termos semelhantes, se a função os possuir. Por exemplo, $(f + g)(x)$ pede que você adicione as funções $f(x)$ e $g(x)$:

$(f + g)(x) = (x^2 - 6x + 1) + (3x^2 - 10) = 4x^2 - 6x - 9$

O $x^2$ e o $3x^2$ são adicionados resultando $4x^2$; $-6x$ permanece, pois não há termos semelhantes; e 1 e $-10$ são adicionados resultando $-9$.

Mas o que fazer se for solicitado que você adicione $(g + h)(x)$? Você obteria

$(g + h)(x) = (3x^2 - 10) + (\sqrt{(2x-1)})$

Não há termos semelhantes a serem adicionados, por isso, não é possível simplificar mais a resposta. Você terminou!

Quando for solicitado que você subtraia funções, você distribui o sinal de negativo na segunda função, usando a propriedade distributiva (consulte o Capítulo 1), e então trata o processo como um problema de adição:

$(g - f)(x) = (3x^2 - 10) - (x^2 - 6x + 1) = (3x^2 - 10) + (-x^2 + 6x - 1) = 2x^2 + 6x - 11$

## Multiplicação e divisão

Multiplicar e dividir funções é um conceito semelhante a adicioná-las e subtraí-las (consulte a seção anterior). Ao multiplicar funções, você usa a propriedade distributiva repetidamente, e então adiciona os termos semelhantes para simplificar. Dividir funções, no entanto, é mais complicado. Lidaremos com a multiplicação primeiro, e deixaremos a divisão mais complexa por último. Eis o arranjo para multiplicar $f(x)$ e $g(x)$:

$(fg)(x) = (x^2 - 6x + 1)(3x^2 - 10)$

Siga os passos a seguir para multiplicar essas funções:

1. **Distribua cada termo do polinômio à esquerda para cada termo do polinômio à direita.**

   Comece com $x^2(3x^2) + x^2(-10) + -6x(3x^2) + -6x(-10) + 1(3x^2) + 1(-10)$. Você acabará com $3x^4 - 10x^2 - 18x^3 + 60x + 3x^2 - 10$.

2. **Combine os termos semelhantes para obter a resposta final à multiplicação.**

   Esse passo simples deixa você com $3x^4 - 18x^3 - 7x^2 + 60x - 10$.

As operações que pedem a divisão de funções podem envolver fatoração para cancelar termos e simplificar a fração. (Se você não estiver familiarizado com esse conceito, confira o Capítulo 4.) Se for solicitado que você divida $g(x)$ por $f(x)$, no entanto, você escreveria $\left(\dfrac{g}{f}\right)(x) = \dfrac{3x^2 - 10}{x^2 - 6x + 1}$. Devido ao fato de que nem o denominador nem o numerador podem ser fatorados, a nova função combinada está simplificada, e você chegou ao final.

Pode ser solicitado que você encontre um valor específico de uma função combinada. Por exemplo, $(f + h)(1)$ pede que você coloque o valor de 1 na função combinada $(f + h)(x) = (x^2 - 6x + 1) + (\sqrt{(2x - 1)})$. Ao inserir o 1, você obtém:

$(1)^2 - 6(1) + 1 + \sqrt{2(1) - 1}$
$= 1 - 6 + 1 + \sqrt{2 - 1}$
$= -4 + \sqrt{1}$
$= -4 + 1$
$= -3$

## Separando uma função composta

Uma *função composta* é uma função agindo sobre outra. Pense nisso como colocar uma função dentro da outra — $f(g(x))$, por exemplo, significa que você insere toda a função $g(x)$ em $f(x)$. Para resolver tal problema, você trabalha de dentro para fora:

$$(f \circ g)(x) = f(g(x)) = f(3x^2 - 10) = (3x^2 - 10)^2 - 6(3x^2 - 10) + 1$$

Esse processo coloca a função $g(x)$ dentro da função $f(x)$ sempre que a função $f(x)$ pedir por $x$. Essa equação acaba sendo simplificada como $9x^4 - 78x^2 + 161$, caso você seja solicitado a simplificar a composição.

Da mesma forma, $g(h(x)) = (g \circ h)(x) = 3\left(\sqrt{2x-1}\right)^2 - 10$, que é facilmente simplificada para $3(2x - 1) - 10$, pois a raiz quadrada e a potência ao quadrado cancelam uma a outra. Essa equação é simplificada ainda mais para $6x - 13$.

Você não pode simplesmente elevar ao quadrado a raiz quadrada na função combinada $h(g(x))$ sem afirmar que o domínio é restrito, pois seu domínio controla o domínio da função composta (consulte a seção seguinte para saber mais sobre domínios). Embora a composição pareça dever ser linear e, portanto, tenha um domínio com todos os números reais, na verdade ela não é. Se você simplesmente não cortar a raiz quadrada, o domínio se tornará claro: $[0,5, \infty)$. Mas o gráfico não se parece com um gráfico de raiz quadrada ou de uma função quadrática; ele se parece com uma linha que começa em $x = \frac{1}{2}$. Por isso, não simplifique a equação, a menos que especifique que o domínio agora é restrito.

Também pode ser solicitado que você encontre o valor numérico de uma função composta. Para encontrar $(g \circ f)(-3)$, por exemplo, ajuda perceber que é como ler em hebraico: você trabalha da direita para a esquerda. Nesse exemplo, é solicitado que você coloque o $-3$ em $f(x)$, obtenha uma resposta, e depois insira essa resposta em $g(x)$. Eis aqui esses dois passos em ação:

$$f(-3) = (-3)^2 - 6(-3) + 1 = 28$$

$$g(28) = 3(28)^2 - 10 = 2.342$$

## Ajustando o domínio e a imagem de funções compostas (se aplicável)

Se você já olhou as seções anteriores que cobrem a adição, a subtração, a multiplicação e a divisão de funções, ou a inserção de uma função dentro de outra, pode estar se perguntando se todas essas operações estão atrapalhando o domínio e o intervalo. Bem, a resposta depende da operação realizada e da função original. Mas sim, *há* uma possibilidade de que o domínio e a imagem sejam alterados quando você combina funções.

Há dois tipos principais de funções cujos domínios *não* são todos números reais:

- **Funções racionais:** O denominador de uma fração nunca pode ser zero, por isso, haverá situações em que as funções racionais são indefinidas.

- **Funções de raiz quadrada (e qualquer raiz com um índice par):** O *radicando* (aquilo que fica embaixo do símbolo de raiz) não pode ser negativo. Para descobrir como o domínio é afetado, estabeleça o radicando como sendo maior do que ou igual a zero e resolva. Essa solução dirá a você.

Quando você começa a combinar funções (como adicionar um polinômio e uma raiz quadrada, por exemplo), faz sentido que o domínio da nova função combinada também seja afetado. O mesmo pode ser dito para o intervalo de uma função composta; a nova função será baseada na(s) restrição(ões) das funções originais.

O domínio é afetado quando você combina funções com divisão, pois as variáveis terminam no denominador da fração. Quando isso acontece, você precisa especificar os valores no domínio para os quais o quociente da nova função é indefinido. Os valores indefinidos também são chamados de *valores excluídos* para o domínio. Se $f(x) = x^2 - 6x + 1$ e $g(x) = 3x^2 - 10$, se você observar $\left(\frac{g}{f}\right)(x)$, essa fração exclui valores, pois $f(x)$ é uma equação quadrática com raízes reais. As raízes de $f(x)$ são $3 + 2\sqrt{2}$ e $3 - 2\sqrt{2}$, por isso, esses são seus valores excluídos.

Infelizmente, não podemos oferecer a você um método perfeitamente seguro para descobrir o domínio e a imagem de uma função composta. O domínio e a imagem que você encontra para uma função composta dependem do domínio e da imagem de cada uma das funções originais individualmente. A melhor maneira é observar as funções individualmente, criando um gráfico usando o método de inserção de variáveis. Dessa maneira, você pode ver o mínimo e o máximo de $x$, que é seu domínio, e o mínimo e o máximo de $y$, que é sua imagem.

Se não tiver a opção de gráfico, no entanto, você simplesmente divide o problema e observa os domínios e imagem individuais primeiro. Dadas duas funções, $f(x)$ e $g(x)$, assuma que você tem de encontrar o domínio de uma nova função combinada $f(g(x))$. Para fazer isso, você precisa encontrar o domínio de cada função individual primeiro. Se $f(x) = \sqrt{x}$ e $g(x) = 25 - x^2$, encontre o domínio da função composta $f(g(x))$ da seguinte maneira:

1. **Encontre o domínio de *f(x)*.**

    Devido ao fato de que não é possível colocar um número negativo dentro da raiz quadrada, o domínio de $f$ tem de ser todos números não negativos. Matematicamente, você escreve isso como $x \geq 0$, ou na notação de intervalo $[0, \infty)$.

2. **Encontre o domínio de $g(x)$.**

   Devido ao fato de que essa equação é um polinômio, seu domínio são todos números reais, ou $(-\infty, \infty)$.

3. **Encontre o domínio da função composta.**

   Quando for especificamente solicitado que você observe a função composta $f(g(x))$, observe que $g$ está dentro de $f$. Você ainda está lidando com uma função de raiz quadrada, o que significa que todas as regras para as funções de raiz quadrada ainda se aplicam. Por isso, o novo radicando da função composta tem de ser não negativo: $25 - x^2 \geq 0$. Ao solucionar essa desigualdade quadrática, obtém-se $x \leq 5$ e $x \geq -5$. Esse é o domínio da função composta: $-5 \leq x \leq 5$.

Para encontrar o intervalo da mesma função composta, você também deve considerar o intervalo de ambas as funções originais primeiro:

1. **Encontre a imagem de $f(x)$.**

   Uma função de raiz quadrada sempre oferece respostas não negativas, por isso, sua imagem é $y \geq 0$.

2. **Encontre a imagem de $g(x)$.**

   Essa função é um polinômio de grau par (especificamente, uma quadrática), e polinômios de grau par sempre têm um valor mínimo ou máximo. Quanto mais alto o grau do polinômio, mais difícil será encontrar o mínimo ou o máximo. Devido ao fato de que essa função é "apenas" uma quadrática, é possível encontrar seu valor mínimo ou máximo localizando o vértice.

   Primeiramente, reescreva a função como $g(x) = -x^2 + 25$. Isso diz a você que a função é uma quadrática transformada que foi deslocada em 25 unidades e foi virada de cima para baixo (consulte a seção anterior "Transformando os gráficos pai"). Portanto, a função nunca será mais elevada que 25 na direção de $y$. O intervalo é $y \leq 25$.

3. **Encontre a imagem da função composta $f(g(x))$.**

   A função $g(x)$ alcança seu máximo (25) quando $x = 0$. Isso significa que a função composta também atingirá seu máximo em $x = 0$: $f(g(0)) = \sqrt{25 - 0^2} = 5$. Portanto, o intervalo da função composta tem de ser menor do que esse valor, ou $y \leq 5$.

O gráfico dessa função composta também depende da imagem de cada função individual. Devido ao fato de que a imagem de $g(x)$ deve ser não negativo, isso também se aplica à função composta, que é expressa como $y \geq 0$. Portanto, a imagem da função composta é $0 \leq y \leq 5$. Se você expressar em gráfico essa função composta em sua calculadora gráfica, obterá um meio círculo de raio 5 que é centrado na origem.

# Fazendo Mundanças com Funções Inversas

Todas as operações matemáticas têm um inverso: a adição desfaz a subtração, a multiplicação desfaz a divisão (e vice-versa para ambos os casos). Devido ao fato de que as funções são apenas formas mais complicadas das operações, é verdade que as funções também têm inversos. Uma *função inversa* simplesmente desfaz outra função.

Talvez o melhor motivo para saber se as funções são inversas umas das outras é que se você puder elaborar o gráfico da função original, *geralmente* é possível desenhar o gráfico da inversa também. Então, é nesse ponto que iniciamos essa seção. Às vezes, em pré-cálculo, será solicitado que você mostre que duas funções são inversas ou que você encontre o inverso de uma determinada função, por isso, você encontrará essas informações posteriormente nesta seção também.

**LEMBRE-SE**

Se $f(x)$ é a função original, $f^{-1}(x)$ é o símbolo para sua inversa. Essa notação é usada estritamente para descrever a função inversa, e não $\frac{1}{f(x)}$. O símbolo de negativo é usado apenas para representar o inverso, e não o quociente recíproco.

## Elaborando o gráfico de uma inversa

**DICA**

Se for solicitado que você elabore o gráfico do inverso de uma função, você pode fazer isso da maneira mais longa e encontra a inversa primeiro (consulte a próxima seção), ou pode se lembrar de um fato e obter o gráfico. Qual é esse fato, você pergunta? Bem, é que uma função e sua inversa são refletidas sobre a linha $y = x$. Essa é uma função linear que passa pela origem e tem uma inclinação de 1. Quando for solicitado que você desenhe uma função e sua inversa, você pode escolher desenhar essa linha como uma linha pontilhada; dessa maneira, ela age como um grande espelho, e você pode literalmente ver os pontos da função sendo refletidos na linha para se tornarem os pontos da função inversa. Refletir sobre essa linha faz com que o $x$ e o $y$ sejam trocados e oferece a você uma maneira gráfica de encontrar a inversa sem delimitar toneladas de pontos.

A melhor maneira de entender esse conceito é vê-lo em ação. Por exemplo, apenas confie em nós por ora quando dizemos que as funções $f(x) = 2x - 3$ e $g(x) = \frac{x+3}{2}$ são inversas uma da outra. Para ver como $x$ e $y$ trocam de lugares, siga esses passos:

1. **Pegue um número (qualquer um que desejar) e insira-o na primeira função apresentada.**

    Nós escolhemos –4. Quando $f(-4)$, você obtém –11. Como um ponto, isto é escrito (–4, –11).

2. **Pegue o valor do Passo 1 e insira-o na outra função.**

    Neste caso, você precisa encontrar $g(-11)$. Quando fizer isto, você obtém –4 novamente. Como um ponto, isto é expresso (–11, –4). Uau!

Isso funciona com *qualquer* número e com *qualquer* função: O ponto $(a, b)$ na função se tornará o ponto $(b, a)$ em sua inversa. Mas não deixe que essa terminologia o engane. Devido ao fato de que eles ainda são pontos, você os desenha em gráfico da mesma maneira que sempre grafou pontos.

Todo o domínio e o intervalo trocam de lugares de uma função para sua inversa. Por exemplo, sabendo que apenas alguns pontos da função apresentada $f(x) = 2x - 3$ incluem (-4, -11), (-2, -7) e (0, -3), você automaticamente sabe que os pontos na inversa $g(x)$ serão (-11, -4), (-7, -2) e (-3, 0).

Portanto, se for solicitado que você elabore o gráfico de uma função e de sua inversa, tudo o que você tem de fazer é grafar a função e depois trocar todos os valores de $x$ e $y$ em cada ponto para elaborar o gráfico da inversa. Apenas observe todos os valores trocando de lugar da função $f(x)$ para sua inversa $g(x)$ (e de volta), refletidos sobre a linha $y = x$!

Agora é possível elaborar o gráfico da função $f(x) = 3x - 2$ e de sua inversa sem ao menos saber qual é sua inversa. Devido ao fato de que a função apresentada é uma função linear, você pode expressá-la em gráfico usando a fórmula de interseção de inclinação. Primeiramente, grafe $y = x$. A fórmula de interseção de inclinação oferece pelo menos dois pontos: a interseção $y$ em (0, -2) e o deslocamento da inclinação em uma unidade em (1,1). Se mover a inclinação novamente, você obtém (2, 4). A função inversa, portanto, se move por (-2, 0), (1, 1) e (4, 2). Tanto a função quanto sua inversa são mostradas na Figura 3-22.

**Figura 3-22:** Representando em gráfico f(x) = 3x - 2 e sua inversa, f⁻¹(x).

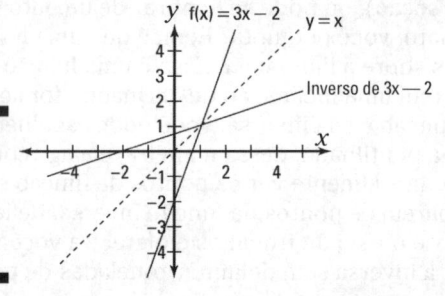

## Invertendo uma função para encontrar sua inversa

Se você tiver uma função e precisar encontrar sua inversa, primeiro lembre-se que o domínio e o intervalo mudam de lugares nas funções. Literalmente, você faz uma troca entre $f(x)$ e $x$ na equação original. Ao fazer essa troca, você chama a nova $f(x)$ por seu nome verdadeiro — $f^{-1}(x)$ — e soluciona essa função.

Por exemplo, para encontrar a inversa de $f(x) = \dfrac{2x-1}{3}$, siga esses passos:

1. **Troque *f(x)* e *x*.**

   Ao trocar *f(x)* e *x*, você obtém $x = \dfrac{2f(x)-1}{3}$. Você também pode trocar *f(x)* por *y* e depois trocar *x* e *y*.

2. **Altere a nova *f(x)* para seu nome adequado *f⁻¹(x)*.**

   A equação então se torna $x = \dfrac{2f^{-1}(x)-1}{3}$.

3. **Solucione-a para obter a inversa.**

   Isso envolve três passos simples:

   a. Multiplique ambos os lados por 3 para obter $3x = 2f^{-1}(x) - 1$.

   b. Adicione 1 a ambos os lados para obter $3x + 1 = 2f^{-1}(x)$.

   c. Por fim, divida ambos os lados por 2 para obter $\dfrac{3x+1}{2} = f^{-1}(x)$. Agora você tem sua inversa!

## Verificando uma inversa

Às vezes, seu livro de exercícios ou professor pode pedir que você verifique se duas determinadas funções são de fato inversas uma da outra. Para fazer isso, você precisa mostrar que ambas *f(g(x))* e *g(f(x)) = x*.

Quando for solicitado que você encontre o inverso de uma função (como na seção anterior), não é má ideia verificar por conta própria se aquilo que você fez está correto, caso o tempo permita.

Por exemplo, para demonstrar se *f(x)* = 5*x* − 4 e $g(x) = \dfrac{x+4}{5}$ são inversas uma da outra, siga esses passos:

1. **Mostre que *f(g(x)) = x*.**

   Isso é uma questão de inserir todos os componentes:

   $$f(g(x)) = \cancel{5}\left(\dfrac{x+4}{\cancel{5}}\right) - 4$$
   $$= x + 4 - 4$$
   $$= x \checkmark$$

2. **Mostre que *g(f(x)) = x*.**

   Novamente, insira os números e comece a cortar:

   $$g(f(x)) = \dfrac{5x - \cancel{4} + \cancel{4}}{5}$$
   $$= \dfrac{\cancel{5}x}{\cancel{5}}$$
   $$= x \checkmark$$

# Capítulo 4
# Encontrando e Usando Raízes para Plotar Funções Polinomiais

*Neste capítulo*

▶ Explorando a fatoração de equações quadráticas
▶ Solucionando equações quadráticas que não é possível fatorar
▶ Decifrando e contando as raízes de um polinômio
▶ Empregando soluções para encontrar fatores
▶ Delimitando polinômios no plano de coordenadas

Desde os tempos remotos da álgebra, as variáveis servem para representar valores desconhecidos nas equações. Portanto, você já deve se sentir bastante confortável em usá-las agora. Quando variáveis e constantes começam a se multiplicar, o resultado é chamado de *monômio*, o que significa "um termo". Exemplos de monômios incluem $-3$, $x^2$ e $4ab^3c^2$. Quando você começa a adicionar e subtrair monômios, obtém *polinômios*, pois cria um ou mais termos. Geralmente, um monômio refere-se a um polinômio com apenas um termo, um binômio refere-se a dois termos, um trinômio refere-se a três, enquanto a palavra polinômio é reservada para quatro ou mais termos. Pense nos *polinômios* como o guarda-chuva debaixo do qual estão os monômios, binômios e trinômios. Cada parte de um polinômio que é adicionada ou subtraída é um termo; por isso, por exemplo, o polinômio $2x + 3$ tem dois termos: $2x$ e $3$.

**LEMBRE-SE**

Parte da definição oficial de um polinômio é que ele nunca pode ter uma variável no denominador de uma fração; ele não pode ter expoentes negativos; e não pode ter expoentes fracionários.

Neste capítulo, você procurará a(s) *solução(ões)* de uma dada equação — o(s) valor(es) que a torna(m) verdadeira. Quando essa dada equação é igual a zero, essas soluções são chamadas de *raízes* ou *zeros*. Os livros de exercícios e os professores usarão essas palavras de maneira intercambiável, pois elas representam a mesma ideia — o lugar onde o gráfico cruza o eixo $x$ (também chamado de interseção de $x$). Mostraremos como encontrar as raízes de funções polinomiais.

# A Função de Graus e Raízes

O *grau* de um polinômio está intimamente relacionado aos seus expoentes, e ele determina como você trabalha com o polinômio para encontrar as raízes. Para encontrar o grau de um polinômio, simplesmente descubra o grau de cada termo adicionando os expoentes das variáveis. A maior dessas somas é o grau do polinômio como um todo. Por exemplo, considere a expressão
$3x^4y^6 - 2x^4y - 5xy + 2$:

- O grau do primeiro termo é 4 + 6, ou 10.
- O grau do segundo termo é 4 + 1, ou 5.
- O grau do terceiro termo é 1 + 1, ou 2.
- O grau do último termo é 0, pois ele não possui variáveis.

Portanto, esse polinômio tem um grau de 10.

Uma *expressão quadrática* é um polinômio no qual o grau mais alto é dois. Um exemplo de um polinômio quadrático é $3x^2 - 10x + 5$. O termo $x^2$ no polinômio é chamado de *termo quadrático*, pois é ele que torna toda a expressão quadrática. O número em frente a $x^2$ é chamado de *coeficiente regente* (no exemplo acima, ele é o 3). O termo $x$ é chamado de *termo linear* ($-10x$), e o número sozinho é chamado de *constante* (5).

Sem estudar cálculo, obter um gráfico perfeitamente preciso de uma função polinomial delimitando pontos é quase impossível. No entanto, em pré-cálculo, você pode encontrar as raízes de um polinômio (se houver) e usá-las como um guia para obter uma ideia mais precisa de como o gráfico desse polinômio se parece. Você simplesmente insere um valor de $x$ entre as duas raízes, que são interseção de $x$, para ver se a função é positiva ou negativa entre essas raízes. Por exemplo, pode ser solicitado que você elabore o gráfico da equação $y = 3x^2 - 10x + 5$. Você agora sabe que esse é um polinômio de segundo grau, por isso, ele terá duas raízes e, portanto, poderá cruzar o eixo $x$ até duas vezes (você vai saber mais do porquê posteriormente).

Elaborar gráficos é um conceito importante de pré-cálculo, e é algo que você será solicitado a fazer inúmeras vezes. Dependendo do tipo de função para a qual está elaborando um gráfico, há inúmeras estratégias para obter um gráfico preciso. Para polinômios, no entanto, comece com as raízes!

Se você tiver a sorte de ter uma calculadora gráfica *e* de ter um professor que deixe que você a use, poderá inserir qualquer equação quadrática no utilitário de gráficos da calculadora e grafar a equação. A calculadora não somente identificará os zeros, como também dirá a você os valores máximos e mínimos do gráfico para que você possa desenhar a melhor representação possível.

## Capítulo 4: Encontrando e Usando Raízes para Plotar Funções Polinomiais

Iniciaremos este capítulo observando como resolver quadráticas, pois as técnicas exigidas para solucioná-las são específicas: fatoração, completar o quadrado e a fórmula quadrática são métodos excelentes de solucionar quadráticas, mas eles não funcionam para polinômios de graus mais altos. Em seguida, prosseguiremos para polinômios de graus mais elevados (como $x^3$ ou $x^5$, por exemplo), pois os passos necessários para solucioná-los são geralmente maiores e mais complicados.

*Nota:* você pode resolver *qualquer* equação polinomial (inclusive quadráticas) usando os passos descritos no final deste capítulo. No entanto, você economizará tempo e esforço se solucionar quadráticas usando as técnicas especificamente reservadas a elas. Não se preocupe, no entanto, pois o instruiremos durante cada passo para solucionar todo tipo de polinômio de uma vez.

# *Fatorando uma Expressão Polinomial*

Lembre-se que quando dois ou mais termos são multiplicados para se obter um produto, cada termo é chamado de um *fator*. Você se deparou pela primeira vez com fatores quando foi introduzido à multiplicação (lembra de fatoração, fator primo, e assim por diante?). Em matemática, *fatoração* significa separar um polinômio em um produto de outros polinômios menores. Se desejar, você poderá então multiplicar esses fatores conjuntamente, e obterá o polinômio original (essa é uma ótima maneira de conferir suas habilidades de fatoração). Um conjunto de fatores, por exemplo, de 24 é 6 e 4, pois $6 \cdot 4 = 24$. Quando você tem um polinômio, uma maneira de solucioná-lo é fatorá-lo como o produto de dois binômios.

Há inúmeras opções de fatoração dentre as quais escolher ao solucionar equações polinomiais:

- Para um polinômio, independentemente de quantos termos ele tenha, sempre verifique se há um *mínimo múltiplo comum* (MMC) primeiro. Literalmente, o máximo fator comum é a expressão máxima que servirá para todos os termos. Usar o MMC é como realizar a propriedade distributiva ao contrário (consulte o Capítulo 1).

- Se a equação for um *trinômio* — se possuir três termos — você poderá usar a distributiva da multiplicação[*], método para multiplicar binômios ao contrário.

- Se for um binômio, procure por diferenças de quadrados, diferenças de potências cúbicas ou somas de potências cúbicas.

Por fim, após o polinômio ter sido completamente fatorado, você poderá usar a propriedade de produto zero para resolver a equação. As seções a seguir mostram cada um desses métodos em detalhes.

---

[*] Método FOIL no original.

**Se um polinômio não puder ser fatorado**, ele é chamado de *primo*, pois seus únicos fatores são 1 e ele próprio. Após ter experimentado todos os truques de fatoração que você tem na manga (MMC, distributiva da multiplicação, diferença de quadrados, e assim por diante), e a equação quadrática não puder ser fatorada, então você poderá completar o quadrado ou usar a fórmula quadrática para resolver a equação. A escolha é sua. Você pode até mesmo possivelmente escolher *sempre* usar o método de completar o quadrado ou a fórmula quadrática (e pular a fatoração) para resolver uma equação. Fatorar pode, às vezes, ser mais rápido, e é por isso que recomendamos que você tente isso primeiro.

A fórmula padrão para uma expressão quadrática (simplesmente uma equação quadrática sem o sinal de igual) é o termo $x^2$, seguido pelo termo $x$, seguido pela constante — em outras palavras, $ax^2 + bx + c$. Se você tiver uma expressão quadrática que não está de acordo com a fórmula padrão, reescreva-a de acordo com a fórmula padrão colocando os graus em ordem descendente. Isso torna a fatoração mais fácil (e, às vezes, é até mesmo necessário para realizá-la).

Posteriormente nesta seção, mostramos como resolver uma equação quadrática após ela ter sido fatorada usando o que é conhecido como a propriedade de produto zero. Mas devido ao fato de que ela se baseia, às vezes, em todas as técnicas a seguir, nos concentraremos somente em fatorar expressões em um primeiro momento, e não em encontrar quaisquer raízes. Você descobrirá que a maioria dos livros de exercícios compartilha dessa abordagem.

## Sempre o primeiro passo: Procure um MMC

Independentemente de quantos termos um polinômio tiver, é sempre importante procurar um mínimo múltiplo comum (MMC) primeiro. Se houver um MMC, ele tornará a fatoração do polinômio muito mais fácil, pois o número de fatores de cada termo será mais baixo (porque você terá fatorado um ou mais deles!). Isso é especialmente importante se o MMC incluir uma variável.

Se você se esquecer de fatorar esse MMC, também poderá esquecer-se de encontrar uma solução, e isso pode causar uma grande confusão! Sem essa solução, você poderia deixar de lado uma raiz, e então acabaria com um gráfico incorreto para seu polinômio. E então todo esse trabalho teria sido em vão! Bem, talvez não *em vão*, mas você entende o que estamos dizendo.

Para fatorar o polinômio $6x^4 - 12x^3 + 4x^2$, por exemplo, siga esses passos:

1. **Separe todos os termos em fatores primos.**

    Isso expande a expressão para $3 \cdot 2 \cdot x \cdot x \cdot x \cdot x - 2 \cdot 2 \cdot 3 \cdot x \cdot x \cdot x + 2 \cdot 2 \cdot x \cdot x$.

2. **Procure fatores que aparecem em todos os termos para determinar o MMC.**

   Neste exemplo, é possível observar um 2 e dois $x$ em todos os termos. Nós os sublinhamos a seguir: $3 \cdot \underline{2} \cdot \underline{x} \cdot \underline{x} \cdot x \cdot x - \underline{2} \cdot 2 \cdot 3 \underline{x} \cdot \underline{x} \cdot x + 2 \cdot \underline{2} \cdot \underline{x} \cdot \underline{x}$. O MMC aqui é $2x^2$.

3. **Fatore o MMC de todos os termos em frente aos parênteses e deixe os remanescentes dentro dos parênteses.**

   Você agora tem $2 \cdot x \cdot x(3 \cdot x \cdot x - 2 \cdot 3 \cdot x + 2)$.

4. **Multiplique para simplificar cada termo.**

   Isto o deixa com $2x^2(3x^2 - 6x + 2)$.

5. **Distribua para ter certeza de que o MMC está correto.**

   Se você multiplicar o $2x^2$ dentro dos parênteses, obterá $6x^4 - 12x^3 + 4x^2$. Agora poderá dizer com confiança que $2x^2$ é o MMC.

## *Para terminar: O método PEIÚ\* para trinômios*

Após ter conferido o MMC de um polinômio (independentemente de ele ter um ou não), tente fatorar novamente. Você poderá descobrir que é mais fácil fatorar após o MMC ter sido fatorado. O polinômio na última seção tinha dois fatores: $2x^2$ e $3x^2 - 6x + 2$. O primeiro fator, $2x^2$, não pode ser fatorado por si próprio, pois é um monômio. No entanto, o segundo fator pode ser fatorado novamente, pois se trata de um trinômio, e se isso acontecer você terá mais dois fatores, ambos binômios.

A maioria dos professores mostra o método de adivinhação e verificação para a fatoração, em que você escreve dois conjuntos de parênteses — ( ) · ( ) — e literalmente insere "chutes" para os fatores para ver se alguma coisa funciona. Talvez seu primeiro chute para esse exemplo seria $(3x - 2)(x - 1)$, mas se tiver aplicado o método distributiva da multiplicação, obterá $3x^2 - 5x + 2$, e terá de fazer um novo chute. Esse método de adivinhação e verificação é looooooongo e tedioso, para dizer o mínimo. Na verdade, essa quadrática específica é *prima*, então, você poderia passar o dia inteiro adivinhando e verificando, e *nunca* faria a fatoração.

Se você está estudando pré-cálculo, e seu professor está usando o método de adivinhação e verificação, que simplesmente não está funcionando para você, você veio até a seção certa. O procedimento a seguir, chamado de *método PEIÚ* de fatoração (às vezes denominado *Método Inglês*), sempre funciona para fatorar trinômios, e é uma ferramenta bastante útil se não conseguir se acostumar com a adivinhação e verificação. Quando o método PEIÚ falhar, você saberá com certeza que a quadrática oferecida é prima.

---

\* No original, utiliza-se o método FOIL, que significa F (first — primeiro), O (outside — fora), I (inside — dentro) e L (last — último).

O método PEIÚ de fatoração* pede que você siga os passos necessários para binômios PEIÚ, só que ao contrário. Lembre-se que, quando aplica o método PEIÚ, você multiplica os termos Primeiros, Externos, Internos e Últimos conjuntamente. Depois, você combina quaisquer termos semelhantes, o que geralmente vem da multiplicação dos termos Externos e Internos.

Por exemplo, para fatorar $x^2 + 3x - 10$ siga esses passos:

1. **Confira o MMC primeiro.**

    A expressão $x^2 + 3x - 10$ não terá um MMC quando você a separar e a analisar de acordo com os passos na seção anterior. Os termos separados se parecerão com o seguinte: $x \cdot x + 3 \cdot x - 2 \cdot 5$. Não há fatores comuns a cada um dos termos, por isso, não há um MMC. Isso significa que você pode seguir para o próximo passo.

2. **Multiplique o termo quadrático e o termo constante.**

    Tome cuidado com os sinais ao fazer isso. Nesse exemplo, o termo quadrático é $1x^2$, e a constante é $-10$: $1 \cdot -10 = -10x^2$.

3. **Escreva todos os fatores do resultado, em pares.**

    Os fatores de $-10x^2$ são:

    - $-1x$ e $10x$
    - $1x$ e $-10x$
    - $-2x$ e $5x$
    - $2x$ e $-5x$

4. **A partir dessa lista, encontre o par cuja soma produz o coeficiente do termo linear.**

    Você quer o par cuja soma seja $+3x$. Para esse problema, a resposta é $-2x$ e $5x$, pois $-2x \cdot 5x = -10x^2$ e $-2x + 5x = 3x$.

5. **Separe o termo linear em dois termos, usando os números do Passo 4 como os coeficientes.**

    Escrevendo-os, você agora tem $x^2 - 2x + 5x - 10$.

    Sua vida ficará mais fácil em longo prazo se você sempre dispuser o termo linear com o coeficiente menor primeiro. É por isso que colocamos o $-2x$ na frente do $+5x$.

6. **Agrupe os quarto termos em dois conjuntos de dois.**

    Sempre coloque um sinal de mais entre esses dois conjuntos: $(x^2 - 2x) + (5x - 10)$.

---

* Você está acostumado a ver dessa forma: $(a+b).(a+b) = a.a + a.b + b.a + b.b$
$= a^2 + 2ab + b^2$

7. **Encontre o MMC para cada conjunto e fatore-o.**

   Observe os primeiros dois termos. O que eles têm em comum? Um $x$. Se você fatorar o $x$, terá $x(x-2)$. Agora, observe os segundos dois termos. Eles têm um 5 em comum. Se você fatorar o 5, terá $5(x-2)$. O polinômio agora é escrito como $x(x-2) + 5(x-2)$.

8. **Encontre o MMC dos dois novos termos.**

   Você vê o $(x-2)$ em ambos os termos? Nós o sublinhamos aqui: $x\underline{(x-2)} + 5\underline{(x-2)}$. Esse é um MMC, pois ele aparece em ambos os termos (se você fatorar usando esse método, o último passo sempre deve se parecer com isso). Fatore o MMC de ambos os termos (é sempre a expressão dentro dos parênteses) para frente; você obterá $(x-2)(\ )$. Ao fazer a fatoração, os termos que não são o MMC são deixados dentro dos novos parênteses. Nesse caso, você obterá $(x-2)(x+5)$. O $(x+5)$ é o que sobra ao tirar o MMC.

Às vezes, o sinal tem de mudar no Passo 6 para que se possa fatorar corretamente o MMC. Mas se você não começar com um sinal de adição entre os dois conjuntos, poderá perder um sinal negativo que precisará para que a fatoração seja completa. Por exemplo, ao fatorar $x^2 - 13x + 36$, você chega ao Passo 5 com o seguinte polinômio: $x^2 - 9x - 4x + 36$. Ao agrupar os termos, você obtém $(x^2 - 9x) + (-4x + 36)$. Fatore o $x$ no primeiro conjunto e o 4 no segundo conjunto para obter $x(x-9) + 4(-x + 9)$. Observou que o segundo conjunto é o exato oposto do primeiro? Para que possa seguir para o próximo passo, os conjuntos têm de ter uma correspondência exata. Para consertar isso, altere o +4 no meio para -4 e obtenha $x(x-9) - 4(x-9)$. Agora que eles correspondem, você pode fatorar novamente.

Se seguir todos os passos na lista anterior, será fácil fatorar trinômios. Mesmo quando uma expressão tiver um coeficiente regente além de 1, o método PEIÚ ainda funciona. O problema aparece apenas se não houver fatores no Passo 2 que possam ser adicionados para que você tenha o coeficiente linear. Nesse caso, a resposta é prima. Por exemplo, em $2x^2 + 13x + 4$, ao multiplicar o termo quadrático de $2x^2$ e a constante de 4, você obtém $8x^2$. No entanto, nenhum fator de $8x^2$ também pode ser adicionado para obter $13x$, por isso, $2x^2 + 13x + 4$ é primo.

## Reconhecendo e fatorando tipos especiais de polinômios

O objetivo principal de fatorar é descobrir os fatores polinomiais originais que oferecem a você um produto final. Você passa bastante tempo em álgebra usando o método PEIÚ em polinômios, e a fatoração apenas desfaz esse processo. É parecido com jogar *Jeopardy!*\* — você sabe a resposta e está procurando a pergunta.

---

\* Programa de perguntas e respostas exibido pela CBS Television Distribuition (www.cbstvd.com/shows.aspx?showID=6).

**Parte I: Configure, Resolva e Faça o Gráfico**

Há casos especiais ao aplicar o método PEIÚ em binômios, que também aparecem em fatoração; você deve reconhecê-los rapidamente para que possa economizar tempo ao fatorar*:

- **Quadrados perfeitos:** Ao aplicar o método PEIÚ, um binômio multiplica-se por si mesmo, o produto é chamado de *quadrado perfeito*. $(a + b)^2$, por exemplo, daria a você o quadrado perfeito trinomial $a^2 + 2ab + b^2$. Ao fatorar um trinômio, se você acabar com dois fatores que são iguais, você expressa a resposta como sendo o binômio elevado à segunda potência.

- **Diferença de quadrados:** Ao aplicar o método PEIÚ em um binômio e seu conjugado, o produto é chamado de *diferença de quadrados*. O produto de $(a - b)(a + b)$ é $a^2 - b^2$. Fatorar uma diferença de quadrados também requer seu próprio conjunto de passos, que explicamos nessa seção.

Dois outros tipos especiais de fatoração não foram apresentados quando você estava aprendendo a aplicar o método PEIÚ, pois eles não são o produto de dois binômios:

- **Soma de cubos:** Um fator é um binômio e o outro é um trinômio. $(a^3 + b^3)$ pode ser fatorado para $(a + b)(a^2 - ab + b^2)$.

- **Diferença de cubos:** Nesse caso, fatora-se quase como na soma de cubos, exceto pelo fato de que alguns sinais serão diferentes nos fatores: $(a^3 - b^3) = (a - b)(a^2 + ab + b^3)$.

Independentemente do tipo de problema que você tiver, deverá sempre verificar o MMC primeiro; no entanto, cada um dos seguintes exemplos não terá um MMC, por isso, pulamos esse passo nas orientações. Em outra seção, você descobrirá como fatorar mais de uma vez quando isso se aplica.

### *Enxergando dobrado com quadrados perfeitos*

Devido ao fato de que um trinômio de quadrado perfeito ainda é um trinômio, você deve seguir os passos do método PEIÚ reverso de fatoração (consulte a seção anterior). No entanto, deve observar um passo extra no final, em que expressa a resposta como um binômio ao quadrado.

Por exemplo, para fatorar o polinômio $x^2 - 16x + 64$ siga esses passos:

1. **Multiplique o termo quadrático e o termo constante.**

   O produto do termo quadrático $x^2$ e do constante 64 é $64x^2$, por isso, seu trabalho foi simplificado.

2. **Escreva todos os fatores do resultado, em pares.**

   Os fatores de $64x^2$ em pares são:
   - $1x$ e $64x$
   - $-1x$ e $-64x$
   - $2x$ e $32x$

---

* No Brasil, você aprende como "Produtos Notáveis": $(a+b)^2 = a^2 + 2ab + b^2$
$(a-b)^2 = a^2 - 2ab + b^2$
$(a+b).(a-b) = a^2 - b^2$

Capítulo 4: Encontrando e Usando Raízes para Plotar Funções Polinomiais  **75**

- $-2x$ e $-32x$
- $4x$ e $16x$
- $-4x$ e $-16x$
- $8x$ e $8x$
- $-8x$ e $-8x$

3. **A partir dessa lista, encontre o par que se adiciona para produzir o coeficiente do termo linear.**

   Você quer chegar a uma soma de $-16x$ neste caso. A única maneira de fazer isso é usar $-8x$ e $-8x$.

4. **Separe o termo linear em dois termos, usando os termos do Passo 3.**

   Agora você obtém $x^2 - 8x - 8x + 64$.

5. **Agrupe os quatro termos em dois conjuntos de dois.**

   Você se lembrou de incluir o sinal de adição entre os dois grupos para obter $(x^2 - 8x) + (-8x + 64)$?

6. **Encontre o MMC para cada conjunto e os fatore.**

   O MFC dos primeiros dois termos é $x$, e o MMC dos outros dois termos é $-8$; ao fatorá-los, você obtém $x(x - 8) - 8(x - 8)$.

7. **Encontre o MMC dos dois novos termos.**

   Desta vez, o MMC é $(x - 8)$; ao fatorá-lo, você obtém $(x - 8)(x - 8)$. Aha! Isso é um binômio sendo multiplicado por si mesmo, o que significa que há um passo a mais.

8. **Expresse o produto resultante como um binômio ao quadrado.**

   Este passo é fácil: $(x - 8)^2$.

### Trabalhando com diferenças de quadrados

Você reconhecerá uma *diferença de quadrados*, pois ela sempre será um binômio em que cada termo é um quadrado perfeito, e sempre haverá um sinal de subtração entre eles. Ela *sempre* aparece como $a^2 - b^2$, ou (alguma coisa)$^2$ - (alguma outra coisa)$^2$. Quando você de fato tiver uma diferença de quadrados em mãos — após verificar o MMC de ambos os termos — seguirá um procedimento simples: $a^2 - b^2 = (a - b)(a + b)$.

Por exemplo, é possível fatorar $25y^4 - 9$ por meio desses passos:

1. **Reescreva cada termo como (alguma coisa)$^2$.**

   Esse exemplo se torna $(5y^2)^2 - (3)^2$, que claramente mostra a diferença de quadrados (em que "diferença de" significa subtração).

2. **Fatore a diferença de quadrados $(a)^2 - (b)^2$ por $(a - b)(a + b)$.**

   Cada diferença de quadrados $(a)^2 - (b)^2$ sempre é fatorada como $(a - b)(a + b)$. Esse exemplo é fatorado como $(5y^2 - 3)(5y^2 + 3)$.

### Separando uma diferença ou soma cúbica

Após conferir para ver se há um MMC no polinômio apresentado e descobrir que ele é um binômio que não é uma diferença de quadrados, considere que ele pode ser uma soma ou diferença de cubos.

Uma *diferença de cubos* parece ser bastante parecida com uma diferença de quadrados (consulte a última seção), mas ela é fatorada de maneira diferente. Uma diferença de cubos sempre começará com um binômio com um sinal de subtração no meio, mas será escrita como (alguma coisa)$^3$ − (alguma outra coisa)$^3$. Para fatorar qualquer diferença de cubos, usa-se a fórmula $(a)^3 - (b)^3 = (a - b)(a^2 + ab + b^2)$.

Uma *soma de cubos* é sempre um binômio com um sinal de adição no meio – o único em que isso acontece: (alguma coisa)$^3$ + (alguma outra coisa)$^3$. Ao reconhecer uma soma de cubos $a^3 + b^3$, ela é fatorada como $(a + b)(a^2 - ab + b^2)$.

Por exemplo, para fatorar $8x^3 + 27$, você primeiramente procura o MFC. Você não encontrará nenhum, então, agora, use os seguintes passos:

1. **Veja se a expressão é uma diferença de quadrados.**

    Você deve considerar essa possibilidade, pois a expressão tem dois termos, mas deve logo perceber que esse não é o caso, pois há um sinal de adição entre os dois termos.

2. **Determine se deve usar uma soma ou diferença de cubos.**

    O sinal de adição diz a você que pode se tratar de uma soma de cubos, mas isso não é certo. É a hora da tentativa e erro. Tente reescrever a expressão como a soma de cubos; se experimentar $(2x)^3 + (3)^3$, terá um vencedor.

3. **Separe a soma ou diferença de cubos usando o atalho da fatoração.**

    Substitua $a$ por $2x$ e $b$ por 3. A fórmula se tornará $[(2x) + (3)][(2x)^2 - (2x)(3) + (3)^2]$.

4. **Simplifique a fórmula de fatoração.**

    Esse exemplo é simplificado como $(2x + 3)(4x^2 - 6x + 9)$.

5. **Confira o polinômio fatorado para ver se ele pode ser fatorado novamente.**

    Você não termina de fatorar até que chegue ao final. Sempre observe os "restos" para ver se podem ser fatorados novamente. Às vezes, o termo binomial pode ser fatorado de novo como uma diferença de quadrados. No entanto, o fator trinomial *nunca* poderá ser fatorado novamente.

    No exemplo anterior, o termo binômio $2x + 3$ é um binômio de primeiro grau (o expoente da variável é 1) sem um MMC, por isso, ele não pode ser fatorado mais uma vez. Isso significa que $(2x + 3)(4x^2 - 6x + 9)$ é sua resposta final.

## Agrupando para fatorar quatro ou mais termos

Quando um polinômio tem quatro ou mais termos, a maneira mais fácil de fatorá-lo é usar o *agrupamento*. Por meio desse método, você observa apenas dois termos por vez para ver se alguma das técnicas anteriores se torna aparente (você pode notar um MMC em dois termos, ou pode reconhecer um trinômio como sendo um quadrado perfeito). Na verdade, nas seções anteriores, quando mostramos como separar o termo linear de um trinômio em dois termos separados e então fatorar o MMC duas vezes, estamos mostrando uma tática de agrupamento. As maneiras pelas quais pode aplicar a fatoração usando o agrupamento superam de longe em número esse único exemplo, no entanto, por isso, agora mostraremos como agrupar quando o polinômio apresentado *começar* com quatro (ou mais) termos.

Às vezes, é possível agrupar um polinômio em conjuntos com dois termos cada para encontrar um MMC em cada conjunto. Você deve tentar esse método primeiro quando tiver um polinômio com quatro ou mais termos. Esse é o tipo mais comum de agrupamento que você verá em uma matéria de pré-cálculo.

Por exemplo, é possível fatorar $x^3 + x^2 - x - 1$ usando o agrupamento. Apenas siga estes passos:

1. **Separe o polinômio em dois conjuntos de dois.**

    Você pode optar por $(x^3 + x^2) + (-x - 1)$. Coloque o sinal de adição entre os conjuntos, assim como quando você fatora trinômios.

2. **Encontre o MMC de cada conjunto e fatore-o.**

    O quadrado $x^2$ é o MMC do primeiro conjunto, e –1 é o MMC do segundo conjunto. Fatorando ambos, você obtém $x^2(x + 1) - 1(x + 1)$.

3. **Fatore novamente quantas vezes puder.**

    Os dois termos que você criou têm um MMC de $(x + 1)$. Quando fatorado, obtém-se $(x + 1)(x^2 - 1)$.

    No entanto, $x^2 - 1$ é uma diferença de quadrados e pode ser fatorado novamente. No fim, você obtém os seguintes fatores após agrupar: $(x + 1)(x + 1)(x - 1)$, ou $(x + 1)^2(x - 1)$.

Se o método anterior não funcionar, você pode ter de agrupar o polinômio de alguma outra maneira. É claro que após todo esse esforço, o polinômio pode acabar sendo primo, o que não é um problema.

Por exemplo, se você observar o polinômio $x^2 - 4xy + 4y^2 - 16$, poderá agrupá-lo em dois conjuntos de dois, e ele se tornaria $x(x - 4y) + 4(y^2 - 4)$. Isso, no entanto, não pode ser fatorado novamente. Alarmes devem disparar na sua cabeça nesse momento, dizendo para você olhar de novo o original. Você deve tentar agrupá-lo de alguma outra maneira. Nesse caso, se observar os primeiros três termos, descobrirá um trinômio de quadrado perfeito, que é fatorado como $(x - 2y)^2 - 16$. Agora você tem uma diferença de quadrados, que pode ser fatorada novamente como $[(x - 2y) - 4][(x - 2y) + 4]$.

# Encontrando as Raízes de uma Equação Fatorada

Às vezes, após a fatoração, os dois fatores ainda podem ser fatorados e, nesse caso, você deve fazê-lo. Caso eles não possam ser fatorados, é possível solucioná-los apenas usando a fórmula quadrática. Por exemplo, $6x^4 - 12x^3 + 4x^2 = 0$. pode ser fatorado como $2x^2(3x^2 - 6x + 2) = 0$. O primeiro termo, $2x^2 = 0$, é solucionável usando álgebra, mas o segundo fator, $3x^2 - 6x + 2 = 0$ é infatorável e requer a fórmula quadrática (consulte a seção a seguir).

Após ter fatorado um polinômio em suas partes diferentes, você pode estabelecer cada parte como sendo igual a zero para solucionar as raízes com a propriedade de produto zero. A *propriedade de produto zero* diz que, se diversos fatores são multiplicados para obter um zero, pelo menos um deles tem de ser zero. Seu trabalho é encontrar todos os valores de $x$ que tornam o polinômio igual a zero. Isso se torna muito mais fácil se o polinômio for fatorado, pois você pode estabelecer cada fator como sendo igual a zero e encontrar o $x$.

Agora, $x^2 + 3x - 10 = 0$ é fatorado como $(x + 5)(x - 2)$. Seguir em frente é fácil, pois cada fator é linear (primeiro grau). O termo $x + 5 = 0$ oferece uma solução: $x = -5$ e $x - 2 = 0$ oferece a outra solução — $x = 2$.

Cada um deles se torna uma interseção de $x$ no gráfico do polinômio (consulte a seção "Expressando polinômios em gráfico").

# Quebrando uma Equação Quadrática quando não é Possível Fatorar

Quando for solicitado que você solucione uma equação quadrática que você não consegue fatorar (ou que simplesmente não pode ser fatorada), é necessário empregar outras maneiras de solucionar a equação. A incapacidade de fatorar significa que a equação possui soluções que você não consegue encontrar usando as técnicas normais. Talvez elas envolvam raízes quadradas de quadrados não perfeitos; podem até mesmo ser números complexos envolvendo números imaginários (consulte o Capítulo 11).

Um desses métodos é usar a *fórmula quadrática*, que é a fórmula usada para solucionar a variável em uma equação quadrática de forma padrão. Outro envolve *completar o quadrado,* que significa manipular uma expressão para criar um trinômio de quadrado perfeito que você possa fatorar facilmente. As seções a seguir apresentam esses métodos em detalhes.

## Usando a fórmula quadrática

Quando uma equação quadrática não pode ser fatorada, você deve se lembrar de sua velha amiga de álgebra, a fórmula quadrática*, para solucioná-la. Considerando a equação quadrática em forma padrão

$$ax^2 + bx + c = 0, x = \frac{-b \pm \sqrt{b^2 - 4ac}}{2a}.$$

Antes de aplicar a fórmula, você deve reescrever a equação na forma padrão (se ela ainda não estiver) e descobrir os valores de *a*, *b* e *c*.

Por exemplo, para solucionar $x^2 - 3x + 1 = 0$, você primeiro diz que $a = 1$, $b = -3$ e $c = 1$. Os termos *a*, *b* e *c* simplesmente são inseridos na fórmula para oferecer os valores de *x*:

$$x = \frac{-(-3) \pm \sqrt{(-3)^2 - 4(1)(1)}}{2(1)}.$$

Simplifique esta fórmula uma vez para obter $\frac{3 \pm \sqrt{9-4}}{2}$, e então simplifique ainda mais para obter a resposta final, que são dois valores de *x* (as interseções de *x*): $x = \frac{3 \pm \sqrt{5}}{2}$.

## Completando o quadrado

Completar o quadrado é útil quando é solicitado que você solucione uma equação quadrática infatorável e quando você precisa elaborar um gráfico para seções cônicas, que explicamos no Capítulo 12. Por ora, recomendamos que você apenas encontre as raízes de uma quadrática usando essa técnica quando for especificamente solicitado que você o faça, pois a fatoração de uma quadrática e a fórmula quadrática funcionam da mesma forma (se não melhor). Esses métodos são menos complicados do que completar o quadrado (que é um pé você sabe onde!).

Digamos que seu instrutor peça que você complete o quadrado. Siga esses passos para resolver a equação $2x^2 - 4x + 5 = 0$ completando o quadrado:

1. **Divida todos os termos pelo coeficiente regente; se a equação não tiver um coeficiente regente, você pode pular para o Passo 2.**

   Esteja preparado para lidar com frações nesse passo. A equação agora se torna $x^2 - 2x + 5/2 = 0$.

2. **Mova o termo constante para o outro lado da equação realizando sua operação inversa.**

   Você pode subtrair 5/2 de ambos os lados para obter $x^2 - 2x = -5/2$.

---

* No Brasil, a fórmula quadrática recebe o apelido de fórmula de Bhaskara, como você deve ter estudado na escola.

3. **Divida o coeficiente linear por 2, eleve esta resposta ao quadrado, e então some esse valor a ambos os lados.**

   Pegue –2 dividido por 2 para obter –1. Eleve esta resposta ao quadrado para obter 1, e adicione-o a ambos os lados:
   $x^2 - 2x + 1 = -5/2 + 1$.

4. **Simplifique a equação.**

   A equação se torna $x^2 - 2x + 1 = -3/2$.

5. **Fatore a equação quadrática recém-criada.**

   A nova equação deve ser um trinômio de quadrado perfeito. A equação de exemplo é fatorada como $(x-1)(x-1) = -3/2$ usando o método PEIÚ, o que significa que $(x-1)^2 = -3/2$.

6. **Livre-se do expoente ao quadrado colocando ambos os lados sob raízes quadradas.**

   Isso o deixa com $x - 1 = \pm\sqrt{\dfrac{-3}{2}}$.

7. **Simplifique quaisquer raízes quadradas se possível.**

   A equação de exemplo não pode ser simplificada, mas a fração é imaginária (consulte o Capítulo 11) e o denominador precisa ser racionalizado (consulte o Capítulo 2). Faça isso para obter
   $$x - 1 = \dfrac{\pm\sqrt{-3}}{\sqrt{2}} \cdot \dfrac{\sqrt{2}}{\sqrt{2}} = \dfrac{\pm\sqrt{6}\,i}{\sqrt{2}}$$

8. **Solucione a variável isolando-a.**

   Você adiciona 1 a ambos os lados para obter $x = \dfrac{\pm\sqrt{6}\,i}{2} + 1$.

   *Nota:* Pode ser solicitado que você expresse sua resposta como uma fração; nesse caso, encontre o denominador comum e adicione para obter $x = \dfrac{\pm\sqrt{6}\,i + 2}{2}$.

## *Resolvendo Polinômios Infatoráveis com Grau Maior do que Dois*

Agora você é profissional em resolver equações polinomiais de segundo grau (quadráticas) e tem diversas ferramentas ao seu dispor para solucionar esses tipos de problemas. Você pode ter notado ao solucionar quadráticas que há sempre duas soluções para uma equação quadrática. Observe que, às vezes, ambas as soluções são iguais (isso acontece em trinômios de quadrado perfeito). Embora você obtenha a mesma solução duas vezes, elas ainda contam como duas soluções (a quantidade de vezes em que uma solução é considerada uma raiz é denominada *multiplicidade* da solução).

Quando o grau polinomial for maior do que dois e o polinômio não puder ser fatorado usando qualquer uma das técnicas que discutimos anteriormente neste capítulo, fica cada vez mais difícil de encontrar as raízes. Por exemplo, pode ser solicitado que você resolva um polinômio cúbico que *não* é uma soma ou diferença de cubos ou qualquer polinômio de quarto grau ou mais que não possa ser fatorado por agrupamento. Quanto mais alto o grau, mais raízes há, e mais difícil é encontrá-las. Para encontrar as raízes, há muitos cenários diferentes que podem guiá-lo para a direção certa. Você pode criar hipóteses bastante instruídas sobre quantas raízes um polinômio tem, bem como sobre quantos deles são positivos ou negativos e quantos são reais ou imaginários.

## Contando o número total de raízes de um polinômio

Geralmente, o primeiro passo a se tomar antes de resolver um polinômio é encontrar seu *grau*, que o ajuda a determinar o número de soluções que encontrará posteriormente.

Quando for solicitado que você resolva um polinômio, encontrar seu grau será ainda mais fácil, pois haverá apenas uma variável em qualquer um dos termos. Portanto, o expoente mais alto será sempre o termo mais alto quando você tiver de encontrar a solução. Por exemplo, $f(x) = 2x^4 - 9x^3 - 21x^2 + 88x + 48$ é um polinômio de quarto grau com até, mas não mais do que, quatro soluções totais possíveis.

## Contando as raízes reais: a Regra dos Sinais de Descartes

Os termos soluções/zeros/raízes são sinônimos, pois todos representam o local onde o gráfico do polinômio faz a intersecção com o eixo $x$. As raízes que são encontradas quando o gráfico se encontra com o eixo $x$ são chamadas de *raízes reais*; você pode vê-las e trabalhar com elas como números reais no mundo real. Além disso, devido ao fato de que elas cruzam o eixo $x$, algumas raízes podem ser *raízes negativas* (o que significa que elas fazem uma interseção com o eixo $x$ negativo), e algumas podem ser *raízes positivas* (que fazem interseção com o eixo $x$ positivo).

Se você souber quantas raízes totais possui (consulte a última seção), poderá usar um teorema bastante útil chamado *Regra dos Sinais de Descartes* para contar quantas raízes são números reais (ambos positivos *e* negativos) e quantas são imaginárias (consulte o Capítulo 11). O mesmo homem que praticamente inventou os gráficos, Descartes, também inventou uma maneira de descobrir quantas vezes um polinômio cruza o eixo $x$ — em outras palavras, quantas raízes ele tem. Tudo o que você tem de fazer é saber contar!

A *Regra dos Sinais de Descartes* pede que você observe o polinômio, escrito em ordem decrescente, e conte quantas vezes o sinal muda de um termo para o outro. Esse valor representa o número máximo de raízes positivas no polinômio. Por exemplo, no polinômio $f(x) = 2x^4 - 9x^3 - 21x^2 + 88x + 48$, é possível ver duas mudanças de sinal (não se esqueça de contar o primeiro termo!) — do primeiro termo para o segundo e do terceiro termo para o quarto. Isso significa que essa equação pode ter até duas soluções positivas. A Regra dos Sinais de Descartes também diz que o número de raízes positivas é igual às mudanças de sinal de $f(x)$, ou é menor do que isso em um número par (então, você continua subtraindo 2 até que obtenha ou 1 ou 0). Portanto, o $f(x)$ anterior pode ter 2 ou 0 raízes positivas.

A regra então pede que você encontre $f(-x)$ e conte novamente. Mas, devido ao fato de que números negativos elevados a potências pares são positivos, e números negativos elevados a potências ímpares são negativos, essa mudança afeta apenas termos com potências ímpares. Esse passo é o mesmo que mudar cada termo com um grau ímpar por seu sinal oposto e contar novamente, o que dará a você o número máximo de raízes negativas. A equação de exemplo se torna $f(-x) = 2x^4 + 9x^3 - 21x^2 - 88x + 48$, que muda de sinal duas vezes. Pode haver, no máximo, duas raízes negativas. No entanto, de maneira semelhante à regra das raízes positivas, o número de raízes negativas é igual às mudanças de sinal para $f(-x)$, ou deve ser menor do que isso em um número par. Portanto, esse exemplo pode ter 2 ou 0 raízes negativas.

## Contando raízes imaginárias: o Teorema Fundamental da Álgebra

*Raízes imaginárias* aparecem em uma equação quadrática quando o discriminante da equação quadrática é negativo. Lembre-se das aulas de Álgebra II que o *discriminante* é a parte da fórmula quadrática debaixo do sinal de raiz quadrada: $b^2 - 4ac$. Se esse valor for negativo, não é possível de fato tirar a raiz quadrada, e as respostas não serão reais. Em outras palavras, não há solução; portanto, o gráfico não cruzará o eixo $x$.

Ao lidar com a fórmula quadrática, há sempre duas soluções, pois o sinal ± significa que você está ao mesmo tempo adicionando e subtraindo e obtendo duas respostas completamente diferentes. Quando o número debaixo do sinal de raiz quadrada na fórmula quadrática é negativo, as respostas são chamadas de *conjugados complexos*. Um é $a + bi$ e o outro é $a - bi$. Esses números têm tanto partes reais ($a$) quanto imaginárias ($bi$).

O *Teorema Fundamental da Álgebra* diz que toda função polinomial tem pelo menos uma raiz complexa. Esse é um conceito que você deve se lembrar de Álgebra II. (Para referência, leia as partes sobre números imaginários e complexos no Capítulo 11 primeiro.)

## Capítulo 4: Encontrando e Usando Raízes para Plotar Funções Polinomiais

O grau mais alto de um polinômio oferece a você o número mais alto possível de raízes *complexas* para o polinômio. Entre esse fato e a Regra dos Sinais de Descartes, é possível descobrir quantas raízes imaginárias puras (não há parte real alguma, diferentemente dos números complexos) um polinômio tem. Una em pares todos os números possíveis de raízes reais positivas com todos os números possíveis de raízes reais negativas (consulte a seção anterior); o número restante de raízes para cada situação representa o número de raízes imaginárias puras.

Continuando com o exemplo $f(x) = 2x^4 - 9x^3 - 21x^2 + 88x + 48$ da seção anterior, o polinômio tem um grau de 4, com 2 ou 0 raízes reais positivas, e 2 ou 0 raízes reais negativas. Una em pares as possíveis situações:

- Se há 2 raízes reais positivas e 2 negativas, isso nos deixa com 0 raízes imaginárias puras.
- Se há 2 raízes reais positivas e 0 negativas, isso nos deixa com 2 raízes imaginárias puras.
- Se há 0 raízes reais positivas e 2 negativas, isso nos deixa com 2 raízes imaginárias puras.
- Se há 0 raízes reais positivas e 0 negativas, isso nos deixa com 4 raízes imaginárias puras.

Permita-nos que apresentemos essas informações em uma tabela para tornar as coisas mais claras:

| Raízes reais positivas | Raízes reais negativas | Raízes imaginárias puras |
|---|---|---|
| 2 | 2 | 0 |
| 2 | 0 | 2 |
| 0 | 2 | 2 |
| 0 | 0 | 4 |

Números complexos são escritos de acordo com a fórmula $a + bi$ e têm uma parte real e uma imaginária, e é por isso que todos os polinômios têm pelo menos uma raiz no sistema de números complexos (consulte o Capítulo 11). Tanto os números reais quanto os imaginários estão incluídos no sistema de números complexos. Números reais não têm uma parte imaginária, e números imaginários puros não têm uma parte real. Por exemplo, se $x = 7$ é uma raiz do polinômio, essa raiz é considerada como sendo tanto real quanto complexa, pois pode ser reescrita como $x = 7 + 0i$ (a parte imaginária é 0).

O Teorema Fundamental da Álgebra oferece o número total de raízes complexas (digamos que haja 7); a Regra dos Sinais de Descartes diz quantas raízes reais possíveis há, quantas são positivas e quantas são negativas (digamos que haja, no máximo, 2 raízes positivas, mas apenas 1 raiz negativa). Presuma que você tenha encontrado todas, usando a técnica que discutimos nesta seção; elas são $x = 1$, $x = 7$ e $x = -2$. A confusão se dá, pois essas são raízes reais, mas também são complexas, uma vez que todas podem ser reescritas, como no exemplo anterior.

As primeiras duas colunas na tabela localizam as raízes reais puras e as classificam como positivas ou negativas. A terceira coluna de fato localiza, especificamente, os números não reais: os imaginários puros e os complexos puros.

## *Adivinhando e verificando as raízes reais*

Após ter trabalhado com a seção anterior, você é capaz de determinar exatamente quantas raízes (e que tipos de raízes) há. Agora, o *Teorema de Raiz Racional* é outro método que você pode usar para simplificar a busca por raízes de polinômios. A Regra dos Sinais de Descartes somente delimita as raízes reais como sendo positivas e negativas. O Teorema de Raiz Racional diz que é possível que algumas raízes reais sejam racionais (elas podem ser expressas como uma fração). Ele também ajuda você a criar uma lista das raízes racionais *possíveis* de qualquer polinômio.

O problema? Nem todas as raízes são racionais, pois algumas são irracionais. É até mesmo possível que um polinômio tenha *somente* raízes irracionais. Mas esse teorema é sempre um bom lugar para começar em sua busca por raízes; ele pelo menos oferecerá um ponto de partida. Além disso, os problemas que serão apresentados a você dentro de pré-cálculo muito provavelmente terão pelo menos uma raiz racional, por isso, as informações nesta seção melhorarão muito suas chances de descobrir mais!

Siga esses passos gerais para garantir que você encontre todas as raízes:

1. **Use o Teorema de Raiz Racional para listar todas as raízes racionais possíveis.**

2. **Escolha uma raiz da lista do Passo 1 e use a divisão longa ou sintética para descobrir se ela é, de fato, uma raiz.**

    a. Se a raiz não funcionar, tente outro palpite.

    b. Se a raiz funcionar, prossiga para o Passo 3.

3. **Usando o polinômio reduzido (aquele que você obtém após realizar a divisão sintética no Passo 2b), teste a raiz que funcionou para ver se ela funciona novamente.**

    a. Se funcionar, repita o Passo 3 *novamente*.

    b. Se não funcionar, volte para o Passo 2, em que deve experimentar uma raiz diferente da lista do Passo 1 e usar a divisão sintética para verificar.

4. **Liste todas as raízes que encontrou e que funcionam; deve haver o mesmo número de raízes quanto o grau do polinômio.**

    Não pare até que tenha encontrado todas. É inteiramente possível que algumas raízes sejam reais e outras sejam imaginárias.

### Encontrando raízes reais possíveis com o Teorema de Raiz Racional

O *Teorema de Raiz Racional* diz que se você pegar todos os fatores do termo constante em um polinômio e dividi-los por todos os fatores do coeficiente regente produzirá uma lista de todas as raízes racionais possível do polinômio. No entanto, lembre-se que você estará encontrando somente as raízes *racionais*, e, às vezes, as raízes de um polinômio são irracionais. Algumas das raízes poderão também ser imaginárias, mas é melhor guardá-las até o final de sua busca.

Por exemplo, considere a equação $f(x) = 2x^4 - 9x^3 - 21x^2 + 88x + 48$. O termo constante é 48, e seus fatores são os seguintes:

$\pm 1, \pm 2, \pm 3, \pm 4, \pm 6, \pm 8, \pm 12, \pm 16, \pm 24, \pm 48$

O coeficiente regente é 2, e seus fatores são os seguintes:

$\pm 1$ e $\pm 2$

Por isso, a lista de raízes reais possíveis inclui o seguinte:

$\pm 1/1, \pm 2/1, \pm 3/1, \pm 4/1, \pm 6/1, \pm 8/1, \pm 12/1, \pm 16/1, \pm 24/1, \pm 48/1, \pm 1/2,$
$\pm 2/2, \pm 3/2, \pm 4/2 \pm 6/2, \pm 8/2, \pm 12/2, \pm 16/2, \pm 24/2$ e $\pm 48/2$

Ainda bem, todas essas raízes podem ser simplificadas como $\pm 1/2, \pm 1, \pm 3/2, \pm 2, \pm 3, \pm 4, \pm 6, \pm 8, \pm 12, \pm 16, \pm 24$ e $\pm 48$.

### Testando raízes ao dividir polinômios

A divisão de polinômios segue o mesmo algoritmo que a divisão longa com números reais. O polinômio pelo qual você está dividindo é chamado de *divisor*. O polinômio sendo dividido é chamado de *dividendo*. A resposta é chamada de *quociente*, e o resto do polinômio é chamado de *resto*.

Uma maneira, além da divisão sintética, pela qual você pode testar as raízes possíveis do Teorema de Raiz Racional é usar a divisão longa de polinômios e esperar que, ao realizar a divisão, obterá um resto 0. Por exemplo, quando você tiver uma lista de raízes racionais possíveis (como a encontrada na última seção), escolha uma e presuma que se trata de uma raiz. Se $x = c$ for uma raiz, $x - c$ será um fator. Por isso, se escolher $x = 2$ como sua hipótese para a raiz, $x - 2$ deve ser um fator. Nós explicamos nessa seção como usar a divisão longa para testar se $x - 2$ é realmente um fator e, portanto, se $x = 2$ é uma raiz.

Dividir polinômios para obter uma resposta específica não é algo que você faz todos os dias, mas a ideia de uma função ou expressão que é escrita como o quociente de dois polinômios é importante em pré-cálculo. Se você dividir um polinômio por outro e obtiver um resto 0, o divisor é um fator, o que em troca oferece uma raiz. As seções a seguir analisam dois métodos de verificar suas raízes reais: divisão longa e divisão sintética.

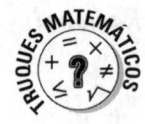

Na linguagem matemática, o algoritmo de divisão afirma o seguinte: Se $f(x)$ e $d(x)$ são polinômios, de forma que $d(x)$ não é igual a 0, e o grau de $d(x)$ não é maior do que o grau de $f(x)$, há polinômios únicos $q(x)$ e $r(x)$, sendo que $f(x) = d(x) \cdot q(x) + r(x)$. Em linguagem simples, isso significa que o dividendo = divisor · quociente + resto. Sempre é possível verificar seus resultados lembrando-se dessas informações.

### Divisão longa

Você pode usar a divisão longa para descobrir se suas raízes racionais possíveis são de fato raízes ou não. Não recomendamos fazer isso, mas é possível. Em vez disso, sugerimos que você use a divisão sintética, que discutiremos posteriormente. Mas pode ser solicitado que você realize a divisão longa. O enunciado de um problema pedirá especificamente que você encontre o quociente usando a divisão longa nesse caso, ou talvez você pode não conseguir aplicar a divisão sintética, o que o deixa sem opções, a não ser usar a divisão longa. Mostramos como fazer isso nos passos a seguir e tentamos encontrar uma raiz ao mesmo tempo.

Lembre-se da mnemônica <u>D</u>ois <u>M</u>acacos <u>S</u>aboreiam <u>B</u>ananas ao realizar a divisão longa para conferir suas raízes. Certifique-se de que todos os termos no polinômio estão listados em ordem descrescente, e que todos os graus foram representados. Em outras palavras, se $x^2$ estiver faltando, coloque em seu lugar um substituto no valor de $0x^2$ e então realize a divisão. Isso é só para facilitar o processo de divisão.

Para dividir dois polinômios, siga esses passos:

1. **<u>D</u>ivida.**

   Divida o termo regente do dividendo pelo termo regente do divisor. Escreva esse quociente diretamente acima do termo pelo qual você acabou de dividir.

2. **<u>M</u>ultiplique.**

   Multiplique o termo quociente do Passo 1 por todo o divisor. Escreva esse polinômio abaixo do dividendo de forma que os termos semelhantes estejam alinhados.

3. **<u>S</u>ubtraia.**

   Subtraia toda a linha que você acabou de escrever do dividendo.

   Você pode trocar todos os sinais e adicionar se isso o deixar mais confortável. Dessa maneira, você não esquecerá os sinais.

4. **<u>B</u>aixe o próximo termo.**

   Faça exatamente o que o passo diz; baixe o próximo termo do dividendo.

5. **Refaça os Passos 1 a 4 repetidamente até que o polinômio restante tenha um grau que seja menor do que o grau do divisor.**

# Capítulo 4: Encontrando e Usando Raízes para Plotar Funções Polinomiais

A lista a seguir explica como dividir $2x^4 - 9x^3 - 21x^2 + 88x + 48$ por $x - 2$. Cada passo corresponde ao passo numerado na ilustração na Figura 4-1. (Observe que na seção anterior sobre a Regra dos Sinais de Descartes, você descobriu que esse exemplo específico pode ter raízes positivas, por isso, seria eficaz experimentar um número positivo aqui. Se a Regra dos Sinais de Descartes tivesse dito que não havia raízes positivas, você não experimentaria nenhum número positivo!)

1. **Divida:** O que você tem no divisor pelo qual multiplicar $x$ para fazer com que ele se torne $2x^4$ no dividendo? O quociente, $2x^3$ vai acima do termo $2x^4$.

2. **Multiplique:** Multiplique esse quociente pelo divisor e o escreva abaixo do dividendo.

3. **Subtraia:** Subtraia essa linha do dividendo $(2x^4 - 9x^3) - (2x^4 - 4x^3) = -5x^3$. Se tiver feito o trabalho direito, a subtração dos primeiros termos sempre resultará em 0.

4. **Baixe:** Baixe os outros termos do dividendo.

5. **Divida:** O que você tem pelo qual multiplicar $x$ para torná-lo $-5x^3$? Coloque a resposta, $-5x^2$, acima de $-21x^2$.

6. **Multiplique:** Multiplique $-5x^2$ por $x - 2$ para obter $-5x^3 + 10x^2$. Escreva isso abaixo do resto com os graus alinhados.

7. **Subtraia:** Agora você tem $(-5x^3 - 21x^2) - (-5x^3 + 10x^2) = -31x^2$.

8. **Baixe:** O $+88x$ assume seu lugar.

9. **Divida:** O que você tem pelo qual multiplicar isso para fazer $x$ se tornar $-31x^2$? O quociente $-31x$ vai acima de $-21x^2$.

10. **Multiplique:** O valor $-31x$ por $(x - 2)$ dá $-31x^2 + 62x$; escreva isso abaixo do resto.

11. **Subtraia:** Agora você tem $(-31x^2 + 88x) - (-31x^2 + 62x)$, que dá $26x$.

12. **Baixe:** O $+48$ vai para baixo.

13. **Divida:** O termo $26x$ dividido por $x$ dá 26. Essa resposta fica em cima.

14. **Multiplique:** O termo constante 26 por $(x - 2)$ fica $26x - 52$.

15. **Subtraia:** Você subtrai $(26x + 48) - (26x - 52)$ para obter 100.

16. **Pare:** O resto 100 finalmente tem um grau menor do que o divisor $x - 2$.

Ufa... agora você sabe por que essa operação se chama divisão *longa*. Você teve de passar por tudo isso para descobrir que $x - 2$ não é um fator do polinômio, o que significa que $x = 2$ não é uma raiz.

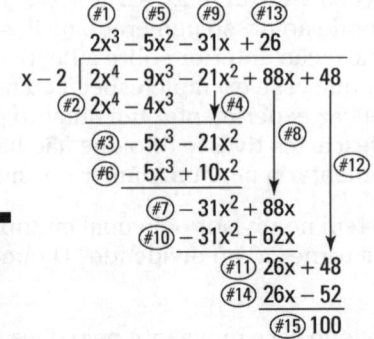

$$\begin{array}{r}
\text{\tiny(\#1)}\quad\text{\tiny(\#5)}\quad\text{\tiny(\#9)}\quad\text{\tiny(\#13)}\\
2x^3 - 5x^2 - 31x + 26\\
x - 2 \overline{\smash{\big)}\, 2x^4 - 9x^3 - 21x^2 + 88x + 48}\\
\text{\tiny(\#2)}\ \underline{2x^4 - 4x^3}\ \ \text{\tiny(\#4)}\\
\text{\tiny(\#3)}\quad -5x^3 - 21x^2 \quad \text{\tiny(\#8)}\\
\text{\tiny(\#6)}\ \underline{-5x^3 + 10x^2}\quad\quad \text{\tiny(\#12)}\\
\text{\tiny(\#7)}\quad -31x^2 + 88x\\
\text{\tiny(\#10)}\ \underline{-31x^2 + 62x}\\
\text{\tiny(\#11)}\quad 26x + 48\\
\text{\tiny(\#14)}\ \underline{26x - 52}\\
\text{\tiny(\#15)}\ 100
\end{array}$$

**Figura 4-1:**
O processo de divisão longa de polinômios.

**LEMBRE-SE**

Se você dividir por $c$ e o resto for 0, isso significa que a expressão linear $(x - c)$ é um fator e que $c$ é uma raiz. Um resto diferente de 0 implica que $(x - c)$ não é um fator e que $c$ não é uma raiz.

### *Divisão sintética*

Quer uma boa notícia? Há um atalho para a divisão longa, e esse atalho é a divisão sintética. Esse é um caso especial de divisão, em que o divisor é um fator linear de forma $x + c$, em que $c$ é um termo constante.

A má notícia, no entanto, é que esse atalho só funciona se o divisor $(x + c)$ for um binômio de primeiro grau com um coeficiente regente de 1 (sempre é possível transformá-lo em 1 dividindo tudo pelo coeficiente regente primeiro). A *ótima* notícia — sim, mais notícias — é que você sempre pode usar a divisão sintética para descobrir se uma possível raiz de fato é uma raiz.

No exemplo anterior, você eliminou $x = 2$ usando a divisão longa, por isso, você sabe que não deve começar por ele. Escolhemos a divisão sintética na Figura 4-2 para $x = 4$ para mostrar como ela funciona.

**Figura 4-2:**
A divisão sintética é um atalho para a divisão longa ao testar as possíveis raízes.

$$\begin{array}{r|rrrrr}
4 & 2 & -9 & -21 & 88 & 48\\
 & \downarrow & 8 & -4 & -100 & -48\\
\hline
 & 2 & -1 & -25 & -12 & 0
\end{array}$$

## Capítulo 4: Encontrando e Usando Raízes para Plotar Funções Polinomiais

O 4 do lado de fora na Figura 4-2 é a raiz que você está testando. Os números do lado de dentro são os coeficientes do polinômio. Eis o processo sintético, passo a passo:

1. O 2 abaixo da linha desce da linha de cima.
2. Multiplique 4 · 2 para obter 8 e escreva-o abaixo do termo seguinte, –9.
3. Adicione –9 + 8 para obter –1.
4. Multiplique 4 · –1 para obter –4, e escreva-o abaixo de –21.
5. Adicione –21 + –4 para obter –25.
6. Multiplique 4 · –25 para obter –100, e escreva-o abaixo de 88.
7. Adicione 88 + –100 para obter –12.
8. Multiplique 4 · –12 para obter –48, e escreva-o abaixo de 48.
9. Adicione 48 + –48 para obter 0.

Está vendo? Tudo o que você tem de fazer é multiplicar e adicionar, e é por isso que a divisão sintética é um atalho. O ultimo número, 0, é seu resto. Devido ao fato de que você obtém um resto de 0, $x = 4$ é uma raiz.

Os outros números são os coeficientes do quociente, ordenados do grau maior para o menor; no entanto, sua resposta é sempre um grau menor do que o original. Por isso, o quociente no exemplo anterior é $2x^3 - x^2 - 25x - 12$.

Automaticamente, sempre que uma raiz funciona, você deve testá-la novamente no quociente de resposta para ver se é uma raiz dupla, usando o mesmo processo. Uma *raiz dupla* ocorre quando um fator tem uma multiplicidade de dois. Uma raiz dupla é um exemplo de multiplicidade (como descrevemos anteriormente na seção "Contando raízes imaginárias: O Teorema Fundamental da Álgebra"). Testamos $x = 4$ novamente na Figura 4-3.

**Figura 4-3:**
Testando uma raiz de resposta novamente, apenas para verificar se não se trata de uma raiz dupla.

```
4 | 2   -1   -25   -12
  ↓     8    28    12
    2   7    3     0
```

Como você vê, você obtém um resto de 0 novamente, por isso, $x = 4$ é uma raiz dupla. (Em termos matemáticos, diz-se que $x = 4$ é uma raiz com *multiplicidade dois*.) Você deve checar novamente, no entanto, para ver se o termo tem uma multiplicidade mais alta. Ao dividir sinteticamente $x = 4$ mais uma vez, não funciona. A Figura 4-4 ilustra essa falha. Devido ao fato de que o resto não é 0, $x = 4$ não é raiz novamente.

**Figura 4-4:**
Testar a raiz novamente mostra que ela é apenas uma raiz dupla no que diz respeito à multiplicidade.

```
4 | 2    7    3
  |      8   60
    2   15   63
```

**LEMBRE-SE**

Sempre trabalhe o quociente mais recente ao usar a divisão sintética. Dessa maneira, o grau ficará cada vez mais baixo, até que você termine com uma quadrática. Nesse ponto, é possível solucionar a quadrática usando qualquer uma das técnicas que discutimos anteriormente neste capítulo: fatoração, completar o quadrado ou a fórmula quadrática. (Alguns professores de matemática exigem que você use a fórmula quadrática; para que mais ela serve?)

Antes de ter testado $x = 4$ pela última vez, o polinômio (chamado de *polinômio reduzido*) resumia-se a uma quadrática: $2x^2 + 7x + 3$. Se você fatorar essa expressão, obterá $(2x + 1)(x + 3)$. Isso oferece mais duas raízes de $-½$ e $-3$. Para resumir, você encontrou $x = 4$ (multiplicidade de dois), $x = -½$ e $x = -3$. Você encontrou quatro raízes complexas — duas delas são números reais negativos, e duas são números reais positivos.

**REGRAS DO PRÉ-CÁLCULO**

O *teorema do resto* diz que o resto que você obtém ao dividir um polinômio por um binômio é igual ao resultado obtido ao inserir esse número no polinômio. Por exemplo, quando você usou a divisão longa para dividir por $x - 2$, estava testando para ver se $x = 2$ é uma raiz. Você poderia ter usado a divisão sintética para fazer isso, pois ainda obteria um resto de 100. E se inserir 2 em $f(x) = 2x^4 - 9x^3 - 21x^2 + 88x + 48$, também chegará a 100.

**DICA**

Para polinômios muito difíceis, é muito mais fácil realizar a divisão sintética para determinar as raízes do que substituir o número. Por exemplo, se você tentar inserir 8 no polinômio anterior, terá de descobrir primeiro quanto é $2(8)^4 - 9(8)^3 - 21(8)^2 + 88(8) + 48$. Isso apenas leva a números maiores (e mais assustadores), enquanto, na divisão sintética tudo o que você tem de fazer é multiplicar e adicionar — sem mais expoentes!

# Tudo ao Reverso: Usando Soluções para Encontrar Fatores

O *teorema de fatores* diz que é possível ir e voltar entre as raízes e os fatores de um polinômio. Se você conhece um, em outras palavras, você conhece o outro. Às vezes, seu professor ou livro de exercícios pedirá que você fatore um polinômio com um grau maior do que dois. Se conseguir encontrar suas raízes, poderá encontrar os fatores. Mostramos como nesta seção.

Em símbolos, o teorema de fatores diz que se $x - c$ é um fator do polinômio $f(x)$, então $f(c) = 0$. A variável $c$ é um zero, uma raiz ou uma solução — como quiser chamá-la (todos os termos significam a mesma coisa).

Nas seções anteriores deste capítulo, você empregou muitas técnicas diferentes para descobrir as raízes do polinômio $f(x) = 2x^4 - 9x^3 - 21x^2 + 88x + 48$. Você descobriu que elas são $x = -\frac{1}{2}$, $x = -3$ e $x = 4$ (multiplicidade de dois). Como usar essas raízes para encontrar os fatores do polinômio?

O teorema de fatores diz que se $x = c$ é uma raiz, $(x - c)$ é um fator. Por exemplo, observe as seguintes raízes:

- $-\frac{1}{2}$ Se $x - \frac{1}{2}$, $x - (-\frac{1}{2})$ é seu fator, que é a mesma coisa que $(x + \frac{1}{2})$.
- Se $x = -3$ é uma raiz, $(x - (-3))$ é um fator, que também é expresso $(x + 3)$.
- Se $x = 4$ é uma raiz, $(x - 4)$ é um fator com multiplicidade dois.

Agora é possível fatorar $f(x) = 2x^4 - 9x^3 - 21x^2 + 88x + 48$ para obter $f(x) = (x + \frac{1}{2})(x + 3)(x - 4)^2$.

# Expressando Polinômios em Gráfico

A parte mais difícil da tarefa de elaborar um gráfico acaba após encontrar os zeros de uma função polinomial (usando as técnicas apresentadas anteriormente neste capítulo). Encontrar os zeros é muito importante para elaborar o gráfico do polinômio, pois eles oferecem um modelo geral de como seu gráfico deve ficar. Lembre-se que os zeros são interseção de $x$, e saber onde o gráfico cruza o eixo $x$ já é metade da luta. A outra metade é saber o que o gráfico faz entre esses pontos. Esta seção mostra como descobrir isso.

## Quando todas as raízes são números reais

Usamos muitas técnicas diferentes neste capítulo para encontrar os zeros do polinômio de exemplo $f(x) = 2x^4 - 9x^3 - 21x^2 + 88x + 48$. Chegou a hora de colocar esse trabalho em uso para elaborar o gráfico do polinômio. Siga esses passos para começar a elaborar gráficos como um profissional:

1. **Insira os pontos críticos no plano de coordenadas.**

   Marque os zeros que você encontrou a partir da seção "Resolvendo polinômios infatoráveis com um grau maior do que dois": $x = -3$, $x = \frac{-1}{2}$ e $x = 4$ são todos zeros.

   Agora insira a interseção de $y$ no polinômio. A interseção de $y$ é *sempre* o termo constante do polinômio — neste caso, $y = 48$. Se não houver um termo constante escrito, a interseção de $y$ é 0 (pois está subentendido).

2. **Determine para que direção as extremidades do gráfico apontarão.**

   Você pode usar um teste útil chamado de *teste do coeficiente regente*, que ajuda a descobrir como o polinômio começa e termina. O grau e o coeficiente regente de um polinômio sempre explicam o comportamento final de seu gráfico (consulte a seção "A função dos graus e raízes" para saber mais sobre como encontrar o grau):

   - Se o grau do polinômio for par e o coeficiente regente for positivo, ambas as extremidades do gráfico apontarão para cima.
   
   - Se o grau for par e o coeficiente regente for negativo, ambas as extremidades do gráfico apontarão para baixo.
   
   - Se o grau for ímpar e o coeficiente regente for positivo, o lado esquerdo do gráfico apontará para baixo e o direito apontará para cima.
   
   - Se o grau for ímpar e o coeficiente regente for negativo, o lado esquerdo do gráfico apontará para cima e o direito apontará para baixo.

   A Figura 4-5 exibe esse conceito nos termos matemáticos corretos.

   A função $f(x) = 2x^4 - 9x^3 - 21x^2 + 88x + 48$ é par em grau e tem um coeficiente regente positivo, por isso, ambas as extremidades de seu gráfico apontam para cima (para o infinito positivo).

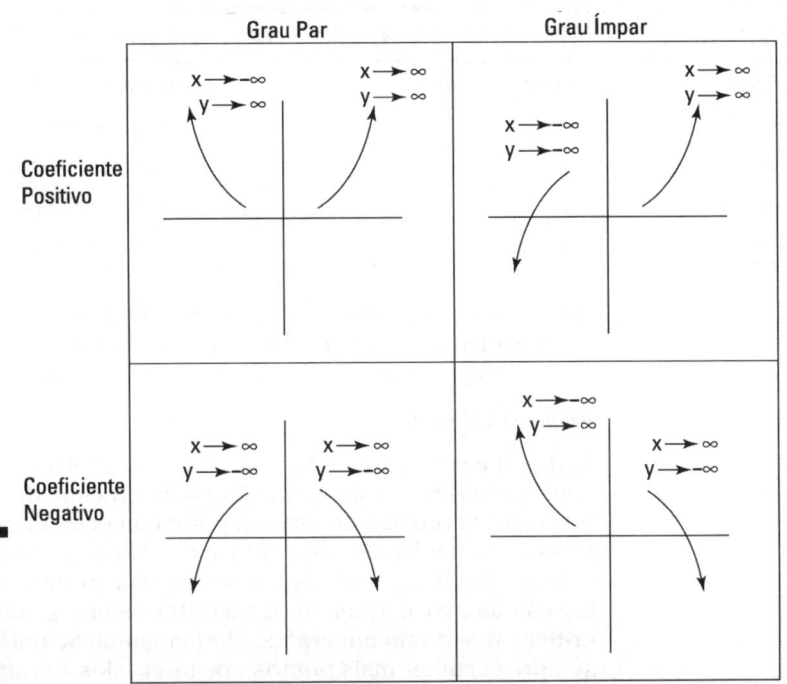

## Capítulo 4: Encontrando e Usando Raízes para Plotar Funções Polinomiais 93

**Figura 4-5:**
Uma ilustração do teste do coeficiente regente.

3. **Descubra o que acontece entre os pontos críticos escolhendo qualquer valor à esquerda e à direita de cada interseção e inserindo-o na função.**

   É possível simplificar cada ponto ou apenas descobrir se o resultado final é positivo ou negativo. Por ora, você ainda não precisa se preocupar com a aparência exata do gráfico. (Em cálculo, você aprende como encontrar valores adicionais que levam ao gráfico mais preciso possível.)

   Uma calculadora gráfica oferece uma noção bastante precisa do gráfico. Em cálculo, você consegue encontrar o máximo e o mínimo relativos com exatidão, usando um processo algébrico, mas é possível usar facilmente a calculadora para encontrá-los. Você pode usar sua calculadora gráfica para verificar seu trabalho e assegurar-se de que o gráfico criado se parece com aquele que a calculadora oferece.

   Usando os zeros da função, elabore uma tabela para ajudá-lo a descobrir se o gráfico está acima ou abaixo do eixo $x$ entre os zeros. Consulte a Tabela 4-1 para um exemplo.

## Tabela 4-1  Usando as Raízes para Elaborar o Gráfico

| Intervalo | Valor de teste (x) | Resultado [f(x)] |
|---|---|---|
| $(-\infty, -3)$ | $-4$ | Positivo (acima do eixo x) |
| $(-3, -1/2)$ | $-2$ | Negativo (abaixo do eixo x) |
| $(-1/2, 4)$ | $0$ | Positivo (acima do eixo x) |
| $(4, \infty)$ | $5$ | Positivo (acima do eixo x) |

O primeiro intervalo $(-\infty, -3)$ e o último $(4, \infty)$ confirmam o teste do coeficiente regente do Passo 2 — esse gráfico aponta para cima (para o infinito positivo) em ambas as direções.

4. **Insira o gráfico.**

   Agora que você sabe onde o gráfico cruza o eixo $x$, como ele começa e como termina, e se é positivo (acima do eixo $x$) ou negativo (abaixo do eixo $x$), pode começar a desenhar o gráfico da função. Geralmente em pré-cálculo, essas são todas as informações que você quer ou precisa ao elaborar gráficos. Em cálculo, você aprende como obter diversos outros pontos críticos que criam um gráfico ainda melhor. Se quiser, pode sempre escolher mais pontos nos intervalos e grafá-los para ter uma noção melhor de como o gráfico é. A Figura 4-6 mostra o gráfico completo.

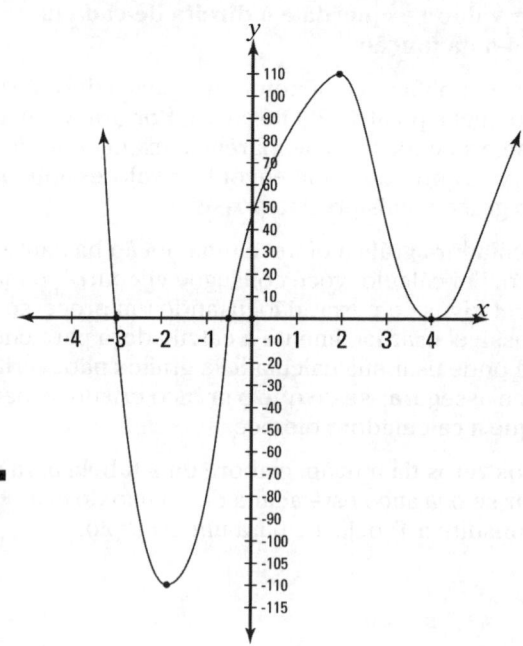

**Figura 4-6:** Gráfico do polinômio $2x^4 - 9x^3 - 21x^2 + 88x + 48$.

Capítulo 4: Encontrando e Usando Raízes para Plotar Funções Polinomiais

Você notou que a raiz dupla (com multiplicidade dois) faz com que o gráfico "salte" no eixo $x$ em vez de cruzá-lo de fato? Isso vale para qualquer raiz com multiplicidade par. Para qualquer polinômio, se a raiz tiver uma multiplicidade ímpar na raiz $c$, o gráfico da função cruza o eixo $x$ em $x = c$. Se a raiz tiver uma multiplicidade par na raiz $c$, o gráfico encontra, mas não cruza o eixo $x$ em $x = c$.

## *Quando algumas (ou todas) raízes são números imaginários: Combinando todas as técnicas*

Às vezes, em pré-cálculo e em cálculo, uma função polinomial terá raízes não reais além de raízes reais (e algumas das funções mais complicadas terão *todas* as raízes imaginárias). Quando tiver de encontrar ambas, comece a encontrar as raízes reais, usando todas as técnicas que descrevemos anteriormente neste capítulo (como a divisão sintética). Então, você terá um polinômio quadrático reduzido para resolver que não pode ser solucionado usando respostas com números reais. Sem problema! Você só tem de usar a fórmula quadrática, por meio da qual acabará com um número negativo abaixo do sinal de raiz quadrada. Portanto, você expressa a resposta como um número complexo (para saber mais, consulte o Capítulo 11).

Por exemplo, o polinômio $g(x) = x^4 + x^3 - 3x^2 + 7x - 6$ tem raízes não reais. Siga esses passos para encontrar *todas* as raízes para esse (ou qualquer) polinômio; cada passo envolve uma seção maior deste capítulo:

1. **Classifique as raízes reais como positivas e negativas usando a Regra dos Sinais de Descartes.**

    Três mudanças de sinal na função $g(x)$ revelam que você pode ter três ou uma raiz real positiva. Uma mudança de sinal na função $g(-x)$ revela que você tem uma raiz real negativa.

2. **Descubra quantas raízes são possivelmente imaginárias usando o Teorema Fundamental da Álgebra.**

    O teorema revela que, nesse caso, há até quatro raízes complexas. Ao juntar esse fato com a Regra dos Sinais de Descartes, você tem diversas possibilidades:

    a. Uma raiz real positiva e uma raiz real negativa significa que duas raízes não são reais.

    b. Três raízes reais positivas e uma raiz real negativa significa que todas as raízes são reais.

3. **Liste as raízes racionais possíveis, usando o Teorema de Raiz Racional.**

    As raízes racionais possíveis incluem ±1, ±2, ±3 e ±6.

4. **Determine as raízes racionais (se houver), usando a divisão sintética.**

   Utilizando as regras da divisão sintética, você descobre que $x = 1$ é uma raiz e que $x = -3$ é outra. Essas são as únicas raízes reais.

5. **Use a fórmula quadrática para resolver o polinômio reduzido.**

   Tendo encontrado todas as raízes reais do polinômio, você fica com o polinômio reduzido $x^2 - x + 2$. Devido ao fato de que essa é uma quadrática, é possível usar a fórmula quadrática para solucionar as duas últimas raízes. Nesse caso, $x = \dfrac{1 \pm \sqrt{7}\,i}{2}$.

6. **Coloque os resultados no gráfico.**

   O teste do coeficiente regente (consulte a seção anterior) revela que o gráfico aponta para cima em ambas as direções. O intervalo inclui o seguinte:

   - $(-\infty, -3)$ é positivo
   - $(-3, 1)$ é negativo
   - $(1, \infty)$ é positivo

   A Figura 4-7 mostra o gráfico dessa função.

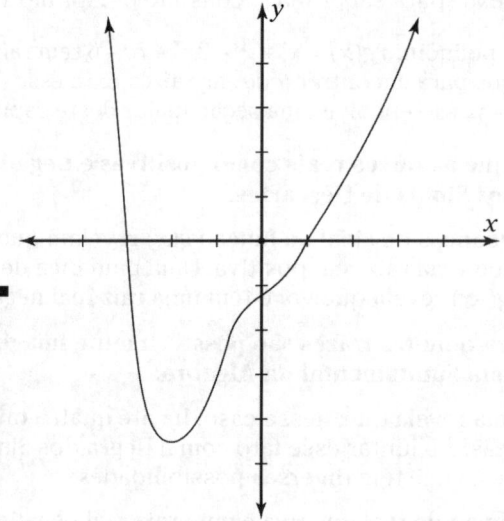

**Figura 4-7:** Expressando polinômios em gráfico com raízes não reais: $g(x) = x^4 + x^3 - 3x^2 + 7x - 6$.

# Capítulo 5
# Avançando com Funções Exponenciais e Logarítmicas

*Neste capítulo*

▶ Simplificando, resolvendo e elaborando gráficos de funções exponenciais
▶ Conferindo todas as entradas e saídas dos logaritmos
▶ Trabalhando equações exponenciais e logarítmicas
▶ Resolvendo problemas exemplo de crescimento e decaimento

Se alguém apresentasse a você a opção de receber $1 milhão agora ou um centavo, estipulando-se que essa quantia dobraria todos os dias durante 30 dias, qual você escolheria? A maioria das pessoas escolheria o milhão sem pensar duas vezes, e elas ficariam certamente surpresas se o outro plano fosse a oferta melhor. Observe: No primeiro dia, você tem somente um centavo, e sente como se tivesse sido enganado. No décimo dia, você tem $5,12, e ainda está sentindo como se tivesse escolhido o pagamento errado. No vigésimo dia, você tem $5.242,88, e pode estar se sentindo melhor. E no último dia, você tem $5.368.709,12! Na verdade, no 28º dia, você superaria a quantia de um milhão – $1.342.177,28, para ser exato – e essa quantia continuaria a ser dobrada até o final dos 30 dias. Como pode ver, dobrar algo (nesse caso, o seu dinheiro) causa um rápido crescimento. Essa é a ideia básica por trás de uma função exponencial; aposto que conseguimos sua atenção agora, não?

Neste capítulo, cobrimos duas técnicas singulares de funções de pré-cálculo: a exponencial e a logarítmica. Essas funções podem ser representadas em gráfico, solucionadas ou simplificadas como qualquer outra função que discutimos neste livro. Cobrimos todas as novas regras que você precisa para trabalhar com essas funções; você pode ter de se acostumar a elas, mas as explicamos com uma linguagem bastante simples.

Isso é ótimo, você pode estar dizendo, mas quando eu uso esse negócio tão complexo? (Ninguém em bom juízo ofereceria a você o dinheiro mencionado, isso é certo.) Bem, as informações deste capítulo sobre funções exponenciais e logarítmicas serão úteis ao trabalhar com números que crescem ou diminuem (geralmente com o passar do tempo).

Populações geralmente crescem (ficam maiores), enquanto o valor monetário de objetos geralmente diminui (fica menor). É possível descrever essas ideias com funções exponenciais. No mundo real, você também pode calcular juros compostos, datação por carbono, inflação, e muito mais!

# Explorando Funções Exponenciais

Uma *função exponencial* é uma função em que há uma variável no expoente. Em termos matemáticos, escreve-se $f(x) = b^x$, em que $b$ é a base. Se você leu o Capítulo 2, sabe tudo sobre expoentes e seu lugar na matemática. Então, qual é a diferença entre expoentes e funções exponenciais? Ainda bem que você perguntou!

Até agora, a variável era sempre a base — como em $g(x) = x^2$, por exemplo. O expoente sempre permanecia o mesmo. Em uma função exponencial, no entanto, a variável é o expoente, e a base permanece a mesma — como na função $f(x) = b^x$.

Os conceitos de crescimento e decaimento exponencial desempenham um papel importante na biologia. Bactérias e vírus, especialmente, adoram crescer exponencialmente. Se uma célula de um vírus da gripe entrar em seu corpo e for duplicada a cada hora, no final de um dia você teria 8.388.608 desses bichinhos se movendo dentro de seu corpo (não é de se espantar que precisemos tomar tantos remédios para espantar a gripe). Por isso, da próxima vez que ficar gripado, lembre-se de agradecer (ou praguejar contra) sua velha amiga, a função exponencial.

Nesta seção, nos aprofundamos para descobrir o que é realmente uma função exponencial e como você pode usá-la para descrever o crescimento ou decaimento de algo que fica maior ou menor.

## Buscando as entradas e saídas de uma função exponencial

Funções exponenciais seguem todas as regras das funções, que discutimos no Capítulo 3. Mas devido ao fato de que elas também compõem sua própria família, têm seu próprio subconjunto de regras. A lista a seguir delimita algumas regras básicas que se aplicam às funções exponenciais:

- **A função exponencial pai $f(x) = b^x$ sempre tem uma assíntota horizontal em $y = 0$.** Não é possível elevar um número positivo maior do que 1 a qualquer potência e obter 0 (ele também nunca será negativo). Para saber mais sobre assíntotas, consulte o Capítulo 3.

## Capítulo 5: Avançando com Funções Exponenciais e Logarítmicas

- ✓ **O domínio de qualquer função exponencial é (–∞, ∞).** Isso se aplica, pois é possível elevar um número positivo a qualquer potência. No entanto, devido ao fato de que todas as funções exponenciais têm assíntotas horizontais, os intervalos devem refletir isso. Todas as funções exponenciais pai têm intervalos maiores do que 0, ou (0, ∞).

- ✓ **A ordem das operações ainda rege o modo como você age sobre a função.** Quando a ideia de uma transformação vertical (consulte o Capítulo 3) se aplica a uma função exponencial, a maioria das pessoas pega a ordem das operações e a joga janela afora. Evite esse erro. Por exemplo, $y = 2 \cdot 3^x$ não se torna $y = 6^x$. Você não pode multiplicar antes de trabalhar com o expoente.

- ✓ **Não se pode ter uma base negativa.** Por exemplo, $y = (-2)^x$ não é uma equação com a qual você tem de se preocupar quanto a elaborar seu gráfico em pré-cálculo. Se for solicitado que você elabore o gráfico de $y = -2^x$, não hesite. Leia isso como "o oposto de 2 à potência $x$", que significa que (lembre a ordem das operações) você eleva 2 à potência primeiro, e depois multiplica por –1, ou $y = -1 \cdot 2^x$. Essa simples mudança gira o gráfico de cabeça para baixo e altera seu intervalo para (–∞, 0).

- ✓ **Expoentes negativos assumem o recíproco do número à potência positiva.** Por exemplo, $y = 2^{-3}$ não é igual a $(-2)^3$ ou $-2^3$. Elevar qualquer número a uma potência negativa assume o recíproco do número à potência positiva: $2^{-3} = \dfrac{1}{2^3}$

- ✓ **Ao multiplicar monômios com expoentes, você adiciona os expoentes.** Por exemplo, $x^3 \cdot x^2$ não é igual a $x^6$. Se você separar, fica mais fácil de ver a função: $x \cdot x \cdot x \cdot x \cdot x$, que é o mesmo que $x^5$ (você adiciona os expoentes para simplificar).

- ✓ **Quando você tem múltiplos fatores dentro de parênteses elevados a uma potência, você eleva cada termo a essa potência.** Por exemplo, $(4x^3y^5)^2$ não é $4x^3y^{10}$; é $16x^6y^{10}$.

- ✓ **Ao elaborar o gráfico de uma função exponencial, lembre-se que números base maiores que 1 sempre ficam maiores (ou aumentam) conforme se movem para a direita; conforme se movem para a esquerda, eles sempre se aproximam de 0, mas nunca chegam lá.** Por exemplo, $f(x) = 2^x$ é uma função exponencial, assim como $g(x) = \left(\dfrac{1}{3}\right)^x$ A Tabela 5-1 mostra os valores de $x$ e $y$ dessas funções exponenciais. Essas funções pai ilustram que uma base maior que 1 aumenta — um exemplo de crescimento exponencial — enquanto uma fração (entre 0 e 1) diminui – um exemplo de decaimento exponencial. Contanto que o expoente seja positivo $x$, isso sempre se aplicará.

- ✓ **Número de base que são frações entre 0 e 1 sempre aumentam para a esquerda e se aproximam de 0 para a direita.** Isso se aplica até que você comece a transformar os gráficos pai, o que explicamos na próxima seção.

| Tabela 5-1 | Os valores de x em duas funções exponenciais | |
|---|---|---|
| x | $f(x) = 2^x$ | $g(x) = \left(\dfrac{1}{3}\right)^x$ |
| −3 | 1/8 | 27 |
| −2 | 1/4 | 9 |
| −1 | 1/2 | 3 |
| 0 | 1 | 1 |
| 1 | 2 | 1/3 |
| 2 | 4 | 1/9 |
| 3 | 8 | 1/27 |

## *Elaborando gráficos e transformando uma função exponencial*

Elaborar o gráfico de uma função exponencial é útil quando você quer analisar visualmente a função. Fazer isso permite que você realmente enxergue o crescimento ou decaída daquilo com que está lidando. O gráfico pai básico de qualquer função exponencial é $f(x) = b^x$, em que $b$ é a base. A Figura 5-1a, por exemplo, mostra o gráfico de $f(x) = 2^x$, e a Figura 5-1b mostra $g(x) = \left(\dfrac{1}{3}\right)^x$. Usando os valores de $x$ e $y$ da Tabela 5-1, você simplesmente insere as coordenadas para obter os gráficos.

O gráfico pai de qualquer função exponencial cruza o eixo y em (0, 1), pois qualquer número elevado à potência 0 dá sempre 1. Alguns professores se referem a isso como *ponto-chave*, pois ele é compartilhado entre todas as funções exponenciais pai.

Devido ao fato de que uma função exponencial é simplesmente uma função, é possível transformar o gráfico pai, usando as mesmas regras do Capítulo 3. Continue lendo para descobrir como.

Você pode transformar o gráfico pai de uma função exponencial da mesma maneira que qualquer outra função:

$y = a \cdot \text{base}^{x-h} + v$, em que

$a$ é a transformação vertical

$h$ é o deslocamento horizontal

$v$ é o deslocamento vertical

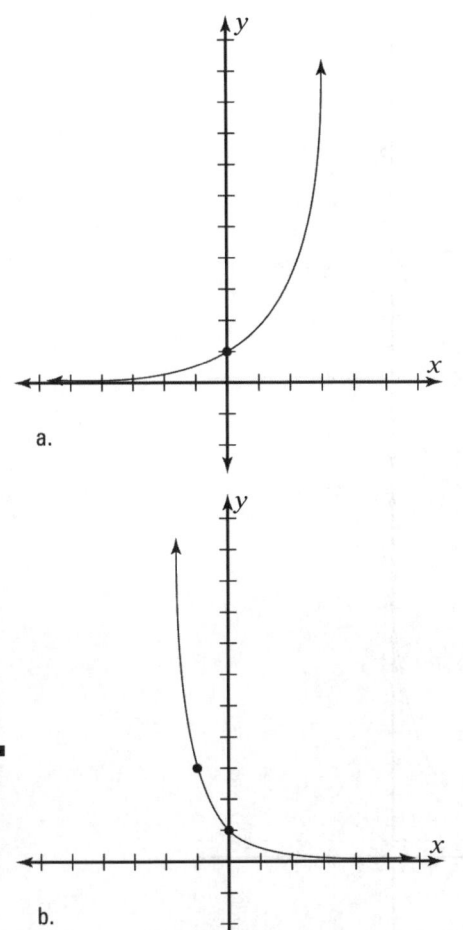

**Figura 5-1:**
Os gráficos das funções exponenciais
$f(x) = 2^x$ e
$g(x) = \left(\dfrac{1}{3}\right)^x$.

Por exemplo, você pode elaborar o gráfico de $h(x) = 2^{(x+3)} + 1$ transformando o gráfico pai de $f(x) = 2^x$. Com base na equação anterior, $h(x)$ foi deslocado para a esquerda em três unidades ($h = -3$) e para cima em uma ($v = 1$). A Figura 5-2 mostra cada um desses passos: a Figura 5-2a é a transformação horizontal, mostrando a função pai $y = 2^x$ como uma linha pontilhada, e a Figura 5-2b é a transformação vertical.

**LEMBRE-SE**

Mover uma função exponencial para cima ou para baixo move a assíntota horizontal. A função na Figura 5-2 tem uma assíntota horizontal em $y = 1$ (para mais informações sobre assíntotas horizontais, consulte o Capítulo 3). Isso também desloca o intervalo para cima em uma unidade para $(1, \infty)$.

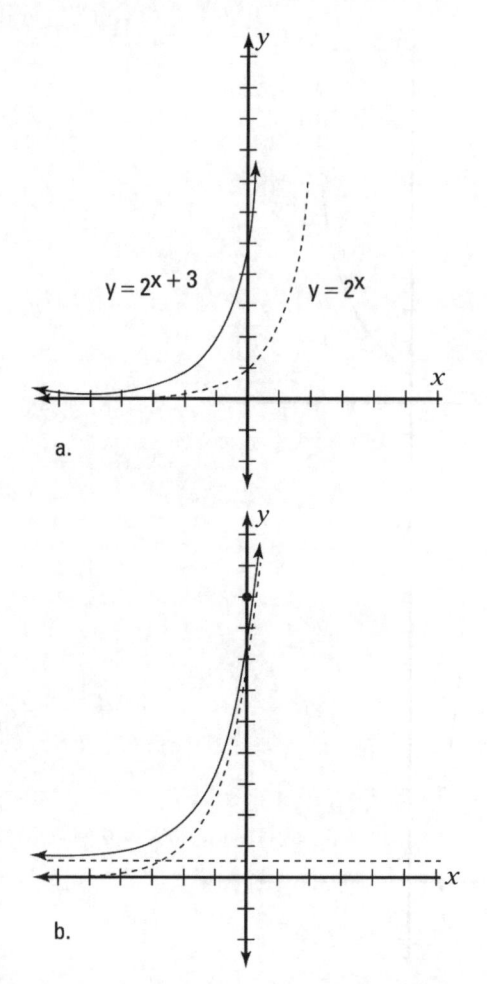

**Figura 5-2:** Deslocando o gráfico pai $h(x) = 2^{x+3} + 1$ para a esquerda em três unidades e para cima em uma.

a. $y = 2^{x+3}$, $y = 2^x$

b.

# Logaritmos: Investigando o Inverso das Funções Exponenciais

Quase todas as funções têm uma inversa. (O Capítulo 3 discute o que é uma função inversa e como encontrar uma.) Mas essa questão uma vez já instigou os matemáticos: Qual poderia ser o inverso de uma função exponencial? Eles não conseguiam encontrar a resposta, por isso, inventaram uma! Eles definiram o inverso de uma função exponencial como sendo um *logaritmo* (ou *log*).

Um logaritmo *é* um expoente, simples e fácil. Lembre-se, por exemplo, que $4^2 = 16$; 4 é chamado de *base* e 2 é chamado de *expoente*. O logaritmo é $\log_4 16 = 2$, em que 2 é chamado de logaritmo de 16 na base 4. Em matemática, um logaritmo é escrito como $\log_b y = x$. O $b$ é a base do log, $y$ é o número cujo log você está tirando, e $x$ é o logaritmo. Então, na verdade, as fórmulas logarítmicas e exponenciais estão dizendo a mesma coisa de maneiras diferentes.

## Entendendo melhor os logaritmos

Se uma função exponencial é lida como $b^x = y$, sua inversa, ou *logaritmo*, é $\log_b y = x$. Observe que o logaritmo é o expoente.

A Figura 5-3 apresenta um diagrama que pode ajudá-lo a se lembrar de como alternar de uma função exponencial para um log e vice-versa.

**Figura 5-3:**
A regra da lesma ajuda você a se lembrar de como alterar os exponenciais e logs.

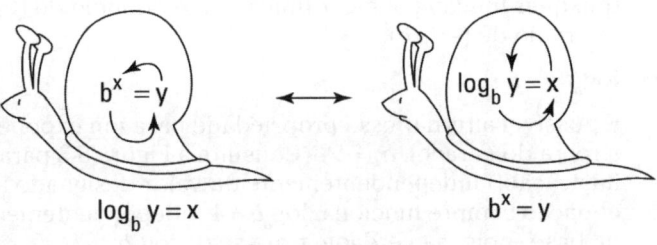

$b^x = y \quad \longleftrightarrow \quad \log_b y = x$

$\log_b y = x \qquad\qquad b^x = y$

**LEMBRE-SE**

Dois tipos de logaritmos são especiais. Eles são considerados especiais, pois você não precisa escrever sua base (diferentemente de qualquer outro tipo de log) — está simplesmente subentendido:

- **Logaritmos decimais:** Devido ao fato de que todo o nosso sistema numérico baseia-se no número 10, log *y* (sem uma base escrita) é sempre entendido como log base 10. Por exemplo, $10^3 = 1.000$, por isso, log 1.000 = 3. Essa ocorrência é chamada de *logaritmo decimal* e acontece com frequência.

- **Logaritmos naturais:** Um logaritmo com base *e* é chamado de *logaritmo natural*. O símbolo de um log natural é *ln*. Eis uma equação de exemplo: $\log_e y = \ln y$.

## Gerenciando as propriedades e identidades dos logs

É preciso conhecer diversas propriedades dos logs para poder solucionar equações que os contenham. Cada uma dessas propriedades se aplica a qualquer base, incluindo os logs decimais e naturais (consulte a seção anterior):

- $\log_b 1 = 0$

    Se você mudar de volta para uma função exponencial, ficará $b^0 = 1$ independentemente de qual for a base. Por isso, faz sentido que $\log_b 1 = 0$.

- $\log_b x$ existe apenas quando $x > 0$

    O domínio $(-\infty, \infty)$ e o intervalo $(0, \infty)$ da função pai exponencial original mudam de lugar em qualquer função inversa. Portanto, qualquer função pai logarítmica tem o domínio de $(0, \infty)$ e o intervalo de $(-\infty, \infty)$.

- $\log_b b^x = x$

    É possível alternar essa propriedade para um exponencial usando a regra do caracol: $b^x = b^x$. (Consulte a Figura 5-3 para obter uma ilustração.) Independentemente do valor designado a $b$, essa equação sempre funciona. $\log_b b = 1$ independentemente do valor da base (pois, na verdade, trata-se de $\log_b b^1$).

    O fato de que é possível usar qualquer base que você quiser nessa equação ilustra como essa propriedade funciona para logs decimais e naturais: $\log 10^x = x$ e $\ln e^x = x$.

- $b^{\log_b x} = x$

    É possível alternar essa equação de voltar para um log para confirmar que ela funciona: $\log_b x = \log_b x$.

- $\log_b x + \log_b y = \log_b (x \cdot y)$

    De acordo com essa regra, chamada de *regra do produto*, $\log_4 10 + \log_4 2 = \log_4 (10 \cdot 2) = \log_4 20$.

- $\log_b x - \log_b y = \log_b \left( \dfrac{x}{y} \right)$

    De acordo com essa regra, chamada de *regra do quociente*, $\log 4 - \log(x - 3) = \log \left( \dfrac{4}{x-3} \right)$.

- $\log_b x^y = y \cdot \log_b x$

    De acordo com essa regra, chamada de *regra da potência*, o $\log_3 x^4 = 4 \cdot \log_3 x$.

É importante não misturar as propriedades dos logs, para que você não se confunda e cometa um erro crítico. A lista a seguir destaca muitos dos erros que as pessoas cometem ao trabalhar com logs:

- **Uso errado da regra do produto:** $\log_b x + \log_b y \neq \log_b(x + y)$; isso é igual a $\log_b(x \cdot y)$. Não é possível adicionar dois logs dentro de um. Do mesmo modo, $\log_b x \cdot \log_b y \neq \log_b(x \cdot y)$.

- **Uso errado da regra do quociente:** $\log_b x - \log_b y \neq \log_b(x - y)$; isso é igual a $\log_b\left(\frac{x}{y}\right)$. Além disso, $\frac{\log_b x}{\log_b y} \neq \log_b\left(\frac{x}{y}\right)$. Esse erro confunde a fórmula de mudança de base (consulte a seção seguinte).

- **Uso errado da regra da potência:** $\log_b(xy^p) \neq p \cdot \log_b(xy)$, pois a potência está apenas na segunda variável. Se a fórmula estivesse escrita como $\log_b(xy)^p$, seria igual a $p.\log_b(xy)$.

    *Nota:* Observe o que os expoentes estão fazendo. Você deve separar a multiplicação de $\log_b(xy^p)$ primeiro, usando a regra do produto: $\log_b x + \log_b y^p$. Apenas então é possível aplicar a regra da potência para obter $\log_b x + p \cdot \log_b y$.

## Alterando a base de um log (quando o log não é decimal nem natural)

As calculadoras geralmente vêm equipadas somente com botões de log decimal ou natural, por isso, você deve saber o que fazer quando um log tem uma base que sua calculadora não consegue reconhecer, como $\log_5 2$; a base é 5 nesse caso. Nessas situações, você deve usar a *fórmula de mudança de base* para alterar a base ou para base 10 ou *e* (a decisão depende de sua preferência pessoal) para usar os botões que sua calculadora possui.

A fórmula de mudança de base é a seguinte:

$$\log_m n = \frac{\log_b n}{\log_b m},\text{ em que } m \text{ e } n \text{ são números reais.}$$

Você pode transformar a nova base naquilo que quiser usando a fórmula de mudança de base (para 5, 30, ou até mesmo 3.000), mas lembre-se que seu objetivo é conseguir utilizar sua calculadora usando uma base 10 ou base *e* para simplificar o processo. Por exemplo, se você decidir que quer usar o log decimal na fórmula de mudança de base, descobrirá que $\log_3 5 = \frac{\log 5}{\log 3} = 1{,}465$. No entanto, se você for fã de logs naturais, poderá seguir esse caminho: $\log_3 5 = \frac{\ln 3}{\ln 5}$, que também dá 1,465.

## Calculando um número quando você conhece seu log: logs inversos

Se você conhece o logaritmo de um número, mas precisa descobrir qual era de fato o número original, você deve usar um *logaritmo inverso*, que também é conhecido como *antilogaritmo*. Se $\log_b y = x$, $y$ é o antilogaritmo. Um logaritmo inverso desfaz um log (faz ele desaparecer), de forma que você pode resolver certas equações de log. Por exemplo, se você sabe que $\log x = 0{,}699$, é preciso convertê-lo de volta para um exponencial (fazer o log inverso) para resolvê-lo: $10^{\log x} = 10^{0{,}699}$, o que é simplificado para $x = 10^{0{,}699}$, assim $x \approx 5$.

É possível realizar esse processo também com os logs naturais. Se $\ln x = 1{,}099$, por exemplo, então $e^{\ln x} = e^{1{,}099}$, ou $x = e^{1{,}099}$, assim, $x \approx 3$.

A base usada em um antilogaritmo depende da base do log. Por exemplo, se for solicitado que você resolva a equação $\log_5 x = 3$, você deve usar a base 5 em ambos os lados para obter $5^{\log_5 5^x} = 5^3$, que é simplificado como $x = 5^3$, ou $x = 125$.

## Plotando logs

Quer boas notícias sem custo adicional? Elaborar o gráfico de logs é muito fácil! É possível alterar qualquer log para um exponencial, assim, esse é o primeiro passo. Você então elabora o gráfico do exponencial (ou seu inverso), lembrando-se das regras de transformação (consulte o Capítulo 3), e depois usa o fato de que os exponenciais e os logs são inversos para obter o gráfico do log. As seções a seguir explicam esses passos tanto para as funções pai quanto para os logs transformados.

### Uma função pai

Todas as funções exponenciais têm uma função pai que depende da base; as funções logarítmicas também têm funções pai para cada base diferente. A função pai para qualquer log é escrita $f(x) = \log_b x$. Por exemplo, $g(x) = \log_4 x$ pertence a uma família diferente que $h(x) = \log_8 x$. Aqui, nós grafamos o log decimal: $f(x) = \log x$.

1. **Mude o log para um exponencial.**

    Devido ao fato de que $f(x)$ e $y$ representam a mesma coisa, matematicamente falando, e porque é mais fácil lidar com $y$ nesse caso, é possível reescrever a equação como $y = \log x$. A equação exponencial desse log é $10^y = x$.

2. **Encontre a função inversa alternando $x$ e $y$.**

    Como você descobriu no Capítulo 3, é possível encontrar a função inversa $10^x = y$.

3. **Elabore o gráfico da função inversa.**

    Devido ao fato de que agora você está elaborando o gráfico de uma função exponencial, é possível inserir variáveis para alguns valores de $x$ para encontrar os valores de $y$ e obter os pontos. O gráfico de $10^x = y$ fica grande muito rápido. Você pode ver o gráfico na Figura 5-4.

**Figura 5-4:**
Gráfico da função inversa $y = 10^x$.

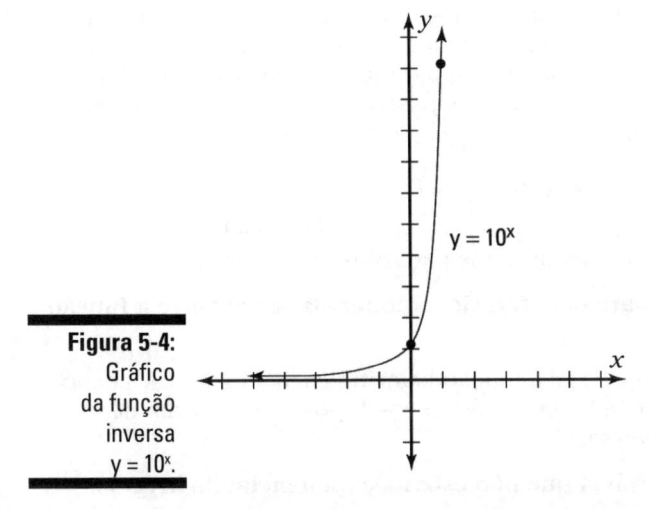

4. **Reflita todos os pontos no gráfico da função inversa sobre a linha $y = x$.**

   A Figura 5-5 ilustra esse último passo, que produz o gráfico do log pai.

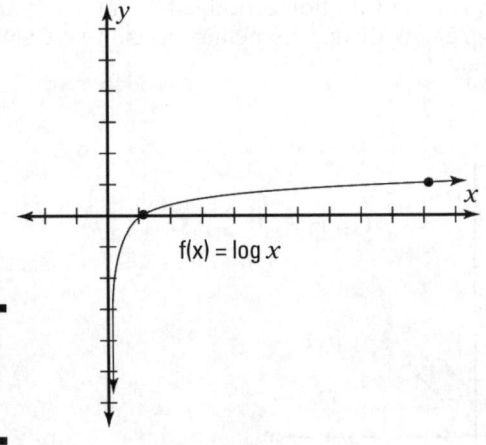

**Figura 5-5:**
Gráfico do logaritmo $f(x) = \log x$.

## Um log transformado

Todos os logs transformados podem ser escritos como $f(x) = a \cdot \log_b(x - h) + v$, em que

    $a$ é o deslocamento vertical ou redução.

    $h$ é o deslocamento horizontal.

    $v$ é o deslocamento vertical.

Assim, se conseguir encontrar o gráfico da função pai $\log_b x$, poderá transformá-la. No entanto, achamos que a maioria dos nossos alunos ainda prefere alterar a função do log para uma função exponencial e então elaborar o gráfico. Por isso, os passos a seguir mostram como fazer isso ao elaborar o gráfico de $f(x) = \log_3(x - 1) + 2$:

1. **Ache o logaritmo em si.**

   Primeiro, reescreva a equação como $y = \log_3(x - 1) + 2$. Então, subtraia 2 de ambos os lados para obter $y - 2 = \log_3(x - 1)$.

2. **Altere o log para uma função exponencial e encontre a função inversa.**

   Se $y - 2 = \log_3(x - 1)$ é a função logarítmica, $3^{y-2} = x - 1$ é a exponencial; a função inversa é $3^{x-2} = y - 1$, pois $x$ e $y$ trocam de lugares na inversa.

3. **Resolva a variável que não está na exponencial da inversa.**

   Para resolver y nesse caso, adicione 1 a ambos os lados para obter $3^{x-2} + 1 = y$.

4. **Elabore o gráfico da função exponencial.**

   O gráfico pai de $y = 3^x$ se transforma para a direita em duas unidades $(x - 2)$ e para cima em uma $(+ 1)$, como mostrado na Figura 5-6. Sua assíntota horizontal está em $y = 1$ (para saber mais sobre gráficos de exponenciais, consulte o Capítulo 3).

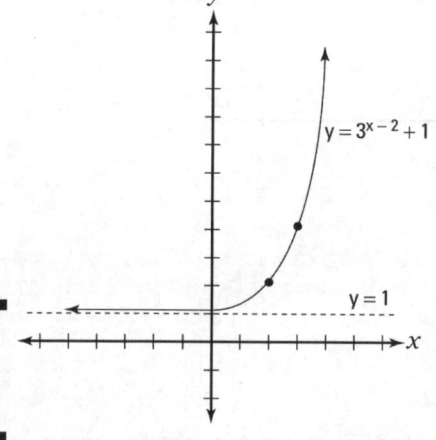

**Figura 5-6:** A função exponencial transformada.

5. **Troque os valores do domínio e do intervalo para obter a função inversa.**

   Troque todos os valores de $x$ e $y$ em todos os pontos para obter o gráfico da função inversa. A Figura 5-7 mostra o gráfico do logaritmo.

**Figura 5-7:** Você muda o domínio e o intervalo para obter a função inversa (log).

[Gráfico: $y = \log_3(x-1) + 2$ com assíntota vertical em $x = 1$]

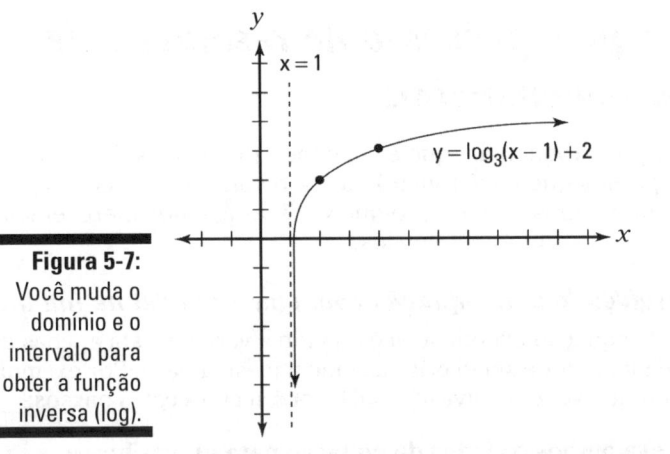

**LEMBRE-SE**

Você reparou que a assíntota para o log também mudou? Você agora tem uma assíntota vertical em $x = 1$. A função pai para qualquer log terá uma assíntota vertical em $x = 0$. A função $f(x) = \log_3(x-1) + 2$ é deslocada para a direita em uma unidade e para cima em duas de sua função pai $p(x) = \log_3 x$ (usando as regras de transformação; consulte o Capítulo 3), por isso, a assíntota vertical agora é $x = 1$. Outro motivo pelo qual isso funciona é que a função exponencial e o log são inversos; qualquer assíntota, bem como os deslocamentos de translação, será refletida na linha $y = x$ também.

## Resolvendo Equações com Expoentes e Logs

Temos certeza de que, em algum momento, seu instrutor (ou seu chefe, talvez) pedirá que você resolva uma equação contendo um expoente ou um logaritmo. Não tema, o *Pré-Cálculo para Leigos* está aqui! Você deve se lembrar de uma regra simples, e tudo se resume à base. Se você puder fazer com que a base de um lado fique igual à base do outro, poderá usar as propriedades dos expoentes ou logs (consulte as seções correspondentes anteriormente neste capítulo) para simplificar a equação. Agora o caminho é fácil, pois isso torna a resolução do problema muito mais simples!

Nas seções seguintes, você descobre como resolver equações exponenciais com a mesma base. Você também descobre como lidar com equações exponenciais que não têm a mesma base. E, para aparar as arestas, terminamos com o processo de resolução de equações logarítmicas.

## Passando pelo processo de resolução de equações exponenciais

O tipo de equação exponencial que é solicitado que você solucione determina os passos que você tomará para a resolução. As seções a seguir detalham os tipos de equação que você verá, e nós oferecemos nosso conselho sobre como resolvê-los.

### O básico: resolvendo uma equação com uma variável de um lado

O tipo básico de equação exponencial é quando a variável está apenas de um lado, e cada lado pode ser escrito usando a mesma base. Por exemplo, se for solicitado que você resolva $4^{x-2} = 64$, você seguirá estes passos:

1. **Reescreva ambos os lados da equação para que as bases correspondam.**

    Você sabe que $64 = 4 \cdot 4 \cdot 4$, que é o mesmo que $4^3$. Assim, pode-se dizer $4^{x-2} = 4^3$.

2. **Corte a base em ambos os lados e apenas observe os expoentes.**

    Quando as bases são iguais, os expoentes *têm* de ser iguais. Isso oferece a equação $x - 2 = 3$.

3. **Resolva a equação.**

    Esse exemplo traz a solução $x = 5$.

### Aprimorando: resolvendo quando as variáveis aparecem em ambos os lados

Se você tiver de resolver uma equação com variáveis em ambos os lados, terá de ter um pouco mais de trabalho (sinto muito!). Por exemplo, para resolver $2^{x-5} = 8^{x-3}$, siga esses passos:

1. **Reescreva todas as equações exponenciais de forma que elas tenham a mesma base.**

    Isso o deixa com $2^{x-5} = (2^3)^{x-3}$.

2. **Use as propriedades dos expoentes para simplificar.**

    Uma potência elevada a outra potência significa que você multiplica os expoentes. Esse processo o deixa com $2^{x-5} = 2^{3x-9}$. Distribuir o expoente dentro dos parênteses é como você obtém $3(x - 3) = 3x - 9$.

3. **Corte a base em ambos os lados.**

    O resultado é $x - 5 = 3x - 9$.

4. **Resolva a equação.**

    Subtraia $x$ de ambos os lados para obter $-5 = 2x - 9$. Adicione 9 a cada lado para obter $4 = 2x$. Por fim, divida ambos os lados por 2 para obter $2 = x$.

## Capítulo 5: Avançando com Funções Exponenciais e Logarítmicas

### *Resolvendo quando não é possível simplificar: tirando o log em ambos os lados*

Às vezes, simplesmente não é possível expressar ambos os lados como potências da mesma base. Quando esse for o caso, você pode fazer o expoente desaparecer tirando o log de ambos os lados. Por exemplo, suponhamos que seja solicitado que você resolva $4^{3x-1} = 11$. Nenhum número inteiro elevado à potência 4 dá 11, por isso, você tem que usar a seguinte técnica:

1. **Tire o log de ambos os lados.**

    Você pode tirar qualquer log que quiser, mas lembre-se que você precisa resolver a equação com esse log, por isso, sugerimos que você se atenha somente a logs decimais ou naturais (consulte a seção "Entendendo melhor os logaritmos", anteriormente neste capítulo, para mais informações).

    Usar o log decimal em ambos os lados o deixa com $\log 4^{3x-1} = \log 11$.

2. **Use a regra da potência para cortar o expoente.**

    Isso o deixa com $(3x - 1)\log 4 = \log 11$.

3. **Divida o log para isolar a variável.**

    Você obtém $3x - 1 = \dfrac{\log 11}{\log 4}$.

4. **Resolva para achar a variável.**

    Tirar os logs o deixa com $3x - 1 \approx 1{,}73$. Isso significa que $3x \approx 2{,}73$, ou $x \approx 0{,}91$.

No problema anterior, você tinha de usar a regra da potência em apenas um lado da equação, pois a variável aparecia somente de um lado. Quando você tem de usar a regra da potência em ambos os lados, as equações podem ficar um tanto confusas. Mas, com persistência, é possível solucionar. Por exemplo, para resolver $5^{2-x} = 3^{3x+2}$, siga estes passos:

1. **Tire o log de ambos os lados.**

    Assim como no problema anterior, sugerimos que você use um log decimal ou um natural. Se você usar um log natural, obterá $\ln 5^{2-x} = \ln 3^{3x+2}$.

2. **Use a regra da potência para cortar ambos os expoentes.**

    Não se esqueça de incluir os parênteses! Você obtém $(2 - x)\ln 5 = (3x + 2)\ln 3$.

3. **Distribua os logs do lado de dentro dos parênteses.**

    Isso o deixa com $2\ln 5 - x\ln 5 = 3x\ln 3 + 2\ln 3$.

4. **Isole as variáveis de um lado e mova tudo o que sobrar para o outro lado adicionando ou subtraindo.**

    Agora você tem $2\ln 5 - 2\ln 3 = 3x\ln 3 + x\ln 5$.

5. **Fatore a variável *x* de todos os termos adequados.**

    Isso o deixa com $2\ln 5 - 2\ln 3 = x(3\ln 3 + \ln 5)$.

6. **Divida a quantidade nos parênteses de ambos os lados para resolver *x*.**

    $$x = \frac{2\ln 5 - 2\ln 3}{3\ln 3 + \ln 5}$$

## *Tomando medidas para resolver equações logarítmicas*

A primeira coisa que você precisa saber antes de resolver equações que possuem logs é que há quatro tipos de equações com log:

- **Tipo 1:** A variável que você precisa encontrar está dentro do log, com um log de um lado da equação e um termo constante do outro. Se a variável estiver dentro do log, transforme-o em uma equação exponencial (o que depende da base, é claro). Por exemplo, para resolver $\log_3 x = -4$, transforme-o na equação exponencial $3^{-4} = x$, ou $1/81 = x$.

- **Tipo 2:** A variável que você precisa encontrar é a base. Se a base é o que você está procurando, ainda precisará transformar a equação em uma equação exponencial. Se $\log_x 16 = 2$, por exemplo, transforme-o em $x^2 = 16$, em que *x* é igual a ±4.

    Devido ao fato de que os logs não têm bases negativas, você joga o número negativo pela janela e diz somente que $x = 4$.

- **Tipo 3:** A variável que você precisa encontrar está dentro do log, mas a equação tem mais do que um log e uma constante. Usando as regras que apresentamos na seção "Gerenciando as propriedades e identidades dos logs", é possível resolver equações com mais do que um log. Para resolver $\log_2(x-1) + \log_2 3 = 5$, por exemplo, primeiro combine os dois logs que são adicionados em um log só usando a regra do produto: $\log_2[(x-1) \cdot 3] = 5$. Transforme isso em $2^5 = (x-1) \cdot 3$ para resolver. A solução é $x = 35/3$.

- **Tipo 4:** A variável que você precisa encontrar está dentro do log, e todos os termos da equação envolvem logs. Se todos os termos de um problema forem logs, eles têm de ter a mesma base para que você resolva a equação. Você pode combinar todos os logs para que tenha um log à esquerda e um log à direita e, então, poderá cortar o log de ambos os lados. Por exemplo, para resolver $\log_3(x-1) - \log_3(x+4) = \log_3 5$, primeiro aplique a regra do quociente para obter $\log_3 \frac{x-1}{x+4} = \log_3 5$. Você pode cortar a base do log 3 de ambos os lados para obter $\frac{x-1}{x+4} = 5$, que é facilmente resolvido usando as técnicas de álgebra. Quando resolvido, você obtém $x = -21/4$.

**Capítulo 5: Avançando com Funções Exponenciais e Logarítmicas**

> **CUIDADO!** O número dentro de um log nunca pode ser negativo. Inserir essa resposta de volta em parte da equação original o deixa com $\log_3(-21/4 - 1)$, que dá $\log_3(-25/4)$. Você nem mesmo precisa olhar o resto da equação. A solução para essa equação, portanto, é na verdade o conjunto vazio: ∅, ou nenhuma solução.

> **DICA** Sempre insira sua resposta de uma equação logarítmica de volta na equação para assegurar-se de que você irá obter um número positivo dentro do log (e não 0 ou um número negativo).

# Sobrevivendo a Problemas de Ordem Exponencial

Você pode usar as equações exponenciais para muitas aplicações no mundo real: para prever populações de pessoas ou bactérias, para estimar valores financeiros e até mesmo para resolver mistérios! Quase todos os livros de exercícios de pré-cálculo incluem uma seção especialmente dedicada a problemas exponenciais, por isso, pensamos em fazer o mesmo neste capítulo. Se o objeto tem um crescimento contínuo, então a base da função exponencial é $e$.

> **REGRAS DO PRÉ-CÁLCULO** 1+1/2
>
> Problemas de palavra exponenciais se apresentam de acordo com inúmeras variedades, mas todos eles seguem uma fórmula simples:
>
> $B(t) = Pe^{rt}$, em que
>
> P representa o valor inicial da função — geralmente denominado como o número de objetos sempre que $t = 0$.
>
> $t$ é o tempo (medido em diversas unidades diferentes, por isso, tome cuidado!).
>
> $B(t)$ é o valor de quantas pessoas, bactérias, dinheiro, e assim por diante, você tem após o período de tempo $t$.
>
> $r$ é uma constante que descreve a taxa de acordo com a qual a população se altera. Se $r$ for positivo, é chamado de *constante de crescimento*. Se $r$ for negativo, é chamado de *constante de decrescimento*.
>
> $e$ é a base do logaritmo natural, usando para crescimento ou decaimento contínuo.

Observe o seguinte problema de exemplo, que essa fórmula permite que você resolva:

O crescimento exponencial está presente em sua cozinha diariamente na forma de bactérias. Tudo cresce em sua cozinha bastante rápido (às vezes, dobrando ou triplicando seu crescimento) durante cada intervalo de tempo. Sempre que você ler um texto falando sobre bactérias, saberá automaticamente que elas crescem exponencialmente. Suponhamos que você tenha deixado o que sobrou do seu café da manhã no balcão da cozinha quando estava saindo para o trabalho. Presuma que 5 bactérias estejam presentes no café da manhã às 8h, e que 50 bactérias estejam presentes às 10h. Você pode usar B($t$) = P$e^{rt}$ para descobrir quanto tempo irá demorar até que a população de bactérias atinja 1 milhão se o crescimento for contínuo.

Você precisa resolver duas partes desse problema: Primeiro, é preciso saber a taxa de acordo com a qual as bactérias estão crescendo, e então poderá usar essa taxa para descobrir o tempo de acordo com o qual a população de bactérias atingirá 1 milhão. Aqui estão os passos para resolver este problema:

1. **Calcule o tempo que se passou entre a leitura inicial e a leitura no tempo *t*.**

   Duas horas se passaram entre as 8h e as 10h.

2. **Identifique a população no tempo *t*, a população inicial e o tempo e insira esses valores na fórmula.**

   Você obtém 50 = 5 · $e^{r \cdot 2}$.

3. **Divida a população inicial em ambos os lados para isolar o exponencial.**

   Você obtém 10 = $e^{r \cdot 2}$.

4. **Tire o logaritmo adequado de ambos os lados, dependendo da base.**

   Em caso de crescimento contínuo, a base sempre será $e$: ln 10 = ln $e^{r \cdot 2}$.

5. **Usando a regra da potência (consulte a seção "Gerenciando as propriedades e identidades dos logs"), simplifique a equação.**

   Você obtém ln 10 = $r \cdot 2$ . ln$e$, que é simplificado como ln 10 = $r \cdot 2$.

6. **Divida pelo tempo para encontrar a taxa; use sua calculadora para encontrar a aproximação decimal.**

   Você obtém $\frac{\ln 10}{2}$ = $r$, ou $r \approx$ 1,1513. Essa taxa significa que a população está crescendo a mais de 115%.

7. **Insira *r* de volta na equação original e deixe *t* como a variável.**

   Isso o deixa com B($t$) = 5 · $e^{1,1513(t)}$.

8. **Insira a quantidade final em B(*t*) e encontre o *t*, deixando a população inicial igual.**

   Agora você tem 1.000.000 = 5$e^{1,1513(t)}$.

9. **Divida pela população inicial para isolar o exponencial.**

   Você obtém 200.000 = $e^{1,1513(t)}$.

## Capítulo 5: Avançando com Funções Exponenciais e Logarítmicas

**10. Tire o log (ou ln) de ambos os lados.**

Isso o deixa com ln 200.000 = 1,1513($t$).

Recomendamos que você não simplifique ln 200.000, mas, em vez disso, insira-o em sua calculadora como um passo só. Isso dá uma margem de erro menor na resposta final.

**11. Divida pela taxa em ambos os lados.**

Finalmente, você obtém 10,61 horas = $t$.

Ufa, que exercício! Um milhão de bactérias em um pouco mais de 10 horas é um bom motivo para deixar tudo na geladeira.

# Parte II
# Os Fundamentos da Trigonometria

**A 5ª Onda** — Por Rich Tennant

"Não é nada pessoal, mas eu vou calcular diversas fórmulas trigonométricas só para provar a identidade deste ensopado."

## *Nesta parte...*

Trigonometria é uma matéria que a maioria dos alunos estuda brevemente em geometria. No entanto, pré-cálculo expande essas ideias. Começamos com uma análise dos ângulos e como construir a valiosa ferramenta conhecida como o círculo unitário, baseado no conhecimento anterior dos triângulos especiais. Examinamos triângulos retângulos e as funções trigonométricas básicas construídas sobre eles. Elaborar gráficos de funções trigonométricas pode ou não ser uma revisão para você, dependendo do curso de Álgebra II que você teve, por isso, aproveitamos para estabelecer como elaborar o gráfico pai das seis funções trigonométricas básicas e explicamos como transformar esses gráficos para chegar aos mais complicados.

Esta parte cobre as fórmulas e identidades geralmente temidas e raramente compreendidas das funções trigonométricas. Dividimos cada identidade em partes mais gerenciáveis. Mostramos como simplificar as expressões trigonométricas e, depois, como resolver equações trigonométricas para descobrir uma variável desconhecida usando fórmulas e identidades. Por fim, discutimos como resolver triângulos que não são triângulos retângulos usando a Lei dos Senos e a Lei dos Cossenos.

# Capítulo 6
# Fazendo Ângulos com o Círculo Unitário

*Neste capítulo*
▶ Descobrindo definições de funções trigonométricas alternativas
▶ Inserindo medidas de ângulo em um círculo unitário
▶ Calculando funções trigonométricas no círculo unitário

Neste capítulo, avançamos para os triângulos retângulos desenhados sobre o plano de coordenadas (eixos $x$ e $y$). Mover triângulos retângulos no plano de coordenadas traz à tona muitos outros conceitos interessantes (como avaliar funções trigonométricas e resolver equações trigonométricas) que discutiremos neste capítulo, tudo por meio de uma ferramenta bastante útil conhecida como círculo unitário.

O círculo unitário é extremamente importante no mundo real e na matemática; por exemplo, você está à sua mercê sempre que voa de avião. Os pilotos usam o círculo unitário, juntamente com vetores, para fazem com que os aviões se movam na direção correta e até a distância correta. Imagine o desastre que ocorreria se o piloto tentasse aterrissar o avião um pouco mais à esquerda da pista!

Neste capítulo, trabalhamos na construção do círculo unitário ao mesmo tempo em que revisamos os fundamentos dos ângulos em radianos e triângulos. Com essas informações, você poderá colocar os triângulos no círculo unitário (que também se localiza no plano de coordenadas) para resolver os problemas que apresentamos no final deste capítulo. (Exploramos ainda mais estas ideias conforme progredimos para a elaboração de gráficos de funções trigonométricas no Capítulo 7.)

## *Apresentando Radianos: A Medida Básica em Pré-Cálculo*

Ao estudar geometria, você mede todos os ângulos em graus, com base em uma parte de um círculo de 360° ao redor do plano de coordenadas. Como se pode ver, o número 360 foi escolhido para representar os graus em um círculo apenas por conveniência.

Qual é a conveniência do número 360, você pergunta? Bem, é possível dividir um círculo em diversas partes iguais usando o número 360, pois ele é divisível por 2, 3, 4, 5, 6, 8, 9, 10, 12, 15, 18, 20, 24, 30, 36, 40, 45... e esses são somente os números abaixo de 50! Basicamente, o número 360 é bastante flexível para realizar contas.

A verdade que muitas pessoas não enxergam, no entanto, é que os graus não foram a primeira forma de medida de ângulos – os radianos é que foram. A palavra *radiano* baseia-se na mesma raiz que a palavra raio, que é a base de um círculo. Uma medida de ângulo de 360°, ou um círculo completo, é igual a 2π radianos, que pode ser dividido da mesma maneira que os graus.

Em pré-cálculo, você desenha todos os ângulos com seu vértice na origem do plano de coordenadas (0, 0), e coloca um lado no eixo *x* positivo (esse é denominado *lado inicial* do ângulo, e sempre ficará nessa posição). O outro lado do ângulo se estende da origem até qualquer ponto no plano de coordenadas (esse é denominado *lado terminal*). Diz-se que um ângulo cujo lado inicial está no eixo *x* positivo está em *posição padrão*.

Se você mover do lado inicial para o lado terminal em uma direção anti-horária, o ângulo terá uma *medida positiva*. Se você mover do lado inicial para o terminal em uma direção horária, diz-se que esse ângulo tem uma *medida negativa*.

Uma discussão quanto ao aspecto positivo/negativo nos traz à tona outro ponto relacionado e importante: *ângulos coterminais*. Ângulos coterminais são ângulos que têm medidas diferentes, mas seus lados terminais acabam no mesmo ponto. Esses ângulos podem ser encontrados adicionando ou subtraindo 360° (ou 2π radianos) de um ângulo quantas vezes desejar: há uma quantidade infinita deles, que se tornarão bastante úteis em capítulos futuros!

# *Razões Trigonométricas: Levando os Triângulos Retângulos um Passo à Frente*

Concentre-se por um instante e lembre-se de que uma *razão* é a comparação entre duas coisas. Se uma sala de aula de pré-cálculo tem 20 homens e 14 mulheres, a razão de homens em relação às mulheres é de $20/14$ e, devido ao fato de que essa é uma fração, a razão pode ser simplificada a $10/7$. As razões são importantes em muitas áreas da vida. Por exemplo, se você tem 20 pessoas para serem servidas, com apenas 10 hambúrgueres, é hora de se preocupar!

Devido ao fato de que você gastou muito tempo em pré-cálculo trabalhando com funções trigonométricas, é preciso entender as razões. Nesta seção, observamos três razões muito importantes em triângulos retângulos — seno, cosseno e tangente —, bem como três razões não tão vitais, mas ainda importantes — cossecante, secante e cotangente. Essas razões são todas *funções*, em que um ângulo é a entrada — por isso, alguns livros usam os termos *função trigonométrica* e *razão trigonométrica* para se referir à mesma coisa. Cada função observa um ângulo de um triângulo retângulo, conhecido ou desconhecido, e usa a definição de seu raio específico para ajudá-lo a encontrar informações ausentes no triângulo rápida e facilmente. E para terminar a seção, mostramos como usar funções trigonométricas inversas para descobrir um ângulo desconhecido em um triângulo retângulo.

Você pode memorizar as funções trigonométricas e suas definições usando o lembrete mnemônico SOHCAHTOA, que representa:

- **S**eno = **O**posto sobre **H**ipotenusa
- **C**osseno = **A**djacente sobre **H**ipotenusa
- **T**angente = **O**posto sobre **A**djacente

## Formando um seno

O *seno* de um ângulo é definido como medida ou cateto do lado oposto sobre a hipotenusa. Em símbolos, escreve-se sen$\theta$. Essa é a representação:

$$\text{sen}\theta = \frac{op}{hip}$$

Para encontrar o seno de um ângulo, você deve saber o comprimento do lado oposto e da hipotenusa. O comprimento dos dois lados sempre será oferecido, mas se não for para esses dois lados que você precisa encontrar a medida, poderá usar o Teorema de Pitágoras* para encontrar o lado que falta. Por exemplo, para encontrar o seno do ângulo F (senF̂) na Figura 6-1:

1. **Identifique a hipotenusa.**

    Onde está o ângulo reto? É R̂, por isso, o lado é *r*, oposto a ele, está a hipotenusa. Você pode chamá-la de "hip".

2. **Localize o lado oposto.**

    Observe o ângulo em questão, que é F̂ nesse caso. Qual é o lado oposto a ele? O lado *f* é o oposto. Você pode chamá-lo de "op".

3. **Identifique o lado adjacente.**

    O único lado que restou, o lado *k*, tem de ser o lado adjacente. Você pode chamá-lo de "adj".

4. **Localize os dois lados que você usa na razão trigonométrica.**

    Como está tentando descobrir o seno de F̂, você precisa do lado oposto a F̂ e da hipotenusa. Para esse triângulo, (lado)$^2$ + (lado)$^2$ = (hipotenusa)$^2$ se torna $f^2 + k^2 = r^2$. Insira o que você sabe para obter $f^2 + 7^2 = 14^2$. Ao resolver isso, você obtém $f = 7\sqrt{3}$.

---

* Teorema de Pitágoras $a^2 = b^2 + c^2$.

5. **Encontre o seno.**

   Com as informações do Passo 4, você descobre que o seno de ∠F̂ é sen F̂ = $\frac{7\sqrt{3}}{14}$, que se reduz a $\frac{\sqrt{3}}{2}$.

**Figura 6-1:**
△KRF ilustra como é possível encontrar o seno com o mínimo de informações.

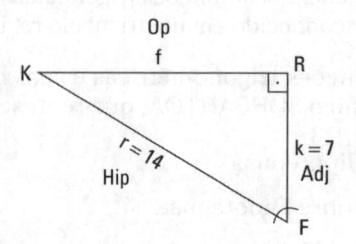

## Procurando um cosseno

O *cosseno* de um ângulo, ou cosθ, é definido como a medida do lado adjacente sobre hipotenusa, ou

$$\cos\theta = \frac{adj}{hip}$$

Considere esse exemplo: uma escada está recostada contra um prédio, criando um ângulo de 75° em relação ao chão. A base da escada está a 3 metros de distância do prédio. Qual a altura da escada? Você se desesperou quando percebeu que estamos apresentando a você um... *problema*? Sem problemas! Apenas siga esses passos para resolver; aqui, você está procurando a altura da escada:

1. **Desenhe uma figura para que enxergue formas familiares.**

   A Figura 6-2 representa a escada recostada contra o prédio.

**Figura 6-2:**
Uma escada mais um prédio é igual a um problema de cosseno.

O ângulo reto se forma entre o prédio e o chão, pois, do contrário, o prédio seria torto e cairia. Porque você sabe onde está o ângulo reto, sabe que a hipotenusa é a própria escada. O ângulo está no chão, o que significa que o lado oposto é a altura do prédio a partir do ponto em que a escada encosta no chão. O terceiro lado, o lado adjacente, é a distância da base da escada até a base do prédio.

2. **Estabeleça uma equação trigonométrica, usando as informações da figura.**

   Você tem de usar o cosseno, pois é a medida do lado adjacente sobre hipotenusa, e você sabe que o lado adjacente tem 3 metros; você está procurando a altura da escada, ou a hipotenusa. Você tem $\cos 75° = \frac{3}{x}$. O prédio não tem relação alguma com esse problema nesse instante, a não ser o fato de estar aparando a escada.

   Por que usar 75° na função do cosseno? Por que você sabe o valor do ângulo; você não precisa usar $\theta$ para representar um ângulo desconhecido.

3. **Encontre a variável desconhecida.**

   Multiplique a variável desconhecida $x$ em ambos os lados para obter $x \cdot \cos 75° = 3$. O $\cos 75°$ é apenas um número. Quando você inseri-lo em sua calculadora, obterá uma resposta decimal (assegure-se de configurar sua calculadora para o modo de grau antes de tentar resolver esse problema). Agora divida ambos os lados por $\cos 75°$ para isolar o $x$; você obtém $x = \frac{3}{\cos 75°}$. Isso produz a resposta $x \approx 11,6$, o que significa que a escada tem aproximadamente 11,6 metros de altura.

## Entrando em uma tangente

A *tangente* de um ângulo, ou tg$\theta$, é a medida do lado oposto sobre o lado adjacente. Ela aparece da seguinte forma na equação:

$$tg\theta = \frac{op}{adj}$$

Imagine por um momento que você é um engenheiro. Você está trabalhando com uma torre de 39 metros com um cabo preso ao topo. O cabo precisa se prender ao chão e formar um ângulo de 80° com o chão para impedir que a torre se mova. Sua tarefa é descobrir a que distância da base da torre o cabo deve se prender ao chão. Siga esses passos:

1. **Desenhe um diagrama que represente as informações dadas.**

   A Figura 6-3 mostra o cabo, a torre e as informações conhecidas.

**Figura 6-3:**
Usando a tangente para resolver um problema.

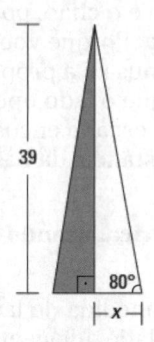

2. **Estabeleça uma equação trigonométrica, usando as informações da figura.**

   Para este problema, você deve estabelecer a equação trigonométrica que apresente uma tangente, pois o lado oposto é a altura da torre, a hipotenusa é o cabo, e o lado adjacente é o que você precisa encontrar.

   Você terá $\operatorname{tg} 80° = \frac{39}{x}$.

3. **Descubra o que é desconhecido.**

   Multiplique ambos os lados pelo $x$ desconhecido para obter $x \cdot \operatorname{tg} 80° = 39$. Divida ambos os lados pela $\operatorname{tg} 80°$ para obter $x = \frac{39}{\operatorname{tg} 80°}$. Simplifique para obter $x = 6{,}88$. O cabo se prende ao chão a 6,88 metros da base da torre para formar o ângulo de 80°.

## Descobrindo o outro lado: funções trigonométricas opostas

Três razões trigonométricas adicionais — secante, cossecante e cotangente — são chamados de *funções recíprocas*, pois são os recíprocos do seno, do cosseno e da tangente. Essas três funções apresentam três outras maneiras por meio das quais você pode resolver equações em pré-cálculo. A lista a seguir detalha essas funções e como você as utiliza:

- ✔ **Cossecante, ou cosec θ, é o recíproco do seno.** O recíproco de $a$ é $\frac{1}{a}$, assim, $\operatorname{cosec} \theta = \frac{1}{\operatorname{sen} \theta}$. E se $\operatorname{sen} \theta = \frac{\operatorname{op}}{\operatorname{hip}}$, $\operatorname{cosec} \theta = \frac{1}{\frac{\operatorname{op}}{\operatorname{hip}}}$, ou $\frac{\operatorname{hip}}{\operatorname{op}}$. Em outras palavras, cossecante é a razão da hipotenusa sobre o lado oposto.

- ✔ **Secante, ou sec θ, é o recíproco do cosseno.** Com base em uma fórmula semelhante à da cossecante, $\operatorname{sec} \theta = \frac{1}{\cos \theta} = \frac{1}{\frac{\operatorname{adj}}{\operatorname{hip}}} = \frac{\operatorname{hip}}{\operatorname{adj}}$.

   Secante, em outras palavras, é a razão da hipotenusa sobre o lado oposto.

Um erro comum é pensar que a secante é o recíproco do seno e que a cossecante é o recíproco do cosseno, mas esse não é o caso, como os tópicos anteriores ilustram.

- **Cotangente, ou cotg$\theta$, é o recíproco da tangente.** (Não é óbvio?) Você já terá pego o jeito se tiver olhado os tópicos anteriores:

$$\cot\theta = \frac{1}{\tg\theta} = \frac{1}{\frac{op}{adj}} = \frac{adj}{op}.$$

Tan$\theta$ também pode ser escrito como $\frac{\sen\theta}{\cos\theta}$. Portanto, $\cot\theta$ pode ser escrito como o recíproco — em outras palavras,

$$\cot\theta = \frac{1}{\tg\theta} = \frac{adj}{op} = \frac{\cos\theta}{\sen\theta}.$$

Secante, cossecante e cotangente são todos recíprocos, mas você não encontrará botões para eles em sua calculadora. Você deve usar seus recíprocos — seno, cosseno e tangente. Além disso, não se confunda e use os botões sen$^{-1}$, cos$^{-1}$ e tan$^{-1}$. Esses botões são para funções trigonométricas inversas, que descrevemos na seção a seguir.

## *Trabalhando ao reverso: funções trigonométricas inversas*

Quase toda função tem uma inversa. Uma *função inversa* basicamente desfaz uma função. As funções de trigonometria seno, cosseno e tangente têm todas as suas inversas, e elas geralmente são chamadas de arco-seno, arco-cosseno e arco-tangente.

Em funções trigonométricas, theta ($\theta$) é a entrada, e a saída é a medida dos lados de um triângulo. Se for dado a medida dos lados e você precisa encontrar um ângulo, deverá usar a função trigonométrica inversa:

**Seno inverso (arco-seno):** $\theta = \sen^{-1}\left(\frac{op}{hip}\right)$

**Cosseno inverso (arco-cosseno):** $\theta = \cos^{-1}\left(\frac{adj}{hip}\right)$

**Tangente inversa (arco-tangente):** $\theta = \tg^{-1}\left(\frac{op}{adj}\right)$

É assim que fica uma função trigonométrica em ação. Para descobrir o ângulo $\theta$ em graus em um triângulo retângulo, se a tg$\theta$ = 1,7, siga estes passos:

1. **Isole a função trigonométrica em um lado e mova todo o restante para o outro.**

    Isso já está feito. A tangente está à esquerda e o decimal 1,7 está à direita: tg$\theta$ = 1,7.

2. **Isole a variável.**

    A razão para a função trigonométrica é oferecida, e você tem que encontrar o ângulo. Para trabalhar ao contrário e descobrir o ângulo, use um pouco de álgebra. Você tem que desfazer a função da tangente, o que significa usar a função tangente inversa em ambos os lados: tg⁻¹ (tg $\theta$ = tg⁻¹ (1,7). Essa equação é simplificada para $\theta$ = tg⁻¹ (1,7).

3. **Resolva a equação simplificada.**

   $\theta$ = tg⁻¹ (1,7) deixa você com $\theta$ = 59,53°.

**LEMBRE-SE** Leia o problema atentamente para que você saiba se o ângulo que tem que descobrir deve ser expresso em graus ou radianos. Configure sua calculadora para o modo correto.

# Entendendo como Razões Trigonométricas Funcionam no Plano de Coordenadas

O círculo unitário que construímos neste capítulo fica no plano de coordenadas — aquele mesmo plano no qual você elabora gráficos desde as aulas de álgebra. O *círculo unitário* é um círculo muito pequeno com centro na origem (0, 0). O raio do círculo unitário é 1, e é por isso que ele é chamado de círculo unitário. Para realizar o trabalho deste capítulo, todos os ângulos especificados precisam ser desenhados no plano de coordenadas; por isso, temos que redefinir as razões SOHCAHTOA de antes para poder entendê-las no plano de coordenadas e no círculo unitário.

Essencialmente, tudo o que você tem que fazer é olhar para as razões trigonométricas em termos de valores de *x* e *y* em vez de oposto, adjacente e hipotenusa. Redefinir essas razões para que elas se encaixem ao plano de coordenadas (às vezes, denominadas como *ponto no plano*) torna mais fácil para que você visualize as diferenças. Alguns dos ângulos, por exemplo, serão maiores que 180°, mas usar as novas definições permitirá que você faça um triângulo retângulo usando um ponto no eixo *x*. Você então usa as novas razões para encontrar os lados ausentes de triângulos retângulos e/ou os valores de ângulos de funções trigonométricas.

Quando um ponto (*x*, *y*) existe em um plano de coordenadas, é possível calcular todas as funções trigonométricas para o ponto, seguindo esses passos:

1. **Localize o ponto no plano de coordenadas e conecte-o à origem, usando uma linha reta.**

   Digamos, por exemplo, que tenha sido solicitado que você avalie todas as seis funções trigonométricas do ponto no plano (–4, –6). O segmento de linha que se move desse ponto para a origem é sua hipotenusa, e agora é denominado de raio *r* (consulte a Figura 6-4).

2. **Desenhe uma linha perpendicular conectando o ponto dado ao eixo *x*, criando um triângulo retângulo.**

   Os lados do triângulo retângulo são –4 e –6. Não deixe que os sinais de negativo assustem você; os comprimentos dos lados ainda são 4 e 6. Os sinais de negativo apenas revelam o local desses pontos no plano de coordenadas.

3. **Encontre o comprimento da hipotenusa *r* usando a fórmula de distância ou o Teorema de Pitágoras.**

   A distância que você quer encontrar é o comprimento de *r* do Passo 1. Usando a fórmula de distância entre $(x, y)$ e a origem $(0, 0)$, você obtém $r = \sqrt{x^2 + y^2}$.

   Essa equação envolve somente a raiz principal ou positiva; assim, a hipotenusa para esses triângulos ponto no plano é sempre positiva.

   No nosso exemplo, você obtém $\sqrt{52}$, que é simplificado para $2\sqrt{13}$. Confira nosso triângulo na Figura 6-4.

4. **Avalie os valores da função trigonométrica, usando suas definições alternativas.**

   Com as identificações da Figura 6-4, você obtém as seguintes fórmulas:

   - $\sen\theta = y/r$  $\theta$  $\cosec\theta = r/y$
   - $\cos\theta = x/r$  $\theta$  $\sec\theta = r/x$
   - $\tg\theta = y/x$  $\theta$  $\cot\theta = x/y$

   Substitua os números de nosso exemplo para localizar os valores trigonométricos:

   - $\sen\theta = \frac{-6}{2\sqrt{13}}$. Simplifique primeiro para $\frac{-3}{\sqrt{13}}$, e então racionalize o denominador para obter $\frac{-3\sqrt{13}}{13}$.
   - $\cos\theta = \frac{-4}{2\sqrt{13}}$. Simplifique primeiro para obter $\frac{-2}{\sqrt{13}}$, e então racionalize para obter $\frac{-2\sqrt{13}}{13}$.
   - $\tg\theta = \frac{-6}{-4}$. Isso é simplificado para $\frac{3}{2}$.
   - $\cotg\theta = \frac{2}{3}$
   - $\sec\theta = \frac{-\sqrt{13}}{2}$.
   - $\cosec\theta = \frac{-\sqrt{13}}{3}$.

   Observe que as regras das funções trigonométricas e de seus recíprocos ainda se aplicam. Por exemplo, se você conhece $\sen\theta$, automaticamente conhecerá $\cosec\theta$, pois eles são recíprocos.

Quando o ponto dado for um ponto em um dos eixos, você ainda pode encontrar todos os valores de funções trigonométricas. Por exemplo, se o ponto estiver no eixo *x*, o cosseno e o raio têm o mesmo valor absoluto (pois o cosseno pode ser negativo, mas o raio não). Se o ponto estiver no eixo *x* positivo, o cosseno é 1 e o seno é 0; se o ponto estiver no eixo *x* negativo, o cosseno é –1. Da mesma forma, se o ponto estiver no eixo *y*, o valor do seno e do raio têm o mesmo valor absoluto: o seno será ou 1 ou –1, e o cosseno será sempre 0.

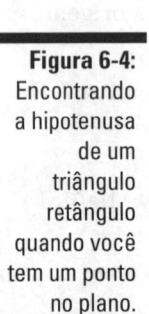

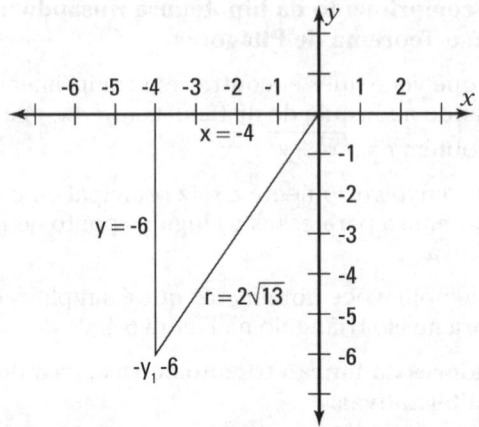

**Figura 6-4:** Encontrando a hipotenusa de um triângulo retângulo quando você tem um ponto no plano.

$x = -4$
$y = -6$
$r = 2\sqrt{13}$

# Entendendo o Círculo Unitário

O círculo unitário é uma parte vital do estudo da trigonometria. Para visualizar a ferramenta, imagine um círculo desenhado no plano de coordenadas, com centro na origem. As funções trigonométricas seno, cosseno e tangente dependem em grande parte dos atalhos que você pode descobrir usando o círculo unitário. Pode ser uma ideia nova, mas não se intimide; o círculo é construído simplesmente a partir de conceitos da geometria. Nas seções a seguir, detalhamos o círculo unitário e usamos triângulos retângulos especiais para construí-lo, o que será imperativo para seus estudos de pré-cálculo.

## Familiarizando-se com os ângulos mais comuns

Em pré-cálculo, você geralmente precisa desenhar um ângulo no plano de coordenadas para realizar certos cálculos. Mas nós não recomendamos que você memorize onde ficam todos os lados terminais dos ângulos no círculo unitário, pois isso é perda de tempo. É claro que, devido ao fato de que o ângulo de 30°, o ângulo de 45° e o ângulo de 60° são tão comuns nos problemas de pré-cálculo, não é uma má ideia lembrar exatamente onde seus lados terminais estão. Essa informação dá uma boa base para descobrir onde o resto dos ângulos do círculo unitário estão. Esses ângulos ajudam você a encontrar os valores das funções trigonométricas para aqueles ângulos especiais (ou mais comuns) no círculo unitário. E, no Capítulo 7, esses valores especiais ajudam você a elaborar o gráfico das funções trigonométricas.

A Figura 6-5 mostra os ângulos de 30°, 45° e 60°. (Para a figura do círculo unitário completo, consulte a Cola na parte da frente deste livro.)

## Capítulo 6: Fazendo Ângulos com o Círculo Unitário

**DICA**

Em vez de memorizar o local de todos os ângulos principais no círculo unitário, deixe que os quadrantes sejam seus guias. Lembre-se que cada quadrante contém 90° (ou $\pi/2$ radianos), e que as medidas aumentam quando você se move no sentido anti-horário ao redor do vértice. Com essa informação e um pouco de matemática, é possível descobrir o local do ângulo que você precisa.

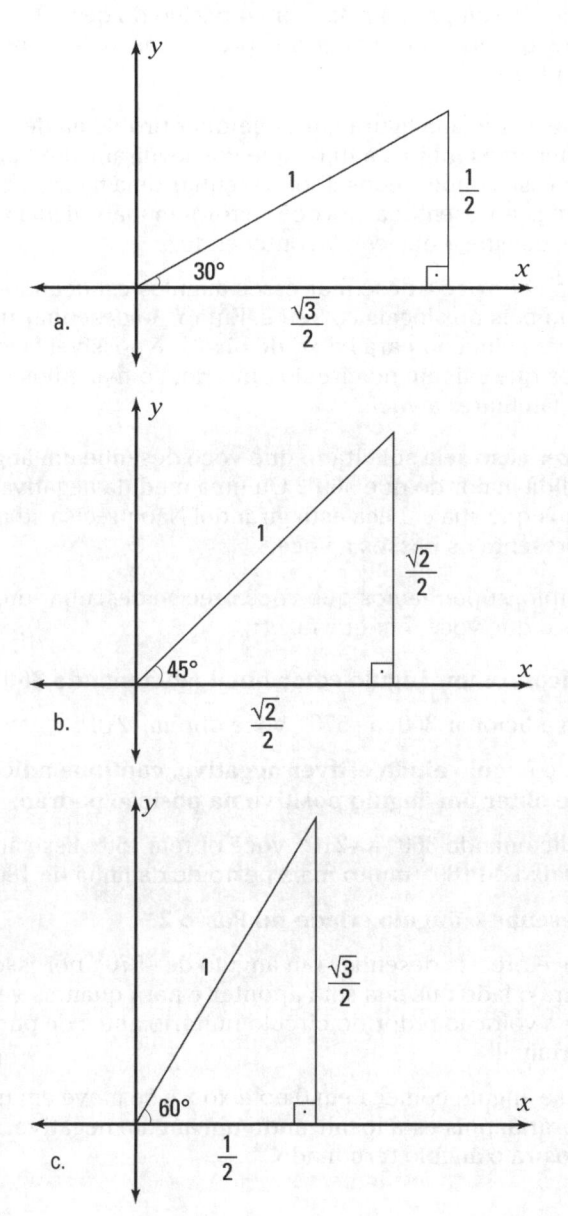

**Figura 6-5:**
Os ângulos de 30°, 45° e 60° no círculo unitário.

## Desenhando ângulos incomuns

Muitas vezes durante sua jornada pela trigonometria — na verdade, a toda hora — desenhar uma figura ajuda a resolver um determinado problema (consulte qualquer problema de exemplo neste capítulo para obter uma ilustração de como usar uma figura para ajudar). A trigonometria sempre começa com o básico do desenho de ângulos, de forma que, quando você chega aos problemas, o desenho em si fica em segundo plano.

*Sempre* desenhe uma figura para qualquer problema de trigonometria. Nós conhecemos muitos alunos que conseguiram aumentar suas notas ao seguir esse simples conselho. Desenhar uma figura faz com que as informações apresentadas a você se tornem mais visuais, e isso permite que você imagine o que está acontecendo.

Nós ajudamos você a desenhar esses ângulos esboçando seus lados terminais nos locais corretos. Então, ao desenhar uma linha vertical para cima ou para baixo do eixo *x*, é possível fazer triângulos retângulos que caibam no círculo unitário, com ângulos menores, que são mais familiares a você.

O que fazer caso seja solicitado que você desenhe um ângulo que tenha uma medida maior do que 360°? Ou uma medida negativa? E ambos? Apostamos que sua cabeça está girando! Não precisa se preocupar; esta seção apresenta os passos a você.

Por exemplo, suponhamos que você precise desenhar um ângulo de –570°. Eis o que você tem que fazer:

1. **Encontre um ângulo coterminal adicionando 360°.**

    Ao adicionar 360° a –570°, você obtém –210°.

2. **Se o ângulo ainda estiver negativo, continue adicionando 360° até obter um ângulo positivo na posição padrão.**

    Adicionando 360° a –210°, você obtém 150°. Esse ângulo está 30° abaixo de 180° (muito mais perto de da linha de 180° do que 90°).

3. **Desenhe o ângulo criado no Passo 2.**

    Você precisa desenhar um ângulo de –570°, por isso, fique atento para o lado que sua seta apontar e para quantas vezes você dá a volta ao redor do círculo unitário antes de parar no lado terminal.

    Esse ângulo começa em 0 no eixo *x* e se move em uma direção horária, pois está localizando um ângulo negativo. A Figura 6-6 mostra o ângulo terminado.

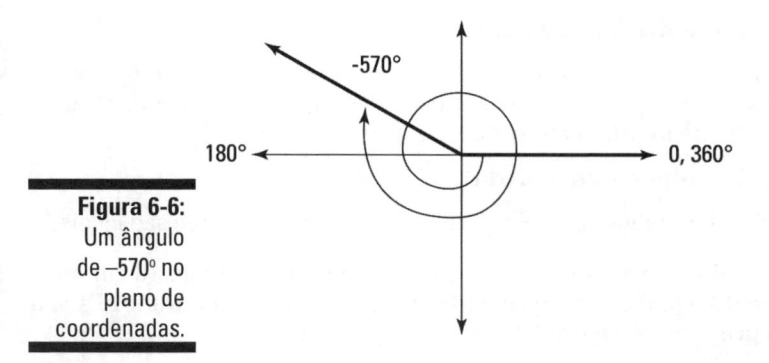

**Figura 6-6:**
Um ângulo de –570° no plano de coordenadas.

# Digerindo Razões de Triângulos Especiais

Você verá dois triângulos aparecendo repetidamente em trigonometria; nós os denominamos de triângulo de 45 e o velho 30-60. Na verdade, você os verá com tanta frequência que a maioria dos matemáticos recomenda que você simplesmente os memorize. Relaxe! Nós mostramos como fazer isso nesta seção. (E, sim, esses são dois triângulos que você já viu antes em geometria.)

## O triângulo 45: triângulos de 45°, 45°, 90°

Todos os triângulos de 45°, 45°, 90° têm dois lados iguais. Os dois lados têm o mesmo comprimento exato, e o valor da hipotenusa é esse comprimento vezes $\sqrt{2}$. A Figura 6-7 mostra o raio. (Se você observar o triângulo de 45 em radianos terá $\frac{\pi}{4}, \frac{\pi}{4}, \frac{\pi}{2}$. De qualquer forma, ainda é a mesma medida.)

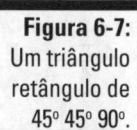

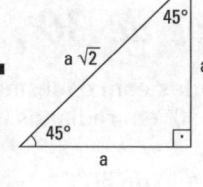

**Figura 6-7:**
Um triângulo retângulo de 45° 45° 90°.

Por que esse triângulo é importante? Porque toda vez que um dos lados de um triângulo de 45 for dado, você será capaz de descobrir os outros dois lados. Há dois casos básicos para concluir cálculos com esse tipo de triângulo:

> ✓ **Tipo 1: Um dos lados é dado.**
>
> Devido ao fato de que você sabe que ambos os lados são iguais, sabe-se o comprimento de ambos os lados. É possível encontrar a hipotenusa multiplicando esse comprimento por $\sqrt{2}$.
>
> ✓ **Tipo 2: A hipotenusa é dada.**
>
> Divida a hipotenusa por $\sqrt{2}$ para encontrar os lados (que são iguais).

Eis um cálculo de exemplo: A diagonal de um quadrado tem 16 cm de comprimento. Qual é o comprimento de cada lado do quadrado? Faça o desenho primeiro. A Figura 6-8 mostra o quadrado.

A diagonal de um quadrado divide os ângulos em partes de 45°, por isso, você tem a hipotenusa de um triângulo de 45. Para encontrar os lados, divida a hipotenusa por $\sqrt{2}$.

Ao fazer isso, você obterá $\frac{16}{\sqrt{2}}$. Agora você deve racionalizar o denominador para obter $\frac{16}{\sqrt{2}} \cdot \frac{\sqrt{2}}{\sqrt{2}} = \frac{16\sqrt{2}}{2} = 8\sqrt{2}$ — a medida de cada lado do quadrado.

**Figura 6-8:** Um quadrado com uma diagonal (que é duplicada assim como a hipotenusa) de 16 cm.

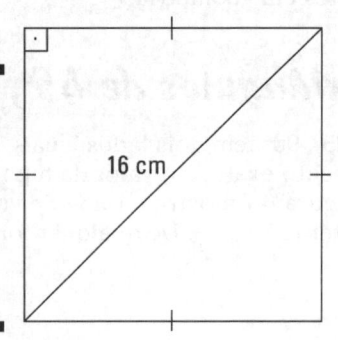

## O velho 30-60: triângulos de 30°, 60°, 90°

Todos os triângulos de 30°, 60°, 90° têm lados com o mesmo raio básico (se você observar o triângulo de 30°, 60°, 90° em radianos terá $\frac{\pi}{4}, \frac{\pi}{4}, \frac{\pi}{2}$):

> ✓ O lado mais curto fica oposto ao ângulo de 30°.
>
> ✓ O comprimento da hipotenusa é sempre duas vezes o comprimento do lado mais curto.
>
> ✓ É possível encontrar o lado maior multiplicando o lado menor por $\sqrt{3}$. (Não tenha medo, é só um sinal de raiz quadrada; ele não vai machucar você!)

**Nota:** A hipotenusa é o lado mais longo em um triângulo retângulo, o que é diferente do chamado "lado maior". O lado maior é o lado oposto ao ângulo de 60°.

# Capítulo 6: Fazendo Ângulos com o Círculo Unitário

A Figura 6-9 ilustra a relação dos lados para o triângulo de 30-60.

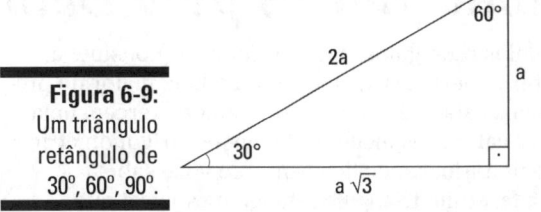

**Figura 6-9:** Um triângulo retângulo de 30°, 60°, 90°.

Se você conhece um lado de um triângulo 30-60, poderá encontrar os outros dois usando atalhos. Aqui estão três situações com as quais você se depara ao realizar esses cálculos:

- **Tipo 1: Você conhece o lado menor (o lado oposto ao ângulo de 30°).**

  Dobre seu comprimento para encontrar a hipotenusa. Você pode multiplicar o lado menor por $\sqrt{3}$ para encontrar o lado maior.

- **Tipo 2: Você conhece a hipotenusa.**

  Divida a hipotenusa por 2 para encontrar o lado menor. Multiplique esta resposta por $\sqrt{3}$ para encontrar o lado maior.

- **Tipo 3: Você conhece o lado maior (o lado oposto ao ângulo de 60°).**

  Divida esse lado por $\sqrt{3}$ para encontrar o lado menor. Dobre este número para encontrar a hipotenusa.

No triângulo TRI na Figura 6-10, a hipotenusa tem 14 cm de comprimento; qual o comprimento dos outros lados?

**Figura 6-10:** Encontrando os outros lados de um triângulo de 30-60 quando você sabe a hipotenusa.

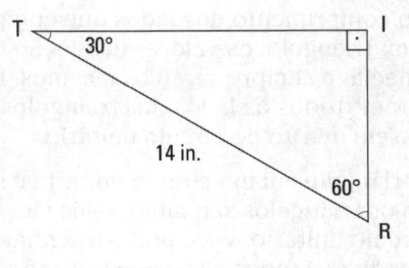

Devido ao fato de que você tem a hipotenusa TR = 14, poderá dividi-la por 2 para obter o lado menor: RI = 7. Agora, multiplique isso por $\sqrt{3}$ para obter o lado maior: IT = $7\sqrt{3}$.

## A Fusão dos Triângulos e do Círculo Unitário: Trabalhando Juntos pelo Bem

Alegre-se pela fusão de triângulos retângulos, ângulos comuns (consulte a seção anterior) e círculo unitário, pois eles se unem para o bem maior do pré-cálculo! Os triângulos retângulos especiais que nós revisamos exercem uma função importante ao localizar valores específicos de funções trigonométricas que você pode ver no círculo unitário. Especificamente, se você sabe a medida de um ângulo, poderá fazer um triângulo retângulo especial que caberá dentro do círculo unitário. Usando esse triângulo, poderá avaliar todos os tipos de funções trigonométricas sem uma calculadora!

Todos os ângulos congruentes (ângulos com a mesma medida) têm os mesmos valores para as diferentes funções trigonométricas. Alguns ângulos não congruentes também têm valores idênticos para certas funções trigonométricas; você pode usar um ângulo de referência para descobrir as medidas desses ângulos.

Revise os triângulos retângulos especiais antes de tentar avaliar as funções complicadas desta seção. Embora muitos dos valores pareçam idênticos, as aparências podem enganar. Os números podem ser os mesmos, mas os sinais e locais desses números mudam conforme você se move pelo círculo unitário.

### Posicionando os ângulos principais corretamente, sem transferidor

Nesta seção, pegamos os ângulos do círculo unitário (consulte a Cola para ver uma ilustração do círculo unitário) e os triângulos retângulos especiais, e os reunimos para criar um pequeno pacote: o círculo unitário completo. Criamos triângulos especiais no círculo unitário, um de cada vez, pois todos eles são pontos no plano de coordenadas.

Independentemente do comprimento dos lados que compõem um ângulo específico em um triângulo, os valores da função trigonométrica para aquele ângulo específico sempre serão os mesmos. Portanto, os matemáticos "encolheram" todos os lados dos triângulos retângulos para que todos coubessem dentro do círculo unitário.

A hipotenusa de todo triângulo em um círculo unitário é sempre 1, e os cálculos que envolvem os triângulos são muito mais fáceis de serem feitos. Por causa do círculo unitário, você pode desenhar *qualquer* ângulo com *qualquer* medida, e todos os triângulos retângulos com o mesmo ângulo de referência têm o mesmo tamanho.

#### Começando no quadrante 1: Calcule os pontos a serem demarcados

Observe um ângulo marcado como 30° no círculo unitário (consulte a Figura 6-11) e siga esses passos para construir um triângulo com ele — semelhantes aos passos da seção "Entendendo como as razões trigonométricas funcionam no plano de coordenadas":

## Capítulo 6: Fazendo Ângulos com o Círculo Unitário

1. **Desenhe o ângulo e conecte-o à origem, usando uma linha reta.**

   O lado terminal de um ângulo de 30° deve ficar no primeiro quadrante, e o lado do ângulo deve ser um tanto pequeno. Na verdade, ele deve ter um terço da distância entre 0° e 90°.

2. **Desenhe uma linha perpendicular conectando o ponto onde o raio para no eixo *x*, criando um triângulo retângulo.**

   A hipotenusa do triângulo é o raio do círculo unitário; um de seus lados está sobre o eixo *x*, e o outro lado é paralelo ao eixo *y*. Você pode ver esse triângulo de 30°, 60°, 90° na Figura 6-11.

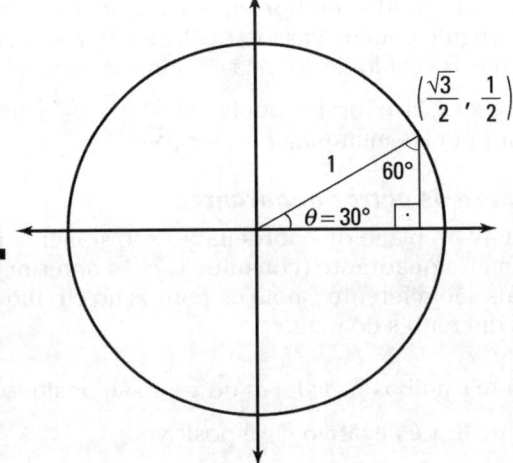

**Figura 6-11:** Um triângulo de 30°, 60°, 90° desenhado no círculo unitário.

3. **Encontre o comprimento da hipotenusa.**

   O raio do círculo unitário é sempre 1, o que significa que a hipotenusa do triângulo também é 1.

4. **Encontre os comprimentos dos outros lados.**

   Para encontrar os outros dois lados, você usa as técnicas que discutimos na seção triângulo de 30°, 60°, 90°. Encontre o lado menor primeiro dividindo por 2, o que o deixa com ½. Para encontrar o lado maior, multiplique isso por $\sqrt{3}$ para obter $\frac{\sqrt{3}}{2}$.

5. **Identifique o ponto no círculo unitário.**

   O círculo unitário fica no plano de coordenadas, com centro na origem. Assim, cada um dos pontos no círculo unitário tem coordenadas únicas. Agora você pode nomear o ponto em 30° no círculo $\left(\frac{\sqrt{3}}{2}, \frac{1}{2}\right)$.

Após ter concluído os passos anteriores, você poderá encontrar facilmente os pontos dos outros ângulos no círculo unitário também. Por exemplo:

- Observe o ponto no círculo marcado em 45° (consulte as Colas na parte da frente do livro). Você pode desenhar um triângulo a partir dele, usando os Passos 1 e 2. Sua hipotenusa ainda é 1, o raio do círculo unitário. Para descobrir o comprimento dos lados de um triângulo de 45°, 45°, 90°, você divide a hipotenusa por $\sqrt{2}$.

  Você então racionaliza o denominador para obter $\frac{\sqrt{2}}{2}$. Agora você pode nomear esse ponto no círculo como $\left(\frac{\sqrt{2}}{2}, \frac{\sqrt{2}}{2}\right)$.

- Movendo-se no sentido anti-horário ao ângulo de 60°, você pode criar um triângulo com os Passos 1 e 2. Se olhar atentamente, perceberá que o ângulo de 30° fica em cima; assim, o lado menor é o lado no eixo $x$. Isso torna o ponto em 60° $\left(\frac{1}{2}, \frac{\sqrt{3}}{2}\right)$, devido ao raio de 1 (divida 1 por 2 e multiplique ½ por $\sqrt{3}$).

### Indo adiante para os outros quadrantes

Os quadrantes II-IV no plano de coordenadas são somente imagens menores do primeiro quadrante (consulte a seção anterior). No entanto, os sinais são diferentes, pois os pontos no círculo unitário estão em locais diferentes do plano:

- No quadrante I, ambos os valores de $x$ e $y$ são positivos.
- No quadrante II, $x$ é negativo e $y$ é positivo.
- No quadrante III, tanto $x$ quanto $y$ são negativos.
- No quadrante IV, $x$ é positivo e $y$ é negativo.

A boa notícia é que você nunca tem que memorizar todo o círculo unitário. Pode simplesmente aplicar os fundamentos daquilo que sabe sobre triângulos retângulos e sobre o círculo unitário! A Figura 6-12 mostra todo o gráfico de pizza do círculo unitário.

## Recuperando valores de funções trigonométricas no círculo unitário

Você pode estar se perguntando por que mostramos todas essas informações sobre triângulos, ângulos e círculos unitários nas seções anteriores deste capítulo. Você precisa estar confortável com o círculo unitário e os triângulos especiais dentro dele para que possa avaliar funções trigonométricas rapidamente e com facilidade, o que você faz nesta seção. Você não vai querer gastar momentos preciosos durante uma prova construindo todo o círculo unitário apenas para avaliar alguns ângulos. E quanto mais você estiver confortável com os raios trigonométricos e o círculo unitário como um todo, menos provavelmente você cometerá um erro com um sinal negativo ou, ainda, confundindo valores trigonométricos.

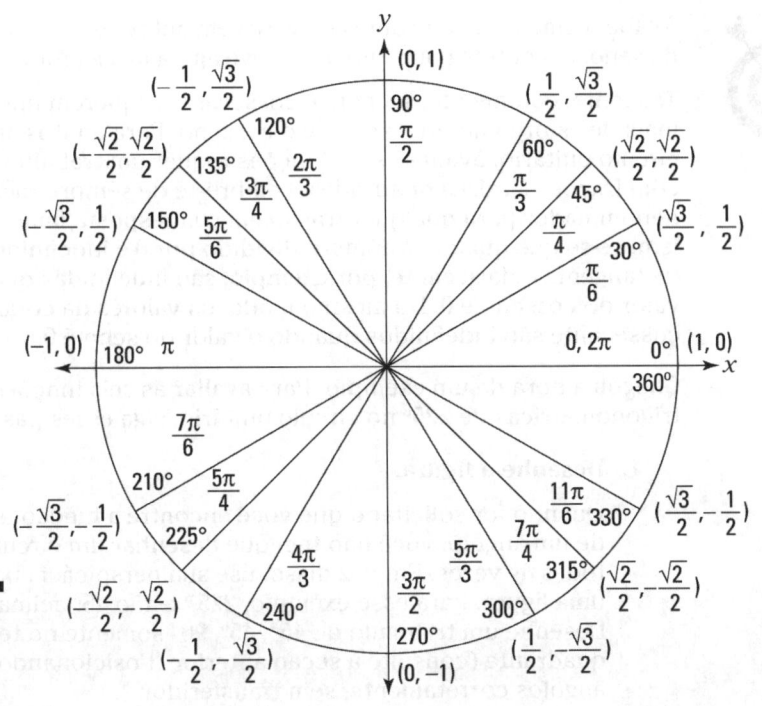

**Figura 6-12:** O círculo unitário completo.

### Encontrando valores para as seis funções trigonométricas

Em pré-cálculo, você precisará avaliar as seis funções trigonométricas — seno, cosseno, tangente, cossecante, secante e cotangente — para um único valor no círculo unitário. Para cada ângulo no círculo unitário, há três outros ângulos com valores de função trigonométrica semelhantes. A única diferença é que os sinais desses valores serão opostos, dependendo de qual quadrante o ângulo estiver. Às vezes, o ângulo não estará no círculo unitário, e você terá de usar sua calculadora.

Se você não tiver o círculo unitário à sua disposição (se estiver fazendo uma prova, por exemplo), poderá desenhar uma figura e encontrar os valores que precisa pelo caminho mais longo, que nós explicamos nesta seção. (No entanto, conforme você progride, descobrirá um atalho que pode usar para simplificar o processo, e que nós explicamos na seção seguinte.)

A definição ponto no plano do cosseno em um triângulo retângulo é $\cos\theta = x/r$. Devido ao fato de que a hipotenusa é sempre 1 no círculo unitário, o valor de $x$ é o valor do cosseno. E se você lembrar a definição alternativa do seno — $\text{sen}\theta = y/r$ —, perceberá que o valor de $y$ é o valor do seno. Isso significa que qualquer ponto, em qualquer lugar do círculo unitário, é sempre $(\cos\theta, \text{sen}\theta)$. Isso é que é juntar todas as peças do quebra-cabeça!

**Parte II: Os Fundamentos da Trigonometria**

> Alfabeticamente, *x* vem antes de *y* e *c* vem antes de *s* (cosseno vem antes de seno, em outras palavras). Isso deve ajudá-lo a lembrar qual é qual.

Tangente, cotangente, secante e cossecante requerem um pouco mais de esforço do que o seno e o cosseno. Para muitos ângulos no círculo unitário, avaliar essas funções requer um trabalho cuidadoso com frações e raízes quadradas. Lembre-se de sempre racionalizar o denominador para qualquer fração em sua resposta final. Além disso, lembre-se que qualquer número dividido por 0 é indefinido. As funções da tangente e da secante, por exemplo, são indefinidas quando o valor do cosseno é 0. Do mesmo modo, os valores da cotangente e da cossecante são indefinidos quando o valor do seno é 0.

Chegou a hora de um exemplo. Para avaliar as seis funções trigonométricas de 225° no círculo unitário, siga esses passos.

1. **Desenhe a figura.**

    Quando for solicitado que você encontre a função trigonométrica de um ângulo, você não tem que desenhar um círculo unitário todas as vezes. Em vez disso, use sua perspicácia para imaginar uma figura. Para esse exemplo, 225° estão 45° acima de 180°. Desenhe um triângulo de 45°, 45°, 90° somente no terceiro quadrante (consulte a seção anterior "Posicionando os principais ângulos corretamente, sem transferidor").

2. **Preencha os comprimentos dos lados e da hipotenusa.**

    Use as regras do triângulo de 45. A coordenada do ponto em 225° é $\left(\dfrac{-\sqrt{2}}{2}, \dfrac{-\sqrt{2}}{2}\right)$. A Figura 6-13 mostra o triângulo, bem como as informações para avaliar as seis funções trigonométricas.

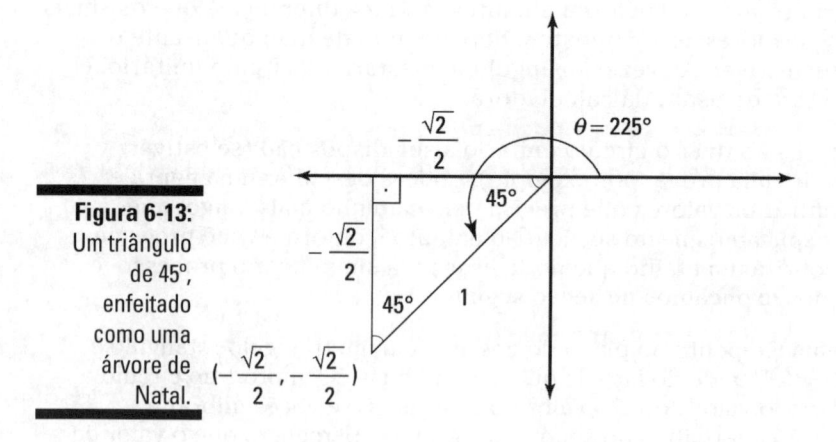

**Figura 6-13:** Um triângulo de 45°, enfeitado como uma árvore de Natal.

**LEMBRE-SE** Tome cuidado! Use aquilo que você sabe sobre os eixos positivo e negativo no plano de coordenadas para ajudá-lo. Devido ao fato de que o triângulo está no terceiro quadrante, os valores tanto de *x* quanto de *y* devem ser negativos.

3. **Encontre o seno do ângulo.**

   O seno de um ângulo é o valor de y, ou a linha vertical que se estende do ponto no círculo unitário até o eixo *x*. Para 225°, o valor de *y* é $\frac{-\sqrt{2}}{2}$, por isso, sen(225°) = $\frac{-\sqrt{2}}{2}$.

4. **Encontre o cosseno do ângulo.**

   O valor do cosseno é o valor de *x*, assim, ele deve ser $\frac{-\sqrt{2}}{2}$.

5. **Encontre a tangente do ângulo.**

   Para encontrar a tangente de um ângulo no círculo unitário, usa-se a definição alternativa da tangente: $tg\theta = y/x$. Outra maneira de olhar para isso, é que $\tan\theta = \frac{sen\theta}{cos\theta}$, pois, no círculo unitário, o valor de *y* é o seno e o valor de *x* é o cosseno.

   Assim, se você souber o seno e o cosseno de qualquer ângulo, também saberá a tangente. (Obrigado, círculo unitário!) Porque o seno e o cosseno de 225° são ambos $\frac{-\sqrt{2}}{2}$, divida o seno pelo cosseno para obter a tangente de 225°, que é 1.

6. **Encontre a cossecante do ângulo.**

   A cossecante de qualquer ângulo é 1 sobre $sen\theta$, ou $1/y$, usando a definição ponto no plano. Use o fato de que sen(225°) = $\frac{-\sqrt{2}}{2}$ do Passo 3 e divida 1 por $\frac{-\sqrt{2}}{2}$:

   $$\frac{1}{\left(\frac{-\sqrt{2}}{2}\right)} = 1 \cdot \frac{-2}{\sqrt{2}} = \frac{-2}{\sqrt{2}}$$

   Não se esqueça de racionalizar o denominador: $cosec\theta = -\sqrt{2}$.

7. **Encontre a secante do ângulo.**

   A secante de qualquer ângulo é 1 sobre $cos\theta$. Devido ao fato de que o cosseno de 225° também é $\frac{-\sqrt{2}}{2}$, encontrado no Passo 4, a secante de 225° é $-\sqrt{2}$.

8. **Encontre a cotangente do ângulo.**

   A cotangente de um ângulo é 1 sobre $tg\theta$. No Passo 5, tg(225°) = 1. Assim, cotg(225°) = 1/1 = 1. Mamão com açúcar!

> **DICA:** A tangente é sempre a inclinação do raio *r*. Isso é uma boa confirmação do seu trabalho. Devido ao fato de que o raio do círculo unitário (a hipotenusa do triângulo) no problema anterior vai para cima, ele tem uma inclinação positiva, assim como o valor da tangente.

### O atalho: encontrando os valores trigonométricos das famílias de 30°, 45° e 60°

Boas notícias! Temos um atalho que pode ajudá-lo a evitar o trabalho da seção anterior. Você terá menos o que memorizar quando perceber que certos ângulos especiais (e, portanto, seus triângulos especiais) no círculo unitário sempre seguem o mesmo raio dos lados. Tudo o que você tem a fazer é usar os quadrantes do plano de coordenadas para descobrir os sinais. Resolver problemas de função trigonométrica no círculo unitário será ótimo após esta seção!

Talvez você já tenha descoberto o atalho olhando a Figura 6-12. Se não, aqui estão as famílias no círculo unitário (para *qualquer* família, a hipotenusa *r* é sempre 1):

- **A primeira família é a família $\pi/6$ (múltiplos de 30°).** Qualquer ângulo com o mesmo denominador de 6 possui essas qualidades:
  - O lado maior é o lado *x*: $\frac{\sqrt{3}}{2}$
  - O lado menor é o lado *y*: ½

- **A segunda família é a família $\pi/3$. (múltiplos de 60°).** Qualquer ângulo com o mesmo denominador de 3 tem essas qualidades:
  - O lado menor é o lado *x*: ½
  - O lado maior é o lado *y*: $\frac{\sqrt{3}}{2}$

- **A última família é a família $\pi/4$ (múltiplos de 45°).** Qualquer ângulo com o mesmo denominador de 4 tem essa qualidade: Os dois lados são iguais em comprimento $\frac{\sqrt{2}}{2}$.

## Encontrando o ângulo de referência para descobrir ângulos no círculo unitário

Uma equação trigonométrica simples possui uma função trigonométrica de um lado e um valor do outro. As equações trigonométricas mais fáceis de trabalhar são aquelas em que o valor é um valor do círculo unitário, pois as soluções virão de dois triângulos retângulos especiais. No entanto, nesta seção, começamos a expressar as soluções de equações trigonométricas em radianos, em vez de graus, simplesmente pela consistência. (Não se preocupe; embora as unidades usadas para medir os ângulos sejam diferentes, os comprimentos dos lados ainda permanecerão os mesmos.) Os radianos mostram relacionamentos claros entre cada uma das famílias no círculo unitário (consulte a seção anterior), e são úteis ao encontrar um ângulo de referência para descobrir soluções. (Os radianos também são as unidades usadas para elaborar gráficos de funções trigonométricas, que discutiremos no Capítulo 7.)

Antes do pré-cálculo, era solicitado que você resolvesse equações algébricas como $3x^2 - 1 = 26$. Você aprendeu a isolar a variável, usando operações inversas. Agora, será solicitado que você faça a mesma coisa com funções trigonométricas, em uma tentativa de encontrar o valor da variável, que agora é o ângulo que torna a equação verdadeira. Após encontrar o ângulo que torna a equação verdadeira, você o utiliza como o *ângulo de referência* para encontrar outros ângulos no círculo unitário, que também funcionarão na equação. Geralmente, você encontra dois, mas pode não encontrar nenhum, um, ou mais de dois.

Você pode usar seu conhecimento de funções trigonométricas para adivinhar quantas soluções uma equação pode ter. Se os valores do seno ou do cosseno forem maiores do que 1 ou menores do que –1, por exemplo, não há soluções para a equação. Se ou o seno ou o cosseno forem exatamente 1 ou –1, há apenas uma solução. No entanto, se os ângulos caírem em quadrantes específicos, você encontrará duas soluções. (Posteriormente, no Capítulo 9, você verá que pode haver muitas soluções.)

### *Usando um ângulo de referência para encontrar o(s) ângulo(s) de solução*

$\theta'$ (teta linha) é o nome dado ao ângulo de referência, e $\theta$ é a própria solução à equação; assim, você pode encontrar soluções usando as seguintes regras de quadrante, como visto na Figura 6-14:

**QI**: $\theta = \theta'$, pois o ângulo de referência e o ângulo de solução são os mesmos

**QII**: $\theta = \pi - \theta'$, pois cai perto de $\pi$ independentemente do valor do ângulo de referência

**QIII**: $\theta = \pi + \theta'$, pois o ângulo é maior que $\pi$

**QIV**: $\theta = 2\pi - \theta'$, pois cai perto de um círculo completo independentemente do valor do ângulo de referência

**Figura 6-14:** Encontrando o ângulo de solução sendo dado o ângulo de referência.

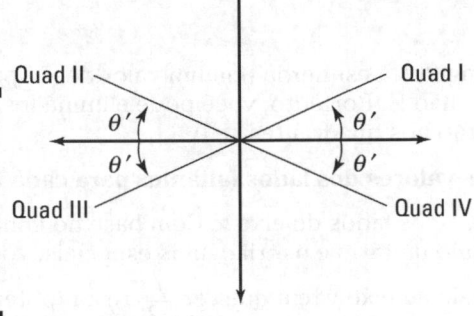

**Parte II: Os Fundamentos da Trigonometria**

Quando se deparar com uma equação trigonométrica que pede que você encontre uma variável desconhecida, você segue a direção inversa daquilo que tem para chegar a uma solução que faça sentido. Essa solução deve estar na forma de uma medida de ângulo, e o local do ângulo deve estar no quadrante correto. O conhecimento do círculo unitário é útil aqui, pois você pensará em ângulos que seguem os requisitos da equação apresentada.

Suponhamos que seja solicitado que você resolva $2\cos x = 1$. Para resolver, você precisa pensar em quais ângulos, no círculo unitário, cujos valores de cosseno, quando multiplicados por 2 dão 1, e seguir esses passos:

1. **Isole a função trigonométrica de um lado.**

   Você encontra $\cos x$ dividindo ambos os lados por 2: $\cos x = ½$.

2. **Determine em quais quadrantes suas soluções estão.**

   Mantendo em mente que o cosseno é um valor de $x$ (consulte a seção anterior "Encontrando valores para as seis funções trigonométricas"), você desenha quatro triângulos — um em cada quadrante — com os lados do eixo $x$ identificados como ½. A Figura 6-15 mostra esses quatro triângulos.

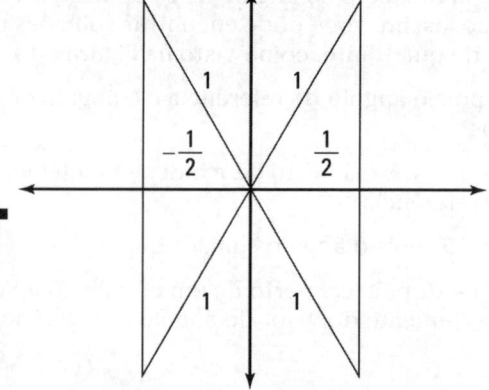

**Figura 6-15:** Esses quatro triângulos ajudarão você a encontrar a soluções.

Os dois triângulos à esquerda têm um valor de –½ para o lado horizontal, e não ½. Portanto, você pode eliminá-los; suas soluções estão nos quadrantes I e IV.

3. **Preencha os valores dos lados faltantes para cada triângulo.**

   Você já marcou os lados do eixo $x$. Com base no conhecimento sobre o círculo unitário e os triângulos especiais, você sabe que o lado paralelo ao eixo $y$ tem que ser $\frac{\sqrt{3}}{2}$, e a hipotenusa é 1. A Figura 6-16 mostra os dois triângulos identificados.

**Figura 6-16:** Os dois triângulos de solução no círculo unitário.

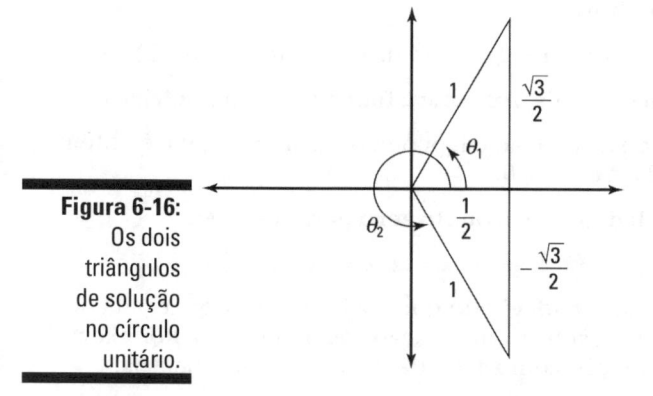

4. **Determine o ângulo de referência.**

   Nos triângulos retângulos especiais, um comprimento de lado de ½ é o lado menor de um triângulo retângulo de 30°, 60°, 90°. Isso significa que o cosseno (ou a parte ao longo do eixo x) é o lado menor, e o lado vertical é o lado maior. Assim, o vértice do ângulo no centro do círculo unitário tem uma medida de 60°, tornando o ângulo de referência $\pi/3$.

5. **Expresse as soluções em formato padrão.**

   O ângulo de referência é $\theta' = \pi/3$. A solução do primeiro quadrante é a mesma que o ângulo de referência: $\theta' = \pi/3$. A solução do quarto quadrante é $\theta = 2\pi - \theta' = 2\pi - \pi/3 = 5\pi/3$.

### Combinando ângulos de referência com outras técnicas de resolução

Você pode incorporar ângulos de referência (consulte a seção anterior) a algumas outras técnicas de pré-cálculo para resolver equações trigonométricas. Uma dessas técnicas é a fatoração. Você pratica a fatoração desde a álgebra (e no Capítulo 4); por isso, isso não deve ser nada de novo. Quando apresentado a uma equação que é igual a 0 e com uma função trigonométrica sendo elevada ao quadrado, ou duas funções trigonométricas diferentes sendo multiplicadas junto, você deve tentar usar primeiro a fatoração para chegar à solução. Após a fatoração, poderá usar a propriedade de produto zero (consulte o Capítulo 1) para estabelecer cada fator igual a 0, e, então, resolvê-los separadamente.

Experimente resolver um exemplo que envolva a fatoração de um trinômio — $2\text{sen}^2 x + \text{sen}\, x - 1 = 0$ — usando os seguintes passos:

1. **Deixe uma variável igual ao raio trigonométrico e reescreva a equação para simplificar.**

   Deixe $u = \text{sen}\, x$ e reescreva a equação como $2u^2 + u - 1 = 0$.

2. **Verifique para ter certeza de que a equação pode ser fatorada.**

   Lembre-se de sempre verificar o máximo fator comum primeiro. Consulte as informações sobre fatoração no Capítulo 4.

3. **Fatore a quadrática.**

   A equação $2u^2 + u - 1 = 0$ é fatorada como $(u + 1)(2u - 1) = 0$.

4. **Mude as variáveis de volta para funções trigonométricas.**

   Reescrevendo a equação trigonométrica fatorada, você obtém (sen$x$ + 1)(2sen$x$ - 1) = 0.

5. **Use a propriedade de produto zero para resolver.**

   Se sen$x$ = –1, $x = 3\pi/2$; se sen$x$ = ½, $x = \pi/6$ e $x = 5\pi/6$.

Em pré-cálculo, pode ser solicitado que você tire a raiz quadrada de ambos os lados para resolver uma função trigonométrica. Por exemplo, se for dada uma equação como $4\text{sen}^2\theta - 3 = 0$, siga estes passos:

1. **Isole a expressão trigonométrica.**

   Para $4\text{sen}^2\theta - 3 = 0$, adicione 3 a cada lado e divida por 4 em ambos os lados, para obter $\text{sen}^2\theta = ¾$.

2. **Tire a raiz quadrada de ambos os lados.**

   Não se esqueça de tirar as raízes quadradas positiva e negativa, o que o deixa com $\text{sen}\theta = \pm\frac{\sqrt{3}}{2}$.

3. **Resolva para encontrar o ângulo de referência.**

   O seno de $\theta$ é tanto positivo quanto negativo para esse exemplo, o que significa que as soluções, ou ângulos, estão em todos os quatro quadrantes. As soluções positivas estão nos quadrantes I e II, e as soluções negativas estão nos quadrantes III e IV. Use o ângulo de referência no quadrante I para orientá-los para as quatro soluções.

   Se $\text{sen}\theta = \frac{\sqrt{3}}{2}$, o valor de $y$ no primeiro quadrante é o lado maior do triângulo de 30°, 60°, 90°. Portanto, o ângulo de referência é $\pi/3$.

4. **Encontre as soluções.**

   Use o ângulo de referência para encontrar as quatro soluções:

   - $\theta = \pi/3$.
   - $\theta = 2\pi/3$
   - $\theta = 4\pi/3$
   - $\theta = 5\pi/3$

   Observe que duas dessas soluções vêm do valor de sinal positivo e duas vêm do negativo.

# Um Trabalho não só para Noé: Construindo e Medindo Arcos

Saber como calcular o comprimento da circunferência e, em troca, o comprimento de um *arco* — uma parte da circunferência — é importante em pré-cálculo, pois você pode usar essa informação para analisar o movimento de um objeto em um círculo.

Um arco pode ser proveniente de um *ângulo central*, que é um ângulo cujo vértice está localizado no centro do círculo. É possível medir um arco de duas maneiras diferentes:

- **Como um ângulo:** A medida de um arco como um ângulo é a mesma do ângulo central que o intercepta.

- **Como um comprimento:** O comprimento de um arco é diretamente proporcional ao comprimento da circunferência do círculo e dependente do ângulo central e do raio da circunferência.

Se você pensar em geometria, poderá lembrar que a fórmula para o comprimento da circunferência é $C = 2\pi r$, com $r$ representando o raio. Além disso, lembre-se de que o círculo tem 360°. Assim, se precisar encontrar o comprimento de um arco, você precisará descobrir para que parte de toda a circunferência (ou para que fração) você está olhando.

Utilize a fórmula a seguir para calcular o comprimento do arco; $\theta$ representa a medida do ângulo em graus, e $s$ representa o comprimento do arco, como mostrado na Figura 6-17:

$$s = \frac{\theta}{360} \cdot 2\pi r$$

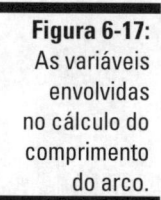

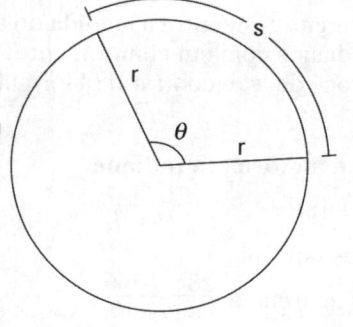

**Figura 6-17:** As variáveis envolvidas no cálculo do comprimento do arco.

Se o ângulo dado estiver em radianos, o $2\pi$ é cancelado e seu comprimento de arco será

$$s = \frac{\theta}{\cancel{2\pi}} \cdot \cancel{2\pi} r \to s = \theta r$$

É a hora de um exemplo. Para encontrar o comprimento de um arco com uma medida de ângulo de 40° se a circunferência tiver um raio de 10, use os passos a seguir:

1. **Designe nomes de variáveis aos valores no problema.**

   A medida de ângulo aqui é 40°, que é $\theta$. O raio é 10, que é $r$.

2. **Insira os valores conhecidos na fórmula.**

   Isso o deixa com $s = \frac{40}{360} \cdot 2\pi(10)$.

3. **Simplifique para resolver a fórmula.**

   Você primeiro obtém $\frac{1}{9} \cdot 20\pi$, que é multiplicado como $\frac{20\pi}{9}$.

A Figura 6-18 mostra como isso fica.

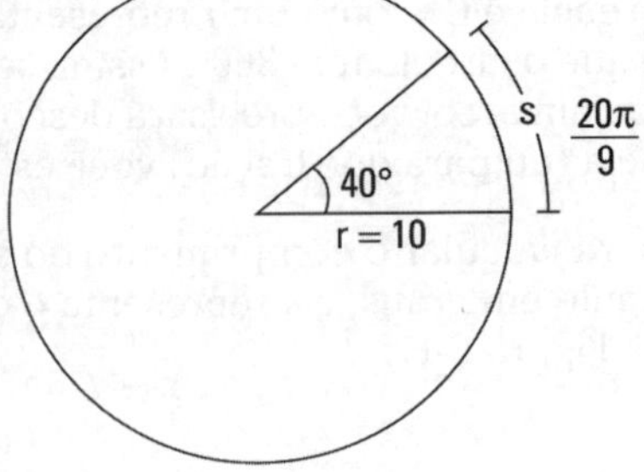

**Figura 6-18:** O comprimento do arco para uma medida de ângulo de 40°.

Agora tente um problema diferente. Encontre a medida do ângulo central de uma circunferência em radianos com um comprimento de arco de $28\pi$ e um raio de 16. Dessa vez, você deve encontrar $\theta$ (a fórmula é $s = r\theta$ ao lidar com radianos):

1. **Insira o que você sabe na fórmula radiana.**

   Isso o deixa com $28\pi = 16\theta$.

2. **Divida ambos os lados por 16.**

   Sua fórmula terá essa aparência: $\frac{28\pi}{16} = \frac{16\theta}{16}$.

3. **Reduza a fração.**

   Você terá $\frac{7\pi}{4} = \theta$. Dessa forma, a solução é $\theta = \frac{7\pi}{4}$ rad.

# Capítulo 7
# Transformando e Plotando Funções Trigonométricas

*Neste capítulo*

▶ Delimitando e transformando os gráficos pai do seno e cosseno
▶ Desenhando e mudando a tangente e a cotangente
▶ Mapeando e alterando a secante e a cossecante

"*E*labore o gráfico da função trigonométrica..." O início deste enunciado faz com que muitos alunos de pré-cálculo sintam calafrios. Mas estamos aqui para dizer que você não tem nada a temer, pois elaborar gráficos de funções pode ser fácil. Fazer gráficos de funções é simplesmente uma questão de inserir o valor de *x* (o *domínio*) no lugar da variável da função e resolver a função para obter o valor de *y* (*a imagem*). Você segue com este cálculo até que tenha pontos o suficiente para delimitar. Quando você sabe que eles são suficientes? Ao obter uma linha, raio, curva ou aquilo que você tiver no gráfico de forma clara.

Você já lidou com funções antes, em matemática, mas, até agora, a entrada de uma função geralmente era *x*. Em funções trigonométricas, no entanto, a entrada da função geralmente é θ, que é basicamente outra variável a se usar. Este capítulo mostra como elaborar o gráfico de funções trigonométricas usando diversos valores para θ. Começamos com os *gráficos pai* — a base sobre a qual tudo o mais que se relaciona a gráficos é construído. Daí, você poderá desenhar um gráfico de função trigonométrica, movê-lo no plano de coordenadas ou invertê-lo e reduzi-lo, o que também discutimos neste capítulo.

**LEMBRE-SE**

No Capítulo 6, você usou duas maneiras de medir ângulos: graus e radianos. Para sua sorte, agora você poderá se concentrar somente nos radianos ao elaborar o gráfico de funções trigonométricas. Os matemáticos sempre usam radianos em gráficos ao trabalhar com funções trigonométricas, e nós queremos continuar com essa tradição — até que alguém invente um jeito melhor, é claro.

# Rascunhando os Gráficos Pai do Seno e Cosseno

As funções trigonométricas, especialmente o seno e o cosseno, mostraram sua utilidade no capítulo anterior. Após analisá-las microscopicamente, você agora está pronto para começar a elaborar seu gráfico. Assim como com as funções pai no Capítulo 3, após descobrir a forma básica dos gráficos de seno e cosseno, poderá começar a elaborar gráficos de versões mais complicadas, usando as mesmas transformações que descobriu no Capítulo 3:

- Transformações verticais e horizontais
- Translações verticais e horizontais
- Reflexões verticais e horizontais

Saber como elaborar o gráfico de funções trigonométricas permite que você meça o movimento de objetos que vão para frente e para trás, e para cima e para baixo em um intervalo regular, como pêndulos. O seno e o cosseno, enquanto funções, são maneiras perfeitas de expressar esse tipo de movimento, pois seus gráficos são repetitivos e oscilam (como uma onda). As seções a seguir ilustram esses fatos.

## O gráfico do seno

Os gráficos do seno se movem em ondas. As ondas quebram e caem repetidas vezes, infinitamente, pois você pode continuar inserindo valores para θ para o resto de sua vida, se realmente quisesse fazer isso. Esta seção mostra como construir o gráfico pai para a função do seno, $f(θ) = \text{sen}θ$ (para saber mais sobre gráficos pai, consulte o Capítulo 3).

Devido ao fato de que todos os valores da função de seno vêm do círculo unitário, você deve se familiarizar bem com o círculo unitário antes de prosseguir com esse trabalho. Caso contrário, aconselhamos que você volte ao Capítulo 6 para obter um lembrete.

É possível elaborar o gráfico de qualquer função trigonométrica em quatro (ou cinco) passos. Aqui estão os passos para construir o gráfico da função pai $f(θ) = \text{sen}θ$:

1. **Encontre os valores para o domínio e imagem.**

    Independentemente do que você colocar na função do seno, obterá uma resposta como saída, pois θ poderá girar no círculo unitário em qualquer direção por uma quantidade infinita de vezes. Isso significa que o domínio do seno são todos os números reais, ou $(-\infty, \infty)$.

No círculo unitário, os valores de *y* são os valores do seno — aquilo que você obtém após inserir o valor de θ na função do seno. Devido ao fato de que o raio do círculo unitário é 1, os valores de *y* não podem ser maiores do que 1 nem menores do que 1 negativo — seu intervalo para a função do seno. Assim, na direção *x*, a onda (ou *senoide*, em termos matemáticos) se perpetua infinitamente, e na direção *y*, a senoide oscila somente entre –1 e 1, incluindo esses valores. Em anotações de intervalo, escreve-se isso como [–1, 1].

2. **Calcule as interseção de x do gráfico.**

   Quando você grafava linhas em álgebra, as interseções de *x* ocorriam quando *y* = 0. Neste caso, o seno é o valor de *y*. Descubra onde o gráfico cruza o eixo de *x* encontrando os valores no círculo unitário em que seno é 0. O gráfico cruza o eixo de *x* três vezes: uma vez em 0, uma vez em π, e outra em 2/π. Agora você sabe que três dos pontos da coordenada são (0, 0), (π, 0) e (2π, 0).

3. **Calcule os pontos máximo e mínimo do gráfico.**

   Para concluir esse passo, use seu conhecimento do intervalo do Passo 1. Você sabe que o valor mais alto de *y* é 1. Onde isso acontece? Em π/2. Agora você tem outro ponto na coordenada em (π/2, 1). Você também pode ver que o valor menor de *y* é –1, quando *x* é 3π/2. Desse modo, você tem outro ponto na coordenada: (3π/2, –1).

4. **Desenhe o gráfico da função.**

   Usando os cinco pontos-chave como guia, conecte os pontos com uma linha suave e curva. A Figura 7-1 mostra o gráfico pai do seno.

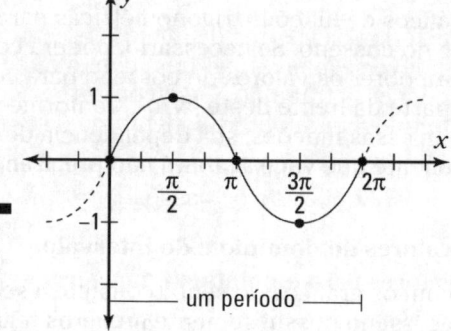

**Figura 7-1:**
O gráfico pai do seno, f(θ) = senθ.

No gráfico pai a função do seno possui algumas características importantes que vale a pena notar:

- **Ele se repete a cada $2\pi$ radianos.** Isso ocorre, pois $2\pi$ radianos é uma volta ao redor do círculo unitário — chamado de *período* do gráfico do seno —, e após isso, você começa a dar a volta novamente. Geralmente, é solicitado que você desenhe o gráfico para mostrar um período da função, pois, nesse período, você captura todos os valores possíveis para o seno antes que ele comece a se repetir. O gráfico do seno é chamado *periódico*, devido a esse padrão repetitivo.

- **Ele é simétrico na origem (assim, em termos matemáticos, é uma *função ímpar*).** A função do seno possui uma simetria de pontos de 180° na origem. Se você observá-lo de cabeça para baixo, o gráfico parecerá exatamente o mesmo. A definição matemática oficial de uma *função ímpar*, no entanto, é $f(-x) = -f(x)$ para cada valor de $x$ no domínio. Em outras palavras, se você inserir uma entrada oposta, obterá uma saída oposta. Por exemplo, sen($\pi/6$) é ½, mas se você observar sen($-\pi/6$), obterá -½.

## O gráfico do cosseno

O gráfico pai do cosseno é bastante semelhante ao gráfico pai da função do seno, mas ele tem sua própria personalidade (assim como gêmeos idênticos, supomos). Os gráficos do cosseno seguem o mesmo padrão básico e têm a mesma forma básica que os gráficos do seno; a diferença está na localização dos máximos e mínimos. Eles ocorrem em domínios diferentes, ou valores de $x$, a ¼ de um período de distância um do outro. Assim, os dois gráficos têm deslocamentos de ¼ do período um do outro.

Assim como com o gráfico do seno, você usará os cinco pontos-chave da elaboração de gráficos de funções trigonométricas para obter o gráfico pai da função do cosseno. Se necessário, poderá consultar o círculo unitário para obter os valores do cosseno para começar (consulte a Cola na parte da frente deste livro). Conforme você for trabalhando mais com essas funções, sua dependência do círculo unitário deve diminuir, até que você acabará não precisando mais dele. Eis os passos:

1. **Encontre os valores do domínio e do intervalo.**

   Assim como com os gráficos do seno (consulte a seção anterior), o domínio do cosseno possui somente números reais, e seu intervalo é $-1 \leq y \leq 1$, ou [-1, 1].

2. **Calcule as interseção de $x$ do gráfico.**

   Consultando o círculo unitário, encontre os pontos onde o gráfico cruza o eixo $x$ encontrando os valores do círculo unitário

de 0. Ele cruza o eixo *x* duas vezes — uma em ½ e outra em ³⁄₂.
Isso oferece dois pontos nas coordenadas: (½, 0) e (³⁄₂, 0).

3. **Calcule os pontos máximo e mínimo do gráfico.**

    Usando o seu conhecimento sobre o intervalo para o cosseno do Passo 1, você sabe que o valor mais alto que *y* pode ter é 1, o que acontece duas vezes para o cosseno — uma vez em 0 e outra em $2\pi$ (consulte a Figura 7-2), oferecendo dois máximos: (0, 1) e ($2\pi$, 1). O valor mínimo que *y* pode ter é –1, que ocorre em $\pi$. Agora você tem outro par na coordenada em ($\pi$, –1).

4. **Desenhe o gráfico da função.**

    A Figura 7-2 mostra o gráfico pai completo do cosseno, com os cinco pontos-chave inseridos.

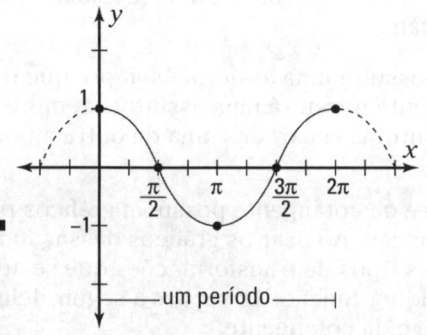

**Figura 7-2:**
O gráfico pai do cosseno, f($\theta$) = *cos*$\theta$.

O gráfico pai do cosseno possui algumas características que vale a pena notar:

- **Ele se repete a cada $2\pi$.** Isso significa que é uma função periódica, por isso, suas ondas se levantam e diminuem no gráfico (consulte a seção anterior para ver a explicação completa).

- **Ele é simétrico no eixo *y* (no dialeto matemático, ele é uma função par).** Diferentemente da função do seno, que tem uma simetria de 180°, o cosseno possui uma simetria no eixo *y*. Em outras palavras, você pode dobrar o gráfico ao meio no eixo *y* e ele corresponderá exatamente. A definição formal de uma função par é $f(x) = f(-x)$ — se você inserir a entrada oposta, obterá a mesma saída. Por exemplo, $\cos(⅙) = \frac{\sqrt{3}}{2}$, e $\cos(-⅙) = \frac{\sqrt{3}}{2}$. Embora o sinal da entrada tenha mudado, o sinal da saída permaneceu o mesmo. Isso é sempre verdadeiro para qualquer valor de $\theta$ e seu oposto para o cosseno.

# Plotando a Tangente e a Cotangente

Os gráficos para as funções da tangente e da cotangente são bastante diferentes dos gráficos do seno e do cosseno. Os gráficos do seno e do cosseno são bastante semelhantes entre si em forma e tamanho. No entanto, quando você divide uma função pela outra, o gráfico que você cria não se parece em nada com nenhum dos gráficos do qual ele se originou. (A tangente é definida como $\frac{sen\,\theta}{cos\,\theta}$, e a cotangente é $\frac{cos\,\theta}{sen\,\theta}$.)

Pode ser difícil para alguns alunos entender os gráficos da tangente e da cotangente, mas você pode dominá-los por meio da prática. A parte mais difícil de elaborar gráficos de tangente e cotangente vem do fato de que ambas têm assíntotas em seus gráficos (consulte o Capítulo 3), pois são funções racionais.

**LEMBRE-SE**

O gráfico da tangente possuirá uma assíntota sempre que o cosseno for 0, e o gráfico da cotangente possuirá uma assíntota sempre que o seno for 0. Manter essas assíntotas separadas uma da outra ajudará você a desenhar os gráficos.

As funções da tangente e da cotangente possuem gráficos pai assim como qualquer outra função. Ao usar os gráficos dessas funções, você pode realizar os mesmos tipos de transformações que se aplicam aos gráficos pai de qualquer função. As seções a seguir delimitam os gráficos pai da tangente e da cotangente.

## Tangente

**DICA**

A maneira mais fácil de lembrar como elaborar o gráfico da função da tangente é lembrar que $tg\,\theta = \frac{sen\,\theta}{cos\,\theta}$ (consulte o Capítulo 6). Devido ao fato de que $cos\,\theta = 0$ para vários valores de $\theta$, isso tem efeitos interessantes no gráfico da tangente. Quando o denominador de uma fração for 0, a fração é *indefinida*. Assim, o gráfico da tangente pulará uma *assíntota*, que é o local onde a função é indefinida, nesses pontos.

A Tabela 7-1 apresenta $\theta$, $sen\,\theta$, $cos\,\theta$ e $tg\,\theta$. Ela mostra as raízes (ou zeros), assíntotas (onde a função é indefinida) e o comportamento do gráfico entre certos pontos-chave do círculo unitário.

### Tabela 7-1 Descobrindo Quando tg$\theta$ é Indefinido

| $\theta$ | 0 | $0<\theta<\pi/2$ | $\pi/2$ | $\pi/2<\theta<\pi$ | $\pi$ | $\pi<\theta<3\pi/2$ | $3\pi/2$ | $3\pi/2<\theta<2\pi$ | $2\pi$ |
|---|---|---|---|---|---|---|---|---|---|
| sen$\theta$ | 0 | positivo | 1 | positivo | 0 | negativo | −1 | negativo | 0 |
| cos$\theta$ | 1 | positivo | 0 | negativo | −1 | negativo | 0 | positivo | 1 |
| tan$\theta$ | 0 | positivo | indefinido | negativo | 0 | positivo | indefinido | negativo | 0 |

Para delimitar o gráfico pai de uma função de tangente, você começa encontrando as assíntotas verticais. Isto oferece alguma estrutura na qual você pode preencher os pontos faltantes:

1. **Encontre as assíntotas verticais para que possa descobrir o domínio.**

   Para encontrar o domínio de uma função de tangente, você precisa localizar as assíntotas verticais. A primeira assíntota ocorre quando $\theta = \pi/2$, e elas se repetem a cada $\pi$ radianos (consulte o círculo unitário na Cola deste livro). (**Nota:** O período do gráfico da tangente é $\pi$ radianos, que é diferente do período do seno e do cosseno.) A tangente, em outras palavras, terá assíntotas quando $\theta = \pi/2$ e $3\pi/2$.

   A maneira mais fácil de escrever isso é $\theta \neq \pi/2 + \pi n$, em que $n$ é um número inteiro. Você escreve "+ $\pi n$", pois, o período da tangente é $\pi$ radianos, assim, se há uma assíntota em $\pi/2$ e você adiciona ou subtrai $\pi$, você encontrará automaticamente a assíntota seguinte.

2. **Determine os valores para o intervalo.**

   Lembre-se que a função da tangente pode ser definida como $\frac{sen\,\theta}{cos\,\theta}$. Ambos esses valores podem ser decimais e, quando você divide decimais por decimais, o valor final aumenta.

   Não há restrições no intervalo da tangente; você não está preso entre 1 e –1, assim como no seno e no cosseno. Na verdade, as razões podem ser todo e qualquer número. O intervalo é $(-\infty, \infty)$.

3. **Calcule as interseções de $x$ do gráfico.**

   O gráfico pai da tangente possui raízes (cruza o eixo x) em 0, $\pi$ e $2\pi$. Você pode encontrar esses valores estabelecendo $\frac{sen\,\theta}{cos\,\theta}$ como sendo igual a 0 e então resolvendo.

   As interseções de $x$ para o gráfico pai da tangente estão localizadas sempre que o valor do seno for 0.

4. **Descubra o que está acontecendo com o gráfico entre as interseções e as assíntotas.**

   O primeiro quadrante da tangente é positivo e aponta para cima, em direção à assíntota em $\pi/2$, pois todos os valores de seno e cosseno são positivos no primeiro quadrante. O quadrante II é negativo, pois o seno é positivo e o cosseno é negativo. O quadrante III é positivo, pois ambos, o seno e o cosseno, são negativos, e o quadrante IV é negativo, pois o seno é negativo, enquanto o cosseno é positivo.

   **Nota:** Não há pontos máximos ou mínimos em um gráfico de tangente.

A Figura 7-3 mostra como é o gráfico pai da tangente quando você junta todas as informações.

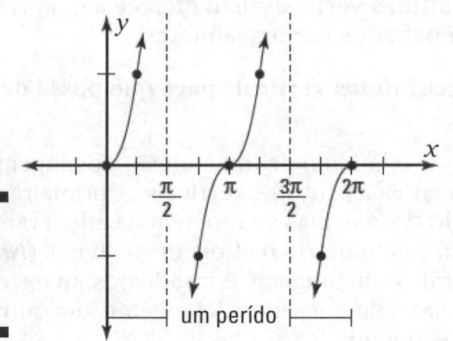

**Figura 7-3:**
O gráfico pai da tangente, f(θ) = tgθ.

## Cotangente

Os gráficos pai do seno e do cosseno são bastante semelhantes, pois os valores são exatamente os mesmos; eles apenas ocorrem para diferentes valores de θ. Da mesma forma, os gráficos pai da tangente e da cotangente são comparáveis, pois ambos têm assíntotas e interseções de x. A única diferença que se pode notar são os valores de θ onde as assíntotas e as interseções de x ocorrem. É possível encontrar o gráfico pai da função da cotangente, $\frac{\cos\theta}{\sin\theta}$, usando as mesmas técnicas que se usa para encontrar o gráfico pai da tangente (consulte a seção anterior).

A Tabela 7-2 mostra θ, cosθ, senθ e cotθ para que você possa ver ambas as interseções de x e as assíntotas em comparação. Isso o ajudará a encontrar a forma geral de seu gráfico para que você tenha um bom lugar por onde começar.

| Tabela 7-2 | | Identificando onde cotgθ é Indefinido | | | |
|---|---|---|---|---|---|
| θ | 0 | 0<θ<π/2 | π/2 | π/2<θ<π | π |
| cosθ | 1 | positivo | 0 | negativo | −1 |
| senθ | 0 | positivo | 1 | positivo | 0 |
| cotgθ | indefinido | positivo | 0 | negativo | indefinido |
| θ | | π<θ<3π/2 | 3π/2 | 3π/2<θ<2π | **2π** |
| cotgθ | | negativo | 0 | positivo | 1 |
| senθ | | negativo | −1 | negativo | 0 |
| *cotg*θ | | positivo | 0 | negativo | indefinido |

Para desenhar o gráfico pai completo da cotangente, siga estes passos:

1. **Encontre as assíntotas verticais para encontrar o domínio.**

   Devido ao fato de que a cotangente é o quociente do cosseno dividido pelo seno, e o seno às vezes é 0, o gráfico da função da cotangente pode ter assíntotas, assim como acontece com a tangente. No entanto, essas assíntotas ocorrem sempre que $sen\theta = 0$. As assíntotas de $cotg\theta$ estão em 0, $\pi$ e $2\pi$.

   O gráfico pai da cotangente se repete a cada $\pi$ unidades. Seu domínio baseia-se em suas assíntotas verticais: a primeira aparece em 0 e se repete a cada $\pi$ radianos. O domínio, em outras palavras, é $\theta \neq 0 + \pi n$, em que $n$ é um número inteiro.

2. **Encontre os valores para o intervalo.**

   De maneira semelhante à função da tangente, é possível definir cotangente como $\frac{cos\,\theta}{sen\,\theta}$. Ambos podem ser decimais, e quando você divide decimais por decimais, o valor final aumenta. Também não há restrições no intervalo da cotangente: os raios são todo e qualquer número — $(-\infty, \infty)$.

3. **Determine as interseções de $x$.**

   As raízes (ou zeros) da cotangente ocorrem sempre que o valor do cosseno é 0. Isto ocorre em $\frac{\pi}{2}$ e $\frac{3\pi}{2}$.

4. **Avalie o que acontece com o gráfico entre as interseções de $x$ e as assíntotas.**

   Os valores positivos e negativos nos quatro quadrantes permanecem os mesmos que na tangente, mas as assíntotas alteram o gráfico. Você pode ver o gráfico pai completo para a cotangente na Figura 7-4.

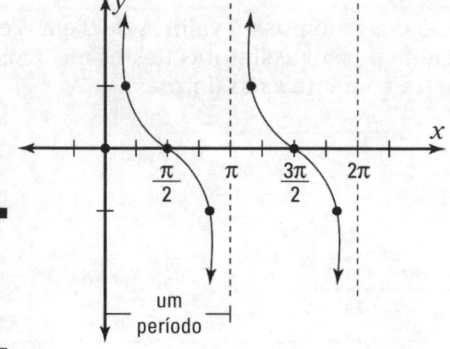

**Figura 7-4:**
O gráfico pai da cotangente, $g(\theta) = cotg\theta$.

## Expressando a Secante e a Cossecante em Figuras

Assim como ocorre com a tangente e a cotangente, os gráficos da secante e da cossecante possuem assíntotas. Você sabe por quê? Porque $\sec\theta = \dfrac{1}{\cos\theta}$, e $\csc\theta = \dfrac{1}{\sen\theta}$. Ambos, o seno e o cosseno, possuem valores de 0, o que faz com que os denominadores sejam 0 e as funções tenham assíntotas. Essas são considerações importantes ao delimitar os gráficos pai, o que fazemos nas seções a seguir.

### Secante

A secante é definida como $\dfrac{1}{\cos\theta}$, e é possível expressá-la em gráfico usando passos semelhantes àqueles das seções da tangente e cotangente.

**LEMBRE-SE**

Há dois lugares em que o gráfico do cosseno cruza o eixo $x$ no intervalo $[0, 2\pi]$, por isso, haverá duas assíntotas no gráfico da secante, que dividem o intervalo do período em três seções menores. Não há nenhuma interseção de $x$ no gráfico pai da secante (é difícil encontrá-las em qualquer gráfico transformado, por isso, geralmente não será solicitado que você faça isso).

Siga esses passos para desenhar o gráfico pai da secante:

1. **Encontre as assíntotas do gráfico da secante.**

   Devido ao fato de que a secante é o recíproco do cosseno (consulte o Capítulo 6), qualquer lugar no gráfico do cosseno em que o valor é 0 criará uma assíntota no gráfico da secante. (E qualquer ponto com 0 no denominador é indefinido.) Encontrar esses pontos primeiro ajudará a definir o resto do gráfico.

   O gráfico pai do cosseno possui valores de 0 em $^\pi\!/_2$ e $^{3\pi}\!/_2$. Assim, o gráfico da secante possui assíntotas nestes mesmos valores. A Figura 7-5 mostra somente as assíntotas.

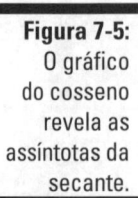

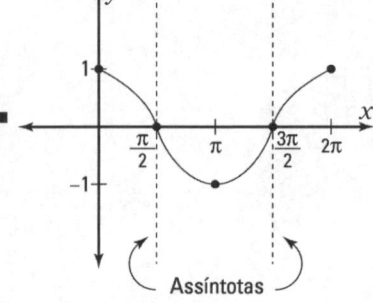

**Figura 7-5:** O gráfico do cosseno revela as assíntotas da secante.

2. **Calcule o que acontece com o gráfico no primeiro intervalo entre as assíntotas.**

   O período do gráfico pai do cosseno começa em 0 e termina em $2\pi$. Você precisa descobrir o que o gráfico faz no meio de:
   - Zero e a primeira assíntota em ½.
   - As duas assíntotas no meio.
   - A segunda assíntota e o final do gráfico em $2\pi$.

   Comece no intervalo (0, ½). O gráfico do cosseno vai de 1, passando pelas frações, e chegando até 0. A secante assume o recíproco de todos esses valores e termina nesse primeiro intervalo na assíntota. O gráfico fica cada vez maior em vez de menor, pois conforme as frações na função do cosseno diminuem, seus recíprocos na função da secante aumentam.

3. **Repita para o segundo intervalo (½, ³⁄₂).**

   Se você consultar o gráfico do cosseno, verá que no meio do caminho entre ½ e ³⁄₂, a partir do ponto mais abaixo, a linha não tem outro lugar para ir a não ser aproximar-se de 0 em ambas as direções. Assim, o gráfico da secante (o recíproco) cresce em uma direção negativa.

4. **Repita para o último intervalo (³⁄₂, $2\pi$).**

   Este intervalo é uma imagem espelhada do que acontece no primeiro intervalo.

5. **Encontre o domínio e o intervalo do gráfico.**

   Suas assíntotas estão em ½ e se repetem a cada $\pi$, por isso, o domínio da secante é $\theta \neq$ ½ + $\pi n$, em que $n$ é um número inteiro. O gráfico existe somente para números $\geq 1$ ou $\leq -1$. Seu intervalo, portanto, é $(-\infty, -1] \cup [1, \infty)$.

Você pode ver o gráfico pai da secante na Figura 7-6.

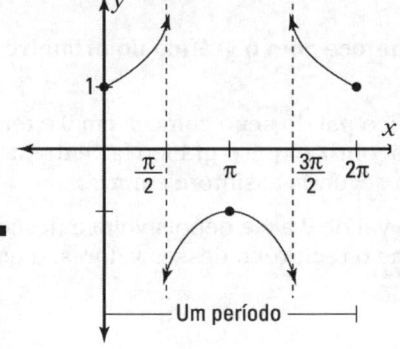

**Figura 7-6:**
O gráfico pai da secante, $y(\theta) = \sec\theta$

## Cossecante

A cossecante é quase exatamente a mesma que a secante, pois ela é a recíproca do seno (em oposição ao cosseno). Em qualquer lugar que o seno tiver um valor de 0, você verá uma assíntota no gráfico da cossecante. Devido ao fato de que o gráfico do seno cruza o eixo $x$ três vezes no intervalo $[0, 2\pi]$, haverá três assíntotas e dois subintervalos a serem grafados.

**LEMBRE-SE**

O recíproco de 0 é indefinido, e o recíproco de um valor indefinido é 0. Devido ao fato de que o gráfico do seno nunca é indefinido, o recíproco do seno nunca pode ser 0. Por esse motivo, não há interseções de $x$ para o gráfico pai da função da cossecante, por isso, nem se dê ao trabalho de procurar por elas.

A lista a seguir explica como elaborar o gráfico da cossecante:

1. **Encontre as assíntotas do gráfico.**

   Devido ao fato de que a cossecante é o recíproco do seno, qualquer lugar no gráfico do seno em que o valor for 0 cria uma assíntota no gráfico da cossecante. O gráfico pai do seno possui valores de 0 em 0, $\pi$ e $2\pi$. Assim, a cossecante tem três assíntotas. A Figura 7-7 mostra estas assíntotas.

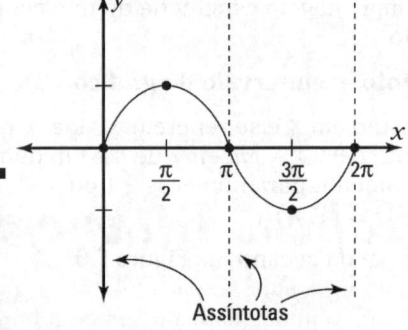

**Figura 7-7:** O gráfico do seno revela as assíntotas da secante.

2. **Calcule o que acontece com o gráfico no primeiro intervalo entre 0 e $\pi$.**

   O período do gráfico pai do seno começa em 0 e termina em $2\pi$. Você pode descobrir o que o gráfico faz entre a primeira assíntota em 0 e a segunda assíntota em $\pi$.

   O gráfico do seno vai de 0 a 1 e depois volta a descer. A cossecante assume o recíproco desses valores, o que faz o gráfico aumentar.

3. **Repita para o segundo intervalo ($\pi$, $2\pi$).**

   Se você consultar o gráfico do seno, verá que ele vai de 0 até –1 e depois volta a subir. Assim, o gráfico da cossecante fica maior na direção negativa.

4. **Encontre o domínio e o intervalo do gráfico.**

   As assíntotas da cossecante começam em 0 e se repetem a cada $\pi$. Seu domínio é $\theta \neq 0 + \pi n$, em que $n$ é um número inteiro. O gráfico também existe para números $\geq 1$ ou $\leq -1$. Seu intervalo, portanto, é $(-\infty, -1] \cup [1, \infty)$.

Você pode ver o gráfico completo na Figura 7-8.

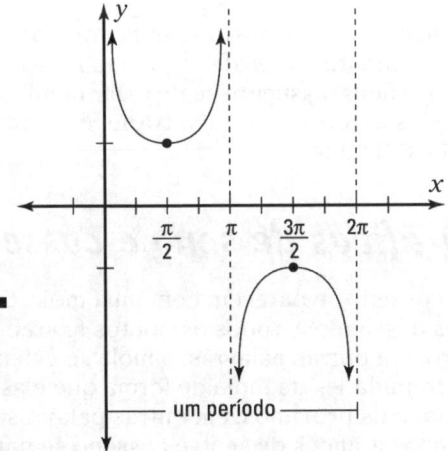

**Figura 7-8:**
O gráfico pai da cossecante, $y(\theta) = \text{cosec}\,\theta$.

# Transformando Gráficos Trigonométricos

Os gráficos pai básicos abrem caminho para muitos gráficos avançados e complicados, que, no fim, têm mais aplicações no mundo real. Geralmente, as funções que modelam situações do mundo real são estendidas ou reduzidas, ou até mesmo deslocadas para um local totalmente diferente no plano de coordenadas. A boa notícia é que a *transformação* de funções trigonométricas segue o mesmo conjunto de diretrizes gerais que as transformações que você viu no Capítulo 3.

As regras para a elaboração de gráfico de funções trigonométricas complicadas são, na verdade, bastante simples. Quando for solicitado que você desenhe o gráfico de uma função trigonométrica mais complicada, você poderá usar o gráfico pai (que você conhece das seções anteriores) e alterá-lo de alguma maneira para encontrar o gráfico mais complexo. Basicamente, você pode mudar cada gráfico pai de uma função trigonométrica de quatro maneiras:

✓ É possível alterar o gráfico pai de qualquer gráfico trigonométrico usando uma transformação vertical. *Nota:* Ao trabalhar com o gráfico para as funções de seno e cosseno, uma transformação vertical alterará o comprimento do gráfico, também conhecido como *amplitude*.

✓ É possível alterar qualquer gráfico pai com uma transformação horizontal (agora conhecida como o *período*) e fazê-lo se mover mais rápido ou mais devagar, o que afeta seu comprimento horizontal.

✓ É possível deslocar qualquer gráfico pai para cima, para baixo, para a esquerda ou para a direita.

✓ É possível refletir qualquer gráfico pai ao longo do eixo $x$ ou $y$.

As seções a seguir abordam como transformar os gráficos trigonométricos pai. No entanto, antes de seguir em frente com a transformação desses gráficos, assegure-se de estar familiarizado com os gráficos pai das seções anteriores. Do contrário, é muito fácil se confundir com pequenos detalhes.

## Dominando gráficos de seno e cosseno

Os gráficos de seno e cosseno se parecem com uma mola. Se você puxar as extremidades dessa mola, todos os pontos ficarão mais separados um do outro; em outras palavras, a mola se estenderá. Se você pressionar as extremidades da mola de forma que elas se unam, todos os pontos ficarão mais próximos; em outras palavras, a mola estará reduzida. Assim, os gráficos de seno e cosseno se parecem e agem de maneira bastante semelhante a uma mola, mas essas molas podem ser alteradas *tanto* horizontal *quanto* verticalmente; além de puxar ou pressionar as extremidades, você pode deixar a mola mais alta ou mais baixa. Isso sim é que é mola!

Nós mostraremos como alterar os gráficos pai para o seno e o cosseno, usando extensões e reduções verticais e horizontais. Você também verá como mover o gráfico pelo plano de coordenadas, usando translações (que podem ser verticais e horizontais).

### Alterando a amplitude

Multiplicar uma função trigonométrica por uma constante altera o gráfico da função pai; especificamente, você altera a amplitude do gráfico. Ao medir a altura de um gráfico, você mede a distância entre o pico máximo e a onda mínima. Faça uma interrupção no meio dessa medida com uma linha horizontal chamada de *eixo senoide*. A *amplitude* é a medida da distância do eixo senoide até o máximo ou o mínimo. A Figura 7-9 ilustra esse ponto com detalhes.

**Figura 7-9:**
O eixo senoide e a amplitude de um gráfico de função trigonométrica.

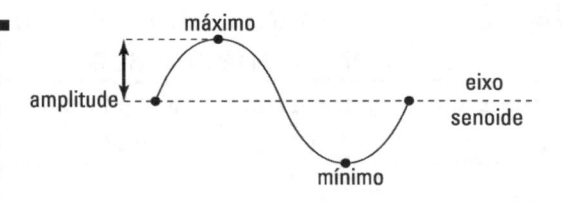

Ao multiplicar uma função trigonométrica por determinados valores, você pode deixar o gráfico mais alto ou mais baixo:

- **Valores positivos de amplitudes maiores que 1 aumentam a altura do gráfico.** Isso faz sentido, pois quando você amplifica um som, torna-o mais alto. Basicamente, 2senθ torna o gráfico mais alto que senθ; 3senθ o deixa ainda mais alto, e assim por diante. Por exemplo, se $g(\theta)$ = 2senθ, você multiplica a altura do gráfico do seno original por 2 em todos os pontos. Todos os locais no gráfico, portanto, terão duas vezes a altura do original.

- **Valores de frações entre 0 e 1 tornam o gráfico mais baixo.** Pode-se dizer que ½senθ é mais baixo que senθ, e que ⅕senθ é ainda mais baixo. Por exemplo, se h(θ) = ⅕senθ, você multiplica a altura do gráfico pai por ⅕ em todos os pontos, tornando-o muito menor.

A mudança de amplitude também afeta o intervalo da função, pois os valores máximos e mínimos do gráfico mudam. Antes de multiplicar uma função de seno ou cosseno por 2, por exemplo, seu gráfico oscilava entre –1 e 1; agora, ele se move entre –2 e 2.

Às vezes, você multiplica uma função trigonométrica por um número negativo. Isso, no entanto, não torna a amplitude negativa! A amplitude é uma medida de distância, e a distância não pode ser negativa. Você não pode andar –5 metros, por exemplo, não importa o quanto tente. Mesmo que andar para trás, ainda estará andando 5 metros. Do mesmo modo, se $k(\theta)$ = –5senθ, sua amplitude ainda é 5. O sinal de negativo apenas gira o gráfico de cabeça para baixo.

A Tabela 7-3 mostra uma comparação de uma entrada original (θ) e o valor de senθ com $g(\theta)$ = 2senθ, $h(\theta)$ = ½senθ e $k(\theta)$ = –5senθ.

## Tabela 7-3 Comparando como Amplitudes Diferentes Afetam senθ

| θ | f(θ) = senθ | g(θ) = 2senθ | h(θ) = ½senθ | k(θ) = –5senθ |
|---|---|---|---|---|
| 0 | 0 | 2 · 0 = 0 | ½ · 0 = 0 | –5 · 0 = 0 |
| π/2 | 1 | 2 · 1 = 2 | ½ · 1 = ½ | –5 · 1 = –5 |
| π | 0 | 2 · 0 = 0 | ½ · 0 = 0 | –5 · 0 = 0 |
| 3π/2 | –1 | 2 · –1 = –2 | ½ · –1 = –1/2 | –5 · 1 = 5 |
| 2π | 0 | 2 · 0 = 0 | ½ · 0 = 0 | –5 · 0 = 0 |

Não se preocupe, você não terá que recriar a Tabela 7-3 por nenhum motivo no pré-cálculo. Nós só queremos que você veja a comparação entre a função pai e as funções mais complicadas. Lembre-se que essa tabela exibe somente valores da função do seno e de suas transformações; você pode fazer a mesma coisa facilmente para o cosseno.

A Figura 7-10 ilustra os gráficos do seno após as transformações. A Figura 7-10a é o gráfico de $f(\theta)$; a Figura 7-10b é $g(\theta)$; a Figura 7-11a é $h(\theta)$; e a Figura 7-11b é $k(\theta)$.

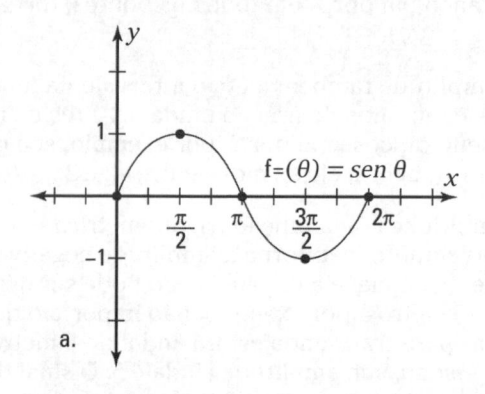

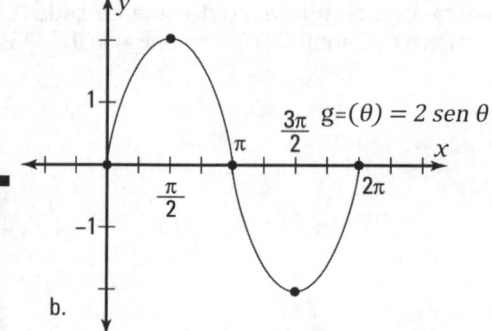

**Figura 7-10:** Os gráficos de transformações de exemplo do seno.

a. $h=(\theta) = \frac{1}{2} sen\,\theta$

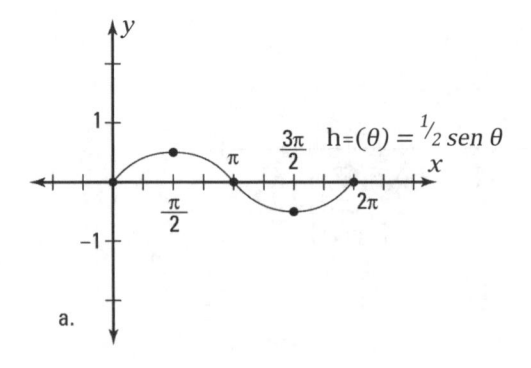

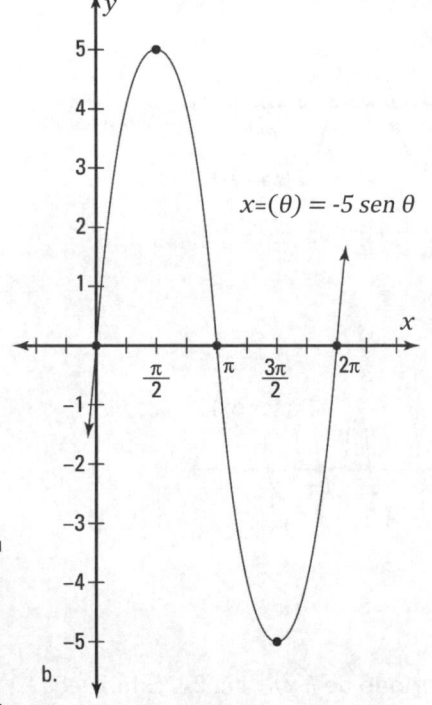

b. $x=(\theta) = -5\,sen\,\theta$

**Figura 7-11:** Mais exemplos de transformações do seno.

## Alterando o período

O *período* dos gráficos pai do seno e do cosseno é $2\pi$, que é uma volta ao redor do círculo unitário (consulte a seção anterior "O gráfico do seno"). Às vezes, em trigonometria, a variável ($\theta$), não a função, é multiplicada por uma constante. Esta ação afeta o período do gráfico da função trigonométrica. Por exemplo, *f(x)* = sen2*x* faz o gráfico se repetir duas vezes de acordo com a mesma quantidade de tempo; em outras palavras, o gráfico se move duas vezes mais rápido. Pense nisso como se fosse apertar o botão de avançar em um DVD. A Figura 7-12 mostra gráficos de função com várias alterações de período.

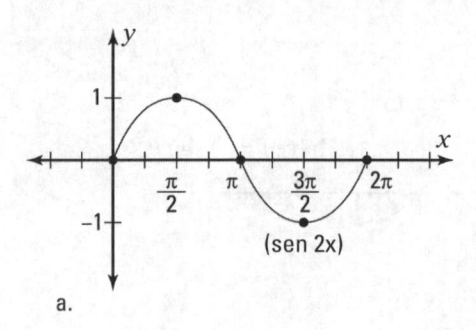

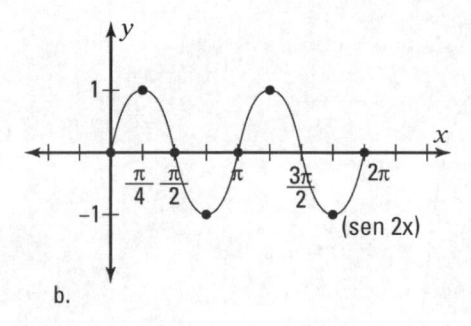

**Figura 7-12:** Criando alterações no período em gráficos de funções.

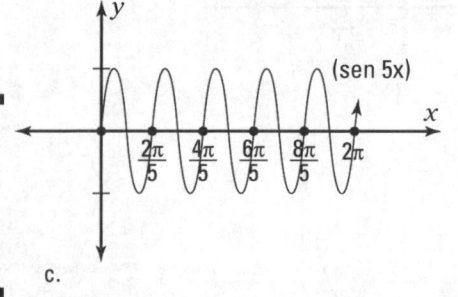

a. (sen 2x)

b. (sen 2x)

c. (sen 5x)

Para encontrar o período de $f(x) = \text{sen}\,2x$, estabeleça $2 \cdot \text{período} = 2\pi$ (o período da função de seno original) e encontre o período. Neste caso, o período = $\pi$, assim, o gráfico terminará sua viagem em $\pi$. Cada ponto ao longo do eixo $x$ também se moverá com duas vezes a mesma velocidade.

Você pode fazer com que o gráfico de uma função trigonométrica se mova mais rápido ou mais devagar com constantes diferentes:

✔ **Valores positivos de período maiores que 1 fazem com que o gráfico se repita com cada vez mais frequência.** É isso o que você vê no exemplo de f(x).

✔ **Valores fracionários entre 0 e 1 fazem com que o gráfico se repita com menos frequência.** Por exemplo, se h(x) = cos(¼x), você pode encontrar seu período estabelecendo ¼ · período = 2π. Resolvendo para achar o período, você obtém 8π. Antes, o gráfico terminava em 2π; agora, ele espera para terminar em 8π, o que reduz sua velocidade em ¼.

**LEMBRE-SE**

É possível ter uma constante negativa sendo multiplicada pelo período. Uma constante negativa afeta o modo como o gráfico se move, mas na direção oposta da constante positiva. Por exemplo, digamos que p(x) = sen(3x) e q(x) = sen(−3x). O período de p(x) é ⅔π, enquanto o período de q(x) é −⅔π. O gráfico de p(x) se move para a direita do eixo y, enquanto o gráfico de q(x) se move para a esquerda. A Figura 7-13 ilustra esse ponto claramente.

a.

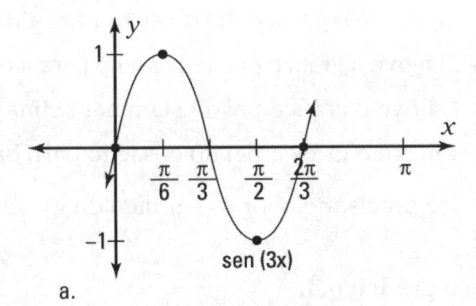

sen (3x)

**Figura 7-13:** Gráficos com períodos negativos se movem para o lado oposto do eixo y.

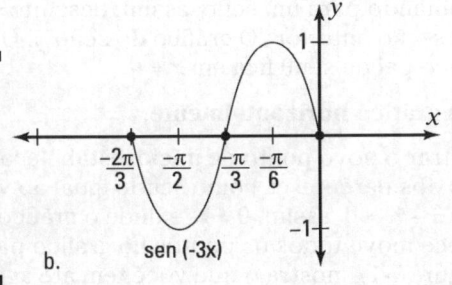

b. sen (-3x)

**CUIDADO!**

Não confunda amplitude e período ao elaborar o gráfico de funções trigonométricas. Por exemplo, f(x) = 2senx e g(x) = sen2x afetam o gráfico de forma diferente — f(x) = 2senx o torna mais alto, e g(x) = sen2x o torna mais rápido.

### Deslocando as ondas no plano de coordenadas

O movimento de um gráfico pai no plano de coordenadas é outro tipo de transformação, conhecido como *translação* ou *deslocamento*. Para esse tipo de transformação, cada ponto no gráfico pai é movido para outro lugar no plano de coordenadas. Uma translação não afeta a forma geral do gráfico; ela apenas altera sua localização no plano. Nesta seção, nós mostramos como pegar os gráficos pai do seno e do cosseno e deslocá-los horizontal e verticalmente.

Você entendeu as regras para deslocar uma função horizontal e verticalmente no Capítulo 3? Se não, volte e estude-as, pois elas são importantes também para os gráficos do seno e cosseno.

A maioria dos livros de matemática escrevem os deslocamentos horizontais e verticais como sen($x - h$) + $v$, ou cos($x - h$) + $v$. A variável $h$ representa o deslocamento horizontal do gráfico, e $v$ representa o deslocamento vertical do gráfico. O sinal faz diferença na direção do movimento. Por exemplo,

- $f(x) = $ sen($x - 3$) move o gráfico pai do seno para a direita em 3.
- $g(x) = $ cos($x + 2$) move o gráfico pai do cosseno para a esquerda em 2.
- $k(x) = $ sen$x + 4$ move o gráfico pai do seno para cima em 4.
- $p(x) = $ cos$x - 4$ move o gráfico pai do cosseno para baixo em 4.

Por exemplo, se você precisar elaborar o gráfico de $y = $ sen($\theta - \frac{3\pi}{4}$) + 3, siga esses passos:

1. **Identifique o gráfico pai.**

    Você está olhando para um seno, assim, desenhe seu gráfico pai (consulte a seção anterior "O gráfico do seno"). O valor inicial para o gráfico pai de sen$\theta$ fica em $x = 0$.

2. **Desloque o gráfico horizontalmente.**

    Para encontrar o novo ponto de início, estabeleça aquilo que está dentro dos parênteses como sendo igual ao valor inicial do gráfico pai: $\theta - \frac{3\pi}{4} = 0$, assim, $\theta = \frac{3\pi}{4}$ é onde o gráfico iniciará seu período. Você move todos os pontos no gráfico pai para a direita em $\frac{3\pi}{4}$. A Figura 7-14 mostra o que você tem até agora.

**Figura 7-14:** Deslocando o gráfico pai do seno para a direita em $\frac{3\pi}{4}$.

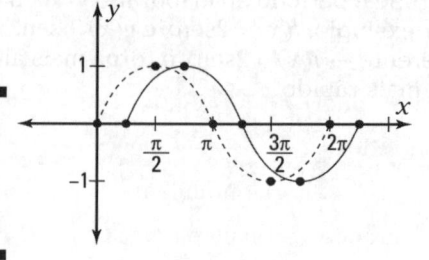

3. **Mova o gráfico verticalmente.**

   O eixo senoide do gráfico se move para cima em três posições nessa função, por isso, desloque todos os pontos do gráfico pai nessa direção agora. Você pode ver esse deslocamento na Figura 7-15.

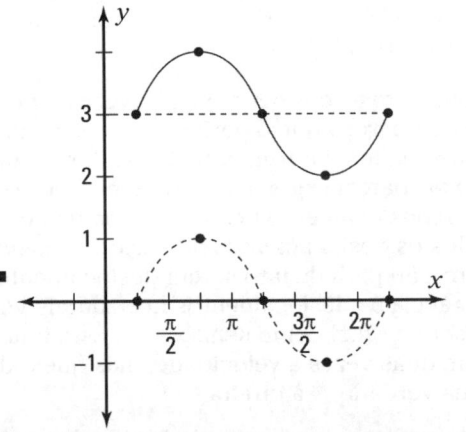

   **Figura 7-15:** Movendo o gráfico do seno para cima em três unidades.

4. **Demonstre o domínio e a imagem do gráfico transformado, caso solicitado.**

   O domínio e a imagem de uma função podem ser afetados por uma transformação. Quando isso acontece, pode ser solicitado que você demonstre o novo domínio e imagem. Geralmente, é possível visualizar o intervalo da função facilmente ao observar o gráfico. Dois fatores que alteram o intervalo são uma transformação vertical (expansão ou redução) e uma translação vertical.

   Lembre-se que a imagem do gráfico pai de seno é [−1, 1]. Deslocar o gráfico pai para cima em três unidades faz com que a imagem $y = \operatorname{sen}(\theta - \pi/4) + 3$ também seja deslocado em três unidades. Portanto, a nova imagem é [2, 4]. O domínio dessa função não é afetado; ele ainda é $(-\infty, \infty)$.

### *Combinando transformações de uma só vez*

Quando for solicitado que você elabore o gráfico de uma função trigonométrica com transformações múltiplas, sugerimos que você faça isto nessa ordem:

1. Altere a amplitude.
2. Altere o período.
3. Desloque o gráfico horizontalmente.
4. Desloque o gráfico verticalmente.

As equações que combinam todas as transformações em uma só são como as seguintes:

$$f(x) = a \cdot \text{sen}[p(x - h)] + v$$

$$f(x) = a \cdot \cos[p(x - h)] + v$$

O valor absoluto da variável $a$ é a amplitude. Você pega $2\pi$ e divide por $p$ para encontrar o período. A variável $h$ é o deslocamento horizontal, e $v$ é o deslocamento vertical.

A coisa mais importante a se saber é que, às vezes, um problema estará escrito de forma que pareça que o período e o deslocamento horizontal estão ambos dentro da função trigonométrica. Por exemplo, $f(x) = \text{sen}(2x - \pi)$ faz parecer que o período tem duas vezes a velocidade e que o deslocamento horizontal é $\pi$, não é? Mas isso não está correto. Todos os deslocamentos de período *devem* ser fatorados para fora da expressão para de fato serem deslocamentos de período, o que, em troca, revela os deslocamentos horizontais verdadeiros. Você precisa reescrever $f(x)$ como sen$2(x - ½)$. Esta função diz a você que o período tem duas vezes a velocidade, mas que o deslocamento horizontal está, na verdade, ½ à direita.

Devido ao fato de que isto é de extrema importância, queremos apresentar outro exemplo para que você entenda o que estamos dizendo. Com os passos a seguir, elabore o gráfico de $y = -3\cos(½x + ¾) - 2$:

1. **Escreva a equação da forma adequada fatorando a constante do período.**

    Isso o deixa com $y = -3\cos[½ (x + ½)] - 2$.

2. **Elabore o gráfico pai.**

    Elabore o gráfico da função do cosseno original como você o conhece (consulte a seção anterior "O gráfico do cosseno").

3. **Altere a amplitude.**

    Este gráfico possui uma amplitude de 3, mas o sinal de negativo o gira de cabeça para baixo, o que afeta o intervalo do gráfico. A imagem agora é [–3, 3]. Você pode notar a amplitude mudar na Figura 7-16.

4. **Altere o período.**

    A constante ½ afeta o período. Resolvendo a equação ½ . período $= 2\pi$, isto o deixa com período $= 4\pi$. O gráfico se move com velocidade aumentada em meio tempo e termina em $4\pi$, que você pode ver na Figura 7-17.

5. **Desloque o gráfico horizontalmente.**

    Ao fatorar a constante do período no Passo 1, você descobriu que o deslocamento horizontal fica à esquerda em ½. Isto é mostrado na Figura 7-18.

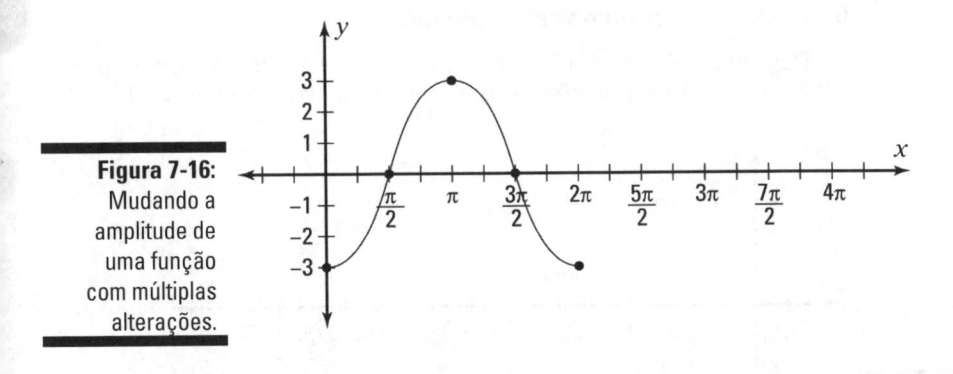

**Figura 7-16:** Mudando a amplitude de uma função com múltiplas alterações.

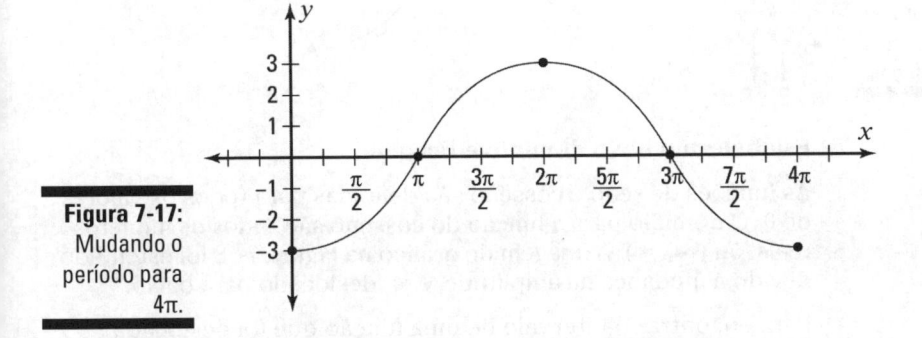

**Figura 7-17:** Mudando o período para 4π.

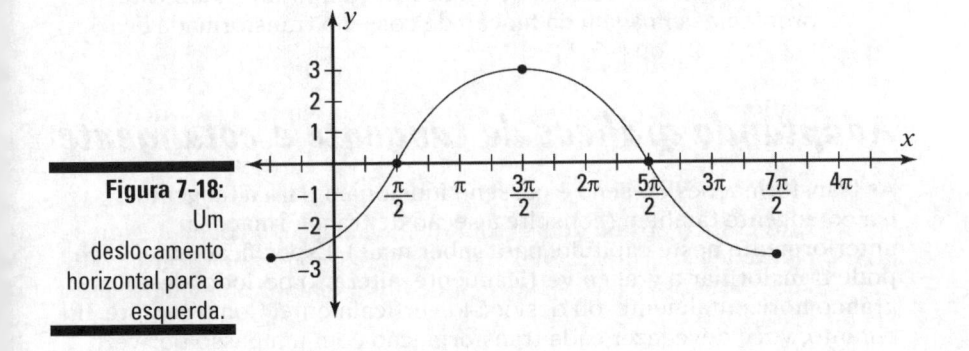

**Figura 7-18:** Um deslocamento horizontal para a esquerda.

6. **Desloque o gráfico verticalmente.**

   Devido ao –2 que você vê no Passo 1, este gráfico é movido para baixo em duas posições, o que você pode ver na Figura 7-19.

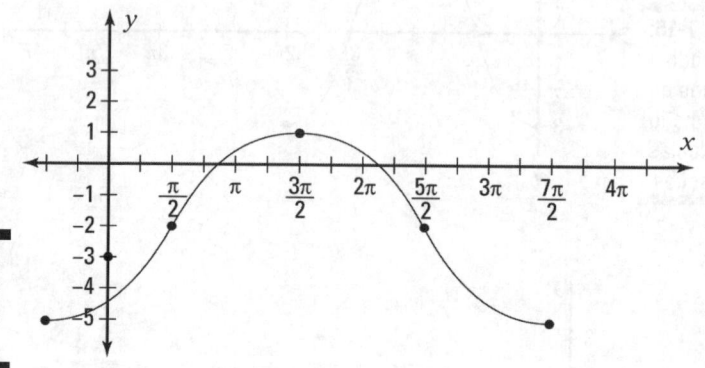

   **Figura 7-19:** Um prumo vertical de duas posições.

7. **Estabeleça o novo domínio e imagem.**

   As funções de seno e cosseno são definidas para todos os valores de θ. O domínio para a função do cosseno são todos os números reais, ou (–∞, ∞). A imagem do gráfico na Figura 7-18 foi estendido devido à mudança na amplitude, e foi deslocado para baixo.

   Para encontrar o intervalo de uma função que foi deslocada verticalmente, você adiciona ou subtrai o deslocamento vertical (–2) do intervalo alterado com base na amplitude. Para este problema, a imagem da função de cosseno transformada é [–3 –2, 3 –2], ou [–5, 1].

## Adaptando gráficos de tangente e cotangente

As transformações do seno e cosseno funcionam para a tangente e a cotangente também (consulte a seção de transformações, anteriormente neste capítulo, para saber mais). Especificamente, você pode transformar o gráfico verticalmente, alterar o período, deslocar o gráfico horizontalmente, ou deslocá-lo verticalmente. Como sempre, no entanto, você deve fazer cada transformação com um passo por vez.

Por exemplo, para elaborar o gráfico de $f(θ) = ½tgθ – 1$, siga esses passos:

1. **Desenhe o gráfico pai para a tangente (consulte a seção "Elaborando o gráfico da tangente e cotangente").**

2. **Reduza ou estenda o gráfico pai.**

   A redução vertical é de ½ para cada ponto nessa função, assim, cada ponto no gráfico pai da tangente terá metade de sua altura.

É mais difícil de ver mudanças verticais para gráficos de tangente e cotangente, mas elas existem. Concentre-se no fato de que o gráfico pai possui pontos (⁵⁄₄, 1) e (⁻⁵⁄₄, –1), que, na função transformada, se tornam (⁵⁄₄, 1/2) e (⁻⁵⁄₄, –1/2). Como você pode ver na Figura 7-20, o gráfico realmente tem metade da altura.

3. **Altere o período.**

   A constante ½ não afeta o período. Por quê? Pois ela está à frente da função da tangente, que apenas afeta o movimento vertical, e não o horizontal.

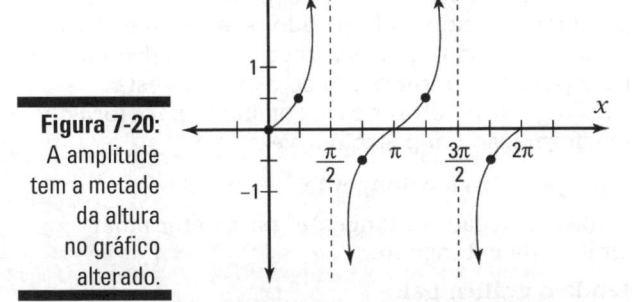

**Figura 7-20:** A amplitude tem a metade da altura no gráfico alterado.

4. **Desloque o gráfico horizontal e verticalmente.**

   Esse gráfico não pode ser deslocado horizontalmente, pois não há uma constante sendo adicionada dentro dos símbolos de agrupamento (parênteses) da função. Assim, você não precisa fazer nada aqui. O –1 no final da função é um deslocamento vertical que move o gráfico para baixo em uma posição. A Figura 7-21 mostra o deslocamento.

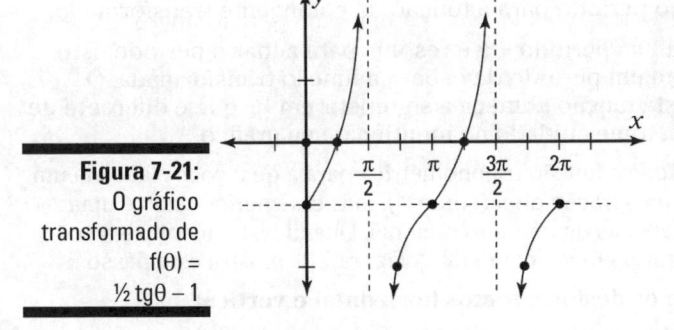

**Figura 7-21:** O gráfico transformado de $f(\theta) = \frac{1}{2}\,\text{tg}\,\theta - 1$

5. **Demonstre o domínio e a imagem da função transformada, se solicitado.**

   Devido ao fato de que a imagem da função da tangente são todos números reais, transformar seu gráfico não altera o intervalo, somente o domínio. O domínio da função da tangente não são todos números reais devido às assíntotas. O domínio da função de exemplo, no entanto, não foi afetado pelas transformações: θ ≠ ½ + πn, em que n é um número inteiro.

Agora que você elaborou o gráfico do básico, pode elaborar o gráfico de uma função que tem uma mudança no período, como na função $y = \cotg(2\pi x + \frac{\pi}{2})$. Você vê muitos π nessa função. Relaxe! Você sabe que este gráfico possui uma mudança no período, pois pode ver um número dentro dos parênteses sendo multiplicado pela variável. Essa constante altera o período da função que, em troca, altera a distância entre as assíntotas. Para poder elaborar o gráfico e mostrar esta alteração corretamente, você deve fatorar essa constante para fora dos parênteses. Faça a transformação um passo por vez:

1. **Desenhe o gráfico pai para a cotangente.**

   Veja as informações na seção "Cotangente" para determinar como obter o gráfico da cotangente.

2. **Reduza ou estenda o gráfico pai.**

   Nenhuma constante está sendo multiplicada do lado de fora da função; portanto, você não pode aplicar nenhuma mudança na amplitude.

3. **Encontre a alteração no período.**

   Você fatora o 2π, que afeta o período. A função agora será lida como $y = \cot[2\pi(x + ¼)]$.

   O período da função pai para a cotangente é π. Portanto, em vez de dividir 2π pela constante do período para encontrar a alteração no período (como você fez para os gráficos do seno e cosseno), você deve dividir π pela constante do período. Isto o fará obter o período para a função da cotangente transformada.

   Estabeleça 2π · período = π e resolva para achar o período. Isto o deixa com um período de ½ para a função transformada. O gráfico desta função começa a se repetir em ½, que é diferente de ½, por isso, tome cuidado ao identificar seu gráfico.

   Até agora, toda a função trigonométrica para a qual você elaborou um gráfico era uma fração de π (como ½), mas esse período não é uma fração π; é apenas um número racional. Quando isto acontece, você deve elaborar o gráfico como tal. A Figura 7-22 mostra este passo.

4. **Determine os deslocamentos horizontal e vertical.**

   Devido ao fato de que você já fatorou a constante do período, você pode ver que o deslocamento horizontal fica ¼ à esquerda. A Figura 7-23 mostra esta transformação no gráfico.

   Nenhuma constante está sendo adicionada ou subtraída dessa função do lado de fora, assim, o gráfico não passa por um deslocamento vertical.

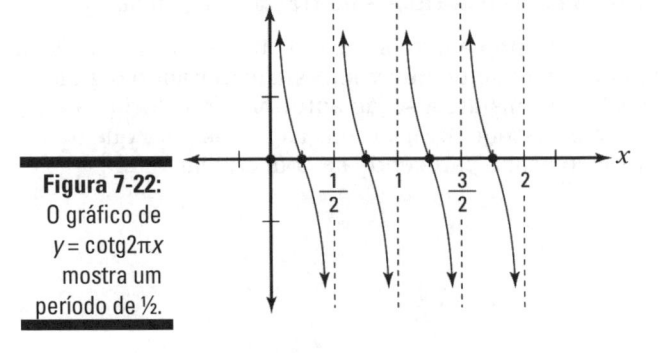

**Figura 7-22:**
O gráfico de $y = \text{cotg}2\pi x$ mostra um período de ½.

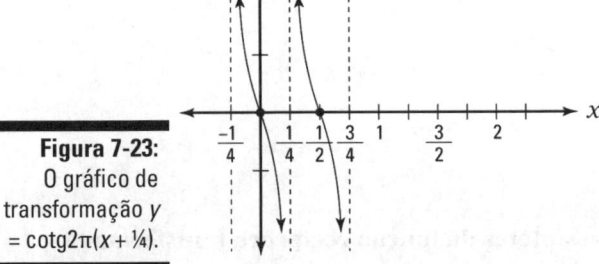

**Figura 7-23:**
O gráfico de transformação $y = \text{cotg}2\pi(x + ¼)$.

5. **Demonstre o domínio e intervalo da função transformada, se solicitado.**

   O deslocamento horizontal afeta o domínio desse gráfico. Para encontrar a primeira assíntota, estabeleça $2\pi x + \pi/2 = 0$ (estabelecendo o deslocamento do período como sendo igual à primeira assíntota original). Você descobre que $x = {}^-¼$ é sua nova assíntota. O gráfico se repetirá a cada ½ radianos, devido ao seu período. Assim, o domínio é $\theta \neq {}^-¼ + ½n$, em que $n$ é um número inteiro. O intervalo do gráfico não é afetado: $(-\infty, \infty)$.

## Transformando os gráficos de secante e cossecante

Para desenhar gráficos transformados de secantes e cossecantes, sua melhor aposta é elaborar o gráfico de suas funções recíprocas e transformá-las primeiro. É mais fácil de elaborar o gráfico das funções recíprocas, seno e cosseno, pois elas não têm tantas partes complexas (basicamente, não há assíntotas). Se puder elaborar o gráfico das recíprocas primeiro, poderá lidar com as partes mais complicadas dos gráficos da secante/cossecante por último.

Por exemplo, observe o gráfico $f(\theta) = ¼\sec\theta - 1$.

1. **Elabore o gráfico da transformada da fração recíproca.**

   Observe a função recíproca para a secante, que é o cosseno. Faça de conta, só por um instante, que você está elaborando o gráfico de $f(\theta) = \frac{1}{4}\cos\theta - 1$ (consulte a seção anterior "Transformando gráficos de seno e cosseno"). Siga todas as regras para que o gráfico do cosseno acabe parecendo-se com aquele na Figura 7-24.

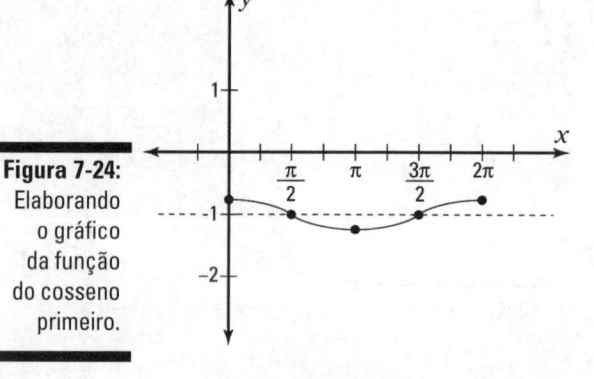

   **Figura 7-24:** Elaborando o gráfico da função do cosseno primeiro.

2. **Desenhe as assíntotas da função recíproca transformada.**

   Sempre que o gráfico transformado de $\cos\theta$ cruzar seu eixo senoide, você tem uma assíntota em $\sec\theta$. Você pode ver que $\cos\theta = 0$ quando $\theta = \frac{\pi}{2}$ e $\frac{3\pi}{2}$.

3. **Descubra como fica o gráfico entre cada assíntota.**

   Agora que identificou as assíntotas, você simplesmente descobre o que acontece nos intervalos entre elas, assim como nos Passos 2 a 4 da seção sobre o gráfico pai para a secante. O gráfico concluído acaba se parecendo com aquele na Figura 7-25.

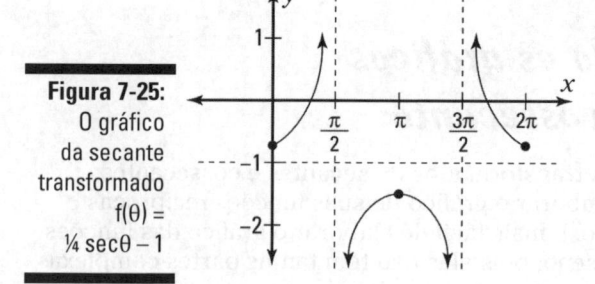

   **Figura 7-25:** O gráfico da secante transformado $f(\theta) = \frac{1}{4}\sec\theta - 1$

4. **Demonstre o domínio e imagem da função transformada.**

    Devido ao fato de que a nova função transformada pode ter assíntotas diferentes do que a função pai para a secante, e ela pode ser deslocada para cima ou para baixo, pode ser solicitado que você demonstre o novo domínio e intervalo.

    Esse exemplo $f(\theta) = ¼ \sec\theta - 1$, possui assíntotas em $\pi/2, 3\pi/2$, e assim por diante, repetindo-se a cada $\pi$ radianos. Portanto, o domínio é restringido para não incluir esses valores, o que é escrito como $\theta \neq \pi/2 \pm \pi \cdot n$, em que $n$ é um número inteiro. Além disso, o intervalo dessa função muda, pois a função transformada é menor do que a função pai, e foi deslocada em duas unidades para baixo. O intervalo possui dois intervalos separados, $(-\infty, -5/4]$ e $[-3/4, \infty)$.

É possível grafar uma transformação do gráfico da cossecante usando os mesmos passos utilizados ao elaborar o gráfico da função da secante, mas, dessa vez, você usa a função do seno para guiá-lo.

**LEMBRE-SE**

A forma do gráfico da cossecante transformado deve ser bastante semelhante ao gráfico da secante, exceto pelo fato de que as assíntotas estarão em lugares diferentes. Por esse motivo, assegure-se de estar elaborando o gráfico com a ajuda do gráfico do seno, para transformar o gráfico da cossecante, e a função do cosseno, para orientá-lo no gráfico da secante.

Como um último exemplo neste capítulo, elabore o gráfico transformado da cossecante $g(\theta) = \text{cosec}(2x - \pi) + 1$:

1. **Elabore o gráfico da função recíproca transformada.**

    Observe primeiro a função $g(\theta) = \text{sen}(2x - \pi) + 1$. As regras para transformar uma função de seno dizem que você deve primeiro fatorar o 2 e obter $g(\theta) = \text{sen}2(x - \pi/2) + 1$. Há uma redução horizontal de 2, um deslocamento horizontal de $\pi/2$ à direita, e um deslocamento vertical de um para cima. A Figura 7-26 mostra o gráfico do seno transformado.

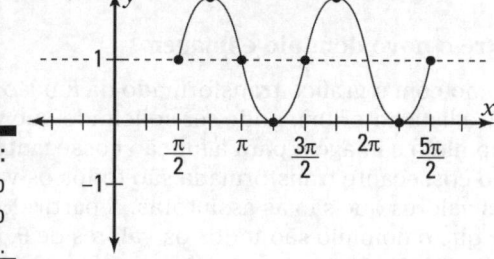

**Figura 7-26:** Um gráfico de seno transformado.

2. **Desenhe as assíntotas da função recíproca.**

   O eixo senoide que passa pelo meio da função do seno é a linha $y = 1$. Portanto, uma assíntota do gráfico da cossecante existirá sempre que a função do seno transformada cruzar essa linha. As assíntotas do gráfico da cossecante estão em $\pi/2$ e $\pi$ e se repetem a cada $\pi/2$ radianos.

3. **Descubra o que acontece com o gráfico entre cada assíntota.**

   Você pode usar o gráfico transformado da função do seno para determinar onde o gráfico da cossecante é positivo e negativo. Devido ao fato de que o gráfico da função de seno transformada é positivo entre $\pi/2$ e $\pi$, o gráfico da cossecante também é positivo e se estende para cima quando se aproxima das assíntotas. De maneira semelhante, devido ao fato de que o gráfico da função de seno transformada é negativo entre $\pi$ e $3\pi/2$, a cossecante também é negativa neste intervalo. O gráfico se alterna entre positivo e negativo em intervalos iguais durante todo o tempo em que você quiser continuar a desenhá-lo.

   A Figura 7-27 mostra o gráfico da cossecante transformado.

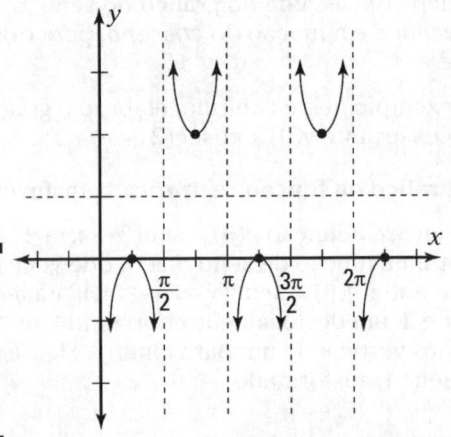

**Figura 7-27:** O gráfico da cossecante transformado, com base no gráfico do seno.

4. **Demonstre o novo domínio e imagem.**

   Assim como com o gráfico transformado da função da secante (consulte a lista anterior), pode ser solicitado que você determine o novo domínio e imagem para a função cossecante. O domínio da função cossecante transformada são todos os valores de θ, exceto os valores que são as assíntotas. A partir do gráfico, você pode ver que o domínio são todos os valores de θ, em que θ ≠ $\pi/2 \pm \pi/2 \cdot n$, em que $n$ é um número inteiro. A imagem da função cossecante transformada também se divide em dois intervalos: $(-\infty, 0] \cup [2, \infty)$.

# Capítulo 8
# Usando Identidades Trigonométricas: O Básico

*Neste capítulo*

▷ Revisando o básico da resolução de equações trigonométricas
▷ Simplificando e provando expressões com identidades trigonométricas fundamentais
▷ Lidando com as provas mais complicadas

Nos próximos dois capítulos, você trabalhará em simplificar expressões, usar identidades trigonométricas básicas para provar identidades mais complicadas e resolver equações que envolvem funções trigonométricas. Porque nós gostamos de criar uma antecipação, vamos começar mais devagar, com o básico. Este capítulo discute as *identidades* básicas, que são afirmações sempre verdadeiras e que você usa em toda uma equação para ajudá-lo a simplificar o problema, em uma expressão por vez, antes de resolvê-lo. E você está com sorte, pois há muitas dessas identidades em trigonometria.

O difícil em simplificar expressões trigonométricas usando identidades trigonométricas, no entanto, é saber quando parar. Insira *provas*, que oferecem a você um objetivo final para saber quando chegou a um ponto de parada. Você usa provas quando precisa mostrar que duas expressões são iguais, muito embora pareçam completamente diferentes. (Se você achou que não trabalharia mais com provas depois de ter passado por geometria, pensou errado!)

Se quiser um conselho, preste atenção nisto: Saiba essas identidades básicas de trás para frente e de cima para baixo, porque você as utilizará consistentemente em pré-cálculo, e elas vão facilitar sua vida quando as coisas ficarem complicadas. Quando você souber as identidades básicas de memória, mas não conseguir se lembrar das identidades mais complexas que apresentamos no Capítulo 9 (o que é bastante provável que aconteça), poderá simplesmente usar uma combinação de identidades básicas para chegar a uma "nova" identidade que serve à sua situação. Este capítulo mostra o caminho.

Ele se concentra em duas ideias principais que são centrais aos seus estudos de pré-cálculo: você simplificará expressões e provará identidades complicadas. Esses conceitos têm um tema em comum: ambos envolvem as funções trigonométricas às quais você foi apresentado no Capítulo 6.

# Mantendo o Fim em Mente: Instruções Rápidas sobre Identidades

O caminho para chegar ao fim de cada tipo de problema neste capítulo é bastante semelhante. No entanto, o resultado final das duas ideias principais — simplificar expressões e provar identidades complicadas — será diferente, e é isso que discutimos nesta seção:

- **Simplificar:** Simplificar expressões algébricas com números reais e variáveis não é algo novo a você (esperamos): o processo de simplificação é baseado nas propriedades de álgebra e em números reais que você *sabe* que são sempre verdadeiros. Neste capítulo, oferecemos algumas regras novas para que você possa trabalhar com problemas trigonométricos de todos os diferentes tipos. Pense nas identidades básicas de pré-cálculo como ferramentas em sua caixa de ferramentas para ajudá-lo a construir sua casa trigonométrica. Uma ferramenta sozinha não funciona. No entanto, quando você junta as identidades, todas as coisas que você pode fazer com elas podem surpreendê-lo! (Por exemplo, você pode fazer com que uma expressão trigonométrica com muitas funções diferentes seja simplificada em uma função, ou talvez seja simplificada para ser números reais [geralmente 0 ou 1].)

- **Provar:** As provas trigonométricas possuem dois lados de uma equação, e seu trabalho é fazer com que um lado se pareça com o outro. Geralmente, você faz com que o lado mais complicado se pareça com o lado menos complicado. Às vezes, no entanto, se não conseguir com que um lado se pareça com o outro, você pode "roubar" e trabalhar no outro lado por um tempo (ou em ambos ao mesmo tempo). No final, entretanto, precisará mostrar que um lado se transforma no outro.

Eis o que você não pode fazer em uma prova trigonométrica: adicionar, subtrair, multiplicar ou dividir em ambos os lados. Devido ao fato de que você está tentando *provar* que as duas quantidades são iguais, não pode *assumir* que elas sejam iguais desde o início; a realização de operações em ambos os lados presume que os lados sejam iguais.

# Alinhando os Meios até o Fim: Identidades Trigonométricas Básicas

Se você está lendo este livro desde o começo, provavelmente reconhecerá algumas das identidades neste capítulo, porque já passamos superficialmente por elas em capítulos anteriores.

# Capítulo 8: Usando Identidades Trigonométricas: O Básico

Usamos funções trigonométricas no Capítulo 6 quando examinamos os raios entre os lados dos triângulos retângulos. Por definição, as funções trigonométricas recíprocas são identidades, por exemplo, pois são verdadeiras para todos os valores do ângulo. Reservamos a discussão completa sobre identidades para este capítulo, pois as identidades não são necessárias para realizar os cálculos matemáticos nos capítulos anteriores, mas agora é hora de expandir seus horizontes e trabalhar com algumas identidades mais complicadas (ainda que básicas).

Nas seções a seguir, apresentamos você às identidades mais básicas (e mais úteis). Com esta informação, é possível manipular expressões trigonométricas complicadas em expressões que são muito mais simples e mais fáceis. Este processo de simplificação é um que exige muita prática. No entanto, após ter dominado a simplificação de expressões trigonométricas, provar identidades complexas e resolver equações complicadas será fácil.

Se cada passo que você tomar para simplificar, provar ou resolver um problema com trigonometria for baseado em uma identidade (e executado corretamente), você garantirá que vai obter a resposta certa; o caminho específico que você tomar para chegar lá não importa. No entanto, habilidades matemáticas fundamentais ainda se aplicam; você não pode simplesmente jogar fora as regras matemáticas aleatoriamente. Algumas regras importantes e fundamentais que as pessoas geralmente se esquecem ao trabalhar com identidades incluem as seguintes:

- Dividir uma fração por outra fração é o mesmo que multiplicá-la por sua recíproca.
- Para adicionar ou subtrair duas frações, você deve encontrar o denominador comum.
- Sempre fatore o mínimo múltiplo comum e fatore trinômios (consulte o Capítulo 4).

## Identidades recíprocas

Quando é solicitado que você simplifique uma expressão envolvendo cossecantes, secantes ou cotangentes, você altera a expressão para funções que envolvem seno, cosseno ou tangente, respectivamente. Você faz isso para que possa cancelar funções e simplificar o problema. Quando você altera funções dessa maneira, está usando as *identidades recíprocas*. (Tecnicamente, as identidades são funções trigonométricas que também são consideradas identidades, pois ajudam você a simplificar expressões.) A lista a seguir apresenta essas identidades recíprocas:

$$\operatorname{cosec}\theta = \frac{1}{\operatorname{sen}\theta}$$

$$\sec\theta = \frac{1}{\cos\theta}$$

$$\operatorname{cotg}\theta = \frac{1}{\operatorname{tg}\theta} = \frac{\cos\theta}{\operatorname{sen}\theta}$$

**LEMBRE-SE**

Todos os raios trigonométricos podem ser escritos como uma combinação de senos e/ou cossenos, assim, mudar todas as funções em uma equação para senos e cossenos é a estratégia de simplificação que funciona com mais frequência. Sempre tente fazer isso primeiro, e depois veja se as coisas podem ser canceladas e simplificadas. Além disso, geralmente é mais fácil lidar com senos e cossenos se estiver procurando um denominador comum para as frações. A partir daí, você pode usar o que sabe sobre frações para simplificar o máximo que puder.

### *Simplificando uma expressão com identidades recíprocas*

Procure oportunidades de usar identidades recíprocas sempre que o problema apresentado contiver secantes, cossecantes ou cotangentes. Todas essas funções podem ser escritas nos termos de seno e cosseno, e todos os senos e cossenos são sempre o melhor lugar para se começar. Por exemplo, para simplificar $\frac{\cos\theta \cdot \text{cosec}\theta}{\text{cotg}\theta}$, você usa as identidades recíprocas. Apenas siga esses passos:

1. **Altere todas as funções para versões das funções de seno e cosseno.**

   Devido ao fato de que esse problema envolve uma cossecante e uma cotangente, você usa as identidades recíprocas para alterar $\text{cosec}\theta = \frac{1}{\text{sen}\theta}$ e $\text{cotg}\theta = \frac{1}{\text{tg}\theta} = \frac{\cos\theta}{\text{sen}\theta}$.
   
   Isto o deixa com $\dfrac{\cos\theta \left(\dfrac{1}{\text{sen}\theta}\right)}{\left(\dfrac{\cos\theta}{\text{sen}\theta}\right)}$.

2. **Separe a fração complexa reescrevendo a barra de divisão que está presente no problema original como $\div$.**

   Isso o deixa com $\left(\dfrac{1}{\text{sen}\theta}\right) \div \left(\dfrac{\cos\theta}{\text{sen}\theta}\right)$.

3. **Inverta a última fração e multiplique.**

   Isto agora fica $\cos\theta \cdot \left(\dfrac{1}{\text{sen}\theta}\right) \cdot \left(\dfrac{\text{sen}\theta}{\cos\theta}\right)$.

4. **Cancele as funções para simplificar.**

Isto o deixa com $\cancel{\cos\theta} \cdot \dfrac{1}{\cancel{\text{sen}\theta}} \cdot \dfrac{\cancel{\text{sen}\theta}}{\cancel{\cos\theta}} = 1$. Os senos e cossenos se cancelam e você obtém 1 como resposta.

### *Trabalhando de trás para a frente: usando identidades recíprocas para provar igualdades*

Os professores de matemática geralmente pedem que você prove identidades complicadas, pois o processo de prova dessas identidades ajuda você a acostumar seu cérebro com o lado conceitual da matemática. Muitas vezes, será solicitado que você prove identidades que envolvem as funções de secante, cossecante ou cotangente. Sempre que vir estas funções em uma prova, as identidades recíprocas geralmente são o melhor lugar para se começar. Sem as identidades recíprocas, você poderá andar em círculos o dia todo, sem chegar a lugar algum.

Por exemplo, para provar $\operatorname{tg}\theta \cdot \operatorname{cosec}\theta = \sec\theta$, você trabalha com o lado esquerdo da igualdade somente. Siga esses passos simples:

1. **Converta todas as funções para senos e cossenos.**

    O lado esquerdo da equação agora fica $\dfrac{\operatorname{sen}\theta}{\cos\theta} \cdot \dfrac{1}{\operatorname{sen}\theta}$.

2. **Cancele todos os termos possíveis.**

    O cancelamento deixa você com $\dfrac{\cancel{\operatorname{sen}\theta}}{\cos\theta} \cdot \dfrac{1}{\cancel{\operatorname{sen}\theta}}$, o que é simplificado para $\dfrac{1}{\cos\theta} = \sec\theta$.

3. **Você não pode deixar a função recíproca na igualdade, por isso, converta-a de volta.**

    $\sec\theta = \dfrac{1}{\cos\theta}$, assim, $\sec\theta = \sec\theta$. Bingo!

## *Identidades Pitagóricas ou fundamentais*

As *identidades pitagóricas ou fundamentais* estão entre as identidades mais úteis, pois elas simplificam expressões complicadas de uma maneira fácil. Quando você vir uma função trigonométrica elevada ao quadrado ($\operatorname{sen}^2$, $\cos^2$, e assim por diante), mantenha essas identidades em mente. Elas são construídas a partir do conhecimento prévio sobre triângulos retângulos e dos valores das funções trigonométricas alternativas (que explicamos no Capítulo 6). Lembre-se que o lado $x$ é $\cos\theta$, o lado $y$ é $\operatorname{sen}\theta$ e a hipotenusa é 1. Já que você sabe que $\text{lado}^2 + \text{lado}^2 = \text{hipotenusa}^2$, graças ao Teorema de Pitágoras, então também saberá que $\operatorname{sen}^2\theta + \cos^2\theta = 1$. Nesta seção, mostramos de onde vêm essas identidades importantes e como usá-las.

As três identidades pitagóricas ou fundamentais são:

$\operatorname{sen}^2 x + \cos^2 x = 1$

$\operatorname{tg}^2 x + 1 = \sec^2 x$

$1 + \operatorname{cotg}^2 x = \operatorname{cosec}^2 x$

Para limitar o tanto de memorização que tem de fazer, você pode usar a primeira identidade fundamental para chegar às outras duas:

- Se você dividir todos os termos de $\operatorname{sen}^2\theta + \cos^2\theta = 1$ por $\operatorname{sen}^2\theta$, obterá $\dfrac{\operatorname{sen}^2\theta}{\operatorname{sen}^2\theta} + \dfrac{\cos^2\theta}{\operatorname{sen}^2\theta} = \dfrac{1}{\operatorname{sen}^2\theta}$, que é simplificado para a identidade fundamental seguinte:

  $1 + \cotg^2\theta = \cosec^2\theta$, pois

  1. $\dfrac{\operatorname{sen}^2\theta}{\operatorname{sen}^2\theta} = 1$

  2. $\dfrac{\cos^2\theta}{\operatorname{sen}^2\theta} = \cotg^2\theta$, devido à identidade recíproca

  3. $\dfrac{1}{\operatorname{sen}^2\theta} = \cosec^2\theta$, pela mesma razão

- Quando você divide todos os termos de $\operatorname{sen}^2\theta + \cos^2\theta = 1$ por $\cos^2\theta$, você obtém $\dfrac{\operatorname{sen}^2\theta}{\cos^2\theta} + \dfrac{\cos^2\theta}{\cos^2\theta} = \dfrac{1}{\cos^2\theta}$, que é simplificado para a identidade fundamental seguinte:

  $\tg^2\theta + 1 = \sec^2\theta$, pois

  1. $\dfrac{\operatorname{sen}^2\theta}{\cos^2\theta} = \tg^2\theta$

  2. $\dfrac{\cos^2\theta}{\cos^2\theta} = 1$

  3. $\dfrac{1}{\cos^2\theta} = \sec^2\theta$

## Colocando as identidades fundamentais em ação

As identidades fundamentais são normalmente usadas se você conhece uma função e está procurando por outra. Por exemplo, se você conhece a razão do seno, pode usar a primeira identidade fundamental da seção anterior para encontrar o raio do cosseno. Na verdade, você pode encontrar qualquer coisa que for solicitado se tudo o que você tiver for o valor de uma função trigonométrica e o entendimento de qual quadrante o ângulo θ está.

Por exemplo, se você sabe que $\operatorname{sen}\theta = {}^{24}\!/_{25}$; e $\pi/2 < \theta < \pi$, poderá encontrar $\cos\theta$ seguindo esses passos:

1. **Insira o que você sabe na identidade fundamental adequada.**

   Devido ao fato de que você está usando seno e cosseno, use a primeira identidade: $\operatorname{sen}^2\theta + \cos^2\theta = 1$. Insira os valores que você conhece para obter $\left({}^{24}\!/_{25}\right)^2 + \cos^2\theta = 1$.

2. **Isole a função trigonométrica com a variável em um lado.**

   Primeiro, eleve o valor do seno ao quadrado para obter $^{576}/_{625}$, o que o deixa com $^{576}/_{625} + \cos^2\theta = 1$. Subtraia $^{576}/_{625}$ de ambos os lados (Dica: Você precisa encontrar um denominador comum): $\cos^2\theta = {}^{49}/_{625}$.

3. **Extraia a raiz quadrada de ambos os lados para resolver.**

   Agora você tem $\cos\theta = \pm^{7}/_{25}$. Mas você só pode ter uma solução, devido à restrição $^{\pi}/_{2} < \theta < \pi$ apresentada no problema.

4. **Desenhe uma figura do círculo unitário para que você possa visualizar o ângulo.**

   Porque $^{\pi}/_{2} < \theta < \pi$, o ângulo fica no segundo quadrante, assim, o cosseno de $\theta$ deve ser negativo. Você tem sua resposta: $\cos\theta = -^{7}/_{25}$.

## Usando as identidades fundamentais para provar uma igualdade

As identidades fundamentais aparecem frequentemente em provas trigonométricas. Preste atenção e procure por funções trigonométricas sendo elevadas ao quadrado. Tente mudá-las para uma identidade fundamental e veja se algo interessante acontece. Esta seção mostra como uma prova pode envolver uma identidade fundamental.

Após mudar senos e cossenos, a prova é simplificada e torna seu trabalho muito mais fácil. Por exemplo, siga estes passos para provar $\frac{\operatorname{sen} x}{\operatorname{cosec} x} + \frac{\cos x}{\sec x} = 1$:

1. **Converta todas as funções na igualdade para senos e cossenos.**

   Isso o deixa com $\dfrac{\operatorname{sen} x}{\frac{1}{\operatorname{sen} x}} + \dfrac{\cos x}{\frac{1}{\cos x}} = 1$.

2. **Use as propriedades das frações para simplificar.**

   Dividir por uma fração é o mesmo que multiplicar por sua recíproca, assim, $\operatorname{sen} x \cdot \frac{\operatorname{sen} x}{1} + \cos x \cdot \frac{\cos x}{1} = 1$.

   $\operatorname{sen}^2 x + \cos^2 x = 1$.

3. **Identifique a identidade fundamental do lado esquerdo da igualdade.**

   Devido ao fato de que $\operatorname{sen}^2 x + \cos^2 x = 1$, pode-se dizer que $1 = 1$.

## Identidades pares/ímpares

Devido ao fato de que seno, cosseno e tangente são funções (funções trigonométricas), eles também podem ser definidos como funções pares ou ímpares (consulte o Capítulo 3). Seno e tangente são ambas funções ímpares, e o cosseno é uma função par. Em outras palavras:

$\operatorname{sen}(-x) = -\operatorname{sen} x$

$\cos(-x) = \cos x$

$\operatorname{tg} x(-x) = -\operatorname{tg} x$

Todas essas identidades aparecerão em problemas que pedem que você simplifique uma expressão, prove uma identidade ou resolva uma equação (consulte o Capítulo 6). O grande problema dessa vez? O fato de que a variável dentro da função trigonométrica é negativa. Quando tg(–$x$), por exemplo, aparece em algum lugar em uma expressão, deve ser geralmente trocado por –tg$x$.

### Simplificando expressões com identidades pares e ímpares

Em grande parte, usam-se identidades pares e ímpares para elaborar o gráfico de propósitos, mas você pode vê-las também na simplificação de problemas. (Você pode encontrar os gráficos das equações trigonométricas no Capítulo 7, caso precise de um lembrete.) Usa-se uma identidade par ou ímpar para simplificar qualquer expressão em que –$x$ (ou qualquer outra variável) esteja dentro da função trigonométrica.

Na lista a seguir, mostramos como simplificar $(1 + \text{sen}(-x))(1 - \text{sen}(-x))$:

1. **Livre-se de todos os valores de –$x$ dentro das funções trigonométricas.**

   Você vê duas funções sen(–$x$), assim, você substitui ambas por –sen$x$ para obter $(1 + (-\text{sen}x))(1 - (-\text{sen}x))$.

2. **Simplifique a nova expressão.**

   Primeiro, ajuste os dois sinais negativos dentro dos parênteses para obter $(1 - \text{sen}x)(1 + \text{sen}x)$; depois aplique produtos notáveis* $(a+b)(a-b) = a^2 - b^2$ nesses dois binômios para obter $1 - \text{sen}^2 x$.

3. **Procure por qualquer combinação de termos que possam dar a você uma identidade fundamental.**

   Sempre que vir uma função elevada ao quadrado, você deve pensar nas identidades fundamentais. Voltando à seção "Identidades pitagóricas ou fundamentais", você vê que $1 - \text{sen}^2 x$ é o mesmo que $\cos^2 x$. Agora a expressão está completamente simplificada como $\cos^2 x$.

### Provando uma igualdade com identidades pares e ímpares

Quando for solicitado que você prove uma identidade, se vir uma variável negativa dentro de uma função trigonométrica, utilize automaticamente uma identidade par ou ímpar. Primeiro, substitua todas as funções trigonométricas por $(-\theta)$ dentro dos parênteses. Depois, simplifique a expressão trigonométrica para fazer um lado se parecer com o outro. Eis apenas um exemplo de como isso funciona.

Prove $\dfrac{\cos(-\theta) - \text{sen}(-\theta)}{\text{sen}\,\theta} - \dfrac{\cos(-\theta) + \text{sen}(-\theta)}{\cos\theta} = \sec\theta\,\text{cosec}\,\theta$ com os passos a seguir:

1. **Substitua todos os ângulos negativos e suas funções trigonométricas pela identidade par ou ímpar que corresponder.**

   $\dfrac{\cos\theta + \text{sen}\,\theta}{\text{sen}\,\theta} - \dfrac{\cos\theta - \text{sen}\,\theta}{\cos\theta} = \sec\theta\,\text{cosec}\,\theta$

---
* Foil no original.

2. **Simplifique a nova expressão.**

   Devido ao fato de que o lado direito não tem frações, eliminar as frações do lado esquerdo é um lugar excelente para se começar. Para subtrair frações, você deve primeiro encontrar um denominador comum. No entanto, antes de fazer isso, observe o primeiro termo da fração. Essa fração pode ser dividida na soma de duas frações, assim como a segunda fração. Ao fazer isso primeiro, certos termos irão se simplificar e tornar o seu trabalho muito mais fácil quando chegar a hora de trabalhar com as frações.

   Portanto, você obtém $\frac{\cos\theta}{\text{sen}\theta} + \frac{\text{sen}\theta}{\text{sen}\theta} - \left(\frac{\cos\theta}{\cos\theta} - \frac{\text{sen}\theta}{\cos\theta}\right) = \sec\theta \ \text{cosec}\theta$, que rapidamente se simplifica para $\frac{\cos\theta}{\text{sen}\theta} + 1 - 1 + \frac{\text{sen}\theta}{\cos\theta} = \sec\theta \ \text{cosec}\theta$, que se simplifica ainda mais para $\frac{\cos\theta}{\text{sen}\theta} + \frac{\text{sen}\theta}{\cos\theta} = \sec\theta \ \text{cosec}\theta$.

   Agora, você deve encontrar um denominador comum. Para esse exemplo, o denominador comum é $\text{sen}\theta \cdot \cos\theta$. Multiplicando o primeiro termo por $\frac{\cos\theta}{\cos\theta}$ e o segundo termo por $\frac{\text{sen}\theta}{\text{sen}\theta}$, você obtém $\frac{\cos^2\theta}{\text{sen}\theta \cdot \cos\theta} + \frac{\text{sen}^2\theta}{\text{sen}\theta \cdot \cos\theta} = \sec\theta \ \text{cosec}\theta$. Você pode reescrever isso como $\frac{\cos^2\theta + \text{sen}^2\theta}{\text{sen}\theta \cdot \cos\theta} = \sec\theta \ \text{cosec}\theta$. Eis uma identidade fundamental em sua melhor forma! $\text{Sen}^2\theta + \cos^2\theta$ é a identidade fundamental usada com mais frequência. Essa equação então pode ser simplificada como $\frac{1}{\sin\theta \cdot \cos\theta} = \sec\theta \ \text{cosec}\theta$. Usando as identidades recíprocas, você obtém $\frac{1}{\text{sen}\theta \cdot \cos\theta} = \sec\theta \ \text{cosec}\theta$. Assim, $\sec\theta \cdot \csc\theta = \sec\theta \cdot \csc\theta$.

## *Identidades de cofunções*

Se você pegar o gráfico do seno e deslocá-lo para a esquerda ou para a direita, ele parecerá exatamente como o gráfico do cosseno (consulte o Capítulo 7). O mesmo se aplica para a tangente e cotangente, bem como para a secante e a cossecante. Essa é a premissa básica das *identidades de cofunções* — elas afirmam que as funções do seno e cosseno têm os mesmos valores, mas esses valores são deslocados ligeiramente no plano de coordenadas quando você observa uma função em comparação à outra. Você possui experiência com todas as seis funções trigonométricas, bem como com suas relações umas com as outras. A única diferença é que, nesta seção, nós as apresentamos formalmente como *identidades*.

A lista a seguir de identidades de cofunções ilustra esse ponto:

sen$x$ = cos($\frac{\pi}{2} - x$)

cos$x$ = sen($\frac{\pi}{2} - x$)

tg$x$ = cotg($\frac{\pi}{2} - x$)

cotg$x$ = tg($\frac{\pi}{2} - x$)

sec$x$ = cosec($\frac{\pi}{2} - x$)

cosec$x$ = sec($\frac{\pi}{2} - x$)

### Submetendo as identidades de cofunções a um teste

As identidades de cofunções são ótimas de serem usadas sempre que você vir $\frac{\pi}{2}$ dentro dos parênteses de agrupamento. Você pode ver funções nas expressões como sen($\frac{\pi}{2} - x$). Se a quantidade dentro da função trigonométrica se parecer com ($\frac{\pi}{2} - x$) ou (90° − θ), você saberá usar as identidades de cofunções.

Por exemplo, para simplificar $\dfrac{\cos x}{\cos\left(\frac{\pi}{2} - x\right)}$, siga esses passos:

1. **Procure as identidades de cofunções e substitua.**

    Primeiro, perceba que cos($\frac{\pi}{2} - x$) é o mesmo que sen$x$, por causa da identidade de cofunção. Isto significa que você pode colocar sen$x$ no lugar de cos($\frac{\pi}{2} - x$) para obter $\dfrac{\cos x}{\text{sen} x}$.

2. **Procure as outras substituições que você pode fazer.**

    $\dfrac{\cos x}{\text{sen} x}$ é o mesmo que cotg$x$, devido à identidade recíproca para a cotangente.

### Provando uma igualdade empregando as identidades de cofunções

As identidades de cofunções também aparecem em provas trigonométricas. A expressão $\frac{\pi}{2} - x$ aparecendo entre parênteses dentro de qualquer função trigonométrica faz com que você saiba que deve usar uma identidade de cofunção para a prova. Para provar $\dfrac{\text{cosec}\left(\frac{\pi}{2} - \theta\right)}{\text{tg}(-\theta)} = -\text{cosec}\,\theta$, siga esses passos:

1. **Substitua quaisquer funções trigonométricas que contenham $\frac{\pi}{2}$ pela identidade de cofunção adequada.**

    Ao substituir cosec($\frac{\pi}{2} - \theta$) por sec(θ), você obtém $\dfrac{\sec\theta}{\text{tg}(\theta)} = -\text{cosec}\,\theta$.

2. **Simplifique a nova expressão.**

    Você possui muitas identidades trigonométricas à sua disposição, e pode usar qualquer uma delas a qualquer momento. Agora é a hora perfeita para usar uma identidade par-ímpar para tangente:

    $\dfrac{\sec\theta}{-\text{tg}\,\theta} = -\text{cosec}\,\theta$

Depois, use a identidade recíproca para secante e a definição de senos e cossenos para tangente para obter $\dfrac{\frac{1}{\cos\theta}}{\frac{-\operatorname{sen}\theta}{\cos\theta}} = -\operatorname{cosec}\theta$.

Finalmente, reescreva essa fração complexa como a divisão de duas frações mais simples: $\dfrac{1}{\cos\theta} \cdot \dfrac{\cos\theta}{-\operatorname{sen}\theta} = -\operatorname{cosec}\theta$.

Cancele qualquer coisa que estiver tanto no numerador quando no denominador e depois simplifique. Isso o deixa com $\dfrac{1}{-\operatorname{sen}\theta} = -\operatorname{cosec}\theta$.

Reescreva a última linha da prova como $-\operatorname{cosec}\theta = -\operatorname{cosec}\theta$. (Essa deve ser sempre a última linha de sua prova, por motivos técnicos.)

## Identidades de periodicidade

As *identidades de periodicidade* ilustram o modo como se você deslocar o gráfico de uma função trigonométrica em um período para a esquerda ou a direita, você acaba com a mesma função. (Discutimos períodos e identidades de periodicidade quando mostramos como elaborar o gráfico de funções trigonométricas no Capítulo 7.) Os períodos do seno, cosseno, secante e cossecante se repetem a cada $2\pi$; tangente e cotangente, por outro lado, se repetem a cada $\pi$.

As seguintes identidades mostram como as diferentes funções trigonométricas se repetem:

$\operatorname{sen}(x + 2\pi) = \operatorname{sen} x$

$\cos(x + 2\pi) = \cos x$

$\operatorname{tg}(x + \pi) = \operatorname{tg} x$

$\operatorname{cotg}(x + \pi) = \operatorname{cotg} x$

$\sec(x + 2\pi) = \sec x$

$\operatorname{cosec}(x + 2\pi) = \operatorname{cosec} x$

### Vendo como as identidades de periodicidades funcionam para simplificar equações

De maneira semelhante às identidades de cofunções, você se depara com as identidades de periodicidade quando vê $(x + 2\pi)$ ou $(x - 2\pi)$ dentro de uma função trigonométrica. Devido ao fato de que adicionar (ou subtrair) $2\pi$ radianos de um ângulo oferece um novo ângulo na mesma posição, você pode usar essa ideia para formar uma identidade. Somente para a tangente e cotangente, adicionar ou subtrair $\pi$ radianos do ângulo oferece o mesmo resultado, pois o período das funções de tangente e cotangente é $\pi$.

Por exemplo, para simplificar sen($2\pi + \Theta$) + cos($2\pi + \Theta$) · cotg($\pi + \Theta$), siga esses passos:

1. **Substitua todas as funções trigonométricas que contêm $2\pi$ dentro dos parênteses pela identidade de periodicidade adequada.**

    Para esse exemplo, sen$\Theta$ + cos$\Theta$ · cotg$\Theta$.

2. **Simplifique a nova expressão.**

    Comece com sen$\theta$ + cos$\theta$ · $\frac{\cos\theta}{\text{sen}\theta}$.

    Para encontrar um denominador comum para adicionar as frações, multiplique o primeiro termo por $\frac{\text{sen}\theta}{\text{sen}\theta}$. A nova fração é $\frac{\text{sen}^2\theta}{\text{sen}\theta} + \frac{\cos^2\theta}{\text{sen}\theta}$. Adicione-as para obter $\frac{\text{sen}^2\theta + \cos^2\theta}{\text{sen}\theta}$. Você pode ver uma identidade fundamental no numerador, assim, substitua sen²$\Theta$ + cos²$\Theta$ por 1. Portanto, a fração se torna $\frac{1}{\text{sen}\theta}$ = cosec$\theta$.

### Provando uma igualdade com as identidades de periodicidade

Usar as identidades de periodicidade também é útil quando você precisa provar uma igualdade que inclua a expressão ($\Theta + 2\pi$), ou a adição (ou subtração) do período. Por exemplo, para provar [sec($2\pi + x$) – tg($\pi + x$)] [cosec($2\pi + x$) + 1] = cotg$x$, siga esses passos:

1. **Substitua todas as funções trigonométricas pela identidade de periodicidade adequada.**

    Você terá (sec$x$ – tg$x$)(cosec$x$ + 1).

2. **Simplifique a nova expressão.**

    Para esse exemplo, o melhor lugar para começar é aplicar o método MMC (consulte o Capítulo 4):
    (sec$x$ · cosec$x$ + sec$x$ · 1 - tg$x$ · cosec$x$ – tg$x$ · 1)

    Agora, converta todos os termos para senos e cossenos para obter $\frac{1}{\cos x} \cdot \frac{1}{\text{sen}x} + \frac{1}{\cos x} - \frac{\text{sen}}{\cos x} \cdot \frac{1}{\text{sen}x} - \frac{\text{sen}x}{\cos x}$. Então, encontre um denominador comum e adicione as frações:

    $\frac{1}{\cos x\text{sen}x} + \frac{\text{sen}x}{\cos x\text{sen}x} - \frac{\text{sen}x}{\cos x\text{sen}x} - \frac{\text{sen}^2 x}{\cos x\text{sen}x} = \frac{1-\text{sen}^2 x}{\cos x\text{sen}x}$.

3. **Aplique quaisquer outras identidades aplicáveis.**

    Você tem uma identidade fundamental na forma de 1 – sen²$x$, por isso, substitua-a por cos²$x$. Cancele um dos cossenos no numerador (pois ele está elevado ao quadrado) com o cosseno no denominador para obter $\frac{\cos^2 x}{\cos x\text{sen}x} = \frac{\cos x}{\text{sen}x}$. Por fim, isso pode ser simplificado para cotg$x$ = cotg$x$.

# Lidando com Provas Trigonométricas Difíceis: Algumas Técnicas que Você Precisa Saber

Historicamente falando, a maioria de nossos alunos tem dificuldades (e odeia) provas, por isso, dedicamos esta seção inteiramente a eles (às provas e aos alunos). Até agora, neste capítulo, mostramos provas que exigem apenas alguns passos básicos para serem concluídas. Agora, nós mostramos como lidar com as provas mais complicadas. As técnicas presentes aqui se baseiam em ideias com as quais você já lidou antes em sua vida matemática. Está certo que algumas funções são jogadas no meio, mas por que isso deveria assustá-lo?

Uma dica sempre o ajudará quando você tiver que lidar com provas trigonométricas complicadas que requerem diversas identidades: *Sempre* verifique seu trabalho e revise todas as identidades que você conhece para se assegurar de que não se esqueceu de alguma coisa que pode simplificar.

O objetivo é fazer um lado da equação apresentada se parecer com o outro por meio de uma série de passos, dentre os quais, todos se baseiam em identidades, propriedades e definições. Sem roubar ou inventar algo que não existe para chegar ao fim! Todas as decisões que você toma devem se basear nas regras. Apresentamos uma visão geral das técnicas que mostramos nesta seção:

- **Frações em provas:** Esses tipos de provas são equipadas com todas as regras que você já aprendeu em relação a frações; além disso, você tem que lidar com identidades.
- **Fatoração:** Graus maiores do que 1 em uma função trigonométrica geralmente são grandes indicadores de que você precisa realizar a fatoração.
- **Raízes quadradas:** Quando aparecem raízes em uma prova, mais cedo ou mais tarde você provavelmente terá que elevar ambos os lados ao quadrado para que as coisas avancem.
- **Trabalhando em ambos os lados de uma só vez:** Às vezes, você pode ficar preso enquanto trabalha com um lado de uma prova. Nesta circunstância, recomendamos que você passe para o outro lado.

## Lidando com os temidos denominadores

A maioria dos alunos odeia frações. Não sabemos por que, eles simplesmente odeiam! Mas, ao lidar com provas trigonométricas, as frações aparecem. Por isso, permita-nos que o joguemos nesse mar bravo. Mesmo que você não se importe com as frações, sugerimos que, ainda assim, leia esta seção, pois ela mostra especificamente como trabalhar com frações em provas trigonométricas. Há três tipos principais de provas com as quais você trabalhará que possuem frações:

- Provas em que você acaba criando frações
- Provas que começam com frações
- Provas que exigem a multiplicação por um conjugado para trabalhar com uma fração

Nós detalhamos cada um desses tópicos nesta seção, com uma prova de exemplo para que você possa ver o que fazer.

### Criando frações ao trabalhar com identidades recíprocas

Geralmente, gostamos de mencionar como converter todas as funções para senos e cossenos torna uma prova trigonométrica mais fácil. Quando os termos estão sendo multiplicados, isso geralmente permite que você cancele e simplifique a um conteúdo central, para que um lado da equação acabe se parecendo com o outro, o que é o objetivo. Mas quando os termos estão sendo adicionados ou subtraídos, você pode criar frações onde antes elas não existiam. Isso se aplica especialmente ao lidar com secante e cossecante, pois convertê-las em, respectivamente, $\frac{1}{\cos\theta}$ e $\frac{1}{\sen\theta}$ cria frações. O mesmo é verdade para a tangente, quando você a altera para $\frac{\sen\theta}{\cos\theta}$, e a cotangente se torna $\frac{\cos\theta}{\sen\theta}$.

Eis um exemplo que ilustra o que estamos dizendo. Prove que $\sec^2 t + \csc^2 t = \sec^2 t \cdot \csc^2 t$ seguindo esses passos:

1. **Converta todas as funções trigonométricas para senos e cossenos.**

    Do lado esquerdo, você agora tem $\frac{1}{\cos^2 t} + \frac{1}{\sen^2 t} = \sec^2 t \cdot \csc^2 t$.

2. **Encontre o MMC das duas frações.**

    Esta multiplicação o deixa com

    $$\frac{\sen^2 t}{\sen^2 t \cdot \cos^2 t} + \frac{\cos^2 t}{\sen^2 t \cdot \cos^2 t} = \sec^2 t \cdot \csc^2 t.$$

3. **Adicione as duas frações.**

    A adição simplifica a expressão para $\frac{\sen^2 t + \cos^2 t}{\sen^2 t \cdot \cos^2 t} = \sec^2 t \cdot \csc^2 t$.

4. **Simplifique a expressão com uma identidade fundamental no numerador.**

    Agora, você tem $\frac{1}{\sen^2 t \cdot \cos^2 t} = \sec^2 t \cdot \csc\theta$.

5. **Use as identidades recíprocas para inverter a fração.**

    Ambos os lados agora possuem uma multiplicação: $\csc^2 t \cdot \sec^2 t = \sec^2 t \cdot \csc^2 t$.

Alguns professores de pré-cálculo deixarão que você pare por aqui; outros, no entanto, farão com que você reescreva a equação para que o lado esquerdo e o direito correspondam exatamente. Cada professor tem sua própria maneira de provar identidades trigonométricas. Certifique-se de atender às suas expectativas; do contrário, pode fazer com que você perca pontos em um exame.

6. **Use as propriedades da igualdade para reescrever.**

   A propriedade comunicativa da multiplicação (consulte o Capítulo 1) diz que $a \cdot b = b \cdot a$, então $\sec^2 t \cdot \csc^2 t = \csc^2 t \cdot \sec^2 t$.

## Começando com frações

Quando a expressão apresentada começar com frações, na maior parte das vezes, seu trabalho é adicioná-las (ou subtraí-las) para fazer com que as coisas se simplifiquem. Aqui está um exemplo de uma prova em que fazer isso faz com que as coisas avancem. Para simplificar $\frac{\cos t}{1+\operatorname{sen} t} + \frac{\operatorname{sen} t}{\cos t}$, você precisa encontrar o MMC para adicionar as duas frações. Tendo esse como o passo inicial, siga:

1. **Encontre o MMC das duas frações que você deve adicionar.**

   O mínimo múltiplo comum é $(1 + \operatorname{sen} t) \cdot \cos t$, por isso, multiplique o primeiro termo por $\frac{\cos t}{\cos t}$ e multiplique o segundo termo por $\frac{1+\operatorname{sen} t}{1+\operatorname{sen} t}$:

   $$\frac{\cos t}{1+\operatorname{sen} t}\left(\frac{\cos t}{\cos t}\right) + \frac{\operatorname{sen} t}{\cos t}\left(\frac{1+\operatorname{sen} t}{1+\operatorname{sen} t}\right).$$

2. **Multiplique ou distribua os numeradores das frações.**

   Isto o deixa com $\frac{\cos^2 t}{(1+\operatorname{sen} t)(\cos t)} + \frac{\operatorname{sen} t + \operatorname{sen}^2 t}{(1+\operatorname{sen} t)(\cos t)}$.

3. **Adicione as duas frações.**

   Agora você tem uma fração: $\frac{\cos^2 t + \operatorname{sen} t + \operatorname{sen}^2 t}{(1+\operatorname{sen} t)(\cos t)}$.

4. **Procure quaisquer identidades trigonométricas e as substitua.**

   Você pode reescrever o numerador como $\frac{\cos^2 t + \operatorname{sen}^2 t + \operatorname{sen} t}{(1+\operatorname{sen} t)(\cos t)}$, que é igual a $\frac{1+\operatorname{sen} t}{(1+\operatorname{sen} t)(\cos t)}$, pois $\cos^2 t + \operatorname{sen}^2 t = 1$ (uma identidade fundamental).

5. **Cancele ou reduza a fração.**

   Após a parte de cima e a de baixo tiverem sido completamente fatoradas (consulte o Capítulo 4), você pode cancelar os termos: $\frac{\cancel{(1+\operatorname{sen} t)}}{\cancel{(1+\operatorname{sen} t)}(\cos t)} = \frac{1}{\cos t}$.

6. **Altere quaisquer funções trigonométricas recíprocas.**

   Neste caso, $\frac{1}{\cos t} = \sec t$.

## Multiplicando por um conjugado

Quando um lado de uma prova é uma fração com um binômio em seu denominador, sempre considere multiplicar pelo conjugado antes de fazer qualquer outra coisa. Na maior parte das vezes, esta técnica permite que você simplifique as coisas. Quando não, você é deixado à mercê de seus próprios recursos (e das outras técnicas apresentadas nesta seção) para fazer com que a prova funcione.

Por exemplo, para reescrever $\dfrac{\operatorname{sen}\theta}{\sec\theta - 1}$ sem uma fração, siga estes passos:

1. **Multiplique pelo conjugado do denominador.**

   O conjugado de *a + b* é *a - b*, e vice-versa. Assim, você tem que multiplicar por sec$\Theta$ + 1 na parte de cima e de baixo da fração. Isso o deixa com $\dfrac{\operatorname{sen}\theta(\sec\theta + 1)}{(\sec\theta - 1)(\sec\theta + 1)}$.

2. **Aplique produtos notáveis (a+b)(a-b) nos conjugados.**

   Agora você tem a fração $\dfrac{\operatorname{sen}\theta(\sec\theta + 1)}{\sec^2\theta - 1}$. Se você leu o capítulo inteiro, a parte de baixo deve parecer bastante familiar. Seria uma daquelas identidades fundamentais? Sim!

3. **Troque quaisquer identidades por sua forma mais simples.**

   Usando a identidade na parte de baixo, você obtém $\dfrac{\operatorname{sen}\theta(\sec\theta + 1)}{\operatorname{tg}^2\theta}$.

4. **Troque todas as funções trigonométricas por senos e cossenos.**

   Aqui fica mais complexo: $\dfrac{\operatorname{sen}\theta\left(\dfrac{1}{\cos\theta} + 1\right)}{\left(\dfrac{\operatorname{sen}^2\theta}{\cos^2\theta}\right)}$.

5. **Troque a grande barra de divisão por um sinal de divisão, e depois inverta a fração para que você possa multiplicar.**

   Confira este passo:
   $\operatorname{sen}\theta\left(\dfrac{1}{\cos\theta} + 1\right) \div \left(\dfrac{\operatorname{sen}^2\theta}{\cos^2\theta}\right) = \operatorname{sen}\theta\left(\dfrac{1}{\cos\theta} + 1\right) \cdot \dfrac{\cos^2\theta}{\operatorname{sen}^2\theta}$.

6. **Cancele aquilo que puder da expressão.**

   O seno na parte de cima cancela um dos senos na parte de baixo, deixando-o com o seguinte:
   $\cancel{\operatorname{sen}\theta}\left(\dfrac{1}{\cos\theta} + 1\right) \cdot \dfrac{\cos^2\theta}{\operatorname{sen}^{\cancel{2}}\theta} = \left(\dfrac{1}{\cos\theta} + 1\right) \cdot \dfrac{\cos^2\theta}{\operatorname{sen}\theta}$

7. **Distribua e observe o que acontece!**

   Por meio dos cancelamentos, você vai de $\dfrac{1}{\cancel{\cos\theta}} \cdot \dfrac{\cos^{\cancel{2}}\theta}{\operatorname{sen}\theta} + \dfrac{\cos^2\theta}{\operatorname{sen}\theta}$ para $\dfrac{\cos\theta}{\operatorname{sen}\theta} + \dfrac{\cos\theta}{\operatorname{sen}\theta} \cdot \cos\theta$, que finalmente é simplificado para cotg$\Theta$ + cotg$\Theta$. cos$\Theta$. E se for solicitado que avance ainda mais, você pode fatorar para obter cotg$\Theta$(1 + cos$\Theta$).

## Trabalhando exclusivamente em cada lado

Às vezes, fazer o trabalho em ambos os lados de uma prova, um de cada vez, leva a uma solução mais rápida. Isto se aplica, pois, para poder provar uma identidade muito complicada, você pode ter que complicar a expressão ainda mais antes que ela possa começar a ser simplificada. No entanto, você deve fazer isso somente em circunstâncias extremas, após todas as outras técnicas terem falhado (mas não diga ao seu professor que nós dissemos isso!).

A ideia principal é que você trabalha do lado esquerdo primeiro, para quando não pode mais avançar, e depois trabalha do lado direito. Ao fazer isso, seu objetivo é tornar os dois lados da prova se encontrarem no meio do caminho em algum ponto.

Por exemplo, para provar $\frac{1+\cotg\theta}{\cotg\theta} = \tg\theta + \cosec^2\theta - \cotg^2\theta$, siga estes passos (veja o trabalho detalhado no final dos passos numerados):

1. **Divida a fração escrevendo cada termo no numerador por cima do termo no denominador, separadamente.**

   As regras das frações dizem que, quando apenas um termo está no denominador, você pode fazer isso, pois cada parte no numerador está sendo dividida pelo denominador.

   Agora você tem $\frac{1}{\cotg\theta} + \frac{\cotg\theta}{\cotg\theta} = \tg\theta + \cosec^2\theta - \cotg^2\theta$.

2. **Use as regras recíprocas para simplificar.**

   A primeira fração do lado esquerdo é a recíproca de $\tan\theta$, e $\cot\theta$ dividido por si mesmo dá 1.

   Agora você tem $\tg\theta + 1 = \tg\theta + \cosec^2\theta - \cotg^2\theta$.

   Você chegou ao fim do caminho do lado esquerdo. A expressão agora está tão simplificada que seria difícil expandi-la novamente para que ela se parecesse com o lado direito, assim, você deve se voltar para o lado direito e simplificá-lo.

3. **Procure por quaisquer identidades trigonométricas aplicáveis do lado direito.**

   Você usa uma identidade fundamental para identificar que $\csc^2\theta = 1 + \cotg^2\theta$. Agora você tem $\tg\theta + 1 = \tg\theta + 1 + \cotg^2\theta - \cotg^2\theta$.

4. **Cancele quando possível.**

   Aha! O lado direito possui $\cotg^2\theta - \cogt^2\theta$, que dá 0! Cancele-os para deixar apenas $\tg\theta + 1 = \tg\theta + 1$.

$$\frac{1+\cotg\theta}{\cotg\theta} = \tg\theta + \cosec^2\theta - \cotg^2\theta$$

$$\downarrow \qquad \uparrow$$

$$\frac{1}{\cotg\theta} + \frac{\cotg\theta}{\cotg\theta} = \tg\theta + \cosec^2\theta - \cotg^2\theta$$

$$\downarrow \qquad \uparrow$$

$$\tg\theta + 1 = \tg\theta + \cosec^2\theta - \cotg^2\theta$$

$$\downarrow \qquad \uparrow$$

$$\tg\theta + 1 = \tg\theta + (1+\cotg^2\theta) - \cotg^2\theta$$

$$\downarrow \qquad \uparrow$$

$$\tg\theta + 1 \;=\; \tg\theta + 1$$

5. **Reescreva a prova começando de um lado e terminando como o outro lado.**

$$\frac{1+\cotg\theta}{\cotg\theta} = \tg\theta + \cosec^2\theta - \cotg^2\theta$$

$$\frac{1}{\cotg\theta} + \frac{\cotg\theta}{\cotg\theta}$$

$$\tg\theta + 1$$

$$\tg\theta + 1 + \cotg^2\theta - \cotg^2\theta$$

$$\tg\theta + \cosec^2\theta - \cotg^2\theta$$

**CUIDADO!** Alguns professores de pré-cálculo nunca aceitarão trabalhar em ambos os lados de uma equação como uma prova válida. Se você tiver o azar de encontrar um professor desses, sugerimos que você ainda trabalhe em ambos os lados da equação, mas guarde isso para você. Certifique-se de reescrever seu trabalho para seu professor simplesmente descendo um lado e subindo o outro (como fizemos no Passo 5).

# Capítulo 9
# Pré-Cálculo, aqui vou eu! As Identidades Avançadas Abrem o Caminho

*Neste capítulo*

▶ Aplicando as fórmulas de soma e diferença de funções trigonométricas
▶ Utilizando formulas de arco duplo
▶ Cortando ângulos em dois com fórmulas de meio ângulo
▶ Alternando entre produtos para somas e de volta
▶ Descartando expoentes com fórmulas de redução de potência

Antes da invenção das calculadoras (há não tanto tempo quanto você pode imaginar), as pessoas só tinham uma maneira de calcular os valores trigonométricos exatos dos ângulos que não são mostrados no círculo unitário: usar as identidades avançadas. Mesmo agora, a maioria das calculadoras oferece somente uma aproximação do valor trigonométrico, e não o valor exato. Os valores exatos são importantes para os cálculos trigonométricos e para suas aplicações (e também para os professores, é claro). Os engenheiros, projetando uma ponte, por exemplo, não querem o valor *quase* correto — e nem você deve querer.

Este capítulo oferece o "feijão com arroz" quando se trata de identidades de pré-cálculo: ele contém o grosso das fórmulas que você precisa conhecer para cálculo. Ele desenvolve as identidades fundamentais que discutimos no Capítulo 8. As identidades avançadas fornecem oportunidades de calcular valores que você não era capaz de calcular antes — como encontrar o valor exato do seno de 15°, ou descobrir o seno ou o cosseno da soma dos ângulos sem de fato saber o valor dos ângulos. Essas informações são realmente úteis quando você chega a cálculo, que leva as contas para um outro nível (um nível em que você integra e diferencia usando essas identidades).

# Encontrando Funções Trigonométricas de Somas e Diferenças

Há muito tempo, alguns matemáticos incríveis encontraram identidades que se aplicam ao adicionar e subtrair medidas de ângulo a partir de triângulos especiais (triângulos retângulos de 30°-60°-90° e 45°-45°-90°; consulte o Capítulo 6). O foco é encontrar uma maneira de reescrever um ângulo como uma soma ou diferença. Esses matemáticos eram curiosos; eles conseguiam encontrar os valores trigonométricos para os triângulos especiais, mas queriam saber como lidar com outros ângulos que não fazem parte dos triângulos especiais no círculo unitário. Eles conseguiam resolver problemas com múltiplos de 30° e 45°, mas havia tantos outros ângulos que podiam ser formados sobre os quais eles não sabiam nada!

Construir esses ângulos era simples; no entanto, avaliar as funções trigonométricas para eles provou ser um pouco mais difícil. Por isso, eles juntaram seus intelectos e descobriram as identidades que discutimos nesta seção. (O único problema: eles ainda não conseguiam encontrar muitos outros valores trigonométricos usando as fórmulas de soma $(a + b)$ e de diferença $(a - b)$.)

Esta seção pega as informações que discutimos nos capítulos anteriores, como o cálculo de valores trigonométricos de ângulos especiais, e as eleva a um outro nível. Nós o apresentamos às identidades avançadas, que permitem que você encontre valores trigonométricos de ângulos que são múltiplos de 15°.

***Nota:*** Nunca será solicitado que você encontre o seno de 87°, por exemplo, sem uma calculadora nesta seção, pois ele não pode ser escrito como a soma ou a diferença de ângulos especiais. Os triângulos de 30°-60°-90° e de 45°-45°-90° sempre podem ser resumidos aos mesmos raios especiais de seus lados, mas outros triângulos não podem. Por isso, se você puder separar o ângulo apresentado na soma ou na diferença de dois ângulos conhecidos, seu caminho será fácil, pois você poderá usar a fórmula da soma ou da diferença para encontrar o valor trigonométrico que está procurando. (Se não conseguir expressar o ângulo como a soma ou diferença de ângulos especiais, terá que encontrar alguma outra maneira de resolver o problema.)

Em grande parte, quando são apresentados problemas de identidades avançadas em pré-cálculo, será solicitado que você trabalhe com ângulos em radianos. É claro que, às vezes, você terá que trabalhar com graus também. Começamos com cálculos em graus, pois eles são mais fáceis de serem manipulados. Depois, trocamos para radianos e mostramos como fazer com que as fórmulas funcionem para eles também.

## Procurando o seno de (a ± b)

Usando os triângulos retângulos especiais (consulte o Capítulo 6), que têm pontos no círculo unitário fáceis de serem identificados, você pode encontrar o seno de ângulos de 30° e 45° (entre outros). No entanto, nenhum ponto no círculo unitário permite que você encontre diretamente valores trigonométricos em medidas de ângulos que não são especiais (como o seno de 15°). O seno de tal ângulo existe (o que significa que ele é um valor de número real) em um ponto no círculo; ele somente não é um dos pontos devidamente identificados. Não se desespere, pois é aqui que as identidades avançadas o ajudam.

Se você olhar bem, notará que 45° −30° = 15°, e 45° + 30° = 75°. Para os ângulos que você pode reescrever como a soma ou diferença de ângulos especiais, aqui estão as fórmulas de soma e diferença para o seno:

sen($a + b$) = sen$a$ · cos$b$ + cos$a$ · sen$b$

sen($a − b$) = sen$a$ · cos$b$ − cos$a$ · sen$b$

Não é possível reescrever sen($a + b$) como sen$a$ + sen$b$. Você não pode distribuir o seno nos valores dentro dos parênteses, pois o seno não é uma operação de multiplicação; portanto, a propriedade distributiva não se aplica (assim como se aplica aos números reais). O seno é uma função, não um número ou variável.

Existe mais de uma maneira de combinar os ângulos do círculo unitário para obter um ângulo solicitado. Você pode escrever sen75° como sen(135°− 60°) ou sen(225°− 150°). Após encontrar uma maneira de reescrever um ângulo como uma soma ou diferença, use-a. Use aquela que funciona para você!

### Calculando em graus

Medir ângulos em graus pelas fórmulas da soma e diferença é mais fácil do que medir em radianos, pois adicionar e subtrair graus é muito mais fácil do que adicionar e subtrair radianos. Adicionar e subtrair ângulos em radianos requer encontrar um denominador comum. Além disso, avaliar funções trigonométricas requer que você trabalhe de trás para a frente a partir de um denominador comum para dividir o ângulo em duas frações com denominadores diferentes. (Se o ângulo no problema apresentado estiver em radianos, nós mostramos o que fazer na próxima seção.)

Por exemplo, siga estes passos para encontrar o seno de 135°:

1. **Reescreva o ângulo, usando os ângulos especiais dos triângulos retângulos (consulte o Capítulo 6).**

   Uma maneira de reescrever 135° é 90° + 45°.

2. **Escolha a fórmula de soma ou diferença adequada.**

   Nós estamos adicionando no exemplo do Passo I, por isso, faz sentido usar a fórmula da soma e não a da diferença: sen($a + b$) = sen$a$ · cos$b$ + cos$a$ · sen$b$.

3. **Insira as informações que você conhece na fórmula.**

   Você sabe que sen135° = sen(90° + 45°). Isso significa que $a = 90°$ e $b = 45°$. A fórmula dá sen90°cos45° + cos90°sen45°.

4. **Use o círculo unitário (consulte o Capítulo 6) para ver os valores do seno e do cosseno que você precisa.**

   Agora você tem $1 \cdot \dfrac{\sqrt{2}}{2} + 0 \cdot \dfrac{\sqrt{2}}{2}$.

5. **Multiplique e simplifique para encontrar a resposta final.**

   Você termina com $\dfrac{\sqrt{2}}{2} + 0 = \dfrac{\sqrt{2}}{2}$.

## Calculando em radianos

Você pode colocar o conceito das fórmulas de soma e diferença para funcionar usando radianos. Isso é diferente de resolver equações, pois é solicitado que você encontre o valor trigonométrico de um ângulo específico que não está previamente marcado no círculo unitário (mas que ainda é um múltiplo de 15° ou $\pi/12$ radianos). Antes de escolher a fórmula adequada (o Passo 2 da seção anterior), você simplesmente divide o ângulo na soma ou na diferença de dois ângulos do círculo unitário. Observe o círculo unitário e veja os ângulos em radianos na Figura 9-1. Você vê que todos os denominadores são diferentes, o que torna a sua adição ou subtração um pesadelo. Você deve encontrar um denominador comum para que adicioná-los ou subtraí-los seja um sonho. O denominador comum é 12, como você pode ver na Figura 9-1.

**LEMBRE-SE** A Figura 9-1 é útil somente para as fórmulas de soma e diferença, pois encontrar um denominador comum é algo que você faz apenas quando está adicionando ou subtraindo frações.

Por exemplo, siga esses passos para encontrar o valor exato de sen($\pi/12$):

1. **Reescreva o ângulo em questão, usando os ângulos especiais em radianos com denominadores comuns.**

   A partir da Figura 9-1, você vai querer encontrar uma maneira de adicionar ou subtrair dois ângulos para que, no fim, obtenha $\pi/12$. Nesse caso, pode reescrever $\pi/12$ como $3\pi/12 - 2\pi/12$.

2. **Escolha a fórmula de soma/diferença adequada.**

   Devido ao fato de que reescrevemos o ângulo com uma subtração, é preciso usar a fórmula da diferença.

3. **Insira as informações que você conhece na fórmula escolhida.**

   Você sabe que sen$\pi/12$ = sen($3\pi/12 - 2\pi/12$). Ao substituir $a = 3\pi/12$ e $b = 2\pi/12$, você obtém $\text{sen}\dfrac{3\pi}{12}\cos\dfrac{2\pi}{12} - \cos\dfrac{3\pi}{12}\text{sen}\dfrac{2\pi}{12}$.

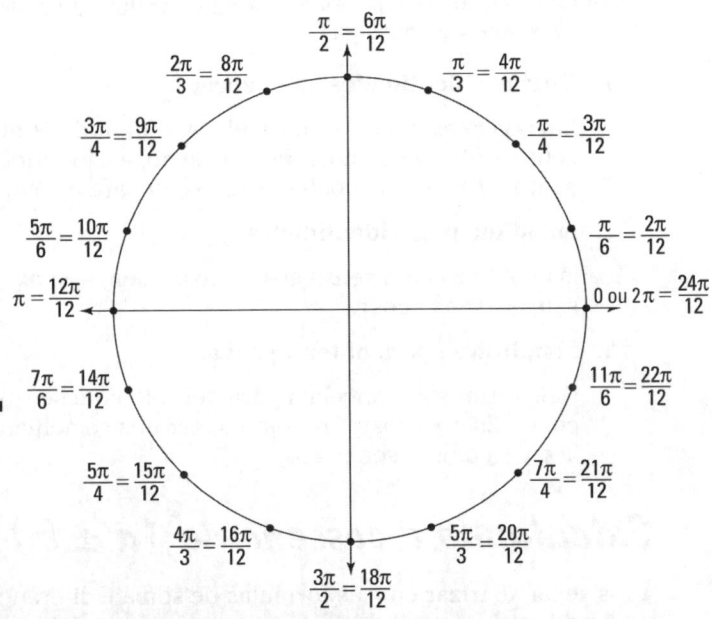

**Figura 9-1:**
O círculo unitário mostrando ângulos em radianos com denominadores comuns.

4. **Reduza as frações na fórmula para frações com que se sinta mais confortável.**

   Em nosso exemplo, você pode reduzir para
   $\text{sen}\frac{\pi}{4}\cos\frac{\pi}{6} - \cos\frac{\pi}{4}\text{sen}\frac{\pi}{6}$. Agora, será mais fácil consultar o círculo unitário para obter sua equação.

5. **Use o círculo unitário para ver os valores de seno e cosseno que você precisa.**

   Agora você tem $\frac{\sqrt{2}}{2} \cdot \frac{\sqrt{3}}{2} - \frac{\sqrt{2}}{2} \cdot \frac{1}{2}$.

6. **Multiplique e simplifique para obter sua resposta final.**

   Você acaba com $\frac{\sqrt{6}}{4} - \frac{\sqrt{2}}{4} = \frac{\sqrt{6} - \sqrt{2}}{4}$.

## Aplicando as fórmulas de soma e diferença do seno às provas

O objetivo, ao lidar com provas trigonométricas neste capítulo, é o mesmo que o objetivo de quando trabalhamos com elas no Capítulo 8: você precisa fazer com que um lado de uma determinada equação se pareça com o outro. Você pode trabalhar em ambos os lados para avançar um pouco mais, se for necessário, mas assegure-se de saber como o seu professor quer que a prova seja feita. Esta seção contém informações sobre como trabalhar com fórmulas de soma e diferença em uma prova.

Se solicitado que você prove sen$(x + y)$ + sen$(x - y)$ = 2sen$x \cdot$ cos$y$, por exemplo, siga estes passos:

1. **Procure identidades na equação.**

   Em nosso exemplo, é possível ver a identidade de soma sen$(a + b)$ = sen$a \cdot$ cos$b$ + cos$a \cdot$ sen$b$, e a identidade de diferença, sen$(a - b)$ = sen$a \cdot$ cos$b$ - cos$a \cdot$ sen$b$ para o seno.

2. **Substitua pelas identidades.**

   Isso o deixa com sen$x \cdot$ cos$y$ + cos$x \cdot$ sen$y$ + sen$x \cdot$ cos$y$ - cos$x \cdot$ sen$y$ = 2sen$x \cdot$ cos$y$.

3. **Simplifique para obter a prova.**

   Dois termos se cancelam para deixá-lo com sen$x \cdot$ cos$y$ + sen$x \cdot$ cos$y$ = 2sen$x \cdot$ cos$y$. Combine os termos semelhantes para obter 2sen$x \cdot$ cos$y$ = 2sen$x \cdot$ cos$y$.

## Calculando o cosseno de $(a \pm b)$

Após se familiarizar com as fórmulas de soma e diferença para o seno, você pode aplicar facilmente seu novo conhecimento para calcular as somas e diferenças dos cossenos, pois as fórmulas são bastante semelhantes umas às outras. Ao trabalhar com somas e diferenças para os senos e cossenos, você está simplesmente inserindo os valores dados no lugar das variáveis. Apenas assegure-se de usar a fórmula correta, com base nas informações oferecidas na questão.

Aqui estão as fórmulas para a soma e a diferença dos cossenos:

$$\cos(a + b) = \cos a \cdot \cos b - \sin a \cdot \sin b$$
$$\cos(a - b) = \cos a \cdot \cos b + \sin a \cdot \sin b$$

### Aplicando as fórmulas para encontrar a soma ou a diferença de dois ângulos

As fórmulas de soma e diferença para o cosseno (e para o seno) podem fazer mais do que calcular um valor trigonométrico para um ângulo que não está marcado no círculo unitário (pelos menos para os ângulos que são múltiplos de 15°). Elas também podem ser usadas para encontrar a soma ou a diferença de dois ângulos, com base nas informações dadas sobre eles. Para tais problemas, serão dados dois ângulos (vamos chamá-los de A e B), o seno ou cosseno de A e B e o(s) quadrante(s) no(s) qual(is) os dois ângulos estão localizados.

Use os passos a seguir para encontrar o valor exato de cos(A + B), sendo que cosA = $-3/5$ (A está no quadrante II do plano de coordenadas) e senB = $-7/25$ (B está no QIII):

# Capítulo 9: Pré-Cálculo, Aqui Vou Eu! As Identidades Avançadas... 201

1. **Escolha a fórmula adequada e substitua as informações que você conhece para determinar as informações faltantes.**

   Se $\cos(A + B) = \cos A \cdot \cos B - \text{sen}A \cdot \text{sen}B$, você sabe que
   $\cos(A + B) = -\frac{3}{5} \cdot \cos B - \text{sen}A \cdot \frac{-7}{25}$.

   Para avançar, você precisa encontrar $\cos B$ e $\text{sen}A$.

2. **Desenhe figuras representando os triângulos retângulos no(s) quadrante(s).**

   Você precisa desenhar um triângulo para o ângulo A no QII e um para o ângulo B em QIII. Usando a definição de seno como $\frac{op}{hip}$ e de cosseno como $\frac{adj}{hip}$, a Figura 9-2 mostra esses triângulos. Observe que o valor de um lado está faltando em cada triângulo.

3. **Para encontrar os valores faltantes, use o Teorema de Pitágoras (uma vez para cada triângulo; consulte o Capítulo 6).**

   a.

   b.

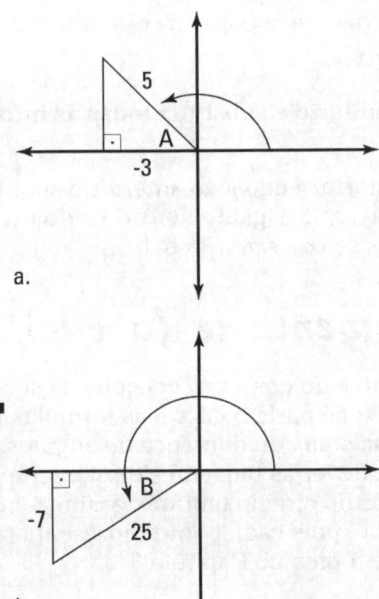

   **Figura 9-2:** Desenhar figuras ajuda você a visualizar as informações faltantes.

   O lado faltante na Figura 9-2a é 4, e o lado faltante na Figura 9-2b é –24.

4. **Determine as razões trigonométricas faltantes a serem usadas na fórmula de soma/diferença.**

   Você utiliza a definição de cosseno $\frac{adj}{hip}$ para descobrir que $\cos B = -\frac{24}{25}$, e a definição de seno $\frac{op}{hip}$ para descobrir que $\text{sen}A = \frac{4}{5}$.

5. **Substitua as razões trigonométricas faltantes na fórmula de soma/diferença e simplifique.**

 Agora você tem $\cos(A + B) = -3/5 \cdot -24/25 - 4/5 \cdot -7/25$. Siga a ordem das operações para obter $\cos(A + B) = 72/125 - (-28/125) = \dfrac{72 + 28}{125} = 100/125$. Isso é simplificado para $\cos(A + B) = 4/5$.

### Aplicando as fórmulas de soma e diferença do cosseno a provas

Você pode provar as identidades de cofunções do Capítulo 8 usando as fórmulas de soma e diferença para o cosseno. Por exemplo, para provar $\cos(\pi/2 - x)$, siga estes passos:

1. **Determine as informações fornecidas.**

 Você começa com $\cos(\pi/2 - x) = \operatorname{sen} x$.

2. **Procure identidades de soma e/ou diferença para o cosseno.**

 Neste caso, o lado esquerdo da equação é a fórmula de diferença para o cosseno. Isto significa que você pode separar $\cos(\pi/2 - x)$ usando a fórmula de diferença para os cossenos para obter $\cos\dfrac{\pi}{2}\cos x + \operatorname{sen}\dfrac{\pi}{2}\operatorname{sen} x = \operatorname{sen} x$.

3. **Consulte o círculo unitário e substitua todas as informações que você conhece.**

 Usando o círculo unitário, a equação anterior é simplificada para $0 \cdot \cos x + 1 \cdot \operatorname{sen} x$, que é igual a $\operatorname{sen} x$ do lado esquerdo. A equação agora afirma $\operatorname{sen} x = \operatorname{sen} x$. Ta-dã!

## Dominando a tangente de (a ± b)

Assim como no caso do seno e do cosseno (consulte as seções anteriores deste Capítulo), você pode confiar nas fórmulas para encontrar a tangente de uma soma ou diferença de ângulos. A principal diferença é que você não pode ler as tangentes diretamente a partir das coordenadas dos pontos no círculo unitário, assim como pode fazer com o seno e o cosseno, pois cada ponto representa $(\cos\theta, \operatorname{sen}\theta)$; explicamos mais sobre esse tópico no Capítulo 6.

No entanto, nem tudo está perdido, pois a tangente é definida como $\frac{sen}{cos}$; devido ao fato de que o seno do ângulo é a coordenada $y$ e o cosseno é a coordenada $x$, é possível expressar a tangente em termos de $x$ e $y$ no círculo unitário como $y/x$.

Aqui estão as fórmulas que você precisa para encontrar a tangente de uma soma ou diferença de ângulos:

$$\operatorname{tg}(a + b) = \dfrac{\operatorname{tg} a + \operatorname{tg} b}{1 - \operatorname{tg} a \cdot \operatorname{tg} b}$$

$$\operatorname{tg}(a - b) = \dfrac{\operatorname{tg} a - \operatorname{tg} b}{1 + \operatorname{tg} a \cdot \operatorname{tg} b}$$

Sugerimos que você memorize essas adoráveis fórmulas, porque então não terá de usar as fórmulas de soma e diferença para o seno e cosseno no meio de um problema de tangente, economizando tempo em longo prazo.

Se você optar por não memorizar essas duas fórmulas, poderá formulá-las lembrando que $\text{tg}(a+b) = \dfrac{\text{sen}(a+b)}{\cos(a+b)}$. O mesmo se aplicaria para a fórmula da diferença para a tangente: $\text{tg}(a-b) = \dfrac{\text{sen}(a-b)}{\cos(a-b)}$.

### *Aplicando as fórmulas para resolver um problema comum*

As fórmulas de soma e diferença para a tangente funcionam de maneira semelhante às fórmulas do seno e cosseno. Você pode usar as fórmulas para resolver uma variedade de problemas. Nesta seção, mostramos como encontrar a tangente de um ângulo que não está marcado no círculo unitário. Você pode fazer isso contanto que o ângulo possa ser escrito como a soma ou a diferença de ângulos especiais.

Por exemplo, para encontrar o valor exato de tg105°, siga estes passos (**Nota:** Não mencionamos o quadrante, pois o ângulo de 105 graus está no quadrante II. No exemplo anterior, o ângulo não havia sido dado; um valor trigonométrico foi apresentado, e cada valor trigonométrico possui dois ângulos no círculo unitário que produzem o valor, por isso, você precisa saber sobre qual quadrante o problema está falando):

1. **Reecreva o ângulo apresentado, usando as informações de ângulos de triângulos retângulos especiais (consulte o Capítulo 6).**

    Consulte o círculo unitário, observando que ele é construído a partir dos triângulos retângulos especiais (consulte a Cola na parte da frente deste livro), para encontrar uma combinação de ângulos que são adicionados ou subtraídos para obter 105°. Você pode escolher entre 240°−145°, 330°−225°, e assim por diante. Neste exemplo, escolhemos 60° + 45°. Assim, tg (105°) = tg (60° + 45°).

2. **Escolha a fórmula de soma/diferença adequada.**

    Devido ao fato de que reescrevemos o ângulo com uma adição, você precisa usar a fórmula da soma para a tangente.

3. **Insira as informações que você conhece na fórmula adequada.**

    Agora você tem $\dfrac{\text{tg } 60° + \text{tg } 45°}{1 - \text{tg } 60° \cdot \text{tg } 45°}$.

4. **Use o círculo unitário para procurar os valores do seno e do cosseno que você precisa.**

    Para encontrar tg60°, você deve localizar 60° no círculo unitário e usar os valores do seno e do cosseno de seu ponto correspondente:

    $$\text{tg } 60° = \dfrac{\text{sen}60°}{\cos 60°} = \dfrac{\frac{\sqrt{3}}{2}}{\frac{1}{2}} = \dfrac{\sqrt{3}}{\cancel{2}} \cdot \dfrac{\cancel{2}}{1} = \sqrt{3}$$

Siga o mesmo processo para tg45°:

$$\text{tg}45° = \frac{\text{sen}45°}{\cos 45°} = \frac{\frac{\sqrt{2}}{2}}{\frac{\sqrt{2}}{2}} = \frac{\sqrt{2}}{\cancel{2}} \cdot \frac{\cancel{2}}{\sqrt{2}} = 1$$

5. **Substitua os valores trigonométricos do Passo 4 na fórmula.**

    Isto o deixa com $\dfrac{\sqrt{3}+1}{1-(\sqrt{3})(1)}$, que é simplificado para $\dfrac{\sqrt{3}+1}{1-\sqrt{3}}$.

6. **Racionalize o denominador.**

    Você não pode deixar a raiz quadrada na parte de baixo da fração. Devido ao fato de que o denominador é um binômio (a soma ou diferença de dois termos), você deve multiplicar por seu conjugado. O conjugado de $a + b$ é $a - b$, e vice-versa. Assim, o conjugado de $1 - \sqrt{3}$ é $1 + \sqrt{3}$:

    $$\frac{(\sqrt{3}+1)}{(1-\sqrt{3})} \cdot \frac{(1+\sqrt{3})}{(1+\sqrt{3})}$$

    Aplique produtos notáveis (a+b).(a-b) no denominador e a distributiva da multiplicação no numerador (consulte o Capítulo 4) em ambos os binômios para obter $\dfrac{\sqrt{3}+3+1+\sqrt{3}}{1+\sqrt{3}-\sqrt{3}-3}$.

7. **Simplifique a fração racionalizada para encontrar o valor exato da tangente.**

    Combine os termos semelhantes para obter $\dfrac{2\sqrt{3}+4}{-2}$. Assegure-se de simplificar completamente essa fração para obter $-\sqrt{3}-2$.

### *Aplicando as fórmulas de soma e diferença a provas*

As fórmulas de soma e diferença para a tangente são bastante úteis se você quiser provar algumas das identidades básicas do Capítulo 8. Por exemplo, você pode provar as identidades de cofunções usando a fórmula de diferença, e as identidades de periodicidade usando a fórmula de soma. Se você vir uma soma ou uma diferença dentro de uma função de tangente, poderá experimentar a fórmula adequada para simplificar as coisas.

Por exemplo, você pode provar que a identidade $\text{tg}(\frac{\pi}{4} + \theta) = \dfrac{1 + \text{tg}\theta}{1 - \text{tg}\theta}$ seguindo estes passos:

1. **Procure as identidades que possa substituir.**

    Do lado esquerdo da prova está a identidade de soma para a tangente:

    $\text{tg}(a+b) = \dfrac{\text{tg}a + \text{tg}b}{1 - \text{tg}a \cdot \text{tg}b}$. Trabalhando somente no lado esquerdo, você tem $\dfrac{\text{tg}\frac{\pi}{4} + \text{tg}\theta}{1 - \text{tg}\frac{\pi}{4}\,\text{tg}\theta} = \dfrac{1 + \text{tg}\theta}{1 - \text{tg}\theta}$.

2. **Use quaisquer valores do círculo unitário aplicáveis para simplificar a prova.**

   No círculo unitário (consulte o Capítulo 6), você vê que tg $\pi/4 = 1$, por isso, você pode inserir esse valor para obter
   $$\frac{1+\text{tg}\theta}{1-(1)(\text{tg}\theta)} \cdot \frac{1+\text{tg}\theta}{1-\text{tg}\theta}$$
   Daí, a multiplicação simples oferece $\frac{1+\text{tg}\theta}{1-\text{tg}\theta} = \frac{1+\text{tg}\theta}{1-\text{tg}\theta}$.

# Dobrando o Valor Trigonométrico de um Arco sem Conhecer o Ângulo

Usa-se uma *fórmula de arco duplo* para encontrar o valor trigonométrico equivalente a duas vezes um ângulo. Às vezes, você sabe o *arco* original, às vezes não. Trabalhar com fórmulas de arco duplo é útil quando você precisa resolver equações trigonométricas ou quando você tem o seno, cosseno, tangente, ou outra função trigonométrica de um ângulo e precisa encontrar o valor trigonométrico exato equivalente a duas vezes esse arco sem saber a medida do arco original. Esse não é o seu dia?

***Nota:*** Se você conhece o ângulo original em questão, encontrar o seno, cosseno ou tangente equivalente a duas vezes esse arco é fácil; você pode procurar no círculo unitário (consulte a Cola) ou usar sua calculadora para encontrar a resposta. No entanto, se você não tem a medida do ângulo original e precisa encontrar o valor exato relativo a duas vezes esse arco, o processo não é tão simples. Continue lendo!

## Encontrando o seno de um arco dobrado

Para entender completamente e ser capaz de deixar de lado a fórmula do arco duplo para o seno, você deve primeiro entender de onde ela vem. (As fórmulas de arco duplo para o seno, cosseno e tangente são extremamente diferentes umas das outras, embora você possa chegar a elas usando a fórmula da soma.)

1. **Para encontrar sen$2x$; você deve perceber que se trata do mesmo que sen$(x + x)$.**
2. **Use a fórmula da soma para o seno (consulte a seção "Procurando o seno de $(a + b)$") para obter sen$x \cdot \cos x + \cos x \cdot \sin x$.**
3. **Simplifique para obter sen$2x = 2\sin x \cdot \cos x$.**

   Esta é chamada de fórmula de arco duplo para o seno. Se for apresentada uma equação com mais de uma função trigonométrica e for solicitado que você encontre o ângulo, sua melhor aposta é expressar a equação nos termos de somente uma função trigonométrica. Você geralmente realiza isso usando a fórmula de arco duplo.

Para resolver $4\text{sen}2x \cdot \cos2x = 1$, observe que a equação não é igual a 0, por isso, não é possível fatorá-la. Mesmo que você subtraia 1 de ambos os lados para obter 0, ela não poderá ser fatorada. Assim, isso deve significar que não há solução, certo? Não. Você precisa verificar as identidades primeiro. A fórmula de arco duplo, por exemplo, diz que $2\text{sen}x \cdot \cos x = \text{sen}2x$. É possível reescrever algumas coisas nesse ponto:

1. **Liste as informações oferecidas.**

   Você tem $4\text{sen}2x \cdot \cos2x = 1$.

2. **Reescreva a equação para encontrar uma possível identidade.**

   Vamos seguir com $2 \cdot (2\text{sen}2x \cdot \cos2x) = 1$.

3. **Aplique a fórmula correta.**

   A fórmula de arco duplo para o seno oferece $2 \cdot [\text{sen}(2 \cdot 2x)] = 1$.

4. **Simplifique a equação e isole a função trigonométrica.**

   Separe como $2 \cdot \text{sen}4x = 1$, que se torna $\text{sen}4x = \frac{1}{2}$.

5. **Encontre todas as soluções para a equação trigonométrica.**

   Isto o deixa com $4x = \pi/6 + 2\pi k$ e $4x = 5\pi/6 + 2\pi k$, em que $k$ é um número inteiro. Isto diz que cada ângulo de referência possui quatro soluções, e que você usa a notação $+ 2\pi k$ para representar o círculo. Em seguida, é possível dividir tudo (inclusive $2\pi k$) por 4, o que oferece as soluções:

   - $x = \pi/24 + \pi/2 \cdot k$
   - $x = 5\pi/24 + \pi/2 \cdot k$

Esta é a solução geral, mas haverá um momento em que você terá de usar esta informação para obter uma solução em um intervalo.

Encontrar as soluções em um intervalo é como uma bola com efeito jogada em sua direção no pré-cálculo. Para o problema anterior, é possível encontrar um total de oito ângulos no intervalo $[0, 2\pi)$. Devido ao fato de que havia um coeficiente em frente à variável, neste caso, você tem quatro vezes o número de soluções, e deve afirmar todas. É necessário encontrar o denominador comum para adicionar as frações. Neste caso, $\pi/2$ se torna $12\pi/24$:

A primeira solução é $\pi/24$.

Para encontrar a segunda: $\pi/24 + \pi/2$ o deixa com $13\pi/24$.

Para encontrar a terceira: $13\pi/24 + \pi/2$ dá $25\pi/24$.

Para encontrar a quarta: $25\pi/24 + \pi/2$ dá $37\pi/24$.

# Capítulo 9: Pré-Cálculo, Aqui Vou Eu! As Identidades Avançadas...

Ao fazer isso mais uma vez, você obtém $^{49\pi}/_{24}$, que é, na verdade, de onde você começou (pois você moveu $^{48\pi}/_{24}$ do original, que é $2\pi$ — o período da função do seno). Ao mesmo tempo,

$^{5\pi}/_{24}$ é outra solução.

$^{5\pi}/_{24} + ^{\pi}/_{2}$ dá $^{17\pi}/_{24}$

$^{17\pi}/_{24} + ^{\pi}/_{2}$ é $^{29\pi}/_{24}$

$^{29\pi}/_{24}$ é $^{41\pi}/_{24}$.

Você para por aí, pois mais uma adição o levaria de volta ao início.

## Calculando cossenos entre dois

É possível usar três fórmulas diferentes para encontrar o valor de $\cos 2x$ — o arco duplo do cosseno — por isso, seu trabalho é escolher qual se adapta melhor ao problema. A fórmula de arco duplo para o cosseno vem da fórmula da soma, assim como a fórmula de arco duplo para o seno. Se você não conseguir lembrar da fórmula de arco duplo, mas conseguir lembrar da fórmula da soma, apenas simplifique $\cos(2x)$, que é o mesmo que $\cos(x + x)$. Devido ao fato de que usar a fórmula da soma para o cosseno produz $\cos 2x = \cos^2 x - \text{sen}^2 x$, você tem mais duas maneiras de expressar isso, usando as identidades fundamentais (consulte o Capítulo 8):

Você pode substituir $\text{sen}^2 x$ por $(1 - \cos^2 x)$ e simplificar.

Ou você pode substituir $\cos^2 x$ por $(1 - \text{sen}^2 x)$ e simplificar.

As fórmulas possíveis para o arco duplo do cosseno são:

$\cos 2x = \cos^2 x - \text{sen}^2 x$

$\cos 2x = 2\cos^2 x - 1$

$\cos 2x = 1 - 2\text{sen}^2 x$

Observando o que é dado e o que é solicitado que você encontre, geralmente você chega à fórmula certa. E, se você não escolher a fórmula certa de primeira, terá mais duas chances!

Aqui está um problema de exemplo: Se $\sec x = {}^{-15}/_8$, encontre o valor exato de $\cos 2x$, se $x$ está no quadrante II do plano de coordenadas. Siga estes passos para resolver:

1. **Use a identidade recíproca (consulte o Capítulo 8) para mudar a secante para cosseno.**

    Devido ao fato de que a secante não aparece em nenhuma das opções de fórmulas possíveis, você tem de concluir este passo primeiro. Isso significa que $\cos x = {}^{-8}/_{15}$.

2. **Escolha a fórmula de arco duplo adequada.**

   Devido ao fato de que agora você sabe o valor do cosseno, deve escolher a segunda fórmula de arco duplo para este problema: $\cos 2x = 2\cos^2 x - 1$.

3. **Substitua as informações que você conhece na fórmula.**

   Você pode inserir o cosseno na equação para obter $\cos 2x = 2 \cdot (-8/15)^2 - 1$.

4. **Simplifique a fórmula para resolver.**

   O valor exato é $\cos 2x = 2 \cdot {}^{64}/_{225} - 1 = {}^{128}/_{225} - 1 = {}^{-97}/_{225}$.

## *Espantando suas preocupações ao quadrado*

Sim, já dissemos isto antes e diremos novamente: Quando uma raiz quadrada aparece dentro de uma prova trigonométrica, você tem que elevar ambos os lados ao quadrado em algum ponto para chegar onde precisa. Por exemplo, digamos que você tenha que provar $2\,\text{sen}^2 x - 1 = \sqrt{1 - \text{sen}^2 2x}$. A raiz quadrada à direita significa que você deveria tentar elevar ambos os lados ao quadrado:

1. **Eleve ambos os lados ao quadrado.**

   Você tem $\left(2\,\text{sen}^2 x - 1\right)^2 = \left(\sqrt{1 - \text{sen}^2 2x}\right)^2$. Isso dá $4\,\text{sen}^4 x - 4\,\text{sen}^2 x + 1 = 1 - \text{sen}^2 2x$.

2. **Procure identidades.**

   É possível ver um arco duplo no lado direito: $\text{sen}^2 2x = (\text{sen} 2x)^2$. Isso dá $1 - (2\,\text{sen}x\cos x)^2$, que é o mesmo que $4\,\text{sen}^4 x - 4\,\text{sen}^2 x + 1 = 1 - 4\,\text{sen}^2 x\cos^2 x$.

3. **Altere todos os senos para cossenos ou vice-versa.**

   Devido ao fato de que há mais senos, altere $\cos^2 x$ usando a identidade fundamental para obter $4\,\text{sen}^4 x - 4\,\text{sen}^2 x + 1 = 1 - 4\,\text{sen}^2 x(1 - \text{sen}^2 x)$.

4. **Distribua a equação.**

   Você termina com $4\,\text{sen}^4 x - 4\,\text{sen} x + 1 = 1 - 4\,\text{sen}^2 x + 4\,\text{sen}^4 x$.

   Usando as propriedades comutativa e associativa da igualdade (do Capítulo 1), você obtém $4\,\text{sen}^4 x - 4\,\text{sen} x + 1 = 4\sin^4 x - 4\,\text{sen} x + 1$.

## *Diversão em dobro com as tangentes*

A fórmula de arco duplo para a tangente não é tão divertida quanto as fórmulas para o cosseno (consulte a seção "Calculando cossenos para dois"), pois não há muitas delas. Isto, no entanto, deve ser motivo de alegria, pois há menos possibilidades de se confundir. A fórmula de arco duplo para a tangente é usada com menos frequência do que o arco duplo para o seno ou o cosseno; no entanto, você não deve deixar de considerá-la só porque ela não é tão popular quanto suas contrapartes mais bacanas! (Esteja ciente, no entanto, que os professores exigem mais quando se trata do seno e do cosseno.)

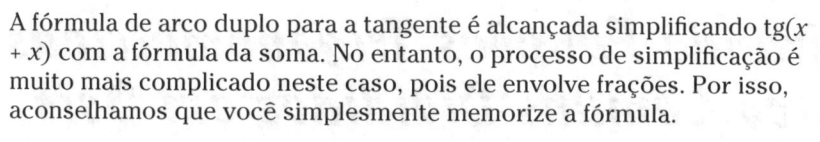

A fórmula de arco duplo para a tangente é alcançada simplificando tg($x + x$) com a fórmula da soma. No entanto, o processo de simplificação é muito mais complicado neste caso, pois ele envolve frações. Por isso, aconselhamos que você simplesmente memorize a fórmula.

A identidade de arco duplo para a tangente é:

$$\operatorname{tg} 2x = \frac{2\operatorname{tg} x}{1 - \operatorname{tg}^2 x}$$

Ao resolver equações para achar a tangente, lembre-se que o período para a função da tangente é $\pi$. Isto é importante — especialmente quando você tem que trabalhar com mais de um ângulo em uma equação —, pois você geralmente tem que encontrar todas as soluções no intervalo $[0, 2\pi)$. Ao resolver uma equação de arco duplo, haverá duas vezes o número de soluções nesse intervalo do que haveria para um ângulo único.

Siga estes passos para encontrar as soluções para $2\operatorname{tg}2x + 2 = 0$ no intervalo $[0, 2\pi)$:

1. **Isole a função trigonométrica.**

   Subtraia 2 de ambos os lados para obter $2\operatorname{tg}2x = -2$. Divida ambos os lados da equação por 2 em seguida: $\operatorname{tg}2x = -1$.

2. **Resolva para achar o arco duplo usando funções trigonométricas inversas.**

   No círculo unitário (consulte a Cola), a tangente é negativa no segundo e no quarto quadrantes. Além disso, a tangente é $-1$ em $2x = 3\pi/4 + \pi \cdot k$ e $2x = 7\pi/4 + \pi \cdot k$, em que $k$ é um número inteiro.

   **Nota:** Você deve adicionar $\pi \cdot k$ a cada solução para encontrar *todas* as soluções da equação (consulte a seção anterior "Encontrando o seno de um arco duplo").

3. **Isole a variável.**

   Divida ambos os lados da equação por 2 para encontrar $x$. (Lembre-se que você tem de dividir ambos os lados e o período por 2.) Isso o deixa com $x = 3\pi/8 + \pi/2 \cdot k$ e $x = 7\pi/8 + \pi/2 \cdot k$.

4. **Encontre todas as soluções no intervalo solicitado.**

   Adicionando $\pi/2$ a $3\pi/8$ e $7\pi/8$ até que você se repita dará todas as soluções da equação. É claro que, primeiro, você deve encontrar um denominador comum — nesse caso, 8:

   - $3\pi/8 + \pi/2 = 3\pi/8 + 4\pi/8 = 7\pi/8$
   - $7\pi/8 + \pi/2 = 7\pi/8 + 4\pi/8 = 11\pi/8$
   - $11\pi/8 + \pi/2 = 11\pi/8 + 4\pi/8 = 15\pi/8$
   - $15\pi/8 + \pi/2 = 9\pi/8 + 24\pi/8 = 19\pi/8$

No entanto, $19\pi/8$ é coterminal com $3\pi/8$, por isso, você volta para onde começou. Agora, todas as soluções foram encontradas.

# Tirando Funções Trigonométricas de Arco Comuns Divididos em Dois

Há algum tempo, os espertinhos trigonometrólogos (a propósito, inventamos esta palavra) encontraram maneiras de calcular metade de um ângulo com uma identidade. Assim como você descobriu como fazer com as identidades de soma e diferença anteriormente neste capítulo, é possível usar as *identidades de meio arco* para avaliar uma função trigonométrica de um ângulo que não está no círculo unitário usando uma que está. Por exemplo, 15°, que não está no círculo unitário, é a metade de 30°, que está no círculo unitário. Cortar ângulos especiais no círculo unitário pela metade oferece uma variedade de novos ângulos que não podem ser alcançados usando as fórmulas de soma ou diferença ou a de arco duplo. Embora as fórmulas de meio ângulo não ofereçam todos os ângulos do círculo unitário, elas certamente chegam mais perto do que você já conseguiu chegar antes.

O truque é saber qual tipo de identidade serve melhor ao seu objetivo. As fórmulas de meio arco são a melhor opção quando você precisa encontrar os valores trigonométricos para qualquer arco que possa ser expresso como metade de outro ângulo no círculo unitário. Por exemplo, para avaliar uma função trigonométrica de ⅜, você pode usar a fórmula de meio arco de ¾. Devido ao fato de que não há uma combinação de somas ou diferenças de arcos especiais para obter ⅜, você sabe que deve usar a fórmula de meio ângulo.

Também é possível encontrar os valores de funções trigonométricas para ângulos como ⁵⁄₁₆ ou ⁵⁄₁₂, cada um sendo exatamente a metade de ângulos no círculo unitário. É claro que esses não são os únicos tipos de ângulos com os quais as identidades trabalham. Você pode continuar a dividir o valor da função trigonométrica pela metade de qualquer ângulo do círculo unitário para o resto de sua vida (se não tiver nada melhor para fazer). Por exemplo, 15° é metade de 30°, e 7,5° é metade de 15°.

As fórmulas de meio arco para o seno, cosseno e tangente são as seguintes:

$$\operatorname{sen}(\alpha/2) = \pm\sqrt{\frac{1-\cos\alpha}{2}}$$

$$\cos(\alpha/2) = \pm\sqrt{\frac{1+\cos\alpha}{2}}$$

$$\operatorname{tg}(\alpha/2) = \frac{1-\cos\alpha}{\operatorname{sen}\alpha} = \frac{\operatorname{sen}\alpha}{1+\cos\alpha}$$

Na fórmula de meio arco para o seno e o cosseno, observe que há um ± em frente a cada radical (raiz quadrada). O fato de a sua resposta ser positiva ou negativa dependerá de qual quadrante o novo arco (o meio arco) está. A fórmula do meio arco para a tangente não possui um sinal de ± à sua frente, assim, isso não se aplica à tangente.

Por exemplo, para encontrar sen165°, siga estes passos:

1. **Reescreva a função trigonométrica e o ângulo como metade de um valor do círculo unitário.**

    Primeiro, perceba que 165° é metade de 330°, por isso, você pode reescrever a função do seno como sen($\frac{330}{2}$).

2. **Determine o sinal da função trigonométrica.**

    Devido ao fato de que 165° está no quadrante II do plano de coordenadas, seu valor de seno deve ser positivo.

3. **Substitua o valor do ângulo na identidade correta.**

    O valor de ângulo 330° é inserido no lugar de α na fórmula de meio arco positiva para o seno. Isso o deixa com
    $$\text{sen}\left(\frac{330}{2}\right) = \sqrt{\frac{1-\cos 330}{2}}.$$

4. **Substitua cosα pelo seu valor real.**

    Utilize o círculo unitário para encontrar o cos330. Substituir este valor na equação o deixa com $\sqrt{\frac{1-\frac{\sqrt{3}}{2}}{2}}$.

5. **Simplifique a fórmula do meio arco para resolver.**

    Esta é uma abordagem de três passos:

    a. Encontre o denominador comum para as duas frações na parte de cima (incluindo ½) para obter $\sqrt{\frac{\frac{2-\sqrt{3}}{2}}{2}}$.

    b. Use as regras da divisão de frações para obter $\sqrt{\frac{2-\sqrt{3}}{4}}$.

    c. Por fim, a raiz quadrada da parte de baixo é simplificado para 2, e você termina com $\frac{\sqrt{2-\sqrt{3}}}{2}$.

# Uma Visão sobre Cálculo: Indo dos Produtos a Somas e Voltando

Agora, você chegou à parte de viajar no tempo deste capítulo, pois todas as informações constantes aqui são utilizadas principalmente em cálculo. Em cálculo, você terá de integrar funções, o que é muito mais fácil de se fazer quando você está lidando com somas em vez de produtos. As informações nesta seção prepararão você para essa troca. Aqui, mostramos como expressar produtos como somas e como transportá-los de somas para produtos.

As informações nesta seção são teóricas e se aplicam especificamente a cálculo. Gostaríamos de ter alguns exemplos incríveis do mundo real relacionados a este tópico, mas, infelizmente, você só precisa saber a teoria para se preparar para o cálculo.

## Expressando produtos como somas (ou diferenças)

A integração de duas coisas sendo multiplicadas é extremamente difícil, especialmente quando você tem de lidar com diversas funções trigonométricas. Se você puder dividir um produto na soma de dois termos diferentes, cada um com a sua própria função trigonométrica, fazer as contas será muito mais fácil. Mas você não tem de se preocupar com nada disso agora. Em pré-cálculo, os problemas desse tipo geralmente pedem "expresse o produto como uma soma ou diferença". Por enquanto, você fará a conversão a partir de um produto e esse será o fim do problema.

Existem três fórmulas de produto para soma a serem aprendidas: seno · cosseno, cosseno · cosseno e seno · seno. A lista a seguir detalha estas fórmulas:

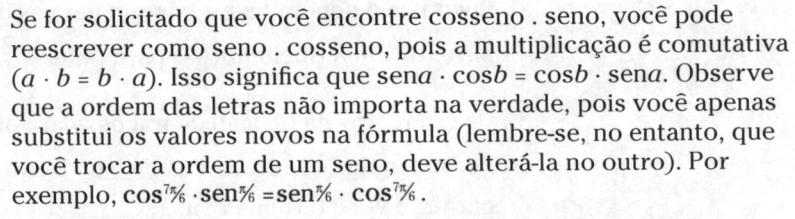

- $\text{sen}\, a \cos b = \frac{1}{2}\left[\text{sen}(a+b) + \text{sen}(a-b)\right]$

    Se for solicitado que você encontre cosseno . seno, você pode reescrever como seno . cosseno, pois a multiplicação é comutativa ($a \cdot b = b \cdot a$). Isso significa que sen$a$ · cos$b$ = cos$b$ · sen$a$. Observe que a ordem das letras não importa na verdade, pois você apenas substitui os valores novos na fórmula (lembre-se, no entanto, que você trocar a ordem de um seno, deve alterá-la no outro). Por exemplo, $\cos^{7}\!/\!_6 \cdot \text{sen}^5\!/\!_6 = \text{sen}^5\!/\!_6 \cdot \cos^{7}\!/\!_6$.

    Suponhamos que seja solicitado que você encontre 6cos$q$ · sen2$q$ como uma soma. Reescreva essa expressão como 6sen2$q$ · cos$q$ e depois insira aquilo que você sabe na fórmula para obter:

    $$6\left(\frac{1}{2}\left[\text{sen}(2q+q) + \text{sen}(2q-q)\right]\right)$$
    $$= 6 \cdot \frac{1}{2}\left[\text{sen}(3q) + \text{sen}(q)\right]$$
    $$= 3\left[\text{sen}(3q) + \text{sen}(q)\right]$$

    Isso é tudo o que você pode fazer.

- $\cos a \cdot \cos b = \frac{1}{2}\left[\cos(a+b) + \cos(a-b)\right]$

    Por exemplo, para expressar cos6θ · cos3θ como uma soma, reescreva conforme segue:
    $$\frac{1}{2}\left[\cos(6\theta + 3\theta) + \cos(6\theta - 3\theta)\right] = \frac{1}{2}\left[\cos 9\theta + \cos 3\theta\right]$$
    E é isso!

- $\text{sen}a \cdot \text{sen}b = \frac{1}{2}\left[\cos(a-b) - \cos(a+b)\right]$

Para expressar sen5$x$ · cos4$x$ como uma soma, reescreva conforme segue:

$\frac{1}{2}\left[\cos(5x - 4x) - \cos(5x + 4x)\right] = \frac{1}{2}(\cos x - \cos 9x)$

## Transportando de somas (ou diferenças) a produtos

O lado ruim da seção anterior é que você precisa se familiarizar com um conjunto de fórmulas que alteram as somas para produtos. Essas fórmulas não serão tão comuns como algumas das outras fórmulas discutidas neste capítulo, mas elas podem aparecer de vez em quando. As fórmulas de soma para produto são úteis para ajudá-lo a encontrar a soma de dois valores trigonométricos que não estão no círculo unitário. É claro que isso funciona somente se a soma ou a diferença dos dois ângulos acabam sendo um ângulo dos triângulos especiais do Capítulo 6.

Aqui estão algumas identidades de soma/diferença para produto:

- $\text{sen}x + \text{sen}y = 2\,\text{sen}\left(\dfrac{x+y}{2}\right)\cos\left(\dfrac{x-y}{2}\right)$

- $\text{sen}x - \text{sen}y = 2\cos\left(\dfrac{x+y}{2}\right)\text{sen}\left(\dfrac{x-y}{2}\right)$

- $\cos x + \cos y = 2\cos\left(\dfrac{x+y}{2}\right)\cos\left(\dfrac{x-y}{2}\right)$

- $\cos x - \cos y = -2\,\text{sen}\left(\dfrac{x+y}{2}\right)\text{sen}\left(\dfrac{x-y}{2}\right)$

Por exemplo, digamos que seja solicitado que você encontre sen105° + sen15° sem uma calculadora. Não tem para onde ir, certo? Bem, não exatamente. Devido ao fato de que você deve encontrar a soma de duas funções trigonométricas cujos ângulos não são ângulos especiais, você pode mudar para um produto usando as fórmulas de soma para produto. Siga estes passos:

1. **Altere a soma para um produto.**

    Use $\text{sen}x + \text{sen}y = 2\,\text{sen}\left(\dfrac{x+y}{2}\right)\cos\left(\dfrac{x-y}{2}\right)$, pois é solicitado que você encontre a soma de duas funções de seno. Isso o deixa com $2\,\text{sen}\dfrac{105+15}{2} \cdot \cos\dfrac{105-15}{2}$.

2. **Simplifique o resultado.**

    Combinando os termos semelhantes e dividindo, você obtém 2sen60 · cos45. Eureca! Você encontrou! Esses são valores do círculo unitário, por isso, continue com o próximo passo.

3. **Use o círculo unitário para simplificar ainda mais.**

   sen60° = $\frac{\sqrt{3}}{2}$, e cos45° = $\frac{\sqrt{2}}{2}$. Ao substituir esses valores, você obtém $2 \cdot \frac{\sqrt{3}}{2} \cdot \frac{\sqrt{2}}{2}$. Multiplicando esses valores, você obtém $\frac{\sqrt{6}}{2}$.

# Eliminando Expoentes em Funções Trigonométricas com Fórmulas de Redução de Potência

As *fórmulas de redução de potência* permitem que você se livre dos expoentes nas funções trigonométricas para que possa encontrar a medida do ângulo. Isso será bastante útil quando você chegar a cálculo. (Você terá de confiar em nós de que essa informação é necessária!)

No futuro, definitivamente será solicitado que você reescreva uma expressão usando somente a primeira potência de uma determinada função trigonométrica — seja o seno, o cosseno ou a tangente — com a ajuda de fórmulas de redução de potência, pois os expoentes realmente podem complicar as funções trigonométricas em cálculo quando você está tentando integrar funções. Em alguns casos, quando a função é elevada à quarta potência ou outra potência superior, você pode ter de aplicar as fórmulas de redução de potência mais de uma vez para eliminar todos os expoentes. É possível usar três fórmulas de redução de potência para realizar a tarefa de eliminação:

$$\text{sen}^2 u = \frac{1 - \cos 2u}{2}$$
$$\cos^2 u = \frac{1 + \cos 2u}{2}$$
$$\text{tg}^2 u = \frac{1 - \cos 2u}{1 + \cos 2u}$$

Por exemplo, siga estes passos para expressar sen$^4 x$ sem expoentes:

1. **Aplique a fórmula de redução de potência à função trigonométrica.**

   Primeiro, perceba que sen$^4 x$ = (sen$^2 x$)$^2$. Devido ao fato de que o problema requer a redução de sen$^4 x$, você deve aplicar a fórmula de redução de potência duas vezes. A primeira aplicação oferece o seguinte:

   $$(\text{sen}^2 x)^2 = \left(\frac{1 - \cos 2x}{2}\right)^2 = \frac{(1 - \cos 2x)(1 - \cos 2x)}{4}$$

2. **Aplique produtos notáveis $(a - b)^2 = a^2 - 2ab + b^2$ no numerador.**

   Agora você tem (sen$^2 x$)$^2$ = $\frac{1 - 2\cos 2x + \cos^2 2x}{4} = \frac{1}{4}(1 - 2\cos 2x + \cos^2 2x)$.

# Capítulo 9: Pré-Cálculo, Aqui Vou Eu! As Identidades Avançadas... 

3. **Aplique a fórmula de redução de potência novamente (se necessário).**

   Porque a equação contém $\cos^2 2x$, você deve aplicar a fórmula de redução de potência para o cosseno.

   Devido ao fato de que escrever uma fórmula de redução de potência dentro de outra fórmula de redução de potência é muito confuso, descubra o que $\cos^2 2x$ representa por si próprio primeiro e depois insira novamente:

   $$\cos^2 2x = \frac{1+\cos 2(2x)}{2} = \frac{1+\cos 4x}{2}$$

   Inserindo $\frac{1+\cos 2(2x)}{2} = \frac{1+\cos 4x}{2}$, você obtém

   $$\frac{1}{4}\left[1 - 2\cos 2x + \left(\frac{1+\cos 4x}{2}\right)\right].$$

4. **Simplifique para obter o resultado.**

   Fatore ½ de tudo o que está dentro dos colchetes para que não haja frações do lado de dentro e do lado de fora dos colchetes. Isso o deixa com $\frac{1}{8}[2 - 4\cos 2x + 1 + \cos 4x]$. Combine os termos semelhantes para obter $\frac{1}{8}(3 - 4\cos 2x + \cos 4x)$.

# Capítulo 10
# Resolvendo Triângulos Oblíquos com as Leis dos Senos e Cossenos

*Neste capítulo*
- Dominando as leis dos senos
- Trabalhando com a lei dos cossenos
- Utilizando dois métodos para encontrar a área dos triângulos

Para *resolver* um triângulo, você precisa encontrar as medidas de todos os três ângulos e os comprimentos dos três lados. Três dessas informações serão oferecidas como parte do problema matemático, por isso, você precisa encontrar somente as outras três. Até agora, neste livro, trabalhamos mais profundamente com os triângulos retângulos. No Capítulo 6, ajudamos você a encontrar os comprimentos dos lados faltantes usando o Teorema de Pitágoras, a encontrar os ângulos ausentes usando a trigonometria do triângulo retângulo e a avaliar as funções trigonométricas de ângulos específicos. Mas o que acontece se você precisar resolver um triângulo que *não é* retângulo?

Você pode conectar três pontos quaisquer em um plano para formar um triângulo. Infelizmente, no mundo real, esses triângulos nem sempre serão triângulos retos. Encontrar ângulos e lados faltantes de *triângulos oblíquos* pode ser mais confuso, pois não há um ângulo reto. E, sem um ângulo reto, não há hipotenusa, o que significa que o Teorema de Pitágoras não ajuda. Mas não se preocupe; este capítulo mostra o caminho. A Lei dos Senos e a Lei dos Cossenos são dois métodos que você pode usar para encontrar as partes faltantes de triângulos oblíquos. As provas de ambas as leis são longas e complicadas, e você não precisa se preocupar com elas. Em vez disso, use essas leis como fórmulas, em que você pode inserir as informações apresentadas e usar a álgebra para encontrar as partes ausentes. Independentemente de usar senos ou cossenos para resolver o triângulo, os tipos de informações (lados ou ângulos) oferecidos a você, bem como sua localização no triângulo, são fatores que o ajudam a decidir qual método é o melhor a ser usado.

Você pode estar se perguntando por que não discutimos a Lei das Tangentes neste capítulo. O motivo é simples: é possível resolver todos os triângulos oblíquos usando ou a Lei dos Senos ou a Lei dos Cossenos, que são muito menos complicadas do que a Lei das Tangentes. Os livros raramente fazem referência a ela, e os professores geralmente a evitam.

As técnicas que apresentamos aqui também possuem centenas de utilidades no mundo real. É possível trabalhar com tudo, desde velejar um barco a apagar um incêndio em uma floresta usando triângulos. Por exemplo, se duas estações do corpo de bombeiros na floresta receberem uma chamada relatando um incêndio, elas podem usar a Lei dos Cossenos para descobrir qual estação está mais próxima ao incêndio.

Antes de tentar resolver um triângulo, *sempre* desenhe uma figura que tenha os lados e ângulos claramente identificados. Isso o ajuda a visualizar quais informações você ainda precisa. (Não se lembra como identificar um triângulo? Lembre-se de geometria.) Além disso, as informações que são apresentadas para que você resolva um triângulo podem não ser a combinação correta necessária para usar a fórmula da Lei dos Senos (consulte a seção seguinte) — isso acontece quando todos os três lados do triângulo são dados, ou então dois dos lados e o ângulo entre eles. É possível usar a Lei dos Senos em todos os outros casos, por isso, se você tiver tempo suficiente, tente usar a Lei dos Senos primeiro. Se a Lei dos Senos não for uma opção válida, você saberá, pois resolver uma das variáveis será impossível. Quando isso acontecer, a Lei dos Cossenos estará lá para salvar o dia.

Ao usar a Lei dos Senos ou a Lei dos Cossenos para encontrar as partes faltantes de um triângulo, tente não realizar nenhum dos cálculos usando sua calculadora até o final. Isso dará menos margem de erro em suas respostas finais. Por exemplo, em vez de avaliar os senos dos três ângulos e usar as aproximações decimais desde o início, resolva as equações e insira a expressão numérica final (extremamente complicado) em sua calculadora, tudo de uma vez.

# Resolvendo um Triângulo com a Lei dos Senos

Você pode usar a *Lei dos Senos* para encontrar as partes faltantes de um triângulo quando três informações quaisquer forem dadas envolvendo pelo menos um ângulo e pelo menos um lado diretamente oposto a ele. Há três casos quando isso ocorre:

- **ALA** (Ângulo, Lado, Ângulo): Dois ângulos e o lado entre eles são oferecidos.
- **AAL** (Ângulo, Ângulo, Lado): Dois ângulos e um lado consecutivo são oferecidos.
- **LLA** (Lado, Lado, Ângulo): Dois lados e um ângulo consecutivo são oferecidos.

A fórmula para a Lei dos Senos é $\dfrac{a}{\operatorname{sen} A} = \dfrac{b}{\operatorname{sen} B} = \dfrac{c}{\operatorname{sen} C}$.

Para encontrar uma variável desconhecida na Lei dos Senos, você estabelece duas das frações como sendo iguais uma à outra e usa a multiplicação cruzada. Ao realizar a multiplicação cruzada, não importam quais são as duas partes que você estabelece como sendo iguais uma à outra, mas tome cuidado para não ter uma equação com duas variáveis desconhecidas.

A parte ruim dos problemas que usam a Lei dos Senos é que eles exigem tempo e um trabalho cuidadoso. Mesmo que seja tentador resolver tudo de uma vez, dê passos pequenos. E não deixe o óbvio de lado para se ater cegamente à fórmula. Se forem dados dois ângulos e um lado, por exemplo, é fácil encontrar o terceiro ângulo, pois todos os ângulos em um triângulo devem ser adicionados para somar 180°. Preencha a fórmula com aquilo que você sabe e siga em frente!

Nas seções a seguir, mostramos como resolver um triângulo em situações diferentes, usando a Lei dos Senos.

Quando procura um ângulo usando a Lei dos Senos, você tem de presumir que é possível que um segundo conjunto de soluções (ou que nenhum) exista. Discutimos esse enigma nesta seção também. (Caso você esteja realmente curioso, esta consideração se aplica somente ao trabalhar com um problema em que você conhece as medidas de dois lados e a medida de um ângulo de um triângulo.)

## Quando você conhece as medidas de dois ângulos

Nesta seção, observamos os primeiros dois casos em que você pode usar a Lei dos Senos para resolver um triângulo: Ângulo, Lado, Ângulo (ALA) e Ângulo, Ângulo, Lado (AAL). Sempre que forem dados dois ângulos, encontre o terceiro imediatamente e trabalhe a partir daí. Em ambos os casos, você encontrará exatamente uma solução para o triângulo em questão.

### Um sanduíche de lado: ALA

Um triângulo *ALA* significa que são dados dois ângulos e o lado entre eles em um problema. Por exemplo, um problema pode afirmar que $\hat{A} = 32°$, $\hat{B} = 47°$ e $\hat{C} = 21$, como na Figura 10-1. Também pode ser dado ∠Â, ∠Ĉ e *b*, ou ∠B̂, ∠Ĉ e *a*. A Figura 10-1 possui todas as partes dadas e desconhecidas identificadas para você.

**Figura 10-1:** Um triângulo ALA identificado.

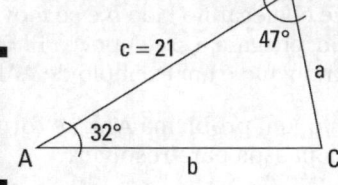

Para encontrar as informações faltantes com a Lei dos Senos, siga esses passos:

1. **Determine a medida do terceiro ângulo.**

    Como regra, $\hat{A} + \hat{B} + \hat{C} = 180°$. Assim, $32° + 47° + \hat{C} = 180°$. $180° - 79° = \hat{C} = 101°$.

2. **Estabeleça a fórmula da Lei dos Senos, preenchendo aquilo que você conhece.**

   Agora você tem $\dfrac{a}{\text{sen}32°} = \dfrac{b}{\text{sen}47°} = \dfrac{21}{\text{sen}101°}$.

3. **Estabeleça duas das partes iguais uma à outra e faça a multiplicação cruzada.**

   Escolhemos a primeira e a terceira frações, que se parecem com $\dfrac{a}{\text{sen}32°} = \dfrac{21}{\text{sen}101°}$. Fazendo a multiplicação cruzada, tem-se $a \cdot \text{sen}101° = 21 \cdot \text{sen}32°$.

4. **Encontre a aproximação decimal do lado faltante, usando a calculadora.**

   Devido ao fato de que sen101° é apenas um número, é possível dividir ambos os lados da equação por ele para isolar a variável. Assim, $a = \dfrac{21 \cdot \text{sen}32°}{\text{sen}101°} \approx 11{,}34$.

5. **Repita os Passos 3 e 4 para encontrar o outro lado faltante.**

   Estabelecendo a segunda e a terceira frações como sendo uma igual à outra, tem-se $\dfrac{b}{\text{sen}47°} = \dfrac{21}{\text{sen}101°}$. Isso se torna $b = \dfrac{21 \cdot \text{sen}47°}{\text{sen}101°}$, ou $b \approx 15{,}65$.

6. **Afirme todas as partes do triângulo como sua resposta final.**

   Algumas respostas podem ser aproximadas, por isso, assegure-se de manter os sinais adequados:

   - $\hat{A} = 32°$  $a \approx 11{,}34$
   - $\hat{B} = 47°$  $b \approx 15{,}65$
   - $\hat{C} = 101°$  $c = 21$

### Envergando-se para o lado do ângulo: AAL

Em muitos problemas trigonométricos, são apresentados dois ângulos e um lado que não está entre eles. Esses problemas são chamados de AAL. Por exemplo, pode ser dado $\hat{B} = 68°$, $\hat{C} = 29°$ e $b = 15{,}2$, como mostrado pela Figura 10-2. Observe que, se você começar no lado $b$ e se mover no sentido anti-horário ao redor do triângulo, chegará a $\hat{C}$ e depois a $\hat{B}$. Essa é uma boa maneira de verificar se um triângulo é um exemplo de AAL.

Após encontrar o terceiro ângulo, um problema AAL se torna somente um caso especial de ALA. Eis os passos para resolver:

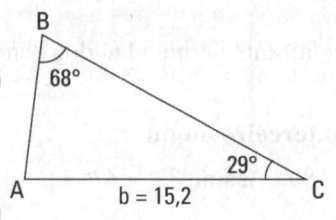

**Figura 10-2:** Um triângulo AAL identificado.

1. **Determine a medida do terceiro ângulo.**

   Você pode dizer que 68° + 29° + Â = 180°. Então, Â = 83°.

2. **Estabeleça a fórmula da Lei dos Senos, preenchendo o que você sabe.**

   Agora você tem $\frac{a}{\text{sen}83°} = \frac{15,2}{\text{sen}68°} = \frac{c}{\text{sen}29°}$.

3. **Estabeleça duas das partes como sendo iguais uma à outra e depois faça a multiplicação cruzada.**

   Escolhemos usar $a$ e b, assim, $\frac{a}{\text{sen}83°} = \frac{15,2}{\text{sen}68°}$. Para fazer a multiplicação cruzada, tem-se $a \cdot \text{sen}68° = 15,2 \cdot \text{sen}83°$.

4. **Encontre o lado faltante.**

   Divida por sen68°, assim, $a = \frac{15,2 \cdot \text{sen}83°}{\text{sen}68°}$, ou a ≈ 16,27.

5. **Repita os Passos 3 e 4 para encontrar o outro lado faltante.**

   Estabelecendo $b$ e $c$ como sendo iguais um ao outro, você tem $\frac{15,2}{\text{sen}68°} = \frac{c}{\text{sen}29°}$. Ao fazer a multiplicação cruzada, você em 15,2 . sen29° = $c$ . sen68°. Divida por sen68° para isolar a variável. Agora você tem $c = \frac{15,2 \cdot \text{sen}29°}{\text{sen}68°}$, ou c ≈ 7,95.

6. **Afirme todas as partes do triângulo como sua resposta final.**

   Sua resposta final é a seguinte:
   - Â = 83°    a ≈ 16,27
   - B̂ = 68°   b ≈ 15,2
   - Ĉ = 29°   c ≈ 7,95

## *Quando se sabe dois comprimentos de lados consecutivos (LLA)*

Em alguns problemas trigonométricos, podem ser dados dois lados de um triângulo e um ângulo que não está entre eles. Esse é um caso clássico de *LLA*. Nesse cenário, pode haver uma solução, duas soluções ou nenhuma.

Está se perguntando por quê? Lembre-se que em geometria você não pode provar que dois triângulos são congruentes usando LLA, pois essas condições podem gerar dois triângulos que não são o mesmo. A Figura 10-3 mostra dois triângulos que se encaixam em LLA, mas que não são congruentes.

**Figura 10-3:**
Triângulos não congruentes que seguem o formato LLA.

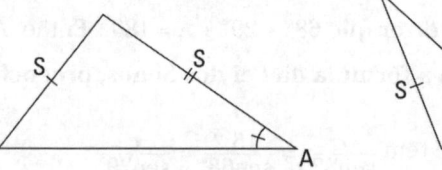

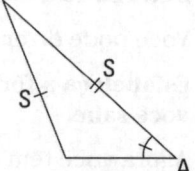

Se você começar com um ângulo e depois continuar a dar a volta para desenhar os outros dois lados, descobrirá que, às vezes, não poderá formar um triângulo com essas medidas. E às vezes, será possível fazer dois triângulos diferentes. Infelizmente, esse último caso significa, na verdade, ter de resolver dois triângulos diferentes.

A maioria dos casos de LLA tem apenas uma solução. Isso se dá porque, se você usar o que é dado para desenhar o triângulo, na maioria das vezes você terá apenas uma maneira de desenhar. Quando tiver de resolver um problema LLA, você pode se sentir tentado a descobrir quantas soluções precisa encontrar antes de começar o processo de resolução. Mas espere! Para determinar o número de soluções possíveis em um problema LLA, você deve começar a resolver primeiro. Você chegará a uma solução ou descobrirá que não há soluções (pois receberá uma mensagem de erro de sua calculadora). Se encontrar uma solução, poderá procurar o segundo conjunto de soluções. Se obtiver um ângulo negativo no segundo conjunto, saberá que o triângulo tem apenas um conjunto de soluções.

Em nossa opinião, a melhor abordagem é sempre presumir que você encontrará duas soluções, pois lembrar-se de todas as regras que determinam o número de soluções provavelmente tomará tempo e energia demais (e é por isso que nem as discutimos aqui; elas são muito complicadas e muito cheias de variáveis). Se você tratar todos os problemas LLA como se eles tivessem duas soluções até que reúna informações suficientes para provar o contrário, você terá duas vezes mais chances de encontrar todas as soluções adequadas.

### Preparando-se para o pior: duas soluções

Adquirir experiência em resolver um triângulo que tem mais do que uma solução ajuda. O primeiro conjunto de soluções que você encontrar em tal situação sempre será um triângulo agudo. O segundo conjunto de soluções será um triângulo obtuso. Lembre-se de sempre procurar duas soluções para qualquer problema.

Por exemplo, digamos que seja dado $a = 16$, $c = 20$ e $Â = 48°$. A Figura 10-4a mostra o desenho. No entanto, o triângulo também não poderia se parecer com a Figura 10-4b? Ambas as situações seguem as restrições das informações dadas do triângulo. Se você começar desenhando com o ângulo dado, o lado próximo ao ângulo terá um comprimento de 20, e o lado oposto ao ângulo terá 16 unidades de comprimento. Há duas maneiras diferentes como isso pode acontecer. O ângulo C pode ser um ângulo agudo ou obtuso; as informações dadas não são precisas o suficiente para que você especifique. Portanto, é preciso encontrar ambos os conjuntos de soluções.

**Figura 10-4:** Duas representações possíveis de um triângulo LLA.

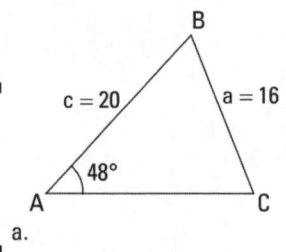

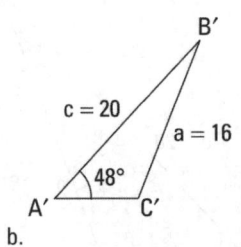

a.

b.

Resolver esse triângulo usando os passos semelhantes àqueles descritos para os casos ALA e AAL oferece as duas soluções possíveis mostradas na Figura 10-4. Devido ao fato de que há dois ângulos faltantes, é preciso encontrar um deles primeiro, e é por isso que os passos aqui são diferentes dos outros dois casos:

1. **Preencha a fórmula da Lei dos Senos com aquilo que você sabe.**

   Isso dá $\dfrac{16}{\text{sen}48°} = \dfrac{b}{\text{sen}B} = \dfrac{20}{\text{sen}C}$.

2. **Estabeleça duas frações como sendo iguais uma à outra para que haja apenas uma desconhecida.**

   Se você decidiu encontrar C, terá de estabelecer a primeira e a terceira frações como sendo iguais uma à outra, de forma que tenha $\dfrac{16}{\text{sen}48°} = \dfrac{20}{\text{sen}C}$.

3. **Faça a multiplicação cruzada e isole a função do seno.**

   Isso o deixa com $20 \cdot \text{sen}48° = 16 \cdot \text{sen}C$. Para isolar a função do seno, divida por 16:

   $\text{sen}C = \dfrac{20 \cdot \text{sen}48°}{16}$.

4. **Tire o seno inverso de ambos os lados.**

   $\text{sen}^{-1}(\text{sen}C) = \text{sen}^{-1}\left(\dfrac{20 \cdot \text{sen}48°}{16}\right)$. O lado direito vai diretamente para a calculadora para dar $C \approx 68,27°$.

5. **Determine o terceiro ângulo.**

   Você sabe que $48° + 68,27 + \hat{B} = 180°$, assim, $\hat{B} = 63,73°$.

6. **Insira o ângulo final de volta na fórmula da Lei dos Senos para encontrar o terceiro lado.**

   Isso o deixa com $16 \cdot \text{sen}63,73° = b \cdot \text{sen}48°$.

   Finalmente, $b = \dfrac{16\,\text{sen}63,73°}{\text{sen}48°} \approx 19,31$.

É claro que essa não é a única solução para o triângulo. Consulte o Passo 4, em que você encontrou Ĉ, e depois observe a Figura 10-5.

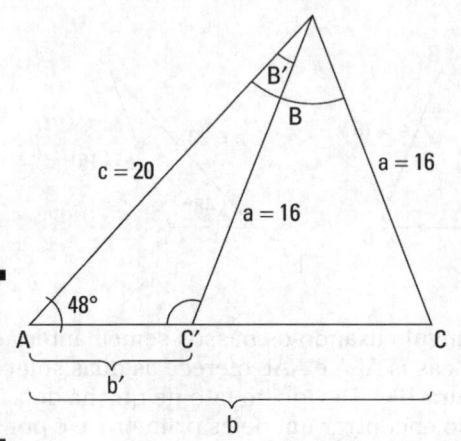

**Figura 10-5:** Os dois triângulos possíveis se sobrepondo.

O triângulo ABC é a solução que você procura nos passos anteriores. O triângulo AB'C' é o segundo conjunto de soluções que você deve procurar. Uma determinada identidade trigonométrica não é usada para resolver ou simplificar expressões trigonométricas, pois ela não é útil nesses casos, mas sim para resolver triângulos. Essa identidade afirma que sen(180° − Θ) = senΘ.

No caso do exemplo anterior, sen(68,27°) = sen(180 − 68,27°) = sen (111,73°). Observe que, embora sen68,27° ≈ 0,9319, sen111,73° ≈ 0,9319 também. No entanto, se você inserir sen$^{-1}$(0,9319) em sua calculadora para encontrar Θ, 68,27° será a única solução que obterá. Subtraindo esse valor de 180°, você obtém a outra solução ambígua para ∠Ĉ, que geralmente é anotada como C', para que não seja confundida com a primeira solução.

Os passos a seguir desempenham essas ações para que você encontre todas as soluções para esse problema LLA:

1. **Use a identidade trigonométrica sen(180° − Θ) = *sen*Θ para encontrar o segundo ângulo do segundo triângulo.**

    Devido ao fato de que C ≈ 68,27°, subtraia esse valor de 180° para descobrir que C' ≈ 111,73.

2. **Encontre a medida do terceiro ângulo.**

    Se A = 48° e C' ≈ 111,73°, B' ≈ 20,27°, pois tudo deve somar 180°.

3. **Insira esses valores de ângulo na fórmula da Lei dos Senos.**

    Você agora tem $\frac{16}{\text{sen}48°} = \frac{b'}{\text{sen}20,27°} = \frac{20}{\text{sen}111,73°}$.

4. **Estabeleça duas partes iguais uma à outra na fórmula.**

   Você precisa encontrar $b'$. Estabeleça a primeira fração como sendo igual à segunda para obter $\dfrac{16}{\text{sen}48°} = \dfrac{b'}{\text{sen}20{,}27°}$.

5. **Faça a multiplicação cruzada para obter a variável.**

   Você estabelece $b' \cdot \text{sen}48° = 16 \cdot \text{sen}20{,}27°$. Isole $b'$ para obter $b' = \dfrac{16 \cdot \text{sen}20{,}27°}{\text{sen}48°}$, portanto, $b' \approx 7{,}46$.

6. **Liste *todas* as respostas para os dois triângulos (consulte a lista numerada anterior).**

   Originalmente, você tinha $a = 16$, $c = 20$ e $\hat{A} = 48°$. As respostas que encontrou são as seguintes:

   - **Primeiro triângulo:** $\hat{B} \approx 63{,}73°$, $\hat{C} \approx 68{,}27°$, $b = 19{,}31$
   - **Segundo triângulo:** $\hat{B}' \approx 20{,}27°$, $\hat{C}' \approx 111{,}73°$, $b' = 7{,}46$

## Chegando ao ideal: uma solução

Se você não receber uma mensagem de erro em sua calculadora quando tentar resolver um triângulo, saberá que poderá encontrar pelo menos uma solução. Mas como saber se você encontrará apenas uma? A resposta é: você não sabe. Continue resolvendo como se houvesse duas soluções e, no final, você verá que há apenas uma.

Por exemplo, digamos que seja solicitado que você resolva um triângulo em que $a = 19$, $b = 14$ e $A = 35°$. A Figura 10-6 mostra esse triângulo.

**Figura 10-6:** A configuração de um triângulo LLA com apenas um conjunto de solução.

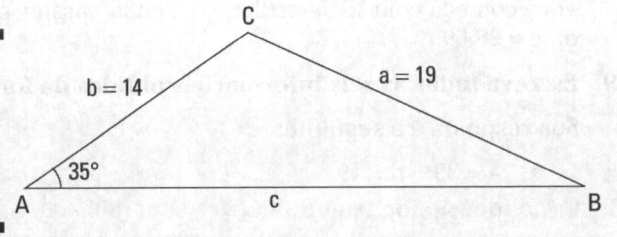

Devido ao fato de que você conhece apenas um dos ângulos do triângulo, você usa os dois lados e o ângulo dados para encontrar um dos ângulos faltantes primeiro. Isso o levará ao terceiro ângulo, e, então, ao terceiro lado. Siga esses passos para resolver esse triângulo:

1. **Preencha a fórmula da Lei dos Senos com aquilo que você sabe.**

   Você tem $\dfrac{19}{\text{sen}35°} = \dfrac{14}{\text{senB}} = \dfrac{c}{\text{senC}}$.

2. **Estabeleça duas partes da fórmula como sendo iguais uma à outra.**

   Devido ao fato de que você tem a, $b$ e A, encontre $\hat{B}$ primeiro. Se você tentar resolver o lado $c$ ou $\hat{C}$ primeiro, terá duas variáveis desconhecidas na equação, o que o deixaria sem saída.

   Seguindo esse conselho, tem-se $\dfrac{19}{\text{sen}35°} = \dfrac{14}{\text{sen}B}$.

3. **Faça a multiplicação cruzada da equação.**

   Você estabelece $19 \cdot \text{sen}B = 14 \cdot \text{sen}35°$.

4. **Isole a função do seno.**

   Isso o deixa com $\text{sen}B = \dfrac{14 \cdot \text{sen}35°}{19}$.

5. **Tire o seno inverso de ambos os lados da equação.**

   Isso fica $\text{sen}^{-1}(\text{sen}B) = \text{sen}^{-1}\left(\dfrac{14 \cdot \text{sen}35°}{19}\right)$, que é simplificado para $B = \text{sen}^{-1}\left(\dfrac{14 \cdot \text{sen}35°}{19}\right) \approx 25°$.

6. **Determine a medida do terceiro ângulo.**

   Você sabe que $35° + 25° + \hat{C} = 180°$, assim $\hat{C} \approx 120°$.

7. **Estabeleça as duas partes como sendo iguais uma à outra para que tenha somente uma parte desconhecida.**

   Agora você tem $\dfrac{19}{\text{sen}35°} = \dfrac{c}{\text{sen}120°}$.

8. **Faça a multiplicação cruzada e depois isole a variável para resolver.**

   Você começa com $19 \cdot \text{sen}120° = c \cdot \text{sen}35°$, assim, $c = \dfrac{19 \cdot \text{sen}120°}{\text{sen}35°}$, ou $c \approx 28{,}69$.

9. **Escreva todas as seis informações obtidas da fórmula.**

   Sua resposta é a seguinte:

   - $\hat{A} = 35°$  $a = 19$
   - $\hat{B} = 25°$  $b = 14$
   - $\hat{C} = 120°$  $c \approx 28{,}69$

10. **Procure um segundo conjunto de soluções.**

    A primeira coisa que você fez nesse exemplo foi encontrar $\hat{B}$. Você vê no Passo 5 que $\hat{B}$ é aproximadamente 25°. Se o triângulo tiver duas soluções, a medida de $\hat{B}'$ é 180° − 25°, ou 155°. Então, para encontrar a medida do ângulo $\hat{C}'$, você começa com $\hat{A} + \hat{B}' + \hat{C} = 180°$. Isso é simplificado para 35° + 155° + $\hat{C}'$ = 180°, ou $\hat{C}'$ = −10°.

    Os ângulos não podem ter medidas negativas, assim, isso quer dizer que o triângulo tem apenas uma solução. Você não se sente melhor sabendo que explorou essa possibilidade?

## Um estraga prazeres: sem solução

Se um problema oferecer um ângulo e dois lados consecutivos de um triângulo, você poderá descobrir que o segundo lado não tem o comprimento suficiente para alcançar o terceiro lado do triângulo. Nessa situação, não existe uma solução para o problema. No entanto, pode ser possível que você não saiba isso apenas de olhar para a figura — você realmente precisa resolver o problema para ter certeza. Por isso, comece a resolver o triângulo como nas seções anteriores.

Por exemplo, digamos que $b = 19$, $\hat{A} = 35°$ e $a = 10$. A Figura 10-7 mostra como deve ficar o desenho.

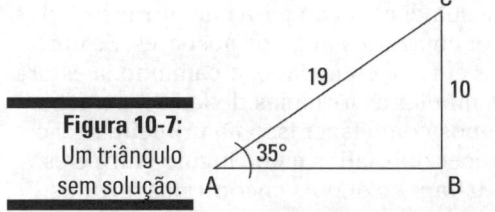

**Figura 10-7:** Um triângulo sem solução.

Se você começar resolvendo esse triângulo usando os métodos anteriores, algo muito interessante acontecerá: sua calculadora apresentará uma mensagem de erro quando tentar encontrar o ângulo desconhecido. Isso porque o seno de um ângulo deve estar entre –1 e 1. Se tentar tirar o seno inverso de um número fora desse intervalo, o valor do ângulo será indefinido (o que significa que ele não existe). Os passos a seguir ilustram essa situação:

1. **Preencha a fórmula da Lei dos Senos com aquilo que você conhece.**

   Você tem $\dfrac{10}{\text{sen}35°} = \dfrac{19}{\text{sen}B} = \dfrac{c}{\text{sen}C}$.

2. **Estabeleça duas frações como sendo uma igual à outra e faça a multiplicação cruzada.**

   Você começa com $\dfrac{10}{\text{sen}35°} = \dfrac{19}{\text{sen}B}$ e termina com $19 \cdot \text{sen}35° = 10 \cdot \text{sen}B$.

3. **Isole a função do seno.**

   Isso o deixa com $\text{sen}B = \dfrac{19 \cdot \text{sen}35°}{\text{sen}10}$, ou $\text{sen}B \approx 1{,}09$.

4. **Tire o seno inverso de ambos os lados para encontrar o ângulo faltante.**

   Observe que você obtém uma mensagem de erro quando tenta inserir isso em sua calculadora. Isso acontece, pois $\text{sen}B \approx 1{,}09$, mas o seno de um ângulo não pode ser maior do que 1 nem menor do que –1. Portanto, as medidas dadas não podem formar um triângulo, o que significa que o problema não tem solução.

# Conquistando um Triângulo com a Lei dos Cossenos

Usa-se as fórmulas da *Lei dos Cossenos* para resolver um triângulo quando se tem uma das seguintes situações:

- Dois lados e o ângulo incluso (LAL)
- Todos os três lados do triângulo (LLL)

Para encontrar os ângulos de um triângulo usando a Lei dos Cossenos, você primeiro precisa encontrar os comprimentos de todos os três lados. Você tem três fórmulas à sua disposição para encontrar os lados faltantes, e três fórmulas para encontrar os ângulos ausentes. Se um problema oferecer os três lados em seu enunciado, o caminho já estará resolvido, pois você poderá manipular as fórmulas do lado para achar as fórmulas do ângulo (explicamos como fazer isso na primeira seção a seguir). Se um problema oferecer dois lados e um ângulo entre eles, você primeiro encontra o lado faltante e depois encontra os ângulos.

Para encontrar um lado faltante de um triângulo, use as seguintes fórmulas, que formam a Lei dos Cossenos:

$$a^2 = b^2 + c^2 - 2bc \cdot \cos\hat{A}$$
$$b^2 = a^2 + c^2 - 2ac \cdot \cos\hat{B}$$
$$c^2 = a^2 + b^2 - 2ab \cdot \cos\hat{C}$$

As fórmulas do lado são bastante semelhantes uma à outra, sendo que somente as letras mudam. Por isso, se conseguir lembrar apenas duas delas, poderá alterar sua ordem para rapidamente encontrar a outra. As seções a seguir colocam as fórmulas da Lei dos Cossenos em ação para resolver triângulos LLL e LAL.

Ao usar a Lei dos Cossenos para resolver um triângulo, você encontrará somente um conjunto de soluções (um triângulo), por isso, não perca tempo procurando um segundo conjunto. Com essa fórmula, você resolve triângulos LLL e LAL, a partir das condições de congruência de geometria. É possível usar esses postulados de congruência, pois elas levam a apenas um triângulo todas as vezes. (Para saber mais sobre as regras de geometria, confira *Geometria para Leigos,* de Wendy Arnone, PhD [Wiley].)

## Encontrando ângulos usando apenas os lados (caso 1)

Alguns livros oferecem três fórmulas que os alunos podem usar para encontrar um ângulo usando a Lei dos Cossenos. No entanto, você não precisa memorizar as três fórmulas de ângulo para resolver problemas LLL. Se você se lembrar das fórmulas que servem para encontrar os lados faltantes ao usar a Lei dos Cossenos (veja a introdução a esta seção), poderá usar álgebra para descobrir o ângulo. Veja, por exemplo, como encontrar o ângulo Â:

1. $a^2 = b^2 + c^2 - 2bc \cdot \cos Â$ (fórmula inicial)
2. $a^2 - b^2 = c^2 - 2bc \cdot \cos Â$ (subtraia $b^2$ de ambos os lados)
3. $a^2 - b^2 - c^2 = -2bc \cdot \cos Â$ (subtraia $c^2$ de ambos os lados)
4. $\dfrac{a^2 - b^2 - c^2}{-2bc} = \cos Â$ (divida ambos os lados por $-2bc$)
5. $\dfrac{b^2 + c^2 - a^2}{2bc} = \cos Â$ (distribua o negativo e reorganize os termos)
6. $\cos^{-1}\left(\dfrac{b^2 + c^2 - a^2}{2bc}\right) = A$ (tire o cosseno inverso de ambos os lados)

O mesmo processo se aplica para encontrar os ângulos $\hat{B}$ e $\hat{C}$, assim, você tem essas fórmulas para encontrar os ângulos:

$$\hat{A} = \cos^{-1}\left(\dfrac{b^2 + c^2 - a^2}{2bc}\right)$$

$$\hat{B} = \cos^{-1}\left(\dfrac{a^2 + c^2 - b^2}{2ac}\right)$$

$$\hat{C} = \cos^{-1}\left(\dfrac{a^2 + b^2 - c^2}{2ab}\right)$$

Vamos supor que você tenha três pedaços de madeira, todos com comprimentos diferentes. Uma das tábuas tem 12 metros, outra tem 9 metros e a última tem 4 metros. Se quiser construir uma caixa de areia usando essas madeiras, em quais ângulos você deve dispor todas as partes para que cada lado se encontre? Se cada tábua é um lado da caixa de areia triangular, você deve usar a Lei dos Cossenos para encontrar os três ângulos desconhecidos.

Digamos que $a = 12$, $b = 4$ e $c = 9$; não importa qual ângulo você encontre primeiro. Siga esses passos para resolver:

1. **Decida qual ângulo você quer resolver primeiro e insira os lados na fórmula.**

    Vamos resolver
    $$\hat{A} = \cos^{-1}\left(\dfrac{4^2 + 9^2 - 12^2}{2 \cdot 4 \cdot 9}\right) = \cos^{-1}\left(\dfrac{-47}{72}\right) \approx 130{,}75°$$

2. **Encontre os dois outros ângulos.**

    $$\hat{B} = \cos^{-1}\left(\dfrac{12^2 + 9^2 - 4^2}{2 \cdot 12 \cdot 9}\right) = \cos^{-1}\left(\dfrac{209}{216}\right) \approx 14{,}63°.$$

    $$\hat{C} = \cos^{-1}\left(\dfrac{12^2 + 4^2 - 9^2}{2 \cdot 12 \cdot 4}\right) = \cos^{-1}\left(\dfrac{79}{96}\right) \approx 34{,}62°.$$

3. **Verifique suas respostas somando os ângulos que você encontrou.**

   Você descobre que 130,75° + 14,63° + 34,62° = 180°.

   Colocando suas soluções no papel, o ângulo oposto à tábua de 12 metros (A) precisa ser de 130,75°; o ângulo oposto à tábua de 4 metros (B) precisa ser de 14,63°; e o ângulo oposto à tábua de 9 metros (C) precisa ser de 34,62°. Consulte a Figura 10-8.

**Figura 10-8:** Determinando ângulos quando você sabe o comprimento de três lados.

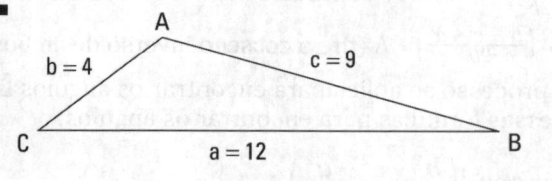

## Identificando o ângulo do meio (e os dois lados) (caso 2)

Se um problema oferecer os comprimentos de dois lados de um triângulo e a medida do ângulo entre eles, você usa a Lei dos Cossenos para encontrar o outro lado (o que você precisa fazer primeiro). Após ter o terceiro lado, você pode usar facilmente todas as medidas dos lados para calcular as medidas dos ângulos restantes.

Por exemplo, se $a = 12$, $b = 23$ e $\hat{c} = 39°$, você resolve o lado $c$ primeiro e depois procura $\hat{A}$ e $\hat{B}$. Siga esses passos simples:

1. **Desenhe o triângulo e identifique claramente todos os lados e ângulos dados.**

   Ao desenhar a figura, você pode se assegurar de que a Lei dos Cossenos é o método que você deve usar para resolver o triângulo. A Figura 10-9 tem todas as partes identificadas.

**Figura 10-9:** Um triângulo LAL que pede a Lei dos Cossenos.

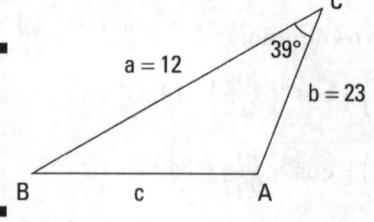

2. **Decida qual fórmula para o lado você precisa usar primeiro.**

   Devido ao fato de que os lados $a$ e $b$ são dados, você usa a seguinte fórmula para encontrar o lado $c$:

   $c^2 = a^2 + b^2 - 2ab \cdot \cos\hat{C}$

3. **Insira as informações dadas na fórmula adequada.**

   Isso o deixa com $c^2 = (12)^2 + (23)^2 - 2(12)(23) \cdot \cos(39°)$.

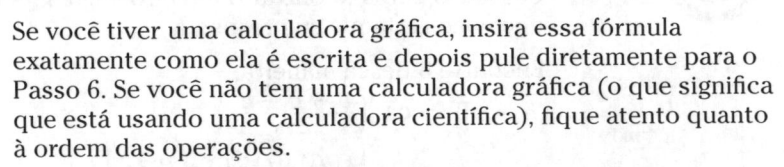

   Se você tiver uma calculadora gráfica, insira essa fórmula exatamente como ela é escrita e depois pule diretamente para o Passo 6. Se você não tem uma calculadora gráfica (o que significa que está usando uma calculadora científica), fique atento quanto à ordem das operações.

   Seguir a ordem das operações ao usar a Lei dos Cossenos é extremamente importante. Se você tentar digitar as informações em sua calculadora, tudo de uma só vez, sem o uso correto dos parênteses, seus resultados provavelmente ficarão incorretos. Assegure-se de estar familiarizado a usar sua calculadora. Algumas calculadoras científicas exigem que você digite os graus antes de pressionar o botão de função trigonométrica. Se você tentar inserir um cosseno inverso sem os parênteses para separar a parte de cima e a de baixo da fração (consulte o Passo 7), sua resposta também ficará incorreta. O melhor método é elevar tudo o que precisa ser elevado ao quadrado separadamente, combinar os termos semelhantes no numerador e no denominador, dividir a fração, e depois tirar o cosseno inverso, como você verá desse ponto em diante.

4. **Eleve cada número ao quadrado e multiplique pelo cosseno separadamente.**

   Você ficará com $x = 144 + 529 - 428{,}985$.

5. **Combine todos os números.**

   Isso o deixa com $c^2 = 244{,}015$.

6. **Coloque ambos os lados sob uma raiz quadrada.**

   Agora você tem $c$, que é $c \approx 15{,}6$.

7. **Encontre os ângulos faltantes.**

   Começando com $\hat{A}$, você encontrará o seguinte:

   - $\hat{A} = \cos^{-1}\left(\dfrac{b^2 + c^2 - a^2}{2bc}\right)$
   - $\hat{A} = \cos^{-1}\left[\dfrac{(23)^2 + (15{,}6)^2 - (12)^2}{2(23)(15{,}6)}\right]$
   - $\hat{A} = \cos^{-1}\left(\dfrac{628{,}36}{717{,}6}\right) \approx 28{,}9°$

**LEMBRE-SE** Ao usar sua calculadora gráfica, assegure-se de usar os parênteses para separar o numerador e o denominador um do outro. Coloque os parênteses antes e depois de todo o numerador *e* antes e depois de todo o denominador.

**DICA** Você encontrará o terceiro ângulo rapidamente subtraindo a soma dos dois ângulos conhecidos de 180°. No entanto, se não estiver com pressa, recomendamos que você use a Lei dos Cossenos para encontrar o terceiro ângulo, pois isso permitirá que você verifique sua resposta.

Encontre $\hat{B}$ dessa maneira:

- $\hat{B} = \cos^{-1}\left(\dfrac{a^2 + c^2 - b^2}{2ac}\right)$

- $\hat{B} = \cos^{-1}\left[\dfrac{(12)^2 + (15{,}6)^2 - (23)^2}{2(12)(15{,}6)}\right]$

- $\hat{B} = \cos^{-1}\left(\dfrac{-141{,}64}{374{,}4}\right) \approx 112{,}2°$

8. **Verifique para ter certeza de que todos os ângulos somam 180°.**

$39° + 28{,}9° + 112{,}2° = 180{,}1°$

Devido à margem de erro, às vezes, os ângulos não somarão exatamente 180°. Para a maioria dos professores, uma resposta dentro de meio grau é considerada aceitável.

# Preenchendo o Triângulo ao Calcular a Área

A geometria oferece uma boa fórmula para encontrar a área dos triângulos: $A = \frac{1}{2} \cdot b \cdot h$. Essa fórmula é útil somente quando você conhece a base e a altura do triângulo. Mas, em um triângulo oblíquo, onde fica a base? E o que é a altura? Você pode usar dois métodos diferentes para encontrar a área de um triângulo oblíquo, dependendo das informações que você tem.

## Encontrando a área com dois lados e um ângulo incluso (para caso 1)

Lucky Heron (consulte a seção seguinte) tem uma fórmula com seu nome, mas o estudioso de LAL a quem esta seção é dedicada não recebeu nenhuma homenagem. Alguns nomes de teoremas em matemática fazem homenagem a pessoas, mas nem todos!

Use a fórmula a seguir para encontrar a área quando você souber dois lados de um triângulo e o ângulo entre esses lados (LAL):

Área = (½) · $a$ · $b$ · sen$\hat{C}$

Na fórmula, C é o ângulo entre os lados $a$ e $b$.

Por exemplo, ao construir a caixa de areia — como na seção anterior "LLL: encontrando ângulos usando apenas os lados" — você deve saber que $a$ = 12 e $b$ = 4, e você descobrirá, usando a Lei dos Cossenos, que C = 84,62. Agora, é possível encontrar a área:

Área = (½) · 12 · 4 · sen34,62 ≈ 13,64

## Fórmula de Heron (para caso 2)

É possível encontrar a área de um triângulo quando você tem somente os comprimentos de todos os três lados (em outras palavras, quando não tem ângulos) usando uma fórmula chamada *Fórmula de Heron*. Ela afirma que:

Área = $\sqrt{s(s-a)(s-b)(s-c)}$, em que $s = \frac{1}{2}(a+b+c)$.

A variável é chamada de *semiperímetro* — ou metade do perímetro.

Por exemplo, é possível encontrar a área da caixa de areia (consulte o exemplo da seção anterior) sem ter de encontrar nenhum ângulo. Quando você conhece todos os lados, pode usar a Fórmula de Heron. Para um triângulo com lados 4, 9 e 12, siga esses passos:

1. **Calcule o(s) semiperímetro(s).**

    Siga este cálculo simples: $s = \frac{1}{2}(12 + 4 + 9) = 12,5$.

2. **Insira $s$, $a$, $b$ e $c$ na Fórmula de Heron.**

    Você descobre que a Área = $\sqrt{12,5(12,5-12)(12,5-4)(12,5-9)}$ = $\sqrt{12,5(0,5)(8,5)(3,5)} \approx 13,64$.

Você descobre que a área da caixa de areia é a mesma em ambas as fórmulas que apresentamos aqui. No futuro, os triângulos não serão os mesmos, mas você ainda saberá quando usar a fórmula LAL e quando usar a Fórmula de Heron.

# Parte III
# Geometria Analítica e Resolução de Sistemas

A 5ª Onda                    Por Rich Tennant

"Hoje, trabalharemos com equações que calculam curvas e volumes. Todo mundo está conseguindo ver?"

## Nesta parte...

**O** termo *geometria analítica* geralmente significa desenhar uma forma ou uma equação para ser estudada mais profundamente. Esta parte começa com o conjunto de números complexos e como realizar operações com eles e, sim, como elaborar seu gráfico. Depois, seguimos para o novo sistema de gráficos, conhecido como coordenadas polares. As seções cônicas finalizam a geometria analítica, conforme mostramos como elaborar gráficos e examinar as partes dos círculos, das parábolas, das elipses e das hipérboles.

Em seguida, resolvemos sistemas de equações. Discutimos velhos favoritos: elaboração de gráfico, substituição e eliminação. Depois, apresentamos a ideia de matriz e explicamos diversas maneiras de resolver um sistema usando matrizes.

Após isso, prosseguimos para as sequências e séries: como encontrar o termo em qualquer sequência, e como encontrar a soma de certos tipos de séries. Por fim, fazemos uma ponte com o cálculo com o estudo de limites e continuidade de funções.

# Capítulo 11
# Um Novo Plano de Pensamento: Números Complexos e Coordenadas Polares

*Neste capítulo*
▶ Marcando real *versus* imaginário
▶ Explorando o sistema de números complexos
▶ Delimitando números complexos em um plano
▶ Desenhando coordenadas polares

Os números complexos e as coordenadas polares são alguns dos tópicos mais interessantes, mas geralmente negligenciados do curso padrão de pré-cálculo. Ambos esses conceitos têm explicações bastante básicas, e podem simplificar em grande parte um problema difícil, ou até mesmo permitir que você resolva um problema que não poderia resolver antes.

Em cursos de matemática anteriores, era dito que não se pode tirar a raiz quadrada de um número negativo. Se em algum lugar em seus cálculos você se deparasse com uma resposta que exigisse que fosse tirada a raiz quadrada de um número negativo, você simplesmente jogava essa resposta pela janela. Isso, no entanto, muda aqui no *Pré-Cálculo Para Leigos*. Conforme você avança em matemática, precisa dos números complexos para explicar fenômenos naturais que os números reais não são capazes de explicar. Na verdade, há cursos de matemática *inteiros* dedicados ao estudo de números complexos e suas aplicações. Não nos aprofundaremos desse modo aqui; queremos simplesmente apresentá-lo os tópicos gradualmente.

Neste capítulo, discutimos os conceitos de números complexos e coordenadas polares. Mostramos de onde eles vêm e como usá-los (e como elaborar seus gráficos).

## Entendendo real versus imaginário (de acordo com os matemáticos)

Álgebra I e II apresentam o sistema de números reais. Pré-cálculo está aqui para expandir seus horizontes adicionando os números complexos ao seu repertório, inclusive os números imaginários. Os *números complexos* são números que incluem uma parte real *e* uma imaginária; eles são amplamente usados em análises complexas, que apresentam a teoria das funções usando números complexos como variáveis (consulte a seção a seguir para saber mais sobre esse sistema de números).

Você pode já estar familiarizado com os *números imaginários*, que ocorrem quando você tira a raiz quadrada de um número negativo. Ou talvez você tenha aprendido a desconsiderar raízes quadradas sempre que as visse. Caso esteja nesta última categoria, apresentamos uma breve explicação. Mito: é impossível tirar a raiz quadrada de um número negativo. Embora a raiz quadrada de um número negativo não seja um número real, ela existe! Ela opera sob a forma de um número imaginário.

Os números imaginários assumem a forma B*i*, em que B é um número real e *i* é um número imaginário — definido como $i = \sqrt{-1}$.

Por sorte, você está familiarizado com o plano de coordenadas *x-y*, que é usado na elaboração de gráficos das funções (como no Capítulo 3). Também é possível usar um plano de coordenadas complexas para desenhar o gráfico de números imaginários. Embora esses dois planos sejam construídos da mesma maneira — dois eixos perpendiculares um ao outro na origem — eles são bastante diferentes. Para números com gráficos elaborados no plano *x-y*, os pares de coordenadas representam números reais na forma de variáveis (*x* e *y*). É possível mostrar os relacionamentos entre essas duas variáveis como pontos no plano. Por outro lado, usa-se o plano complexo simplesmente para delimitar números complexos. Se quiser desenhar o gráfico de um número real, tudo o que você precisa é da linha de um número real. No entanto, se quiser fazer o gráfico de um número complexo, precisará de todo um plano para que possa elaborar o gráfico da parte real e da imaginária.

Insira o *plano de coordenadas Gauss* ou *Argand*. Nesse plano, os números reais puros na forma *a* + 0*i* existem completamente no eixo real (o eixo horizontal), e os números imaginários puros a forma 0 + B*i* existem completamente no eixo imaginário (o eixo vertical). A Figura 11-1a mostra o gráfico de um número real, e a Figura 11-1b mostra o gráfico de um número imaginário.

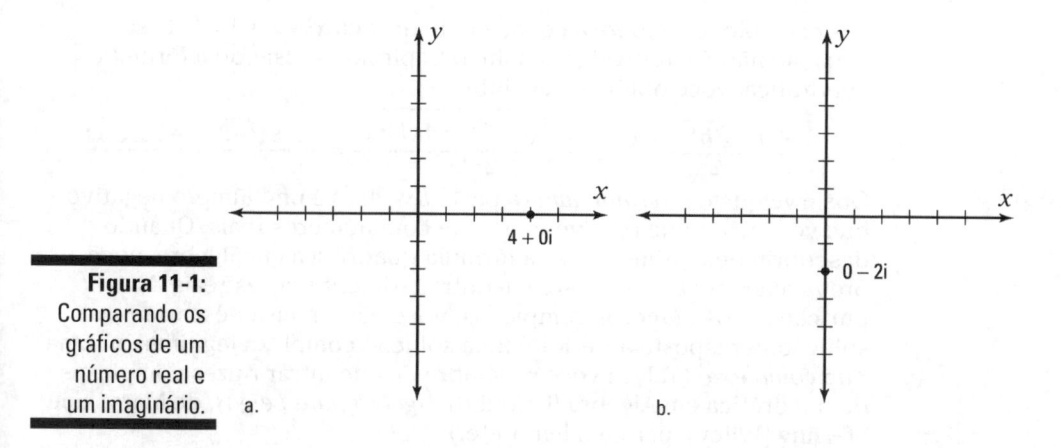

**Figura 11-1:** Comparando os gráficos de um número real e um imaginário.

a. (gráfico mostrando o ponto 4 + 0i no eixo x)
b. (gráfico mostrando o ponto 0 − 2i no eixo y)

# Combinando Real e Imaginário: O Sistema de Números Complexos

O *sistema de números complexos* é mais completo do que o sistema de números reais ou dos números imaginários puros em suas formas separadas. É possível usar esse sistema para representar números reais, imaginários e números que têm uma parte real e uma imaginária. Na verdade, o sistema de números complexos é o conjunto mais abrangente de números com o qual você tem de lidar em pré-cálculo.

## Entendendo a utilidade dos números complexos

Você pode estar se fazendo duas perguntas importantes agora: Quando os números complexos são úteis, e onde irá se deparar com eles? Os números imaginários são tão importantes no mundo real quanto os números reais, mas suas aplicações estão escondidas em meio a alguns conceitos um tanto complexos, como a teoria do caos e a mecânica quântica. Além disso, formas de arte matemática, chamadas *fractais*, usam os números complexos. Talvez o fractal mais famoso seja o Conjunto Mandelbrot. No entanto, você não tem de se preocupar quanto a isso em pré-cálculo. No seu caso, os números imaginários podem ser usados como soluções para equações que não têm soluções reais (com equações quadráticas).

Por exemplo, considere a equação quadrática $x^2 + x + 1 = 0$. Essa equação não é fatorável (consulte o Capítulo 4). Usando a fórmula quadrática, você obtém o seguinte:

$$\frac{-b \pm \sqrt{b^2 - 4ac}}{2a} = \frac{-1 \pm \sqrt{(-1)^2 - 4(1)(1)}}{2(1)} = \frac{-1 \pm \sqrt{-3}}{2} = \frac{-1 \pm \sqrt{3}\,i}{2}$$

Observe que o *discriminante* (a parte $b^2 - 4ac$) é um número negativo, que você não pode resolver somente com números reais. Quando descobriu pela primeira vez a fórmula quadrática em álgebra, você provavelmente a usava para encontrar somente raízes reais. Mas por causa dos números complexos, você não precisa descartar essa solução. A resposta anterior é uma solução complexa legítima, ou uma *raiz complexa*. (Talvez você se lembre de encontrar raízes complexas de quadrática em Álgebra II. Confira *Álgebra para Leigos*, de Mary Jane Sterling [Wiley], para um lembrete.)

## Realizando operações com números complexos

Às vezes, você se depara com situações em que precisa realizar operações com números reais e imaginários juntos, por isso, será melhor escrever ambos os números como números complexos para conseguir somá-los, subtraí-los, multiplicá-los ou dividi-los.

Considere os três tipos seguintes de números complexos:

- **Um número real como um número complexo:** 3 + 0i

  Observe que a parte imaginária da expressão é 0.

- **Um número imaginário com um número complexo:** 0 + 2i

  Observe que a parte real da expressão é 0.

- **Um número complexo com uma parte real e uma imaginária:** 1 + 4i

  Esse número não pode ser descrito como sendo unicamente real ou unicamente imaginário — daí o termo *complexo*.

É possível manipular os números complexos aritmeticamente, assim como os números reais, para realizar as operações. Você só tem de tomar cuidado em manter todos os *i* no lugar certo. Você não pode combinar partes reais com partes imaginárias usando adição ou subtração, pois não se tratam de termos semelhantes, por isso, é importante mantê-los separados. Além disso, ao multiplicar números complexos, o produto de dois números imaginários é um número real; o produto de um número real e de um número imaginário ainda é imaginário; e o produto de dois números reais é real. Muitas pessoas se confundem com esse tópico.

A lista a seguir apresenta as operações possíveis envolvendo números complexos:

✔ **Para adicionar e subtrair números complexos,** você simplesmente combina os termos semelhantes. Por exemplo, $(3 - 2i) - (2 - 6i) = 3 - 2i - 2 + 6i = 1 + 4i$.

✔ **Para multiplicar quando um número complexo está envolvido,** use um dentre três métodos diferentes, com base na situação:

- **Para multiplicar um número complexo por um número real,** apenas distribua o número real para a parte real e a imaginária do número complexo. Por exemplo, é assim que você lida com uma *grandeza escalar* (uma constante) sendo multiplicada por um número complexo entre parênteses: $2(3 + 2i) = 6 + 4i$.

- **Para multiplicar um número complexo por todos os números imaginários,** primeiro perceba que a parte real do número complexo se tornará imaginária, e que a parte imaginária se tornará real. Ao expressar sua resposta final, no entanto, você ainda expressa a parte real primeiro seguida pela parte imaginária, na forma A + B$i$.

    Por exemplo, é dessa forma que $2i$ é multiplicado pelo mesmo número entre parênteses: $2i(3 + 2i) = 6i + 4i^2$. **Nota:** Você define $i$ como $\sqrt{-1}$, de forma que $i^2 = -1$! Isso significa que você na verdade tem $6i + 4(-1)$, por isso, sua resposta se torna $-4 + 6i$.

- **Para multiplicar dois números complexos,** simplesmente siga a distributiva da multiplicação (consulte o Capítulo 4). Por exemplo, $(3 - 2i)(9 + 4i) = 27 + 12i - 18i - 8i^2$, que é o mesmo que $27 - 6i - 8(-1)$, ou $35 - 6i$.

✔ **Para dividir números complexos,** você multiplica o numerador e o denominador pelo conjugado do denominador, aplica o método distributiva da multiplicação no numerador e produtos notáveis no denominador separadamente, e depois combina os termos semelhantes. Esse processo é necessário, pois a parte imaginária no denominador é na verdade uma raiz quadrada (de –1, lembra?), e o denominador da fração não deve conter uma parte imaginária.

Por exemplo, digamos que seja solicitado que você divida $\frac{1 + 2i}{3 - 4i}$. O conjugado complexo de $3 - 4i$ é $3 + 4i$. Siga estes passos para concluir o problema:

1. **Multiplique o numerador e o denominador pelo conjugado.**
   Você agora tem $\frac{1 + 2i}{3 - 4i} \cdot \frac{3 + 4i}{3 + 4i}$.

2. **Aplique distributiva da multiplicação no numerador.**
   Você segue com $(1 + 2i)(3 + 4i) = 3 + 4i + 6i + 8i^2$, que é simplificado para $(3 - 8) + (4i + 6i)$, ou $-5 + 10i$.

3. **Aplique produtos notáveis no denominador (a+b).(a-b) = a²-b².**
   Você tem $(3 - 4i)(3 + 4i)$, que, com o PEIÚ, fica $9 + 12i - 12i - 16i^2$. Devido ao fato de que $i^2 = -1$ e $12i - 12i = 0$, você fica com o número real $9 + 16 = 25$ no denominador (que é o motivo de ter multiplicado por $3 + 4i$).

4. **Reescreva o numerador e o denominador.**

   Você obtém $\frac{-5+10i}{25}$. Esta, no entanto, ainda não é a forma correta para um número complexo.

5. **Separe e divida ambas as partes pelo denominador constante.**

   Isso o deixa com $\frac{-5}{25} + \frac{10i}{25}$, ou $\frac{-1}{5} + \frac{2}{5}i$. Observe que a resposta está finalmente na forma A + B$i$.

# Plotando Números Complexos

Para elaborar o gráfico de números complexos, você simplesmente combina as ideias do plano de coordenadas de números reais e o plano de coordenadas Gauss ou Argand (que explicamos na seção "Entendendo real *versus* imaginário (de acordo com os matemáticos)", anteriormente neste capítulo) para criar o plano de coordenadas complexo. Em outras palavras, você pega a parte real do número complexo (A) para representar a coordenada *x*, e pega a parte imaginária (B) para representar a coordenada *y*.

Embora a elaboração dos gráficos de números complexos seja bastante parecida com qualquer ponto no plano de coordenadas de números reais, os números complexos não são reais! A coordenada *x* é a única parte real de um número complexo, por isso chama-se o eixo *x* de *eixo real* e o eixo *y* de *eixo imaginário* ao elaborar gráficos no plano de coordenadas complexo.

Elaborar o gráfico de números complexos oferece a você uma maneira de visualizá-los, mas um número complexo em gráfico não tem a mesma importância física que um par de coordenadas de números reais. Para uma coordenada (*x, y*), a posição do ponto no plano é representada por dois números. No plano complexo, o valor de um número complexo único é representado pela posição do ponto. Isso significa que cada número complexo A + B$i$ pode ser expresso como o par ordenado (A, B).

É possível ver diversos exemplos de números complexos em gráfico na Figura 11-2:

**Ponto A:** A parte real é 2 e a parte imaginária é 3, assim, a coordenada complexa é (2, 3), em que 2 está no eixo real (ou horizontal) e 3 está no eixo imaginário (ou vertical). Esse ponto é 2 + 3$i$.

**Ponto B:** A parte real é –1 e a parte imaginária é –4; é possível desenhar o ponto no plano complexo como (–1, –4). Esse ponto é –1 – 4$i$.

**Ponto C:** A parte real é ½ e a parte imaginária é –3, por isso a coordenada complexa é (1/2, –3). Esse ponto é ½ – 3$i$.

**Ponto D:** A parte real é –2 e a parte imaginária é 1, o que significa que, no plano complexo, o ponto é (–2, 1). A coordenada é –2 + $i$.

Capítulo 11: Um Novo Plano de Pensamento... **243**

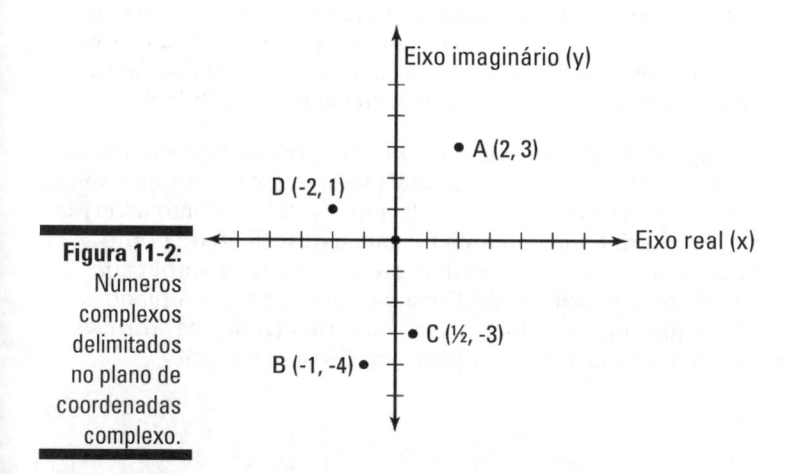

**Figura 11-2:** Números complexos delimitados no plano de coordenadas complexo.

# Delimitação ao Redor de um Polo: Coordenadas Polares

As *coordenadas polares* são uma inclusão extremamente útil ao seu kit de ferramentas matemático, pois elas permitem que você resolva problemas que seriam extremamente difíceis se você dependesse das coordenadas padrão $x$ e $y$ (por exemplo, problemas em que o relacionamento entre duas quantidades é mais facilmente descrito e termos do ângulo e da distância entre eles, como no caso da navegação ou de sinais de antenas). Em vez de depender dos eixos $x$ e $y$ como pontos de referência, as coordenadas polares usam somente o eixo $x$ positivo (a linha que começa na origem e continua na direção positiva horizontal infinitamente). A partir dessa linha, é possível medir um ângulo (que é chamado de theta, ou θ) e um comprimento (ou raio) ao longo do lado terminal do ângulo (que é chamado de $r$). Essas coordenadas substituem as coordenadas $x$ e $y$.

**LEMBRE-SE**

Nas coordenadas polares, escreve-se sempre o par ordenado como $(r, θ)$. Por exemplo, uma coordenada polar poderia ser $(5, π/6)$ ou $(-3, π)$.

Nas seções a seguir, mostramos como elaborar o gráfico de pontos em coordenadas polares e também como grafar equações. Você também descobre como alternar entre coordenadas cartesianas e coordenadas polares.

## Compreendendo o plano de coordenadas polares

Para entender plenamente como delimitar coordenadas polares, você precisa ver como é um plano de coordenadas polares. Na Figura 11-3, é possível ver que o plano não se trata mais de uma grade de coordenadas retangulares; em vez disso, é uma série de círculos concêntricos ao redor de um ponto central, chamado de polo. O plano tem essa aparência, pois as coordenadas polares têm um determinado raio e um ângulo em posição padrão a partir do polo. Cada círculo representa uma unidade de raio e cada linha representa os ângulos especiais do círculo unitário. (Para facilitar a localização desses ângulos, consulte o Capítulo 6.)

Embora possa parecer estranho usar θ e *r* como pontos de delimitação no começo, esses pontos não são nem mais nem menos estranhos ou úteis do que *x* e *y*. Na verdade, ao considerar uma esfera como a Terra, fica claro que as coordenadas polares tornam a descrição de ponto sobre, acima ou abaixo de sua superfície muito mais descomplicada. Devido ao fato de que o formato da Terra é esférico, usar um plano de coordenadas que seja semelhante em sua forma (redonda) torna a representação dos aspectos na atmosfera da Terra mais fácil.

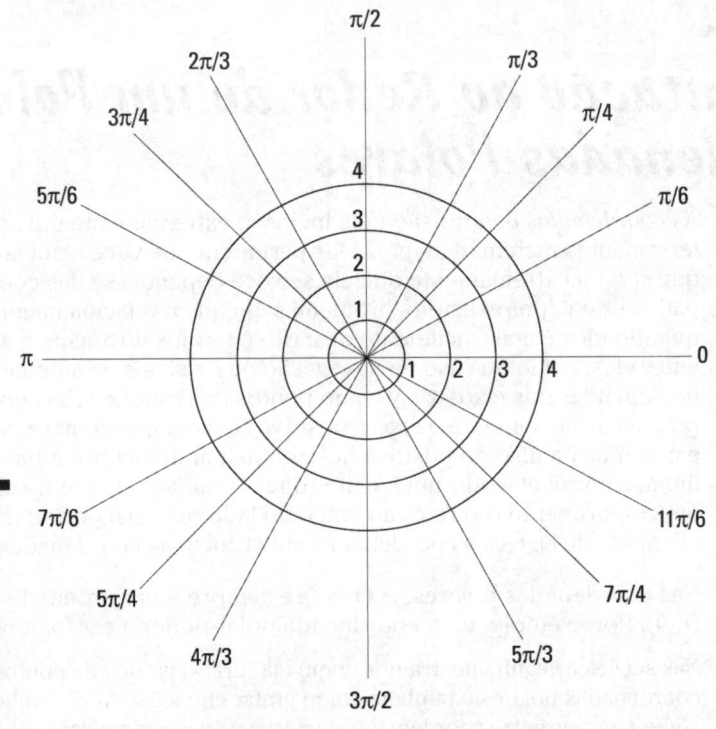

**Figura 11-3:**
Um plano de coordenadas polares em branco (não é um tabuleiro de dardos).

Devido ao fato de que você escreve todos os pontos no plano como (*r*, θ), para elaborar o gráfico de um ponto no plano polar, recomendamos que você primeiro encontre θ e depois localize *r* nessa linha. Isso permite que você limite a localização de um ponto a algum lugar em uma das linhas que representam os ângulos. A partir daí, você pode simplesmente contar a partir do polo a distância radial. Se seguir pelo lado contrário, poderá se encontrar sem saída quando os problemas ficarem mais complicados.

## Capítulo 11: Um Novo Plano de Pensamento... 245

Por exemplo, para delimitar o ponto E em (2, π/3) — que tem um valor positivo para o raio e o ângulo —, você simplesmente move a partir do polo em sentido anti-horário até que alcance o ângulo (θ) adequado. Você começa desse ponto na seguinte lista:

1. **Localize o ângulo no plano de coordenadas polares.**

   Consulte a Figura 11-3 para encontrar o ângulo: $\theta = \pi/3$.

2. **Determine onde o raio faz a intersecção com o ângulo.**

   Devido ao fato de que o raio é 2 ($r = 2$), você começa no polo e se move para fora em dois pontos na direção do ângulo.

3. **Delimite o ponto dado.**

   Na intersecção do raio com o ângulo no plano de coordenadas polares, delimite um ponto e encerre as atividades! A Figura 11-4 mostra o ponto E no plano.

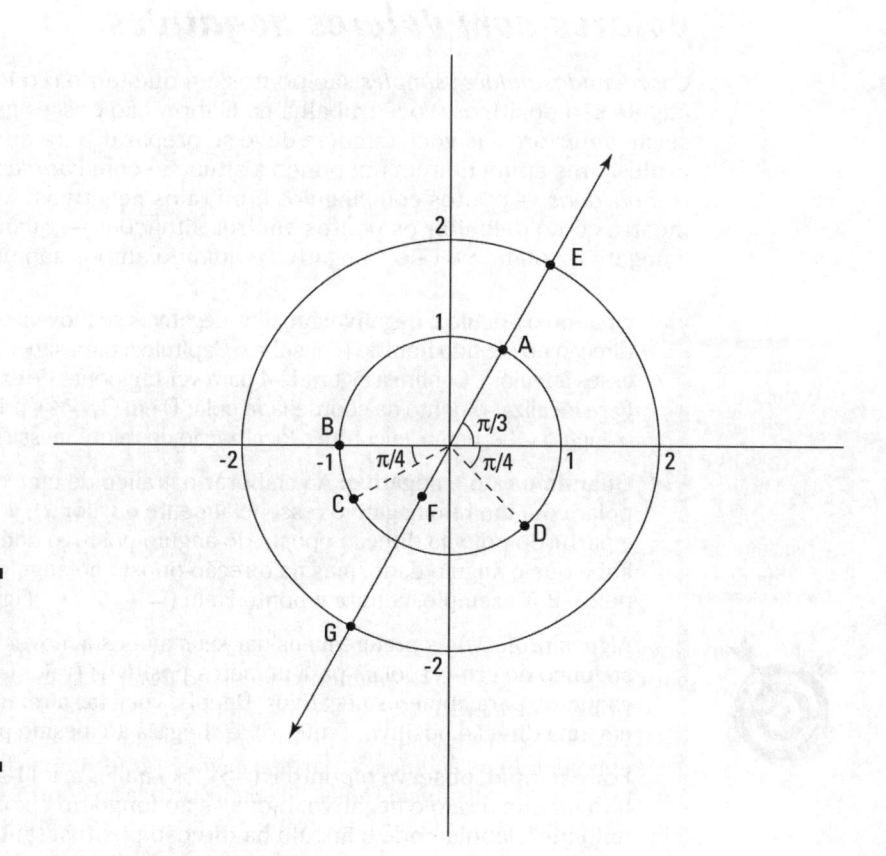

**Figura 11-4:** Visualizando coordenadas polares simples e complexas.

Os pares de coordenadas polares podem possuir ângulos positivos ou negativos para valores de θ. Além disso, eles também podem ter raios positivos ou negativos. Esse é um novo conceito, pois você sempre ouviu que um raio deve ser positivo! Ao elaborar o gráfico de coordenadas polares, no entanto, o raio pode ser negativo, o que significa que você se move na direção *oposta* ao ângulo do polo.

Devido ao fato de que as coordenadas polares baseiam-se nos ângulos, diferentemente das coordenadas cartesianas, elas possuem muitos pares ordenados diferentes. Porque infinitamente muitos valores de θ possuem o mesmo ângulo na posição padrão (consulte o Capítulo 6), há infinitamente muitos pares de coordenadas que descrevem o mesmo ponto. Além disso, um ângulo coterminal positivo e um negativo podem descrever o mesmo ponto para o mesmo raio, e devido ao fato de que o raio pode ser tanto positivo quanto negativo, há diversas maneiras de expressar o ponto com coordenadas polares. Geralmente, oferecer quatro representações diferentes do mesmo ponto é suficiente.

## *Elaborando o gráfico de coordenadas polares com valores negativos*

*Coordenadas polares simples* são pontos em que tanto o raio quanto o ângulo são positivos. Você trabalha na elaboração desses gráficos na seção anterior. Mas você também deve se preparar para quando os professores apimentarem um pouco a situação com *coordenadas polares complicadas* — pontos com ângulos e/ou raios negativos. A lista a seguir mostra como delimitar os pontos em três situações — quando o ângulo é negativo, quando o raio é negativo e quando ambos são negativos:

- **Quando o ângulo é negativo:** Ângulos negativos se movem em uma direção no sentido horário (consulte o Capítulo 6 para saber mais sobre esses ângulos). Confira a Figura 11-4 para ver um ponto de exemplo, D. Para localizar o ponto da coordenada polar D em $(1, -\pi/4)$, primeiro localize o ângulo $-\pi/4$ e, então, encontre a localização do raio, 1, nessa linha.

- **Quando o raio é negativo:** Ao elaborar o gráfico de uma coordenada polar com um raio negativo (essencialmente o valor $x$), você se move a partir do polo na direção oposta do ângulo positivo dado (na mesma linha que o ângulo dado, mas na direção oposta ao ângulo a partir do polo). Por exemplo, confira o ponto F em $(-1/2, \pi/3)$ na Figura 11-4.

Alguns professores preferem ensinar seus alunos a mover para a direita ao longo do eixo $x$ (polar) para números positivos (raios) e para a esquerda para números negativos. Depois, você faz a rotação do ângulo em uma direção positiva. Tente, você chegará ao mesmo ponto.

Por exemplo, observe o ponto F $(-1/2, \pi/3)$ na Figura 11-4. Devido ao fato de que o raio é negativo, mova-se ao longo do eixo $x$ $1/2$ de uma unidade. Depois, rode o ângulo na direção positiva (anti-horária) em $\pi/3$ radianos. Você deve chegar ao seu destino, o ponto F.

✔ **Quando o ângulo e o raio são negativos:** Para expressar uma coordenada polar com um raio e um ângulo negativos, localize o lado terminal do ângulo negativo primeiro e, depois, mova-se na direção oposta para localizar o raio. Por exemplo, o ponto G na Figura 11-4 possui essas características em $(-2, -5\pi/3)$.

Essas representações devem oferecer a localização do mesmo ponto:

✔ Raio positivo, ângulo positivo

✔ Raio positivo, ângulo negativo

✔ Raio negativo, ângulo positivo

✔ Raio negativo, ângulo negativo

Por exemplo, para o ponto E, na Figura 11-4 $(2, \pi/3)$, as três outras coordenadas poderiam ser

$(2, -5\pi/3)$

$(-2, 4\pi/3)$

$(-2, -2\pi/3)$

Isso é útil na elaboração de gráficos polares, pois você pode alterar a coordenada de qualquer ponto dado para coordenadas polares, que são mais fáceis de se trabalhar (como um raio positivo, um ângulo positivo).

## Alternando para coordenadas polares

É possível usar tanto as coordenadas polares quanto as coordenadas x-y a qualquer momento para descrever o mesmo local no plano de coordenadas. Às vezes, será mais conveniente adotar uma das formas e, por esse motivo, ensinamos como alternar entre as duas. As coordenadas cartesianas são muito mais adequadas para gráficos de linhas retas ou curvas simples. As coordenadas polares podem produzir uma variedade de gráficos bastante complexos, que não seria possível delimitar com coordenadas cartesianas.

Ao alternar para as coordenadas polares, provavelmente você trabalhará de maneira mais fácil se tiver todas as suas medidas de ângulo em radianos. Você pode fazer essa mudança usando o fator de conversão $180° = \pi$ radianos. É possível optar, no entanto, por deixar as medidas de ângulos em graus, o que não é um problema, considerando que sua calculadora esteja no modo correto.

### Transferindo as equações alternadas

Examine o ponto na Figura 11-5, que ilustra um ponto mapeado nas coordenadas $(x, y)$ e $(r, \theta)$, permitindo que você veja o relacionamento entre elas.

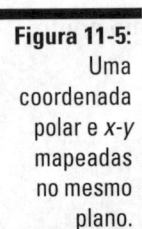

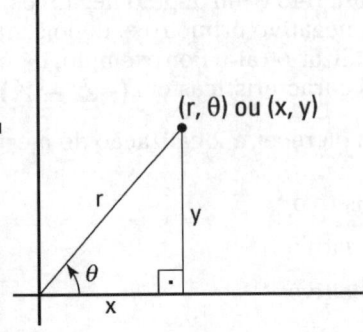

**Figura 11-5:** Uma coordenada polar e *x-y* mapeadas no mesmo plano.

Qual é exatamente o relacionamento geométrico entre $r$, $\theta$, $x$ e $y$? Observe a maneira como eles são identificados no gráfico — todos são parte do mesmo triângulo!

Usando a trigonometria dos triângulos retângulos (consulte o Capítulo 6), você sabe que $\text{sen}\,\theta = \frac{y}{r}$ e $\cos\theta = \frac{x}{r}$. Isso é simplificado em duas expressões bastante importantes para $x$ e $y$ em termos de $r$ e $\theta$:

$$y = r\,\text{sen}\,\theta$$

$$x = r\cos\theta$$

Além disso, você pode usar o Teorema de Pitágoras no triângulo retângulo para encontrar raio do triângulo se $x$ e $y$ forem dados:

$$x^2 + y^2 = r^2$$

Uma equação final permite que você encontre o ângulo $\theta$; ele é produzido na tangente do ângulo:

$$\text{tg}\,\theta = y/x$$

Assim, se você resolver essa equação de $\theta$, obterá a seguinte expressão:

$$\theta = \text{tg}^{-1}(y/x)$$

Em relação à equação final, lembre-se que sua calculadora sempre retornará um valor de tangente que coloca $\theta$ no primeiro ou no quarto quadrantes. Você precisa observar as coordenadas $x$ e $y$ e decidir se esse é de fato o caso para o problema na mão. Sua calculadora não procura as possibilidades de tangente no segundo e terceiro quadrantes, mas isso não significa que você não precisa procurar!

Capítulo 11: Um Novo Plano de Pensamento... 249

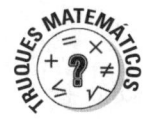

Assim como com os graus (consulte a seção "Compreendendo o plano de coordenadas polares"), é possível adicionar ou subtrair $2\pi$ a qualquer ângulo para obter um ângulo coterminal para que você tenha mais de uma maneira de nomear cada ponto nas coordenadas polares. Na verdade, há infinitas maneiras de nomear o mesmo ponto. Por exemplo, $(2, \pi/3)$, $(2, -5\pi/3)$, $(-2, 4\pi/3)$, $(2, -2\pi/3)$ e $(2, 7\pi/3)$ são diferentes maneiras de nomear o mesmo ponto.

### Colocando as equações em ação

Juntas, as quatro equações para $r$, $\theta$, $x$ e $y$ permitem que você alterne de coordenadas $x$-$y$ para coordenadas polares $(r, \theta)$ e volte a qualquer momento. Por exemplo, para mudar a coordenada polar $(2, \pi/6)$ para uma coordenada retangular, siga esses passos:

1.  **Encontre o valor de $x$.**

    Se $x = r\cos\theta$, substitua aquilo que você sabe: $r = 2$ e $\theta = \pi/6$ — para obter $x = 2\cos\pi/6$. Use o círculo unitário (consulte a Cola) para obter $x = 2\dfrac{\sqrt{3}}{2}$, que significa que $x = \sqrt{3}$.

2.  **Encontre o valor de $y$.**

    Se $y = c\sin\theta$, substitua aquilo que você sabe para obter $y = 2\sin\pi/6 = 2 \cdot \frac{1}{2}$, o que significa que $y = 1$.

3.  **Expresse os valores dos Passos 1 e 2 como um ponto na coordenada.**

    Você descobre que $(\sqrt{3}, 1)$ é a resposta como um ponto.

É hora de um exemplo ao contrário. Dado o ponto $(-4, -4)$, encontre a coordenada polar equivalente:

1.  **Delimite o ponto $(x, y)$ primeiro.**

    A Figura 11-6 mostra a localização do ponto no quadrante III.

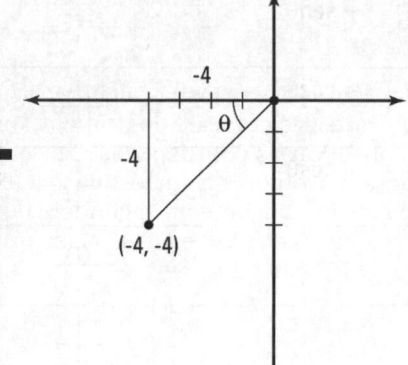

**Figura 11-6:** Uma coordenada (x, y) alterada para uma coordenada polar.

2. **Encontre o valor de $r$.**

   Para esse passo, você usa o Teorema de Pitágoras para as coordenadas polares: $x^2 + y^2 = r^2$. Insira aquilo que você sabe — $x = -4$ e $y = -4$ — para obter $(-4)^2 + (-4)^2 = r^2$, ou $r = 4\sqrt{2}$.

3. **Encontre o valor de $\theta$.**

   Use a razão da tangente para coordenadas polares: $\tg\theta = -4/-4$, ou $\tg\theta = 1$. O ângulo de referência para esse valor é $\theta' = \pi/4$ (consulte o Capítulo 6). Você sabe, a partir da Figura 11-6, que o ponto está no terceiro quadrante, por isso, $\theta = 5\pi/4$.

4. **Expresse os valores dos Passos 2 e 3 como uma coordenada polar.**

   Você pode dizer que $(-4, -4) = (4\sqrt{2}, 5\pi/4)$.

## *Desenhando equações polares*

As coordenadas polares permitem a elaboração de gráficos de algumas equações estranhas e notáveis. Apresentamos algumas das equações mais comuns e suas condições e formar na Tabela 11-1.

### Tabela 11-1   Os Gráficos de Funções Polares Comuns

| Nome | Equação | Condição | Forma |
|---|---|---|---|
| Espiral de Arquimedes | $r = a\theta$ | $\theta \leq 0$ | |
| | | $\theta \geq 0$ | |
| Cardioide | $r = a(1 \pm \sen\theta)$ | $+ \sen\theta$ | |
| | | $- \sen\theta$ | |
| | $r = a(1 \pm \cos\theta)$ | $+ \cos\theta$ | |
| | | $- \cos\theta$ | |
| Círculo | $r = a\sen\theta$ | | |
| | $r = a\cos\theta$ | | |

## Capítulo 11: Um Novo Plano de Pensamento... *251*

| Nome | Equação | Condição | Forma |
|---|---|---|---|
| Lemniscata | $r = \sqrt{a^2 \operatorname{sen} 2\theta}$ | $a^2 \operatorname{sen} 2\theta > 0$ | |
| | $r = \sqrt{a^2 \cos 2\theta}$ | $a^2 \cos 2\theta > 0$ | |
| Rosa | $r = a \operatorname{sen} b\theta$ | b é ímpar → pétalas b | |
| | | b é par → pétalas 2b | |
| | $r = a \cos b\theta$ | b é ímpar → pétalas b | |
| | | b é par → pétalas 2b | |
| Limacon | $r = a \pm b \operatorname{sen} \theta$ | $a < b$ | |
| | | $b < a < 2b$ | |
| | | $a \geq 2b$ | |
| | $r = a \pm b \cos \theta$ | $a < b$ | |
| | | $b < a < 2b$ | |
| | | $a \geq 2b$ | |

**LEMBRE-SE**

Uma calculadora gráfica é plenamente capaz de delimitar todas essas funções polares novas e estranhas. No entanto, ela ficará louca se você não alterar duas coisas antes de inserir uma função em seu utilitário de gráficos:

1. **Assegure-se de que a calculadora esteja no modo de radianos, não de graus.**
2. **Altere o modo de gráfico para "polar".**

Após tomar essas medidas, o menu de gráficos de sua calculadora deve mudar. Em vez de exibir "*y* =", ela exibirá "*r* =". Também deve oferecer uma maneira bastante simples de inserir θ no lugar de *x* como a variável.

Assegure-se de inserir um valor de θ máximo e mínimo de acordo com os quais a calculadora elaborará os gráficos (encontrado nas configurações de "janela" do seu gráfico), pois a janela padrão geralmente vai de 0 a $2\pi$. Essa consideração é especialmente importante para trabalhar com funções polares, como espirais de Arquimedes, que seguem para valores maiores de θ.

*Nota:* Embora as funções polares da Tabela 11-1 sejam bastante diferentes dos tipos de funções que você já viu antes, e embora o menu de gráficos de sua calculadora tenha mudado, você ainda está elaborando gráficos no plano cartesiano.

# Capítulo 12
# Cortando com Seções Cônicas

........................................................

*Neste capítulo*
▶ Consultando as quatro seções cônicas
▶ Rodando em círculos
▶ Dissecando as partes e gráficos das parábolas
▶ Explorando a elipse
▶ Criando quadrados com hipérboles
▶ Escrevendo e grafando seções cônicas de duas maneiras distintas

........................................................

        **O**s astrônomos observam o espaço há muito tempo — muito mais tempo do que você passa olhando para o teto durante a aula. Algumas das coisas que acontecem lá são mistérios; outras mostraram suas peculiaridades aos observadores curiosos. Um fenômeno que os astrônomos descobriram e já comprovaram é o movimento dos corpos no espaço. Eles sabem que os cursos dos objetos se movendo no espaço têm o formato de um entre quatro *seções cônicas* (formatos originados a partir de cones): o círculo, a parábola, a elipse ou a hipérbole. As seções cônicas evoluíram de maneira popular para descrever os movimentos, a luz e outros acontecimentos naturais no mundo físico.

Em termos astronômicos, uma elipse, por exemplo, descreve o curso de um planeta ao redor do Sol. Um cometa pode viajar tão próximo da gravidade do planeta que sua rota é afetada e ele é jogado de volta na galáxia. Se você grudasse uma caneta gigantesca ao cometa, seu curso desenharia uma enorme parábola. O movimento dos objetos conforme eles são afetados pela gravidade, geralmente pode ser descrito usando as seções cônicas. Por exemplo, é possível descrever o movimento de uma bola sendo jogada para cima no ar usando uma seção cônica. Como você pode ver, as seções cônicas que você estuda em pré-cálculo têm inúmeras aplicações — especialmente para aquilo que parece ser o mais novo campo de estudo espacial... a ciência sobre foguetes!

As seções cônicas recebem esse nome porque são compostas a partir de dois cones retos circulares (imagine duas casquinhas da sua sorveteria preferida). Basicamente, você vê dois cones retos circulares, tocando-se em suas extremidades em ponta (a extremidade em ponta de um cone é chamada de *elemento*). As seções cônicas são formadas pela intersecção de um plano com os cones de casquinha de sorvete. Quando você divide os cones com um plano, a intersecção desse plano com os cones gera uma variedade de curvas diferentes. O plano é completamente arbitrário, e o local onde ele corta a seção cônica e em qual ângulo é o que oferece todas as diferentes seções cônicas que discutimos neste capítulo.

Neste capítulo, detalhamos cada uma das seções cônicas, do início ao fim. Discutimos as semelhanças e diferenças entre as quatro seções cônicas e suas aplicações em pré-cálculo. Também elaboramos o gráfico de cada seção e observamos suas propriedades. As seções cônicas são a fronteira final quando se trata de elaborar gráficos em matemática, por isso, sente-se, relaxe e aproveite a viagem!

# De Cone a Cone: Identificando as Quatro Seções Cônicas

Cada seção cônica possui sua própria forma padrão de uma equação com variáveis $x$ e $y$ cujo gráfico você pode desenhar no plano de coordenadas. É possível escrever a equação de uma seção cônica se os pontos-chave do gráfico forem dados, ou você pode desenhar o gráfico de uma seção cônica a partir da equação. Há diversas maneiras pelas quais você pode alterar a forma de cada um desses gráficos, mas as formas gerais do gráfico permanecem de acordo com o tipo de curva que eles assumem.

É importante ser capaz de identificar qual seção cônica é somente pela equação, pois, às vezes, você só a terá (nem sempre será dito que tipo de curva você está grafando). Certos pontos-chave são comuns a todas as seções cônicas (vértices, focos e eixos, para citar alguns), por isso, você começa delimitando esses pontos-chave e depois identifica qual tipo de curva eles formam.

## Em figura (na forma de gráfico)

O objetivo principal deste capítulo é ser capaz de elaborar o gráfico de seções cônicas de maneira precisa, com todas as informações necessárias. A Figura 12-1 ilustra como um plano faz uma interseção com os cones para criar as seções cônicas, e a lista a seguir explica a figura:

- **Círculo:** Um círculo é o conjunto de todos os pontos a uma determinada distância (o raio, $r$) de um certo ponto (o centro). Para obter um círculo dos cones retos, a divisão do plano ocorre paralela à base de qualquer um dos cones, mas não passa pelo elemento dos cones.

- **Parábola:** Uma parábola é uma curva em que cada ponto de tal curva é equidistante de um ponto (o foco) e de uma linha (a diretriz). Ela se parece bastante com a letra U, embora possa estar de cabeça para baixo ou de lado. Para formar uma parábola, o plano corta na paralela para o lado dos cones (qualquer lado funciona, mas a parte de baixo e a de cima estão proibidas).

## Capítulo 12: Cortando com Seções Cônicas

- **Elipse:** Uma elipse é o conjunto de todos os pontos em que a soma da distância entre dois pontos (os focos) é constante. Você pode estar mais familiarizado com o termo *oval*. Para obter uma elipse a partir dos dois cones retos, o plano deve cortar um cone, não paralelamente à base, e não deve passar pelo elemento.

- **Hipérbole:** Uma hipérbole é o conjunto de pontos em que a diferença das distâncias entre dois pontos é constante. A forma da hipérbole é difícil de ser descrita sem uma figura, mas ela se parece visualmente com duas parábolas (embora elas sejam bastante diferentes matematicamente) sendo espelhadas uma pela outra com um pouco de espaço entre os vértices. Para obter uma hipérbole, a divisão corta os cones perpendicularmente às suas bases (numa linha reta para cima e para baixo), mas não passa pelo elemento.

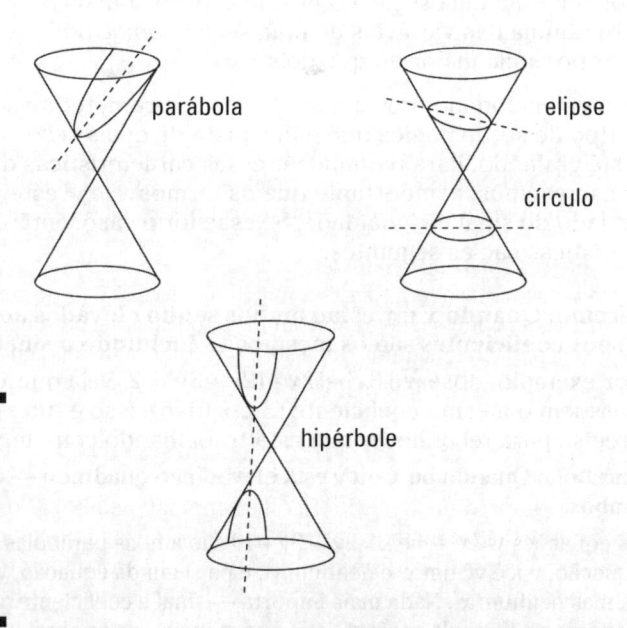

**Figura 12-1:** Cortando cones com um plano para obter seções cônicas.

**LEMBRE-SE**

Na maioria das vezes, desenhar uma seção cônica não é o suficiente. Cada seção cônica possui seu próprio conjunto de informações que você geralmente tem de dar para complementar o gráfico. Você deve indicar onde o centro, os vértices, os eixos maiores e menores e os focos estão localizados. Geralmente, essas informações são mais importantes do que o gráfico em si. Além disso, conhecer todas essas informações valiosas o ajudará a desenhar o gráfico com mais precisão do que você faria sem elas.

## Por escrito (na forma de equação)

As equações de seções cônicas são muito importantes, pois elas não apenas informam qual seção cônica você deve grafar, mas também dizem como deve ser o gráfico. Há tendências na aparência de cada seção cônica, com base nos valores das constantes na equação. Geralmente, essas constantes são referidas como *a, b, h, v, f* e *d*. Nem toda seção cônica terá todas essas constantes, mas as seções cônicas que as tiverem serão afetadas da mesma maneira por mudanças na mesma constante. As seções cônicas podem assumir diversas formas e tamanhos diferentes: grandes, pequenas, largas, estreitas, verticais, horizontais e mais. As constantes listadas acima são as responsáveis por essas mudanças.

Uma equação deve ter $x^2$ e/ou $y^2$ para criar uma seção cônica. Se nem o $x$ nem o $y$ forem elevados ao quadrado, então a equação será uma linha (não considerada uma seção cônica de acordo com os propósitos deste livro). Nenhuma das variáveis de uma seção cônica pode ser elevada a qualquer potência maior do que dois.

Conforme mencionado brevemente, há certas características peculiares a cada tipo de seção cônica que dão a pista de quais seções cônicas você está grafando. Para reconhecer essas características da maneira que as escrevemos, é importante que os termos $x^2$ e $y^2$ estejam do mesmo lado do sinal de igualdade. Se esse for o caso, então, estas características são as seguintes:

- **Círculo: Quando $x$ e $y$ estão ambos sendo elevados ao quadrado, e seus coeficientes são os mesmos — incluindo o sinal.**

  Por exemplo, observe $3x^2 - 12x - 12y + 3y^2 = 2$. Veja que $x^2$ e $y^2$ possuem o mesmo coeficiente (3 positivo). Isso é tudo o que você precisa para reconhecer que está trabalhando com um círculo.

- **Parábola: Quando ou $x$ ou $y$ está elevado ao quadrado — e não ambos.**

  As equações $y = x^2 - 4$ e $x = 2y^2 - 3y + 10$ são ambas parábolas. Na primeira equação, você vê um $x^2$ e nenhum $y^2$, e na segunda equação, você um $y^2$, mas nenhum $x^2$. Nada mais importa — sinal e coeficiente mudarão a aparência física da parábola (de que maneira ela se abre ou a sua amplitude), mas não mudarão o fato de que se trata de uma parábola.

- **Elipse: Quando $x$ e $y$ são ambos elevados ao quadrado e os coeficientes são positivos, mas diferentes.**

  A equação $3x^2 - 9x + 2y^2 + 10y - 6 = 0$ é um exemplo de elipse. Os coeficientes de $x^2$ e $y^2$ são diferentes, mas ambos são positivos.

- **Hipérbole: Quando $x$ e $y$ estão ambos elevados ao quadrado e exatamente um dos coeficientes é negativo (os coeficientes podem ser iguais ou diferentes).**

  A equação $4y^2 - 10y - 3x^2 = 12$ é um exemplo de hipérbole. Desta vez, os coeficientes de $x^2$ e $y^2$ são diferentes, mas um deles é negativo, o que é necessário para obter um gráfico de uma hipérbole.

As equações para as quatro seções cônicas são bastante semelhantes umas às outras, com diferenças sutis (um sinal de adição em vez de um de subtração, por exemplo, produzirá um tipo completamente diferente de seção cônica). Se você confundir as formas das equações, acabará elaborando um gráfico com a forma errada, por isso, preste atenção!

# Andando em Círculos

É simples trabalhar com círculos em pré-cálculo. Um círculo possui um centro, um raio e muito pontos. Nesta seção, mostramos como elaborar o gráfico de círculo no plano de coordenadas e descobrir a partir do gráfico e da equação do círculo onde fica seu centro e qual é o raio.

## Desenhando o gráfico de um círculo

A primeira coisa que você precisa saber para elaborar o gráfico de uma equação de um círculo é onde, em um plano, o centro está localizado. A equação de um círculo se parece com $(c - h)^2 + (y - v)^2 = r^2$. Chamamos essa forma de forma *centro-raio* (ou forma padrão), pois ela oferece ambas as informações ao mesmo tempo. O $h$ e o $v$ representam o centro do círculo no ponto $(h, v)$, e $r$ delimita o raio. Especificamente, $h$ representa o deslocamento horizontal — a distância para a esquerda ou para a direita do centro do círculo a partir do eixo $y$. A variável $v$ representa o deslocamento vertical — a distância para cima ou para baixo do centro a partir do eixo $x$. A partir do centro, é possível contar as unidades de $r$ (o raio) horizontalmente em ambas as direções e verticalmente em ambas as direções. Isso oferecerá quatro pontos diferentes, todos equidistantes do centro. Conecte esses quatro pontos com a melhor curva que puder desenhar para obter o gráfico do círculo.

### Na origem

O círculo mais simples a ser grafado tem seu centro na origem $(0, 0)$. Devido ao fato de que $h$ e $v$ são zero, eles podem desaparecer e você pode simplificar a equação do círculo padrão para $x^2 + y^2 = r^2$. Por exemplo, para elaborar o gráfico do círculo $x^2 + y^2 = 16$, siga estes passos:

1. **Perceba que o círculo tem seu centro na origem (não há $h$ nem $v$) e coloque este ponto lá.**

2. **Calcule o raio para encontrar $r$.**

    Estabeleça $r^2 = 16$. Nesse caso, você obtém $r = 4$.

3. **Delimite os pontos do raio no plano de coordenadas.**

    Você pode contar 4 em todas as direções a partir do centro $(0, 0)$: para a esquerda, para a direita, para cima e para baixo.

4. **Conecte os pontos para desenhar o gráfico do círculo usando uma curva suave.**

   A Figura 12-2 mostra este círculo no plano.

**Figura 12-2:** Elaborando o gráfico de um círculo com centro na origem.

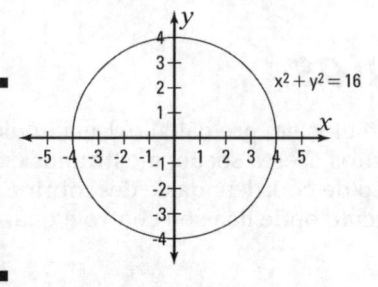

## Afastado da origem

Elaborar um círculo em qualquer lugar no plano de coordenadas é muito fácil quando sua equação aparece na forma centro-raio. Tudo o que você faz é delimitar o centro do círculo em $(h, k)$, e então contar a partir do centro as unidades de $r$ nas quatro direções (para cima, para baixo, para a esquerda e para a direita). Depois, conecte esses quatro pontos com um círculo. Infelizmente, embora seja muito mais fácil elaborar o gráfico de círculos na origem, poucos gráficos são tão simples como este. Em pré-cálculo, você trabalha com a transformação de gráficos de todos os tamanhos e formas diferentes (isto não é nada novo, certo?). Felizmente, todos estes gráficos seguem o mesmo padrão para deslocamentos horizontais e verticais, por isso, você não precisa se lembrar de muitas regras.

**LEMBRE-SE**

Não se esqueça de trocar o sinal de $h$ e $v$ de dentro dos parênteses na equação. Isso é necessário, pois $h$ e v estão dentro dos símbolos de agrupamento, o que significa que o deslocamento acontece ao oposto daquilo que você imaginaria (consulte o Capítulo 3 para mais informações sobre o deslocamento de gráficos).

Por exemplo, para elaborar o gráfico da equação $(x - 3)^2 + (y + 1)^2 = 25$:

1. **Localize o centro do círculo a partir da equação $(h, v)$.**

   $(x - 3)^2$ significa que a coordenada $x$ é 3 positivo.

   $(y + 1)^2$ significa que a coordenada $y$ do centro é 1 negativo.

   Posicione o centro do círculo em $(3, -1)$.

2. **Calcule o raio encontrando $r$.**

   Estabeleça $r^2 = 25$ e tire a raiz quadrada de ambos os lados para obter $r = 5$.

3. **Delimite os pontos do raio no plano de coordenadas.**

   Conte 5 unidades para cima, para baixo, para a esquerda e para a direita a partir do centro em $(3, -1)$. Isso significa que você deve ter pontos em $(8, -1)$, $(-2, -1)$, $(3, -6)$ e $(3, 4)$.

4. **Conecte os pontos do gráfico do círculo com uma linha curva e suave.**

   Consulte a Figura 12-3 para ter uma representação visual deste círculo.

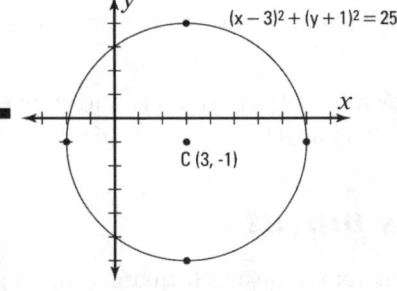

**Figura 12-3:** Desenhando um círculo cujo centro não está na origem.

$(x-3)^2 + (y+1)^2 = 25$

C (3, -1)

Alguns livros usam $h$ e $k$ para representar o deslocamento horizontal e vertical dos círculos. No entanto, nós nos referimos aos deslocamentos como $h$ para o deslocamento horizontal, e $v$ para os deslocamentos verticais. Sabe-se lá por que todo mundo escolheu $h$ e $k$, mas acreditamos que $h$ e $v$ é muito mais fácil de se lembrar!

Às vezes, a equação está na forma centro-raio (e desenhar seu gráfico é mamão com açúcar) e, às vezes, você tem que manipular a equação um pouco para deixá-la de uma forma que seja fácil de trabalhar. Quando um círculo não aparece na forma centro-raio, você tem que completar o quadrado para encontrar o centro. (Falamos mais sobre esse processo no Capítulo 4, por isso, se você não estiver familiarizado com ele, volte lá para se lembrar.)

# Passando por Altos e Baixos com as Parábolas

Embora as parábolas se pareçam com simples curvas com formato de U, existem, na verdade, variáveis bastante complicadas em funcionamento para que elas tenham essa aparência. Devido ao fato de que elas envolvem a elevação de um valor ao quadrado (e de um valor apenas), elas se tornam uma imagem espelhada no eixo de simetria, assim como as funções quadráticas do Capítulo 3. Devido ao fato de que um número positivo elevado ao quadrado é positivo, e o oposto desse número (um número negativo) também é positivo, você obtém um gráfico em forma de U.

As parábolas que discutimos no Capítulo 3 são todas *funções* quadráticas, o que significa que elas passaram no teste da linha vertical. O objetivo das parábolas neste capítulo, no entanto, é discuti-las não como funções, mas como seções cônicas. Quer saber qual é a diferença? As funções quadráticas devem se encaixar na definição de uma função, enquanto que, se discutirmos as parábolas como seções cônicas, elas podem ser verticais (assim como as funções) ou horizontais (como um U de lado, que não se encaixa na definição acerca de passar no teste da linha vertical)*.

Nesta seção, apresentamos diferentes parábolas que você encontrará em sua jornada pelas seções cônicas.

## Identificando as partes

Cada uma dessas parábolas tem o mesmo formato geral; no entanto, a largura das parábolas, sua localização no plano de coordenadas, e qual a direção para a qual elas se abrem podem variar muito de uma para a outra. Uma coisa que se aplica para todas as parábolas é sua simetria, o que significa que você pode dobrar uma parábola ao meio sobre si mesma. A linha que divide uma parábola ao meio é chamada de *eixo de simetria*. O *foco* é um ponto no lado de dentro (e não sobre) da parábola que fica no eixo de simetria, e a *diretriz* é uma linha que corre do lado de fora da parábola, perpendicularmente ao eixo de simetria. O *vértice* da parábola fica exatamente no meio do caminho entre o foco e a diretriz. Lembre-se de geometria, em que a distância entre qualquer linha e um ponto que não esteja nessa linha é um segmento de linha do ponto perpendicular à linha. Portanto, a parábola é formada por todos os pontos equidistantes do foco e da diretriz. A distância entre o vértice e o foco, então, dita a largura da parábola.

A primeira coisa que você precisa encontrar para desenhar o gráfico de uma parábola é onde está localizado o vértice. A partir daí, é possível descobrir se ela deve estar para cima e para baixo (uma parábola vertical) ou de lado (uma parábola horizontal). Os coeficientes da parábola também dirão de que maneira a parábola se abre (em direção aos números positivos ou negativos).

Se você está desenhando o gráfico de uma parábola vertical, então o vértice também é o valor máximo ou mínimo da curva. Isso tem milhares de aplicações no mundo real para que você explore. Maior geralmente é melhor, e a área máxima é indiferente. As parábolas são bastante úteis ao informar a área máxima (ou, à vezes, mínima). Por exemplo, se você estiver construindo um passeio para cachorro com uma quantidade preestabelecida de cercas, você pode usar as parábolas para descobrir as dimensões do passeio que produziriam a área máxima para que seu cachorro passeasse. Au-au!

---

* Para identificar se é ou não uma função: quando uma linha vertical corta o gráfico em mais de um ponto, não é função.

## Entendendo as características de uma parábola padrão

A elevação ao quadrado das variáveis na equação da parábola determina onde ela se abre:

- **Quando o *x* é elevado ao quadrado e *y* não,** o eixo de simetria é vertical, o eixo de simetria é para cima ou para baixo. Por exemplo, $y = x^2$ é uma parábola vertical; seu gráfico é mostrado na Figura 12-4a.

- **Quando *y* é elevado ao quadrado e *x* não,** o eixo de simetria é horizontal e a parábola se abre para a esquerda ou para a direita. Por exemplo, $x = y^2$ é uma parábola horizontal; ela é mostrada na Figura 12-4b.

Ambas estas parábolas possuem o vértice localizado na origem.

Tome cuidado com os coeficientes negativos nas parábolas. Se a parábola for vertical, um coeficiente negativo fará a parábola se abrir para baixo. Se a parábola for horizontal, um coeficiente negativo fará com que ela se abra para a esquerda.

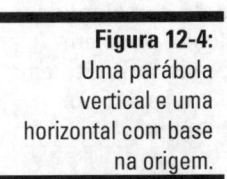

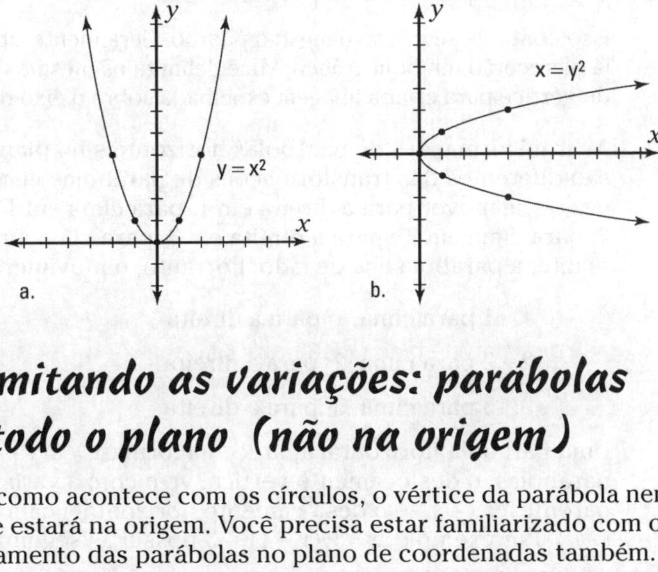

**Figura 12-4:** Uma parábola vertical e uma horizontal com base na origem.

## Delimitando as variações: parábolas em todo o plano (não na origem)

Assim como acontece com os círculos, o vértice da parábola nem sempre estará na origem. Você precisa estar familiarizado com o deslocamento das parábolas no plano de coordenadas também. Certos movimentos, especialmente o movimento de objetos que caem, deslocam-se em um formato parabólico em relação ao tempo. Por exemplo, a altura que atinge uma bola lançada para o ar no instante *t* pode ser descrita pela equação $h(t) = -16t^2 + 32t$. Encontrar o vértice dessa equação pode informar a altura máxima da bola, e também o momento em que ela alcançou esta altura. Encontrar as interseções de *x* também podem informar quando a bola atingirá o chão novamente.

Uma parábola vertical escrita na forma $y = a(x - h)^2 + v$ oferece as seguintes informações:

- **Uma transformação vertical (designada pela variável $a$).**
  Por exemplo, para $y = 2(x - 1)^2 - 3$, cada ponto é estendido verticalmente por um fator de dois (consulte a Figura 12-5a para ver o gráfico). Isso significa que toda vez que você delimita um ponto no gráfico, a altura original de $y = x^2$ é multiplicada por dois.

- **O deslocamento horizontal do gráfico (designado pela variável $h$).** Nesse exemplo, o vértice é deslocado para a direita da origem em uma unidade ($-h$; não se esqueça de trocar o sinal dentro dos parênteses).

- **O deslocamento vertical do gráfico (designado pela variável $v$).** Nesse exemplo, o vértice é deslocado para baixo em três unidades ($+v$).

Todas as parábolas verticais com uma transformação vertical de uma unidade se movem de acordo com o seguinte padrão após elaborar o gráfico do vértice:

1. 1 para a direita, $1^2$ para cima
2. 2 para a direita, $2^2$ para cima
3. 3 para a direita, $3^2$ para cima

Isso continua seguindo o mesmo padrão. Geralmente, somente alguns pontos já oferecerão um bom gráfico. Você delimita os mesmos pontos do outro lado do vértice para criar a imagem espelhada sobre o eixo de simetria.

As transformações de parábolas horizontais no plano de coordenadas são diferentes das transformações de parábolas verticais, pois, em vez de se mover para a direita em 1, para cima em $1^2$; para a direita em 2, para cima em $2^2$; para a direita em 3, para cima em $3^2$ e assim por diante, a parábola fica de lado. Portanto, o movimento segue:

1. 1 para cima, $1^2$ para a direita
2. 2 para cima, $2^2$ para a direita
3. 3 para cima, $3^2$ para a direita

Uma parábola horizontal aparece na forma $x = a(y - v)^2 + h$. Nestas parábolas, o deslocamento vertical vem com a variável $y$ dentro dos parênteses ($-v$), e o deslocamento horizontal fica fora dos parênteses ($+h$). Por exemplo, $x = \frac{1}{2}(y - 1)^2 + 3$ possui as seguintes características:

Uma transformação vertical de ½ em todos os pontos.

O vértice é movido para cima em uma unidade (você troca o sinal, pois ele está dentro dos parênteses).

O vértice é movido para a direita em três unidades.

É possível ver o gráfico desta parábola na Figura 12-5b.

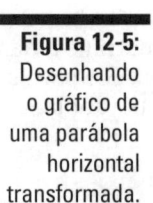

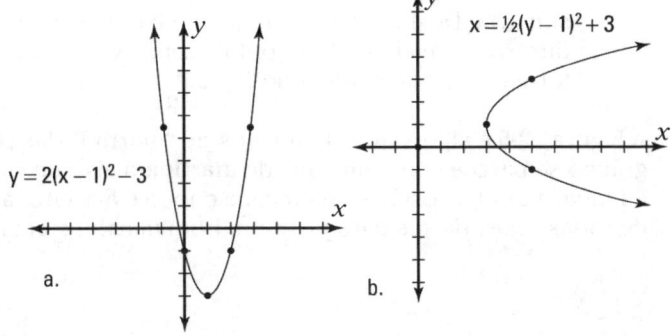

**Figura 12-5:** Desenhando o gráfico de uma parábola horizontal transformada.

a. $y = 2(x-1)^2 - 3$

b. $x = \frac{1}{2}(y-1)^2 + 3$

## Encontrando o vértice, o eixo de simetria, o foco e a diretriz

Para desenhar o gráfico de uma parábola corretamente, é importante observar se trata de uma parábola horizontal ou vertical. Isto porque embora as variáveis e as constantes nas equações de ambas as curvas sirvam para o mesmo objetivo, seu efeito sobre os gráficos, no final, é um pouco diferentes. Adicionar uma constante dentro dos parênteses da parábola vertical fará com que tudo se mova horizontalmente, enquanto adicionar uma constante dentro dos parênteses de uma parábola horizontal fará com que ela se mova verticalmente (consulte a seção anterior para mais informações). É importante observar estas diferenças antes de começar a desenhar o gráfico, para que você não o mova acidentalmente na direção errada. Nas seções a seguir, mostramos como encontrar todas essas informações para as parábolas verticais e horizontais.

### De uma parábola vertical

Uma parábola vertical possui seu eixo de simetria em $x = h$, e o vértice é $(h, v)$. Com estas informações, é possível encontrar as seguintes partes da parábola:

- **Foco:** A distância entre o vértice até o foco é $\frac{1}{4a}$, em que $a$ pode ser encontrado na equação da parábola (é a grandeza escalar em frente aos parênteses). O foco, enquanto um ponto, é $(h, v + \frac{1}{4a})$; ele deve estar diretamente acima ou diretamente abaixo do vértice. Ele sempre aparece dentro da parábola.

- **Diretriz:** A equação da diretriz é $y = v - \frac{1}{4a}$. Deve ter a mesma distância do vértice ao longo do eixo de simetria que o foco, na direção oposta.

A diretriz aparece fora da parábola e é perpendicular ao eixo de simetria. Devido ao fato de que o eixo de simetria é vertical, a diretriz é uma linha horizontal; assim, ela possui uma equação de forma $y = a$ constante, que é $v - \frac{1}{4a}$.

A Figura 12-6 é algo a que chamamos de "martini" das parábolas. O gráfico se parece com uma taça de martini: o eixo de simetria é a haste da taça, a diretriz é a base da taça, e o foco é a azeitona. Você precisa de todas essas partes para fazer um bom martini e uma parábola.

**Figura 12-6:**
Todas as partes de uma parábola vertical: batido, não misturado.

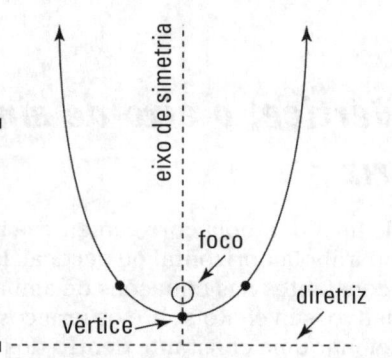

Por exemplo, a equação $y = 2(x - 1)^2 - 3$ tem seu vértice em $(1, -3)$. Isso significa que $a = 2$, $h = 1$ e $v = -3$. Com estas informações, é possível identificar todas as partes de uma parábola (eixo de simetria, foco e diretriz) como pontos ou equações:

1. **Encontre o eixo de simetria.**

   O eixo de simetria fica em $x = h$, o que significa que $x = 1$.

2. **Determine a distância focal e escreva o foco como um ponto.**

   É possível encontrar a distância focal usando a fórmula $\frac{1}{4a}$.
   Devido ao fato de que $a = 2$, a distância focal para essa parábola é ⅛. Com essa distância, é possível escrever o foco como o ponto $(h, v + \frac{1}{4a})$, ou $(1, -2⅞)$.

3. **Encontre a diretriz.**

   Você pode usar a equação da diretriz: $y = v - \frac{1}{4a}$, ou $y = -3 ⅛$

4. **Elabore o gráfico da parábola e identifique todas as suas partes.**

   Você pode ver o gráfico, com todas as suas partes, na Figura 12-7. É sempre uma boa ideia delimitar pelo menos dois outros pontos além do vértice para que você possa mostrar que sua transformação vertical está correta. Devido ao fato de que a transformação vertical nessa equação é um fator de 2, os dois pontos em ambos os lados do vértice serão estendidos em um fator de duas unidades. Assim, a partir do vértice, você delimita um ponto que fica à direita em uma unidade, e para cima em duas (em vez de para cima em uma). Depois, você pode desenhar o mesmo ponto do outro lado do eixo de simetria; os outros dois pontos do gráfico estão em (2, –1) e (0, –1).

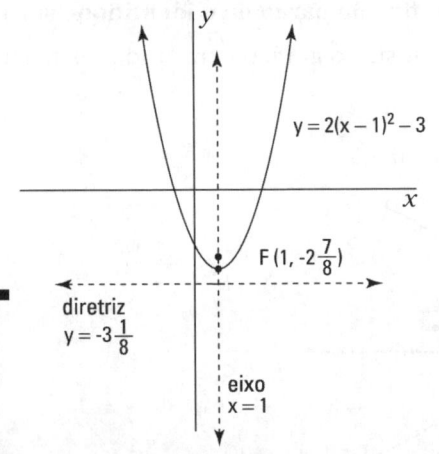

**Figura 12-7:** Encontrando todas as partes da parábola $y = 2(x - 1)^2 - 3$.

Gráfico mostrando $y = 2(x-1)^2 - 3$, com foco $F(1, -2\frac{7}{8})$, diretriz $y = -3\frac{1}{8}$, e eixo $x = 1$.

### De uma parábola horizontal

Uma parábola horizontal apresenta suas próprias equações para que suas partes sejam encontradas; estas são um pouco diferentes quando comparadas com uma parábola vertical; a distância até o foco e a diretriz a partir do vértice, neste caso, é horizontal, pois eles se movem ao longo do eixo de simetria, que é uma linha horizontal. Assim, $\frac{1}{4a}$ é adicionado e subtraído de $h$. Eis um resumo:

- O eixo de simetria fica em $y = v$, e o vértice ainda fica em $(h, v)$.
- O foco fica diretamente à esquerda ou à direita do vértice, no ponto $(h + \frac{1}{4a}, v)$.
- A diretriz fica à mesma distância do vértice que o foco, na direção oposta, em $x = h - \frac{1}{4a}$.

Por exemplo, trabalhe com a equação $x = \frac{1}{8}(y - 1)^2 + 3$:

1. **Encontre o eixo de simetria.**

   O vértice desta parábola é (3, 1). O eixo de simetria fica em $y = v$, então, para esse exemplo, fica em $y = 1$.

2. **Determine a distância focal e escreva isto como um ponto.**

   Para a equação acima, $a = \frac{1}{2}$ e, por isso, a distância focal é 2. Adicione este valor a $h$ para encontrar o foco: (3 + 2, 1) ou (5, 1).

3. **Encontre a diretriz.**

   Subtraia a distância focal do Passo 2 de $h$ para encontrar a equação da diretriz. Devido ao fato de que essa é uma parábola horizontal e o eixo de simetria é horizontal, a diretriz será vertical. A equação da diretriz é $x = 3 - 2$ ou $x = 1$.

4. **Desenhe o gráfico da parábola e identifique suas partes.**

   A Figura 12-8 mostra o gráfico e traz todas as partes identificadas para você.

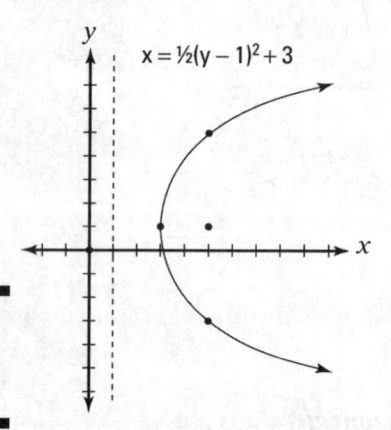

**Figura 12-8:** O gráfico de uma parábola horizontal.

$x = ½(y - 1)^2 + 3$

O foco fica dentro da parábola, e a diretriz é uma linha vertical a 2 unidades do vértice.

## Identificando o mínimo e o máximo em parábolas verticais

As parábolas verticais oferecem uma informação importante: quando a parábola se abre para cima, o vértice é o ponto mais baixo do gráfico — chamado de *mínimo*. Quando a parábola se abre para baixo, o vértice é o ponto mais alto do gráfico — chamado de *máximo*. Somente as parábolas verticais podem ter valores mínimos ou máximos, pois as parábolas horizontais não têm limite de altura. Encontrar o máximo de uma parábola pode informar a altura máxima que atinge uma bola jogada para o ar, a área máxima de um retângulo, o valor máximo ou mínimo do lucro de uma empresa, e assim por diante.

Por exemplo, digamos que um problema peça que você encontre dois números cuja soma seja 10 e cujo produto seja uma máxima. É possível identificar duas equações diferentes escondidas nesse enunciado:

$x + y = 10$

$x \cdot y = \text{MAX}$

Se você é como nós, você não gosta de misturar variáveis quando não é necessário, por isso, sugerimos que você resolva uma equação para encontrar uma variável para poder substituí-la na outra equação. Isso fica mais fácil se você resolver a equação que não inclui um valor mínimo ou máximo. Por isso, se $x + y = 10$, você pode dizer que $y = 10 - x$. É possível inserir esse valor na outra equação para obter o seguinte:

$$(10 - x) \cdot x = \text{MAX}$$

Se você distribuir o $x$ do lado de fora, obterá $10x - x^2 = \text{MAX}$. Essa é uma equação quadrática para a qual você precisa encontrar o vértice completando o quadrado (que colocará a equação na forma que você está acostumado a ver, que identifica o vértice) — que oferecerá o valor máximo. Para fazer isso, siga esses passos:

1. **Reorganize os termos em ordem descendente.**

   Isto o deixa com $-x^2 - 10x = \text{MAX}$.

2. **Fatore o termo regente.**

   Isto o deixa com $-1(x^2 - 10x) = \text{MAX}$.

3. **Complete o quadrado (consulte o Capítulo 4 para uma referência).**

   Isto expande a equação para $-1(x^2 - 10x + 25) = \text{MAX} - 25$. Observe que o $-1$ em frente aos parênteses transformou 25 em $-25$, e é por isso, que você deve adicionar $-25$ também ao lado direito.

4. **Fatore as informações dentro dos parênteses.**

   Você obtém $-1(x - 5)^2 = \text{MAX} - 25$.

5. **Mova a constante para o outro lado da equação.**

   Você acaba com $-1(x - 5)^2 + 25 = \text{MAX}$.

O vértice da parábola é (5, 25) (consulte a seção anterior "Delimitando as variações: parábolas por todo o plano (não na origem)"). Isto significa que o número que você está procurando para ($x$) é 5, e o produto máximo é 25. Você pode inserir 5 no lugar de $x$ para obter $y$ em qualquer uma das equações: $5 + y = 10$, ou $y = 5$.

A Figura 12-9 mostra o gráfico da função máxima para ilustrar que o vértice, neste caso, é o ponto máximo.

Aliás, uma calculadora gráfica pode encontrar facilmente o vértice para este tipo de questão. Mesmo na forma da tabela, você pode ver a partir da simetria da parábola que o vértice é o ponto mais alto (ou o mais baixo).

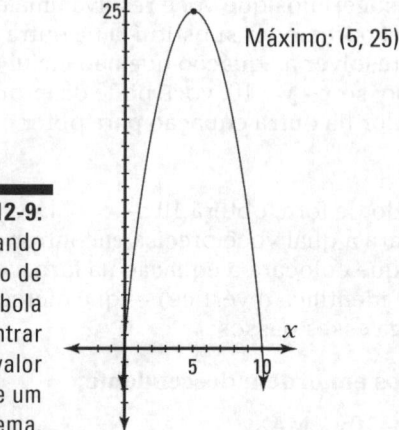

**Figura 12-9:** Desenhando o gráfico de uma parábola para encontrar um valor máximo de um problema.

## A Parte Gorda e a Magra da Elipse (Uma Palavra Rebuscada que quer Dizer "Oval")

Uma elipse é um conjunto de pontos no plano, criando uma forma oval e curva, de forma que a soma das distâncias de qualquer ponto na curva de dois pontos fixos (os focos) seja uma constante (sempre igual). Uma elipse é basicamente um círculo que foi estreitado horizontal ou verticalmente.

Você aprende mais quando visualiza? Eis o modo com você pode imaginar uma elipse: pegue um pedaço de papel e pregue-o a um quadro de cortiça com dois pinos. Amarre um pedaço de barbante ao redor dos dois pinos, um pouco mais folgado. Usando um lápis, puxe o barbante para que ele fique esticado e depois faça uma volta ao redor dos pinos — mantendo-o bastante esticado durante todo o tempo. A forma que você desenha com essa técnica é uma elipse. A soma das distâncias até os pinos, neste caso, é o barbante. O comprimento do barbante é sempre o mesmo (e os diferentes comprimentos dos barbantes são, em partes, o que oferece todas as diferentes elipses).

Essa definição que diz respeito às somas das distâncias pode dar até ao melhor dos matemáticos uma dor de cabeça, pois a ideia de adicionar distâncias pode ser difícil de ser visualizada, por isso, a Figura 12-10 mostra o que queremos dizer. A distância total na linha sólida é igual à distância total na linha pontilhada.

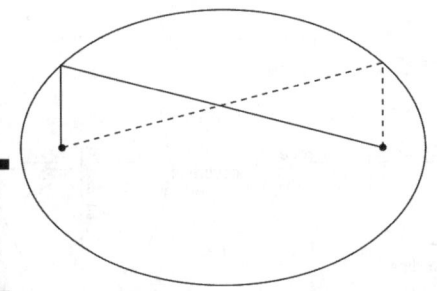

**Figura 12-10:**
Uma elipse marcada com seus focos.

## Identificando elipses e expressando-as com álgebra

Falando em termos gráficos, você deve conhecer dois tipos diferentes de elipses: as horizontais e as verticais. Uma elipse horizontal é pequena e ampla; uma vertical é alta e estreita. Cada tipo de elipse possui as seguintes partes principais:

- O ponto no meio da elipse é chamado de *centro* e é denominado $(h, v)$ assim como o vértice de uma parábola e o centro de um círculo.

- O *eixo maior* é a linha que passa pelo centro da elipse e percorre o caminho maior. A variável $a$ é a letra usada para denominar a distância do centro até a elipse no eixo maior. Os pontos terminais do eixo maior ficam na elipse e são chamados de *vértices*.

- O *eixo menor* é perpendicular ao eixo maior e passa pelo centro percorrendo o caminho menor. A variável $b$ é a letra usada para denominar a distância até a elipse a partir do centro no eixo menor. Devido ao fato de que o eixo maior é sempre mais extenso do que o menor, $a > b$. Os pontos terminais do eixo menor são chamados de *covértices*.

- Os *focos* são os dois pontos que ditam a largura da elipse. Eles sempre se localizam no eixo maior, e podem ser encontrados por meio da seguinte equação: $a^2 - b^2 = F^2$ em que $a$ e $b$ são mencionados como nos tópicos anteriores, e F é a distância a partir do centro até cada foco.

A Figura 12-11a mostra uma elipse horizontal com suas partes identificadas; a Figura 12-11b mostra uma elipse vertical. Observe que o comprimento do eixo maior é $2a$, e o comprimento do eixo menor é $2b$.

A Figura 12-11 também mostra o posicionamento correto dos focos — sempre no eixo maior.

**Figura 12-11:** As identificações de uma elipse horizontal e de uma elipse vertical.

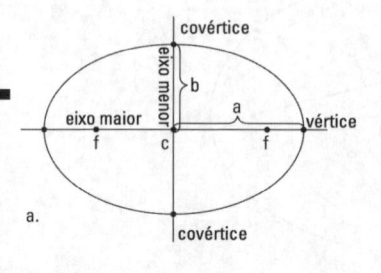

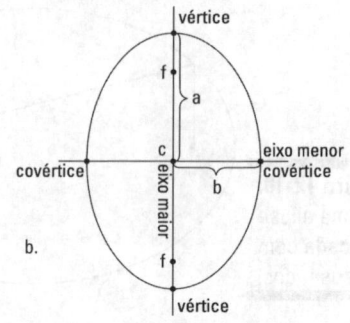

Dois tipos de equações se aplicam às elipses, dependendo se elas são horizontais ou verticais:

A equação horizontal é $\dfrac{(x-h)^2}{a^2} + \dfrac{(y-v)^2}{b^2} = 1$, com o centro em $(h, v)$, o eixo maior de $2a$, e o eixo menor de $2b$.

A equação vertical é $\dfrac{(x-h)^2}{b^2} + \dfrac{(y-v)^2}{a^2} = 1$, com as mesmas partes — embora a e b tenham trocado de lugar.

Quando o número maior $a$ estiver embaixo de $x$, a elipse é horizontal; quando o número maior estiver embaixo de $y$, ela é vertical.

## Identificando as partes da forma oval: vértices, covértices, eixos e focos

Você tem que estar preparado não somente para desenhar o gráfico de elipses, mas também para identificar todas as suas partes. Se um problema pedir que você calcule as partes de uma elipse, você tem que estar pronto para lidar com as assustadoras raízes quadradas ou decimais. A Tabela 12-1 apresenta as partes de uma forma útil e fácil de visualizar. Esta seção prepara você para desenhar o gráfico e para encontrar todas as partes de uma elipse.

## Tabela 12-1  Partes da Elipse

| | Elipse Horizontal | Elipse Vertical |
|---|---|---|
| Equação | $\dfrac{(x-h)^2}{a^2}+\dfrac{(y-v)^2}{b^2}=1$ | $\dfrac{(x-h)^2}{b^2}+\dfrac{(y-v)^2}{a^2}=1$ |
| Centro | (h, v) | (h, v) |
| Vértices | (h ± a, v) | (h, v ± a) |
| Covértices | (h, v ± b) | (h ± b, v) |
| Comprimento do eixo maior | 2a | 2a |
| Comprimento do eixo menor | 2b | 2b |
| Focos quando $F^2 = a^2 - b^2$ | (h ± F, v) | (h, v ± F) |

### Vértices e covértices

Para encontrar os vértices em uma elipse horizontal, use $(h \pm a, v)$; para encontrar os covértices, use $(h, v \pm b)$. Uma elipse vertical possui vértices em $(h, v \pm a)$ e covértices em $(h \pm b, v)$.

Por exemplo, observe $\dfrac{(x-5)^2}{9} + \dfrac{(y+1)^2}{16} = 1$, que já está na forma correta para a elaboração do gráfico. Você sabe que $h = 5$ e $v = -1$ (trocando os sinais dentro do parênteses). Você também sabe que $a^2 = 16$ (pois a tem de ser o número maior!), ou $a = 4$. Se $b^2 = 9$, $b = 3$.

Este exemplo é uma elipse vertical, pois o número maior está embaixo de $y$, por isso, assegure-se de usar a fórmula correta. Esta equação possui vértices em $(5, -1 \pm 4)$, ou $(5, 3)$ e $(5, -5)$. Ela possui covértices em $(5 \pm 3, -1)$, ou $(8, -1)$ e $(2, -1)$.

### Os eixos e focos

O eixo maior em uma elipse horizontal é dado pela equação $y = v$; o eixo menor é dado por $x = h$. O eixo maior em uma elipse vertical é representado por $x = h$; o eixo menor é representado por $y = v$. O comprimento do eixo maior é $2a$, e o comprimento do eixo menor é $2b$.

É possível calcular a distância entre o centro e o foco em uma elipse (de qualquer variedade) usando a equação $a^2 - b^2 = F^2$, em que $F$ é a distância do centro até cada foco. Os focos sempre aparecem no eixo maior na distância dada ($F$) a partir do centro.

Usando o exemplo da seção anterior, é possível encontrar os focos com a equação $16 - 9 = F^2$. A distância focal é $\sqrt{7}$. Devido ao fato de que a elipse é vertical, os focos estão em $(5, -1 \pm \sqrt{7})$.

### *Trabalhando com uma elipse em formato não padrão*

E se a equação elíptica apresentada não estiver em formato padrão? Observe o exemplo $3x^2 - 6x + 4y^2 - 16y - 5 = 0$. Antes de fazer qualquer coisa, determine que a equação é uma elipse, pois os coeficientes em $x^2$ e $y^2$ são ambos positivos, mas não são iguais. Siga estes passos para colocar a equação na forma padrão:

1. **Adicione a constante do outro lado.**

    Isso o deixa com $3x^2 - 6x + 4y^2 - 16y = 5$.

2. **Complete o quadrado.**

    Você precisa fatorar duas constantes diferentes agora — os coeficientes diferentes para $x^2$ e $y^2$:

    $3(x^2 + 2x + 1) + 4(y^2 - 4y + 4) = 5$

3. **Equilibre a equação adicionando os novos termos do outro lado.**

    Em outras palavras, $3(x^2 + 2x + 1) + 4(y^2 - 4y - 4) = 5 - 3 + 16$.

    *Nota:* Adicionar 1 e 4 dentro dos parênteses na verdade significa adicionar $3 \cdot 1$ e $4 \cdot 4$ de cada lado, pois você deve multiplicar pelo coeficiente antes de adicionar ao lado direito.

4. **Fatore o lado esquerdo da equação e simplifique o direito.**

    Agora você tem $3(x + 1)^2 + 4(y - 2)^2 = 24$.

5. **Divida a equação pela constante do lado direito para obter 1 e depois reduza as frações.**

    Agora você tem a forma $\dfrac{(x+1)^2}{8} + \dfrac{(y-2)^2}{6} = 1$.

6. **Determine se a elipse é horizontal ou vertical.**

    Devido ao fato de que o número maior está abaixo de $x$, essa elipse é horizontal.

7. **Encontre o centro e o comprimento dos eixos maior e menor.**

    O centro está localizado em $(h, v)$, ou $(-1, 2)$. Se $a^2 = 8$, $a = 2\sqrt{2} \approx 2{,}83$. Se $b^2 = 6$, $b = \sqrt{6} \approx 2{,}45$.

8. **Desenhe o gráfico da elipse para determinar os vértices e covértices.**

    Vá para o centro primeiro e marque o ponto. Devido ao fato de que esta elipse é horizontal, $a$ se moverá para a esquerda e para a direita em $2\sqrt{2}$ unidades (aproximadamente 2,83), a partir do centro, e $\sqrt{6}$ unidades (aproximadamente 2,45) para cima e para baixo, a partir do centro. Delimitar esses pontos localizará os vértices da elipse.

    Seus vértices estão em $(-1 \pm 2\sqrt{2}, 2)$ e seus covértices estão em $(-1, 2 \pm \sqrt{6})$. O eixo maior está em $y = 2$ e o eixo menor está em $x = -1$. O comprimento do eixo maior é $2 \cdot 2\sqrt{2}$, ou $4\sqrt{2}$, e o comprimento do eixo menor é $2 \cdot \sqrt{6}$.

9. **Delimite os focos da elipse.**

   Você determina a distância focal do centro até os focos nesta elipse com a equação $8 - 6 = F^2$, assim, $2 = F^2$. Portanto, $F = \sqrt{2} \approx 1,41$. Os focos, representados como pontos, estão localizados em $(-1 \pm \sqrt{2}, 2)$.

A Figura 12-12 mostra todas as partes desta elipse em toda a sua ampla glória.

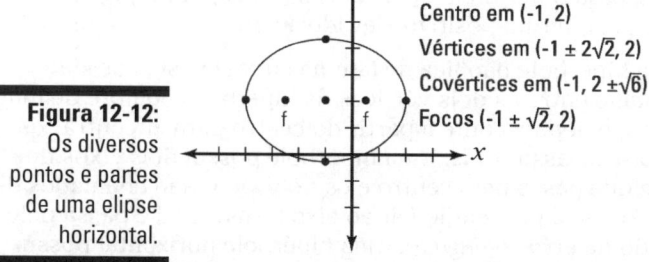

**Figura 12-12:** Os diversos pontos e partes de uma elipse horizontal.

Centro em (-1, 2)
Vértices em $(-1 \pm 2\sqrt{2}, 2)$
Covértices em $(-1, 2 \pm \sqrt{6})$
Focos $(-1 \pm \sqrt{2}, 2)$

# Junte Duas Parábolas e o que Você Tem? Hipérboles

Hipérbole significa literalmente "passar dos limites" em grego, por isso, é um nome adequado: uma *hipérbole* é basicamente "mais do que uma parábola." Pense em uma hipérbole como uma mistura entre duas parábolas — cada uma sendo uma imagem espelhada perfeita da outra, cada uma se abrindo na direção oposta da outra. Os vértices destas parábolas estão separados por uma determinada distância, e ambos estão abertos vertical ou horizontalmente.

A definição matemática de uma hipérbole é o conjunto de todos os pontos, em que a diferença na distância entre dois pontos fixos (chamados de focos) é constante. Nesta seção, você descobre o que vale e o que não vale para as hipérboles, incluindo como nomear suas partes e desenhar seu gráfico.

## *Visualizando os dois tipos de hipérboles e suas partes*

Similarmente às elipses (consulte a seção anterior), há dois tipos de hipérboles: as horizontais e as verticais.

**Parte III: Geometria Analítica e Resolução de Sistemas**

**REGRAS DO PRÉ-CÁLCULO 1 +1 2**

A equação para uma hipérbole horizontal é $\dfrac{(x-h)^2}{a^2} - \dfrac{(y-v)^2}{b^2} = 1$. A equação para uma hipérbole vertical é $\dfrac{(y-v)^2}{a^2} - \dfrac{(x-h)^2}{b^2} = 1$. Observe que $x$ e $y$ trocam de lugares (bem como $h$ e $v$ juntos a eles), para identificar horizontal versus vertical, em comparação às elipses, mas $a$ e $b$ permanecem iguais. Assim, para as hipérboles, $a^2$ deve sempre vir primeiro, mas não é necessariamente o maior valor. Mais precisamente, $a$ está sempre elevado ao quadrado abaixo do termo positivo (seja $x^2$ ou $y^2$). Basicamente, para obter uma hipérbole na forma padrão, você deve se assegurar de que o termo positivo elevado ao quadrado vem primeiro.

O centro de uma hipérbole não fica de fato na curva em si, mas sim exatamente no meio entre os dois vértices da hipérbole. Sempre delimite o centro primeiro, e depois conte a partir do centro para encontrar os vértices, os eixos e as assíntotas. Uma hipérbole possui dois eixos de simetria. Aquele que passa pelo centro e os dois focos são chamados de *eixo transversal*; o que é perpendicular ao eixo transversal e passa pelo centro é chamado de *eixo conjugado*. Uma hipérbole horizontal possui seu eixo transversal em $y = v$ e o eixo conjugado em $x = h$; uma hipérbole vertical possui o eixo transversal em $x = h$ e o eixo conjugado em $y = v$.

Você pode ver os dois tipos de hipérboles na Figura 12-13. A Figura 12-13a é uma hipérbole horizontal e a Figura 12-13b é uma vertical.

**Figura 12-13:**
Uma hipérbole horizontal e uma vertical, dissecadas para que você observe.

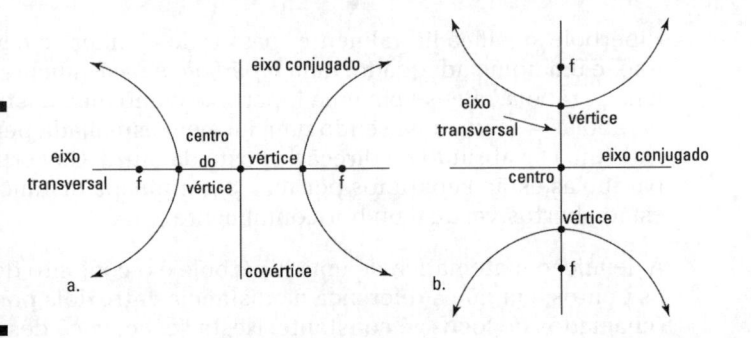

Se a hipérbole cujo gráfico você está tentando desenhar não estiver no formato padrão, então você precisa completar o quadrado para deixá-la no formato padrão. Para obter os passos de como completar o quadrado com seções cônicas, consulte a seção "Identificando o mínimo e o máximo em parábolas verticais", anteriormente neste capítulo.

Por exemplo, a equação $\dfrac{(y-3)^2}{16} - \dfrac{(x+1)^2}{9} = 1$ é uma hipérbole vertical. O centro $(h, v)$ é $(-1, 3)$. Se $a^2 = 16$, $a = 4$, o que significa que você conta na direção vertical (pois é o número abaixo da variável $y$); e se $b^2 = 9$, $b = 3$ (o que significa que você conta horizontalmente 3 unidades a partir do centro para a esquerda e para a direita). A distância do centro até a extremidade do retângulo marcada como "$a$" determina metade do comprimento do eixo transversal, e a distância até a extremidade do retângulo marcada como "$b$" determina o eixo conjugado. Em uma hipérbole, $a$ pode ser maior que, menor que ou igual a $b$. Se você contar as unidades de $a$ a partir do centro ao longo do eixo transversal, e as unidades de $b$ a partir do centro em ambas as direções ao longo do eixo conjugado, estes quatro pontos serão os pontos médios dos lados de um retângulo muito importante. Este retângulo possui lados que são paralelos aos eixos $x$ e $y$ (em outras palavras, não conecte simplesmente os quatro pontos, pois eles são pontos médios dos lados, e não os cantos do retângulo). Este retângulo será um guia útil quando for a hora de desenhar o gráfico da hipérbole.

Mas como você pode ver na Figura 12-13, as hipérboles contêm outras partes importantes que devem ser consideradas. Por exemplo, uma hipérbole possui dois vértices. Há duas equações diferentes — uma para hipérboles horizontais e outra para hipérboles verticais:

- Uma hipérbole horizontal possui vértices em $(h \pm a, v)$.
- Uma hipérbole vertical possui vértices em $(h, v \pm a)$.

Os vértices para o exemplo anterior estão em $(-1, 3 \pm 4)$, ou $(-1, 7)$ e $(-1, -1)$.

É possível encontrar os focos de qualquer hipérbole usando a equação $a^2 + b^2 = F^2$, em que $F$ é a distância entre o centro até os focos ao longo do eixo transversal, o mesmo eixo em que estão os vértices. A distância $F$ se move na mesma direção que $a$. Continuando com nosso exemplo: $16 + 9 = F^2$, ou $25 = F^2$. Tirando a raiz de ambos os lados, você obtém $5 = F$.

Para nomear os focos como pontos em uma hipérbole horizontal, usa-se $(h \pm F, v)$; para nomeá-los em uma hipérbole vertical, usa-se $(h, v \pm F)$. Os focos no exemplo seriam $(-1, 3 +5)$, ou $(-1, 8)$ e $(-1, -2)$. Observe que isso os posiciona dentro da hipérbole.

Pelo centro da hipérbole e pelos cantos do retângulo mencionado anteriormente passam as assíntotas da hipérbole. Essas assíntotas ajudam a orientá-lo no desenho das curvas, pois as curvas não podem cruzá-las em nenhum ponto no gráfico. As inclinações dessas assíntotas são $m = \pm \frac{a}{b}$ para uma parábola vertical, ou $m = \pm b/a$ para uma parábola horizontal.

## Desenhando o gráfico de uma hipérbole a partir de uma equação

Para elaborar o gráfico de uma hipérbole, você pega todas as informações da seção anterior e as coloca em ação. Siga estes passos simples:

1. **Marque o centro.**
   Mantendo a nossa hipérbole de exemplo $\dfrac{(y-3)^2}{16} - \dfrac{(x+1)^2}{9} = 1$ da seção anterior, você descobre que o centro dessa hipérbole é $(-1, 3)$. Lembre-se de trocar os sinais dos números dentro

dos parênteses, e lembre-se também de que *h* está dentro dos parênteses com *x*, e *v* está dentro dos parênteses com *y*. Para este exemplo, a grandeza com *y* elevado ao quadrado vem primeiro, mas isto não significa que *h* e *v* trocaram de lugar. O *h* e o *v* sempre se aplicam a suas respectivas variáveis, *x* e *y*.

2. **A partir do centro no Passo 1, encontre os eixos transversal e conjugado.**

   Suba e desça no eixo transversal a uma distância de 4 (pois 4 está abaixo de *y*), e depois se mova para a direita e para a esquerda em 3 (pois 3 está abaixo de *x*). Mas não conecte os pontos para obter uma elipse! Até agora, os passos para desenhar uma hipérbole foram exatamente os mesmos de quando você desenhou uma elipse, mas é aqui que as coisas ficam diferentes. Os pontos marcados como *a* (no eixo transversal) são seus vértices.

3. **Use esses pontos para desenhar um retângulo que ajudará a orientar o formato de sua hipérbole.**

   Devido ao fato de que você foi para cima e para baixo em 4, a altura de seu retângulo é 8; ir para a esquerda e para a direita em 3 dá uma largura de 6.

4. **Desenhe linhas diagonais passando pelo centro e os cantos do retângulo, estendendo-se além do retângulo.**

   Isto oferece duas linhas que serão as assíntotas.

5. **Desenhe as curvas.**

   Desenhe as curvas, começando em cada vértice separadamente, que deixam as assíntotas numa distância dos vértices equivalente à curva.

   O gráfico se aproxima das assíntotas, mas não chega a tocá-las.

   A Figura 12-14 mostra a hipérbole concluída.

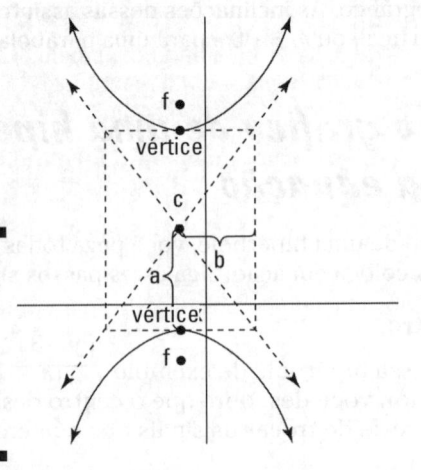

**Figura 12-14:** Criando um retângulo para desenhar o gráfico de uma hipérbole com assíntotas.

## Encontrando a equação das assíntotas

Devido ao fato de que as hipérboles são formadas por uma curva em que a diferença das distâncias entre dois pontos é constante, as curvas irão se comportar de maneira diferente do que nas outras seções cônicas neste capítulo. Devido ao fato de que as distâncias não podem ser negativas, isto faz com que o gráfico tenha assíntotas que a curva não pode cruzar.

LEMBRE-SE

As hipérboles são as únicas seções cônicas com assíntotas. Embora as parábolas e as hipérboles pareçam bastante semelhantes, as parábolas são formadas pela distância a partir de um ponto e a distância até uma linha, sendo ela igual. Portanto, as parábolas não possuem assíntotas.

Alguns problemas pedem que você encontre não apenas o gráfico da hipérbole, mas também a equação das linhas que determinam as assíntotas. Quando for solicitado que você encontre a equação das assíntotas, sua respota dependerá do fato de a hipérbole ser horizontal ou vertical.

REGRAS DO PRÉ-CÁLCULO

Se a hipérbole for horizontal, as assíntotas são dadas pela linha com a equação $y = \pm\frac{b}{a}(x - h) + v$. Se a hipérbole for vertical, as assíntotas terão a equação $y = \pm\frac{a}{b}(x - h) + v$.

As frações $b/a$ e $a/b$ são as inclinações das linhas. Você se familiariza com o formato ponto-inclinação em Álgebra II. Agora que sabe a inclinação da linha e um ponto (que é o centro da hipérbole), você pode sempre escrever as equações sem ter que memorizar as duas fórmulas das assíntotas.

Novamente, usando o nosso exemplo, a hipérbole é vertical, por isso, a inclinação das assíntotas é $m = \pm\frac{a}{b}$.

1. **Encontre a inclinação das assíntotas.**

   Devido ao fato de que esta hipérbole é vertical, as inclinações das assíntotas são $\pm\frac{4}{3}$.

2. **Use a inclinação do Passo 1 e o centro da hipérbole como o ponto para encontrar o formato ponto-inclinação da equação.**

   Lembre-se que a equação de uma linha com inclinação $m$ passando pelo ponto $(x_1, y_1)$ é $y - y_1 = m(x - x_1)$. Portanto, se a inclinação for $\pm\frac{4}{3}$ e o ponto for $(-1, 3)$, então a equação da linha é $y - 3 = \pm\frac{4}{3}(x + 1)$.

3. **Resolva *y* para encontrar a equação no formato inclinação--interseção.**

   Você tem de fazer cada assíntota separadamente neste momento.

   - Distribua $\frac{4}{3}$ no lado direito para obter $y + 3 = \frac{4}{3}x + \frac{4}{3}$ e depois subtraia 3 de ambos os lados para obter $y = \frac{4}{3}x + \frac{13}{3}$.
   - Distribua $-\frac{4}{3}$ no lado direito para obter $y + 3 = -\frac{4}{3}x - \frac{4}{3}$. Depois, subtraia 3 de ambos os lados para obter $y = -\frac{4}{3}x + \frac{5}{3}$.

# Expressando Seções Cônicas Fora do Âmbito das Coordenadas Cartesianas

Até este ponto neste capítulo, elaboramos os gráficos das seções cônicas usando as coordenadas retangulares $(x, y)$. Também pode ser solicitado que você desenhe seu gráfico de duas outras maneiras:

- Em formato paramétrico, que é uma maneira rebuscada de dizer que, neste formato, você pode lidar com seções cônicas que não são facilmente expressadas como o gráfico de uma função $y = f(x)$. As equações paramétricas geralmente são usadas para descrever o movimento ou a velocidade de um objeto em relação ao tempo. Usar equações paramétricas permitirá que você avalie $x$ e $y$ como variáveis dependentes, em oposição a $x$ ser independente e $y$ ser dependente de $x$.

- Em formato polar (que você viu no Capítulo 11), em que cada ponto é $(r, \theta)$.

As seções a seguir mostram como desenhar o gráfico de seções cônicas nestes formatos.

## Desenhando o gráfico de seções cônicas no formato paramétrico

O *formato paramétrico* define as variáveis $x$ e $y$ das seções cônicas em termos de uma terceira variável arbitrária, chamada *parâmetro*, que geralmente é representada por $t$, e é possível encontrar $x$ e $y$ inserindo $t$ nas equações paramétricas. Conforme $t$ muda, $x$ e $y$ também mudam, o que significa que $y$ não depende mais de $x$, mas depende de $t$. Por que mudar para este formato? Considere, por exemplo, um objeto se movendo em um plano durante um intervalo de tempo específico. Se um problema pedir que você descreva o percurso de um objeto e sua localização em qualquer determinado momento, você precisará de três variáveis:

- O tempo $t$, que geralmente é o parâmetro.
- As coordenadas $(x, y)$ do objeto no tempo $t$.

A equação $x_t$ oferece o movimento horizontal de um objeto conforme $t$ muda; a equação $y_t$ oferece o movimento vertical de um objeto em relação ao tempo.

Por exemplo, um conjunto de equações define $x$ e $y$ para o mesmo parâmetro — $t$ — e define o parâmetro em um intervalo determinado:
$$x = 2t - 1$$
$$y = t^2 - 3t + 1$$
$$1 < t \leq 5$$

O tempo $t$ existe somente entre 1 e 5 segundos para este problema.

Se for solicitado que você desenhe o gráfico dessa equação, você pode fazer isso de duas maneiras. O primeiro método trata-se de inserir variáveis: elabore uma tabela e escolha valores para o intervalo dado para descobrir que valores devem ter $x$ e $y$, e depois desenhe o gráfico destes pontos da maneira normal. A Tabela 12-2 mostra os resultados deste processo. *Nota:* incluímos $t = 1$ na tabela, embora o parâmetro não seja definido lá. Você precisa saber qual seria seu valor, pois você desenha o gráfico do ponto em que $t = 1$ com um círculo aberto para mostrar o que acontece com a função arbitrariamente próximo a 1. Assegure-se de fazer esse ponto como um círculo aberto no gráfico.

## Tabela 12-2   Insira Variáveis Valores de t do Intervalo

| Variável | Intervalo de Tempo | | | | |
|---|---|---|---|---|---|
| Valor de t | 1 | 2 | 3 | 4 | 5 |
| Valor de x | 1 | 3 | 5 | 7 | 9 |
| Valor de y | –1 | –1 | 1 | 5 | 11 |

A outra maneira de desenhar o gráfico de uma curva paramétrica é resolver uma equação encontrando o parâmetro e depois substituir esta equação na outra equação. Você deve escolher a equação mais simples para resolver e começar por aí.

Mantendo o mesmo exemplo, resolveremos a equação linear $x = 2t - 1$ para encontrar $t$:

1. **Resolva a equação mais simples.**

   Para nossa equação escolhida, obtemos $t = \dfrac{x-1}{2}$.

2. **Insira a equação resolvida na outra equação.**

   Para isso, obtemos $y = \left(\dfrac{x-1}{2}\right)^2 - 3\left(\dfrac{x-1}{2}\right) + 1$.

3. **Simplifique esta equação se necessário.**

   Agora temos $y = \dfrac{1}{4}x^2 - 2x + \dfrac{11}{4}$.

   Devido ao fato de que isto oferece uma equação em termos de $x$ e $y$, você pode desenhar o gráfico dos pontos no plano de coordenadas como sempre faz. O único problema é que você não desenha todo o gráfico, pois precisa observar um intervalo específico de $t$.

4. **Substitua os pontos terminais do intervalo $t$ na função de $x$ para saber onde o gráfico começa e termina.**

   Fazemos isso na Tabela 12-2. Quando $t = 1$, $x = 1$, e quando $t = 5$, $x = 9$.

A Figura 12-15 mostra a curva paramétrica deste exemplo (para ambos os métodos). Você acaba com uma parábola, mas também é possível escrever equações paramétricas para elipses, círculos e hipérboles.

> **DICA**
> 
> Se você tem uma calculadora gráfica, pode configurá-la para o modo paramétrico para desenhar os gráficos. Ao entrar no utilitário de gráficos, obterá duas equações — uma é "$x =$" e a outra é "$y =$." Insira ambas as equações exatamente como elas são dadas, e a calculadora fará o trabalho por você!

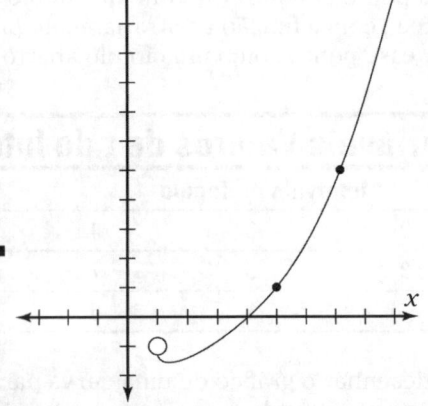

**Figura 12-15:** Desenhando o gráfico de uma curva paramétrica.

## As equações das seções cônicas no plano de coordenadas polares

A elaboração de gráficos de seções cônicas no plano polar (consulte o Capítulo 11) baseia-se em equações que dependem de um valor especial, conhecido como *excentricidade,* que descreve o formato geral de uma seção cônica. O valor da excentricidade de uma seção cônica pode dizer que tipo de seção cônica a equação descreve, bem como qual é sua largura. Ao desenhar o gráfico de equações em coordenadas polares, pode ser difícil dizer qual seção cônica você deve estar grafando unicamente com base na equação (diferentemente de desenhar gráficos em coordenadas cartesianas, em que cada seção cônica possui sua própria equação exclusiva). Portanto, é possível usar a excentricidade de uma seção cônica para descobrir exatamente que tipo de curva você deve estar grafando.

> **REGRAS DO PRÉ-CÁLCULO**
> 
> Aqui estão duas equações que permitem que você coloque as seções cônicas no formato de coordenadas polares, em que $(r, \theta)$ é a coordenada de um ponto na curva no formato polar. Lembre-se do Capítulo 11, em que $r$ é o raio e $\theta$ é o ângulo em posição padrão no plano de coordenadas polares.
> 
> $$r = \frac{ke}{1 - e\cos\theta} \text{ or } \frac{ke}{1 - e\,\text{sen}\,\theta}$$
> 
> $$r = \frac{-ke}{1 + e\cos\theta} \text{ or } \frac{-ke}{1 - e\,\text{sen}\,\theta}$$

Ao elaborar o gráfico de seções cônicas em formato polar, você pode inserir diversos valores de θ para obter o gráfico da curva. Em cada equação acima, *k* é um valor constante, θ assume o lugar do tempo, e *e* é a excentricidade. A variável *e* determina a seção cônica:

Se *e* = 0, a seção cônica é um círculo.

Se 0 < *e* < *1,* a seção cônica é uma elipse.

Se *e* = 1, seção cônica é uma parábola.

Se *e* > 1, a seção cônica é uma hipérbole.

Por exemplo, para desenhar o gráfico de $r = \frac{2}{4 - \cos\theta}$, primeiro perceba que, como mostrado, ele não se encaixa no formato de qualquer uma das equações que apresentamos para as seções cônicas. Isto porque todos os denominadores das seções cônicas começam com 1, e essa equação começa com 4. Não se assuste, você pode fatorar esse 4, que, em troca, informará qual é o valor de *k*!

Fatorando o 4 do denominador, você obtém 1 – *e* · cosθ. Para manter a equação mais próxima do formato padrão para seções cônicas polares, multiplique o numerador e o denominador por ¼. Isto o deixa com $r = \frac{2}{4\left(1 - \frac{1}{4}\cos\theta\right)}$, que é o mesmo que $r = \frac{2 \cdot \frac{1}{4}}{1 - \frac{1}{4}\cos\theta}$. Portanto, a constante *k* é 2 e a excentricidade, *e,* é ¼, o que diz que você tem uma elipse, pois *e* está entre 0 e 1.

Para poder desenhar o gráfico da função polar da elipse mencionada acima, você pode inserir valores de θ e encontrar *r*. Então, insira as coordenadas de (*r*, θ) no plano de coordenadas polares para obter o gráfico. Para o gráfico da equação anterior, $r = \frac{2}{4 - \cos\theta}$, você pode inserir θ, ½, π e ³½ e encontrar *r*:

*r*(0): O cosseno de 0 é 1, assim, *r*(0) = ⅔.

*r*(½): O cosseno de ½ é 0, assim, *r*(½) = ½.

*r*(π): O cosseno de π é –1, assim *r*(π) = ⅖.

*r*(³½): O cosseno de ³½ é 0, assim, *r*(³½) = ½.

Estes quatro pontos devem ser suficientes para oferecer um esboço do gráfico. Você pode ver o gráfico da elipse de exemplo na Figura 12-16.

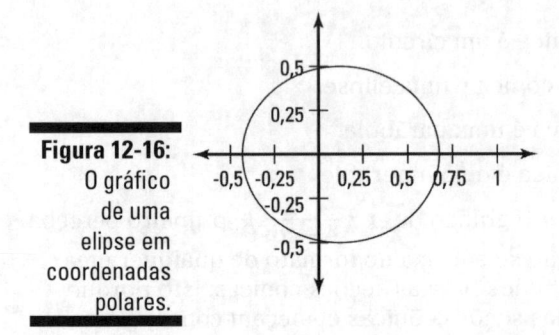

**Figura 12-16:**
O gráfico de uma elipse em coordenadas polares.

# Capítulo 13
# Resolvendo Sistemas e Misturando com Matrizes

*Neste capítulo*
▷ Resolvendo dois sistemas de equações por substituição e eliminação
▷ Separando sistemas com mais de duas equações
▷ Desenhando o gráfico de sistemas de desigualdades
▷ Formando e operando com matrizes
▷ Colocando as matrizes em formatos mais simples
▷ Resolvendo sistemas de equação usando matrizes

Quando você tem uma variável e uma equação, quase sempre é possível resolver a equação. Encontrar uma solução pode levar algum tempo, mas *geralmente* é possível. Quando um problema possui duas variáveis, no entanto, você precisa de pelo menos duas equações para resolver; isso é chamado de *sistema*. Quando você tem três variáveis, precisa de pelo menos três equações no sistema. Basicamente, para cada variável presente, você precisará de uma equação separada e exclusiva se quiser resolvê-la.

Para uma equação com três variáveis, um número infinito de valores para duas variáveis funcionaria para uma equação específica. Por que? Porque você pode escolher dois números quaisquer para inserir no lugar das variáveis para encontrar o valor da terceira variável que torna a equação verdadeira. Se você adicionar outra equação na mistura, as soluções da primeira equação agora *também* têm de funcionar na segunda equação, o que oferece menos soluções que funcionariam. O conjunto de soluções (geralmente $x$, $y$, $z$ e assim por diante) deve funcionar quando inserido em toda e cada equação no sistema. Mais equações significam que menos valores funcionarão como soluções.

É claro que, quanto maior um sistema de equações se tornar, mais tempo você levará para resolvê-lo algebricamente. Portanto, é mais fácil resolver certos sistemas de determinadas maneiras, e é por isso que os livros de matemática geralmente mostram cada uma das maneiras. Neste livro, seguimos o mesmo princípio, mostrando quando cada método é preferível em relação a todos os outros. É uma boa ideia se familiarizar com o maior número desses métodos possível para que você possa escolher o melhor caminho possível, que é aquele com a menor quantidade de passos (e isso significa menos lugares em que você pode se confundir). Como se os sistemas de equações não fossem suficientes por si sós, apresentamos os sistemas de desigualdades. Esses sistemas de desigualdades exigem que você elabore o gráfico da solução, o que na verdade é mais fácil do que encontrar as soluções das equações de maneira algébrica, pois você não precisa encontrar os valores exatos das soluções, uma vez que eles não existem. A solução de um sistema de desigualdades é mostrada como uma região sombreada de um gráfico.

# Uma Opção Elementar entre suas Escolhas de Solução de Sistemas

Suas opções para a resolução de sistemas são as seguintes:

- Se o sistema possui somente duas ou três variáveis, você pode usar a substituição ou a eliminação (que você já viu antes em Álgebra I e Álgebra II).

- Se o sistema possui quatro ou mais variáveis, você pode usar as matrizes, que são tabelas retangulares em que existem número ou variáveis, chamados *elementos*. Com as matrizes, você tem as seguintes opções, que discutimos posteriormente neste capítulo:
  - Eliminação de Gauss
  - Matrizes inversas
  - Regra de Cramer

Uma observação para os adeptos da calculadora: Alguns professores ensinam a matéria contida neste capítulo e dizem aos alunos para apenas colocar os números na calculadora, não fazerem perguntas e seguirem em frente. Se você tiver a sorte de ter uma calculadora gráfica e um professor que não se incomoda com ela, pode deixar a calculadora fazer o trabalho por você. No entanto, porque somos matemáticos, sempre recomendamos que você aperte os cintos e aprenda a matéria de qualquer maneira; depois, pode se cumprimentar por ter feito esse esforço!

Independentemente do tipo de método de resolução de sistemas que você usar, verifique as respostas que obtiver, pois até mesmo os melhores matemáticos às vezes cometem erros. Quanto mais variáveis e equações você tiver em um sistema, estará mais propício a cometer um erro. E se você cometer um erro de cálculo em algum lugar, ele pode afetar mais de uma resposta, pois uma variável geralmente depende da outra. Verifique sempre!

# Encontrando Soluções de Sistemas com Duas Equações Algebricamente

Quando você resolve sistemas com duas variáveis e, portanto, com duas equações, as equações podem ser lineares ou não lineares. Os sistemas lineares geralmente são expressos no formato $Ax + By = C$, em que A, B e C são números reais.

As equações não lineares podem incluir círculos, outras seções cônicas, funções polinomiais e exponenciais, logaritmos ou funções racionais. A eliminação não funciona para sistemas não lineares se $x$ aparecer em uma equação do sistema, mas $x^2$ aparecer na outra equação, pois os termos não são semelhantes e, portanto, não podem ser adicionados. Neste caso, só resta a substituição para resolver o sistema não linear.

Assim como a maioria dos problemas de álgebra, os sistemas podem ter uma série de possíveis soluções. Se um sistema possuir uma ou mais soluções únicas que possam ser expressas como pares de coordenadas, ele é chamado de *consistente e independente*. Se ele não tiver solução, é chamado de *sistema inconsistente*. Se houver infinitas soluções, é denominado *sistema dependente*. Pode ser difícil distinguir em qual dessas categorias seu sistema de equações se encaixa apenas olhando para o problema. Um sistema linear pode ter nenhuma solução, uma solução ou infinitas soluções, pois é impossível que duas linhas retas diferentes se intersectem em mais de um lugar (se você não acredita, faça um desenho). Uma linha e uma seção cônica podem fazer uma interseção não mais de duas vezes, e duas seções cônicas podem fazer uma interseção no máximo quatro vezes.

## Resolvendo sistemas lineares

Ao resolver sistemas lineares, você tem dois métodos à sua disposição, e aquele que irá escolher dependerá do problema:

- Se o coeficiente de qualquer variável for 1, o que significa que você pode facilmente encontrar seu valor em relação à outra variável, então a substituição será uma boa aposta. Se você usar este método, então não importará a disposição de cada equação.

- Se todos os coeficientes forem diferentes de 1, então você pode usar a eliminação, mas somente se as equações puderem ser adicionadas para fazer com que uma das variáveis desapareça. No entanto, se você usar este método, assegure-se de que todas as variáveis e o sinal de igual podem ser alinhados antes de adicionar as equações.

### Com o método de substituição

No *método de substituição*, você usa uma equação para encontrar uma variável e depois substitui essa expressão na outra equação para encontrar a outra variável. Procure uma variável com um coeficiente de 1... é assim que você saberá por onde começar. Se o coeficiente de uma variável for 1, essa é a variável que você deveria procurar, pois encontrá-la simplesmente resultará na adição ou subtração dos termos para mover tudo para o outro lado do sinal de igualdade, assim como você faz para encontrar variáveis em Álgebra I. Dessa maneira, você não terá de dividir pelo coeficiente ao resolver, o que significa que não terá frações.

Por exemplo, suponhamos que você esteja administrando um teatro e precise saber quantos adultos e quantas crianças estão presentes em um espetáculo. O auditório está lotado e contém tanto adultos quanto crianças. Os ingressos custam $23,00 por adulto e $15,00 por criança. Se o auditório possui 250 lugares e o valor da venda total dos ingressos para o evento foi de $4.846,00, quantos adultos e quantas crianças estão presentes?

Para resolver o problema com o método da substituição, siga estes passos:

1. **Expresse o problema de palavras como um sistema de equações.**

   Você pode usar as informações dadas no problema de palavras para formular duas equações diferentes. Você quer encontrar quantos ingressos por adulto ($a$) e quantos ingressos por criança ($c$) você vendeu. Se o auditório possui 250 lugares e foi esgotado, a soma dos ingressos dos adultos e das crianças deve ser 250.

   Os preços dos ingressos também levam você à receita (ou ao dinheiro arrecadado) para o evento. O preço do ingresso dos adultos, vezes o número de adultos presentes, informa quanto dinheiro você ganhou com os adultos. Você pode fazer o mesmo cálculo com os ingressos das crianças. A soma desses dois cálculos deve ser igual à receita total de ingressos para o evento.

   Você escreve este sistema de equações desta maneira:
   $$\begin{cases} a + c = 250 \\ 23a + 15c = 4846 \end{cases}$$

2. **Encontre uma das variáveis.**

   Escolha a variável com o coeficiente igual a 1 se puder, pois encontrar essa variável será fácil. Para esse exemplo, você pode escolher encontrar $a$ na primeira equação. Para fazer isso, subtraia $c$ de ambos os lados: $a = 250 - c$.

   Você pode sempre mover as coisas de um lado da equação para o outro, mas não caia na armadilha imaginando que $250 - c$ é $249c$, como a maioria das pessoas pensa. Estes não são termos semelhantes, por isso você não pode combiná-los.

3. **Substitua a variável encontrada na outra equação.**

   Neste exemplo, você encontra $a$ na primeira equação. Você pega esse valor ($250 - c$) e o substitui na outra equação no lugar de $a$.

(Assegure-se de que você não faça a substituição no lugar da equação que usou no Passo 1; do contrário, estará andando em círculos.)

A segunda equação agora diz que $23(250 - c) + 15c = 4846$.

4. **Encontre a variável desconhecida.**

   Ao distribuir o número 23, você obtém $5750 - 23c + 15c = 4846$. Ao simplificar isso, você tem $5750 - 8c = 4846$, ou $-8c = -904$. Portanto, $c = 113$. Um total de 113 crianças compareceram ao evento.

5. **Substitua o valor da variável desconhecida em uma das equações originais para encontrar a outra variável desconhecida.**

   Você não precisa fazer a substituição em uma das equações originais, mas as respostas tendem a ser mais precisas se você o fizer.

   Ao inserir 113 na primeira equação para encontrar c, você obtém $a + 113 = 250$. Resolvendo essa equação, você tem $a = 137$. Você vendeu um total de 137 ingressos para adultos.

6. **Verifique sua solução.**

   Ao inserir $a$ e $c$ nas equações originais, deverá obter duas afirmações verdadeiras. $137 + 113 = 250$? Sim. $23(137) + 15(113) = 4.846$? Verdade.

## *Usando o processo de eliminação*

Se resolver um sistema de duas equações por meio do método da substituição for difícil ou se o sistema envolver frações, o método da eliminação é sua próxima melhor opção. (Afinal, quem quer lidar com frações?) No *método da eliminação,* você faz com que uma das variáveis seja cancelada adicionando as duas equações.

Às vezes, você tem de multiplicar uma ou ambas as equações por constantes para adicionar as equações; essa situação ocorre quando você não pode eliminar uma das variáveis simplesmente adicionando as duas equações. (Lembre-se que para que uma das variáveis seja eliminada, os coeficientes de uma variável devem ser opostos.)

Por exemplo, os passos a seguir mostram como resolver o sistema
$$\begin{cases} 20x + 24y = 10 \\ \frac{1}{3}x + \frac{4}{5}y = \frac{5}{6} \end{cases}$$
usando o processo de eliminação:

1. **Reescreva as equações, se necessário, para fazer com que as variáveis semelhantes se alinhem uma embaixo da outra.**

   A ordem das variáveis não importa; apenas assegure-se de que os termos semelhantes se alinham de cima para baixo. As equações nesse sistema têm as variáveis $x$ e $y$ já alinhadas:
   $$\begin{cases} 20x + 24y = 10 \\ \frac{1}{3}x + \frac{4}{5}y = \frac{5}{6} \end{cases}$$

2. **Multiplique as equações por constantes para fazer com que um conjunto de variáveis tenha uma correspondência de coeficientes.**

   Decida qual variável quer eliminar.

   Digamos que você decida eliminar as variáveis $x$; primeiro você tem de encontrar seu mínimo múltiplo comum. Em qual número cabem tanto 20 quanto $\frac{1}{3}$? A resposta é 60. Mas um deles tem de ser negativo para que, quando adicione as equações, os termos se cancelem (é por isso que se chama eliminação!). Multiplique a equação de cima por –3 e a equação de baixo por 180. (Assegure-se de distribuir esse número a cada termo — mesmo do outro lado do sinal de igualdade.) Ao fazer isso, você tem:
   $$\begin{cases} -60x - 72y = -30 \\ 60x + 144y = 150 \end{cases}$$

3. **Adicione as duas equações.**

   Agora você tem $72y = 120$.

4. **Encontre a variável desconhecida que resta.**

   Dividindo por 72, você tem $y = \frac{5}{3}$.

5. **Substitua o valor da variável encontrada em uma das equações.**

   Escolhemos a primeira equação: $20x + 24(\frac{5}{3}) = 10$

6. **Encontre a última variável desconhecida.**

   Você acaba com $x = -\frac{3}{2}$.

7. **Verifique suas soluções.**

   Sempre verifique sua resposta inserindo as soluções de volta no sistema original. Estas conferem!
   $20(-\frac{3}{2}) + 24(\frac{5}{3})$
   $= -30 + 40 = 10$
   Funciona! Agora, verifique a outra equação:
   $\frac{1}{3} \cdot (-\frac{3}{2}) + \frac{4}{5} \cdot (\frac{5}{3})$
   $-\frac{1}{2} + \frac{4}{3} = -\frac{3}{6} + \frac{8}{6} = \frac{5}{6}$. Devido ao fato de que ambos os valores são soluções para ambas as equações, a solução para o sistema está correta.

# Trabalhando com sistemas não lineares

Em um *sistema não linear*, pelo menos uma equação terá um gráfico que não é uma linha reta. Você pode sempre escrever uma equação linear no formato $Ax + By = C$ (em que A, B e C são números reais); um sistema não linear é representado por qualquer outro formato. Exemplos de equações não lineares incluem, mas não se limitam, a qualquer seção cônica, polinômios, funções racionais, exponenciais ou logaritmos (todos tendo sido discutidos em outras partes deste livro). Os sistemas não lineares que você verá em pré-cálculo terão duas equações com duas variáveis, já que os sistemas tridimensionais são extremamente difíceis de serem resolvidos (confie em nós!). Porque você está, na verdade, trabalhando com um sistema com duas equações e duas variáveis (mesmo que uma ou ambas as equações sejam não lineares), você tem os mesmos dois métodos à sua disposição: substituição e eliminação.

O método para resolver sistemas não lineares é diferente daquele de sistemas lineares no sentido de que esses sistemas são muito mais complicados e, portanto, requerem muito mais trabalho (os expoentes realmente complicam as coisas). Diferentemente de antes (com os sistemas lineares), os sistemas não lineares são menos piedosos do que os sistemas que discutimos anteriormente no capítulo. Geralmente, a substituição é sua melhor aposta. A menos que a variável que você queira eliminar esteja elevada à mesma potência em ambas as equações, a eliminação não o levará a lugar algum.

### Quando uma equação do sistema for não linear

Se uma equação em um sistema for não linear, seu primeiro pensamento antes de resolver deve ser "Bingo! Método da substituição!" (ou algo parecido). Nessa situação, você pode encontrar uma variável na equação linear e substituir essa expressão na outra equação não linear, pois encontrar uma variável em uma equação linear é mamão com açúcar! E sempre que você puder encontrar uma variável facilmente poderá substituir essa expressão na outra equação para encontrar a outra variável.

Por exemplo, siga esses passos para resolver o sistema $\begin{cases} x - 4y = 3 \\ xy = 6 \end{cases}$:

1. **Resolva a equação linear para encontrar a variável.**

    No sistema de exemplo, a equação de cima é linear. Se você isolar $x$, terá $x = 3 + 4y$.

2. **Substitua o valor da variável na equação não linear.**

    Ao inserir $3 + 4y$ na segunda equação no lugar de $x$, você tem $(3 + 4y)y = 6$.

3. **Resolva a equação não linear para encontrar a variável.**

    Ao distribuir o $y$, você obtém $4y^2 + 3y = 6$. Devido ao fato de que essa é uma equação quadrática (consulte o Capítulo 4), você deve ter 0 em um dos lados, por isso, subtraia o 6 de ambos os lados para obter $4y^2 + 3y - 6 = 0$. Você tem de usar a fórmula quadrática para resolver essa equação e encontrar $y$:

    $$y = \frac{-3 \pm \sqrt{9 - 4(4)(-6)}}{2(4)} = \frac{-3 \pm \sqrt{9 + 96}}{8} = \frac{-3 \pm \sqrt{105}}{8}$$

    Ao tirar a raiz quadrada de algo, você obtém uma resposta positiva e uma negativa, o que significa que você tem duas respostas diferentes nessa situação.

4. **Substitua a(s) solução(ões) em uma das equação para encontrar a outra variável.**

    Devido ao fato de que você encontrou duas soluções para $y$, você tem de substituir ambas para obter dois pares de coordenadas diferentes. Eis o que acontece ao fazer isso:

- $x = 3 + 4\left(\dfrac{-3 \pm \sqrt{105}}{8}\right) = 3 + \dfrac{-3 \pm \sqrt{105}}{2}$
- $3 + \dfrac{-3 + \sqrt{105}}{2} = \dfrac{6}{2} + \dfrac{-3 + \sqrt{105}}{2} = \dfrac{3 + \sqrt{105}}{2}$
- $3 + \dfrac{-3 - \sqrt{105}}{2} = \dfrac{6}{2} + \dfrac{-3 - \sqrt{105}}{2} = \dfrac{3 - \sqrt{105}}{2}$

Isso oferece a solução do sistema: $\left(\dfrac{3 + \sqrt{105}}{2}, \dfrac{-3 + \sqrt{105}}{8}\right)$ e $\left(\dfrac{3 - \sqrt{105}}{2}, \dfrac{-3 - \sqrt{105}}{8}\right)$. Essas soluções representam a interseção da linha $x - 4y = 3$ e a função racional $xy = 6$.

## Quando ambas as equações do sistema são não lineares

Se ambas as equações em um sistema forem não lineares, bem, você terá de ser mais criativo para encontrar as soluções. A menos que uma variável esteja elevada à mesma potência em ambas as equações, a eliminação está fora de questão. Encontrar uma das variáveis em qualquer equação não necessariamente será fácil, mas isso geralmente pode ser feito. Depois, insira essa expressão na outra equação para encontrar a outra variável, assim como fez antes. Diferentemente dos sistemas lineares, pode haver muitas operações envolvidas na simplificação ou resolução dessas equações. Apenas lembre-se de manter a ordem das operações em mente durante cada passo do caminho.

Quando ambas as equações de um sistema são seções cônicas, você nunca encontrará mais do que quatro soluções (a menos que as duas equações descrevam a mesma seção cônica, caso este em que o sistema terá um número infinito de soluções — e, portanto, será um sistema dependente). Isso porque as seções cônicas são todas curvas bastante suaves, sem cantos agudos nem torções inesperadas, por isso, não há como duas seções cônicas diferentes se intersectarem mais de quatro vezes.

Por exemplo, suponhamos que um problema peça que você resolva o seguinte sistema:

$$\begin{cases} x^2 + y^2 = 9 \\ y = x^2 - 9 \end{cases}$$

Isso não faz você se arrepiar? Mas ainda não precisa ir buscar a loção antialérgica. Siga esses passos para encontrar as soluções:

1. **Encontre $x^2$ ou $y^2$ em uma das equações dadas.**

    A segunda equação é atraente, pois tudo o que você tem de fazer é adicionar 9 a ambos os lados para obter $y + 9 = x^2$.

2. **Substitua o valor do Passo 1 na outra equação.**

    Agora você tem $y + 9 + y^2 = 9$. A-ha! Essa é uma equação quadrática, e você sabe resolver isso (no Capítulo 4).

3. **Resolva a equação quadrática.**

   Subtraia 9 de ambos os lados para obter $y + y^2 = 0$.

   Lembre-se que você nunca pode dividir por uma variável.

   Você deve fatorar o mínimo múltiplo comum (MMC) em vez disso para obter $y(1 + y) = 0$. Use a propriedade do produto zero para encontrar $y = 0$ e $y = -1$. (O Capítulo 4 cobre o básico de como concluir essas tarefas.)

4. **Substitua o(s) valor(es) do Passo 3 em uma das equações para encontrar a outra variável.**

   Escolhemos usar a equação resolvida no Passo 1. Quando $y$ é 0 e $9 = x^2$, teremos $x = \pm 3$. Quando $y$ é $-1$ e $x^2 = 8$, temos $x = \pm 2\sqrt{2}$.

   Assegure-se de manter em mente qual solução serve para qual variável, pois você tem de expressar essas soluções como pontos em um par de coordenadas (x, y). Suas respostas são $(-3, 0)$, $(3, 0)$, $(-2\sqrt{2}, -1)$ e $(2\sqrt{2}, -1)$.

   Esse conjunto de soluções representa as interseções do círculo e da parábola dadas pelas equações no sistema.

# Resolvendo Sistemas com mais de Duas Equações

Sistemas maiores de equações lineares envolvem mais de duas equações que possuem mais de duas variáveis. Esses sistemas maiores podem ser escritos no formato $Ax + By + Cz + \ldots = K$, em que todos os coeficientes (e K) são constantes. Esses sistemas lineares podem ter muitas variáveis, e você pode resolvê-los contanto que tenha uma equação única por variável. Em outras palavras, enquanto três variáveis precisam de três equações para encontrar uma solução única, quatro variáveis precisam de quatro equações, e dez variáveis teriam de ter dez equações, e assim por diante. Você não precisa se preocupar com sistemas maiores de equações não lineares. Isso seria muito complicado para pré-cálculo, e os sistemas lineares maiores já são complicados o suficiente. Para esses tipos de sistemas, as soluções que você pode encontrar variam amplamente:

- Você pode não encontrar nenhuma solução.
- Você pode encontrar uma solução única.
- Você pode se deparar com infinitas soluções.

O número de soluções que você encontrará vai depender de quantas equações interagem umas com as outras. Devido ao fato de que os sistemas lineares de três variáveis descrevem equações de planos, e não linhas (como as equações de duas variáveis), a solução para o sistema dependerá de como os planos se encontram no espaço tridimensional em relação um ao outro. Infelizmente, assim como nos sistemas de equações com duas variáveis, você não pode dizer quantas soluções o sistema tem sem realizar o problema. Trate cada problema como se ele tivesse uma solução e, se não tiver, você chegará a uma afirmação que nunca será verdadeira (sem solução) ou que sempre será verdadeira (o que significa que há infinitas soluções).

Geralmente, você deve usar o método da eliminação mais de uma vez para resolver sistemas com mais de duas variáveis e duas equações (consulte a seção anterior "Usando o processo de eliminação").

Por exemplo, suponhamos que um problema peça que você resolva o seguinte sistema:

$$\begin{cases} x + 2y + 3z = -7 \\ 2x - 3y - 5z = 9 \\ -6x - 8y + z = -22 \end{cases}$$

Para encontrar a(s) solução(ões), siga estes passos:

1. **Observe os coeficientes de todas as variáveis e decida qual variável é mais fácil de ser eliminada.**

   Com a eliminação, você quer encontrar o mínimo múltiplo comum (MMC) para uma das variáveis, assim, opte pela que é mais fácil. Nesse caso, recomendamos que você elimine a variável $x$.

2. **Separe duas das equações e elimine uma variável.**

   Observando as duas primeiras equações, você tem de multiplicar a de cima por $-2$ e adicioná-la à segunda equação. Ao fazer isso, você obtém o seguinte:

   $$\begin{array}{r} -2x - 4y - 6z = 14 \\ 2x - 3y - 5z = 9 \\ \hline -7y - 11z = 23 \end{array}$$

3. **Separe outras duas equações e elimine a *mesma variável*.**

   A primeira e a terceira equações permitem que você elimine facilmente o $x$ novamente. Multiplique a equação de cima por 6 e adicione-a à terceira equação para obter o seguinte:

   $$\begin{array}{r} 6x + 12y + 18z = -42 \\ -6x - 8y + z = -22 \\ \hline 4y + 19z = -64 \end{array}$$

4. **Repita o processo de eliminação com suas duas novas equações.**

   Agora você deve ter duas equações com duas variáveis:

   $-7y - 11z = 23$
   $4y + 19z = -64$

Você precisa eliminar uma dessas variáveis. Escolhemos eliminar a variável *y* multiplicando a equação de cima por 4 e a de baixo por 7, e depois adicionando as equações. Eis o que você obtém:

$$-28y - 44z = 92$$
$$\underline{28y + 133z = -448}$$
$$89z = -356$$

5. **Resolva a equação final para encontrar a variável que resta.**

   Se $89z = -356$, $z = -4$.

6. **Substitua o valor da variável encontrada em uma das equações que possuem duas variáveis para resolver e encontrar uma à outra.**

   Escolhemos a equação $-7y - 11z = 23$. Substituindo, tem-se $-7y - 11(-4) = 23$, o que é simplificado para $-7y + 44 = 23$. Agora, termine o trabalho:
   $$-7y = -21$$
   $$y = 3$$

7. **Substitua os dois valores que você agora tem em uma das equações originais para encontrar a última variável.**

   Escolhemos a primeira equação no sistema original, que agora se torna $x + 2(3) + 3(-4) = -7$. Simplifique para obter sua resposta final:
   $$x + 6 - 12 = -7$$
   $$x - 6 = -7$$
   $$x = -1$$

   As soluções para essa equação são $x = -1$, $y = 3$ e $z = -4$.

Esse processo é chamado de substituição inversa, pois você literalmente resolve uma variável e depois trabalha inversamente para resolver as outras (você verá isso novamente mais tarde ao resolver matrizes). Nesse último exemplo, passamos da solução de uma variável em uma equação para duas variáveis em duas equações para o último passo, com três variáveis em três equações… sempre vá do mais simples para o mais complicado.

# Decompondo Frações Parciais

Um processo chamado *frações parciais* pega uma fração e a expressa como a soma ou a diferença de duas outras frações. Podemos pensar em muitos motivos pelos quais você precise fazer isso. Em cálculo, esse processo é útil antes de integrar uma função. Devido ao fato de que a integração é muito mais fácil quando o grau de uma função racional é 1 no denominador, a decomposição da fração parcial é uma ferramenta útil.

O processo de decompor frações parciais requer que você separe a fração em duas (ou, às vezes, mais) frações desconexas com variáveis (geralmente $A$, $B$, $C$ e assim por diante) ocupando o lugar do numerador. Então, você pode estabelecer um sistema de equações para encontrar essas variáveis. Por exemplo, você deve seguir estes passos para escrever a decomposição da fração parcial $\dfrac{11x + 21}{2x^2 + 9x - 18}$ :

1. **Fatore o denominador (consulte o Capítulo 4) e reescreva como $A$ sobre um fator e $B$ sobre o outro.**

   Você faz isso porque quer separar a fração em duas. O processo é o seguinte:
   $$\frac{11x+21}{2x^2+9x-18} = \frac{11x+21}{(2x-3)(x+6)} = \frac{A}{2x-3} + \frac{B}{x+6}$$

2. **Multiplique todos os termos que você criou pelo denominador fatorado e depois cancele.**

   Você multiplicará um total de três vezes nesse exemplo:
   $$\frac{11x+21}{\cancel{(2x-3)(x+6)}} \cdot \cancel{(2x-3)(x+6)} =$$
   $$\frac{A}{\cancel{(2x-3)}} \cdot \cancel{(2x-3)}(x+6) + \frac{B}{\cancel{(x+6)}} \cdot (2x-3)\cancel{(x+6)}$$

   Isso é igual a $11x + 21 = A(x + 6) + B(2x - 3)$.

3. **Distribua $A$ e $B$.**

   Isso o deixa com $11x + 21 = Ax + 6A + 2Bx - 3B$.

4. **Do lado direito da equação somente, junte todos os termos com $x$ e todos os termos sem $x$.**

   Reordenando, você tem $11x + 21 = Ax + 2Bx + 6A - 3B$.

5. **Fatore o $x$ dos termos do lado direito.**

   Agora você tem $11x + 21 = (A + 2B)x + 6A - 3B$.

6. **Crie um sistema com essa equação dispondo os termos em pares.**

   Para que uma equação funcione, tudo deve estar em equilíbrio. Por causa disso, os coeficientes de $x$ devem ser iguais e os termos constantes também. Se o coeficiente de $x$ for 11 do lado esquerdo e $A + 2B$ do lado direito, você pode dizer que $11 = A + 2B$ em uma equação. Os constantes são os termos sem variável e, nesse caso, o constante à esquerda é 21. Do lado direito, $6A - 3B$ é o constante (pois não há uma variável unida a ele) e, assim, $21 = 6A - 3B$.

7. **Resolva o sistema, usando a substituição ou a eliminação (consulte as seções anteriores deste capítulo).**

   Usamos a eliminação nesse sistema. Se $\begin{cases} A + 2B = 11 \\ 6A - 3B = 21 \end{cases}$, você pode multiplicar a equação de cima por $-6$ e depois adicionar para eliminar e resolver. Você descobre que A = 5 e B = 3.

8. **Escreva a solução como a soma de duas frações.**

A fração parcial $\dfrac{11x+21}{2x^2+9x-18}$ é $\dfrac{5}{2x-3}+\dfrac{3}{x+6}$.

# Consultando Sistemas de Desigualdades

Em um *sistema de desigualdades*, você vê mais do que uma desigualdade com mais de uma variável. Antes de pré-cálculo, os professores tendiam a se concentrar mais nos sistemas de desigualdades lineares. Essas são desigualdades cujos gráficos são linhas retas. Em pré-cálculo, no entanto, você expande seu estudo a sistemas de desigualdades não lineares, pois elas são mais abrangentes quanto aos tipos de equações que cobrem (linhas retas são tão entediantes!).

Nesses sistemas de desigualdades, pelo menos uma desigualdade não é linear. A única maneira de resolver um sistema de desigualdades é desenhar o gráfico da solução. Felizmente, esses gráficos serão bastante semelhantes aos gráficos que você tem desenhado em todo o seu curso de pré-cálculo, e mesmo depois dele. Você pode ter de desenhar o gráfico de desigualdades que você não via desde pré-álgebra. Mas, em grande parte, essas desigualdades provavelmente lembrarão as funções pai do Capítulo 3 e as seções cônicas do Capítulo 12. A única diferença é que a linha que será seu gráfico poderá ser ou sólida ou pontilhada, dependendo do problema, e você terá de colorir (ou sombrear) o local das soluções!

Por exemplo, considere o seguinte sistema não linear de desigualdades:

$$\begin{cases} x^2+y^2 \leq 25 \\ y \geq -x^2+5 \end{cases}$$

Para resolver esse sistema de equações, primeiro desenhe o gráfico do sistema. O fato de que essas são desigualdades e não equações não muda o formato geral do gráfico em nada. Portanto, você pode desenhar o gráfico dessas desigualdades como desenharia se fossem equações. A equação de cima desse exemplo é um círculo (para obter um rápido lembrete sobre como desenhar o gráfico de círculos, consulte o Capítulo 12, que fala das seções cônicas). Esse círculo tem centro na origem, e o raio é 5. A segunda equação é uma parábola de cabeça para baixo (de novo aquelas inoportunas seções cônicas!). Ela é deslocada verticalmente em 5 unidades, e girada de cabeça para baixo. Devido ao fato de que ambos os sinais de desigualdade nesse exemplo incluem a linha de igualdade abaixo deles (o primeiro é "menor ou igual a" e o segundo é "maior ou igual a"), ambas as linhas devem ser sólidas.

Se o símbolo de desigualdade disser "estritamente maior que: >" ou "estritamente menor que: <" então a linha limite para a curva (ou linha) deve ser pontilhada.

Após desenhar o gráfico, escolha um ponto de teste que não está em um limite e insira-o nas equações para ver se você obtém afirmações verdadeiras ou falsas. O(s) ponto(s) que você escolher como solução deve(m) funcionar em todas as equações.

Por exemplo, nosso ponto de teste é (0, 4). Se você inserir nisso a desigualdade do círculo (consulte o Capítulo 12), você obtém $0^2 + 4^2 \leq 25$. Essa é uma afirmação verdadeira, pois $16 \leq 25$, assim, você sombreia dentro do círculo. Agora insira o mesmo ponto na parábola para obter $4 \geq -0^2 + 5$, mas devido ao fato de que 4 não é maior do que 5, essa é uma afirmação falsa. Você sombreia fora da parábola.

A solução desse sistema de desigualdades é onde o sombreado é sobreposto. Consulte a Figura 13-1 para ver o gráfico final.

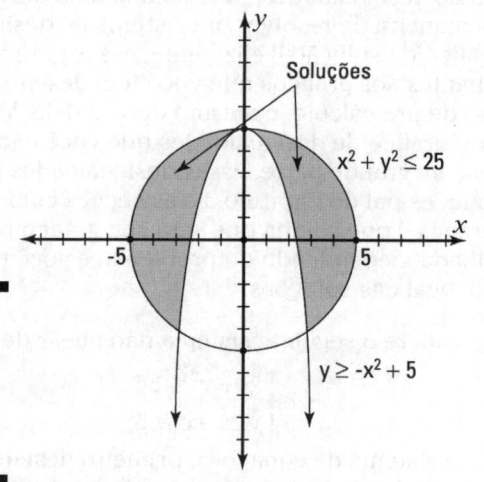

**Figura 13-1:** Desenhando o gráfico de um sistema não linear de desigualdades.

## Apresentando as Matrizes: O Básico

Nas seções anteriores deste capítulo, discutimos como resolver sistemas com duas ou mais equações usando a substituição ou a eliminação. Mas esses métodos ficarão muito complicados quando o tamanho de um sistema tiver mais de três equações. Não se preocupe; sempre que você tiver quatro ou mais equações para resolver simultaneamente, as matrizes são sua melhor aposta.

Uma *matriz* é um retângulo de números ordenados em linhas e colunas. Você usa as matrizes para organizar dados complicados — digamos, por exemplo, que você queira controlar os registros de vendas em sua loja. As matrizes ajudam você a fazer isso, pois elas podem separar as vendas por dia em colunas enquanto os tipos diferentes de vendas são organizados por linha.

# Capítulo 13: Resolvendo Sistemas e Misturando com Matrizes

Após se familiarizar com o que são as matrizes e como elas são importantes, você pode começar a adicioná-las, subtraí-las e multiplicá-las por escalares e umas pelas outras. Operar com matrizes é útil quando você precisa adicionar, subtrair ou multiplicar grandes grupos de dados de uma maneira organizada. (*Nota:* Não existe divisão de matrizes, por isso, não gaste seu tempo se preocupando com isso.) Essa seção mostra como realizar todas as operações acima.

*LEMBRE-SE*

Uma coisa de que você deve sempre se lembrar ao trabalhar com matrizes é a ordem das operações, que é a mesma para todas as aplicações matemáticas: Primeiro, realize qualquer multiplicação, e depois realize as adições/subtrações.

Você expressa as *dimensões*, chamadas de *ordem,* de uma matriz como o número de linhas pelo número de colunas. Por exemplo, se a matriz M for 3 x 2, ela possui três linhas e duas colunas.

*DICA*

Para lembrar que as linhas vêm primeiro, pense na maneira como você vê — da esquerda para a direita e depois para baixo, assim, a horizontal vem primeiro.

## Aplicando as operações básicas às matrizes

Operar com matrizes funciona de maneira bastante semelhante com operar em termos múltiplos dentro de parênteses; você só tem mais termos nos "parênteses" com os quais trabalhar. Assim como com as operações numéricas, há certa ordem envolvida em operar com matrizes. A multiplicação vem antes da adição e/ou da subtração. Ao multiplicar por um escalar, todo e cada elemento da matriz é multiplicado. Um *escalar* é um termo constante que é multiplicado por uma quantidade (o que altera seu tamanho, ou "escala"). As seções a seguir mostram como calcular algumas das operações mais básicas com matrizes: adição, subtração e multiplicação.

Ao adicionar ou subtrair matrizes, você simplesmente adiciona ou subtrai seus termos correspondentes. Simples assim. A Figura 13-2 mostra como adicionar e subtrair duas matrizes.

$$A = \begin{bmatrix} -5 & 1 & -3 \\ 6 & 0 & 2 \\ 2 & 6 & 1 \end{bmatrix} \quad B = \begin{bmatrix} 2 & 4 & 5 \\ -8 & 10 & 3 \\ -2 & -3 & -9 \end{bmatrix}$$

**Figura 13-2:** Adição e subtração de matrizes.

$$A + B = \begin{bmatrix} -3 & 5 & 2 \\ -2 & 10 & 5 \\ 0 & 3 & -8 \end{bmatrix} \quad A - B = \begin{bmatrix} -7 & -3 & -8 \\ 14 & -10 & -1 \\ 4 & 9 & 10 \end{bmatrix}$$

**Note**, no entanto, que você pode adicionar ou subtrair matrizes somente se suas dimensões forem exatamente as mesmas. Para adicionar ou subtrair matrizes, você adiciona ou subtrai seus termos correspondentes; se as dimensões não forem exatamente as mesmas, então, os termos não se alinharão. Isso será um problema, pois você não pode adicionar ou subtrair termos que não estão lá! Por esse motivo, é uma regra geral de matemática que, para adicionar ou subtrair matrizes, as dimensões devem ser as mesmas.

Quando multiplica uma matriz por um escalar, você está simplesmente multiplicando por um constante. Para fazer isso, você multiplica cada termo dentro da matriz pelo termo constante do lado de fora. Usando a mesma matriz A do exemplo anterior, você pode encontrar 3A multiplicando cada termo da matriz A por 3. A Figura 13-3 mostra esse exemplo:

**Figura 13-3:** Multiplicando a matriz A por 3.

$$3A = 3\begin{bmatrix} -5 & 1 & -3 \\ 6 & 0 & 2 \\ 2 & 6 & 1 \end{bmatrix} = \begin{bmatrix} -15 & 3 & -9 \\ 18 & 0 & 6 \\ 6 & 18 & 3 \end{bmatrix}$$

Suponhamos que um problema peça que você combine operações. Você simplesmente multiplica cada matriz pelo escalar separadamente, e depois adicione-os ou subtraia-os. Por exemplo, se $A = \begin{bmatrix} 3 & -4 \\ 2 & 6 \end{bmatrix}$ e $B = \begin{bmatrix} 8 & -10 \\ -5 & 4 \end{bmatrix}$, você descobre que 3A − 2B como segue:

1. **Insira as matrizes no problema.**

   A distribuição é $3\begin{bmatrix} 3 & -4 \\ 2 & 6 \end{bmatrix} - 2\begin{bmatrix} 8 & -10 \\ -5 & 4 \end{bmatrix}$.

2. **Multiplique os escalares nas matrizes.**

   Agora você tem $\begin{bmatrix} 9 & -12 \\ 6 & 18 \end{bmatrix} - \begin{bmatrix} 16 & -20 \\ -10 & 8 \end{bmatrix}$.

3. **Conclua o problema adicionando ou subtraindo as matrizes.**

   Sua resposta final é $\begin{bmatrix} -7 & 8 \\ 16 & 10 \end{bmatrix}$.

## Multiplicando matrizes umas pelas outras

Multiplicar matrizes é muito útil ao resolver sistemas de equações, pois você pode multiplicar uma matriz por sua inversa (não se preocupe, diremos como descobrir isso) em ambos os lados do sinal de igualdade para acabar obtendo a matriz da variável em um lado e a solução do sistema do outro.

Multiplicar duas matrizes não é tão simples quanto multiplicar os termos correspondentes (embora quiséssemos que fosse!). Cada elemento de cada matriz é multiplicado por cada termo da outra matriz em algum ponto. Na verdade, a multiplicação de matrizes e os produtos escalares dos vetores são bastante semelhantes. Há uma maneira bastante metódica de multiplicar certos termos e depois adicioná-los. A diferença é que, com vetores, isso só precisa ser feito uma vez. Com matrizes, você pode ficar fazendo isso o dia todo, dependendo do tamanho das matrizes.

Para multiplicar duas matrizes, digamos, por exemplo, AB (para a multiplicação de matrizes, as matrizes são escritas uma do lado da outra, sem símbolo no meio), o número de colunas em A deve equivaler ao número de linhas em B. Isso porque, para multiplicar A por B, cada elemento na primeira linha de A é multiplicado por cada elemento correspondente da primeira coluna de B, e todos os produtos são adicionados para oferecer o primeiro elemento na [primeira linha, primeira coluna] de AB. Para encontrar o valor na posição da [primeira linha, segunda coluna], multiplique cada elemento na primeira linha de A por cada elemento na segunda coluna de B e depois adicione-os. No final, após todas as multiplicações e adições terem sido terminadas, sua nova matriz deve ter o mesmo número de linhas que A e o mesmo número de colunas que B.

Por exemplo, para multiplicar uma matriz com 3 linhas e 2 colunas por uma matriz com 2 linhas e 4 colunas, você multiplicaria a primeira linha por cada uma das colunas para ter 4 termos na nova linha. Multiplicar a segunda linha pelas colunas produz uma linha com outros 4 termos. E o mesmo se aplica para a última linha. Você acaba com uma matriz de 3 linhas e 4 colunas.

***Nota:*** Se uma matriz A possui dimensões $m \times n$ e uma matriz B possui dimensões $n \times p$, AB será uma matriz $m \times p$. Consulte a Figura 13-4 para obter uma representação visual da multiplicação de matrizes.

**Figura 13-4:** Multiplicando duas matrizes que se equivalem.

A     B
$m \times n$     $n \times p$
Deve corresponder
Dimensões de seu produto
$m \times p$

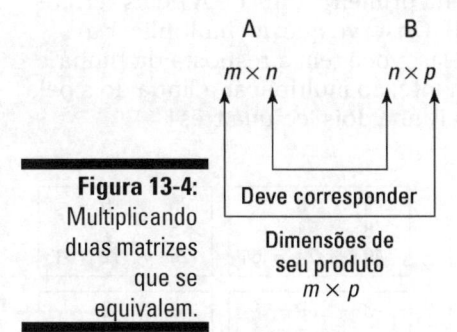

Ao multiplicar matrizes, você não multiplica as partes correspondentes como quando adiciona ou subtrai. Você não multiplica o termo da [primeira linha, primeira coluna] da primeira matriz pelo termo da [primeira linha, primeira coluna] da segunda matriz. A multiplicação de matrizes segue muitos dos conceitos dos produtos escalares nos vetores, em que você multiplica muitas coisas e depois as adiciona. Além disso, na multiplicação de matrizes, AB não é igual a BA. Na verdade, só porque você pode multiplicar A por B nem ao menos significa que você *possa* multiplicar B por A. Isso porque se as colunas em A forem iguais às linhas em B, não é necessariamente verdade que as colunas em B são iguais às linhas em A. Leve o exemplo acima em consideração. Você pode multiplicar uma matriz com 3 linhas e 2 colunas por uma matriz com 2 linhas e 4 colunas. No entanto, não pode realizar a multiplicação contrária. Não há como multiplicar a matriz com 2 linhas e 4 colunas pela matriz com 3 linhas e 2 colunas. Se você tentasse multiplicar os termos corretos e depois adicioná-los, em algum lugar do caminho ficaria sem termos!

Além disso, observe que AB não é o mesmo que A x B quando se trata de matrizes. Quando duas matrizes estão escritas uma do lado da outra sem quaisquer símbolos no meio, isso representa a multiplicação de matrizes. O ponto de multiplicação (.) é reservado para a multiplicação de grandezas escalares. O símbolo x é usado para simbolizar o *produto vetorial*, e representa algo completamente diferente. Os produtos vetoriais são somente usados em matrizes 3 x 3, e têm certas aplicações na física. Devido à sua natureza específica, não os discutimos nesse livro.

É a hora de um exemplo. Digamos que você tenha a matriz $A = \begin{bmatrix} 5 & -6 \\ -3 & 9 \\ 2 & 4 \end{bmatrix}$ e a matriz $B = \begin{bmatrix} -2 & 4 & 8 & -5 \\ 1 & 3 & -4 & -2 \end{bmatrix}$, e um problema peça que você as multiplique. Primeiro, verifique para ter certeza de que você pode multiplicar as duas matrizes. A matriz A tem $3 \times 2$ e a B tem $2 \times 4$, por isso, é possível multiplicá-las para obter uma matriz $3 \times 4$ como resposta. Agora você pode prosseguir com a multiplicação de cada linha da primeira matriz vezes cada coluna da segunda.

Detalhamos esse processo para você na Figura 13-5. Você pode começar multiplicando cada termo na primeira linha de A pelos termos sequenciais nas colunas da matriz B. Observe que, ao multiplicar a linha pela coluna um, e ao adicioná-las, você tem a resposta da [linha um, coluna um]. De maneira semelhante, ao multiplicar a linha dois pela coluna três, você tem a resposta da [linha dois, coluna três].

**Figura 13-5:** O processo de multiplicação de AB.

Tirando todo o rebuscamento, $\begin{bmatrix} -16 & 2 & 64 & -13 \\ 15 & 15 & -60 & -3 \\ 0 & 20 & 0 & -18 \end{bmatrix}$ é a matriz resposta.

# Simplificando Matrizes para Facilitar o Processo de Resolução

Em um sistema de equações lineares, em que cada equação está no formato $Ax + By + Cz + ... = K$, os coeficientes desse sistema podem ser representados em uma matriz, chamada de *matriz de coeficientes*. Se todas as variáveis se alinham umas com as outras verticalmente, então, a primeira coluna na matriz de coeficientes é reservada a todos os coeficientes da primeira variável, a segunda linha é para a segunda variável, e assim por diante. Cada linha então representa os coeficientes de cada variável na ordem em que eles aparecem no sistema de equações. Por meio de alguns processos diferentes, é possível manipular a matriz de coeficientes para facilitar na hora de encontrar soluções. Resolver um sistema de equações usando uma matriz é um ótimo método, especialmente para sistemas maiores (com mais variáveis e mais equações). Mas não nos entenda errado, esses métodos funcionam para sistemas de todos os tamanhos, por isso, depende de você escolher qualquer método para usar em cada problema. As seções a seguir detalham os processos de simplificação disponíveis.

## Escrevendo um sistema em formato de matriz

Você pode escrever qualquer sistema de equações como uma matriz.

Observe o seguinte sistema:

$$\begin{cases} x + 2y + 3z = -7 \\ 2x - 3y - 5z = 9 \\ -6x - 8y + z = -22 \end{cases}$$

Para expressar esse sistema em formato de matriz, você segue três passos simples:

1. Escreva todos os coeficientes em uma matriz primeiro (essa é chamada de *matriz de coeficientes*).

2. Multiplique essa matriz pelas variáveis do conjunto do sistema em outra matriz (alguns livros a denominam *matriz de variáveis*).

3. Insira as respostas do outro lado do sinal de igualdade em outra matriz (alguns livros a denominam *matriz de resposta*).

A aparência é a seguinte:

$$\begin{bmatrix} 1 & 2 & 3 \\ 2 & -3 & -5 \\ -6 & -8 & 1 \end{bmatrix} \begin{bmatrix} x \\ y \\ z \end{bmatrix} = \begin{bmatrix} -7 \\ 9 \\ -22 \end{bmatrix}$$

Observe que os coeficientes na matriz aparecem na ordem — você vê uma coluna para $x$, $y$ e $z$.

## Formato de matriz escalonada reduzido

Você pode encontrar o *formato de matriz escalonada reduzido* de uma matriz para descobrir as soluções de um sistema de equações. Esse, no entanto, é um processo complicado, e nós realmente não o recomendamos. No entanto, assim como completar o quadrado no Capítulo 4, às vezes, será solicitado que você resolva problemas de uma maneira específica. Se for solicitado que você encontre o formato de matriz escalonada reduzido de uma matriz, não se preocupe, nós ajudaremos. É benéfico colocar uma matriz no formato de matriz escalonada reduzido, pois esse formato é único para cada matriz (e essa matriz única pode oferecer as soluções para seu sistema de equações). Não pode haver duas matrizes diferentes com o mesmo formato de matriz escalonada reduzido. Pode, no entanto, haver infinitas matrizes em um formato de matriz escalonada (não reduzido) que não são únicas; elas serão múltiplos escalares umas das outras.

O formato de matriz escalonada reduzido mostra uma matriz com um conjunto bastante específico de requisitos. Esses requisitos dizem respeito ao lugar onde ficam as linhas que contêm 0, bem como a qual é o primeiro número de cada linha. *Nota:* O primeiro número de uma linha de uma matriz que não for 0 é chamado de *coeficiente regente*. Se qualquer um dos seguintes requisitos não for cumprido, então a matriz *não* será considerada como estando no formato de matriz escalonada reduzido:

- Todas as linhas que contêm todos os 0 estão na parte de baixo da matriz.
- Todos os coeficientes regentes são 1.
- Qualquer elemento acima ou abaixo de um coeficiente regente é 0.
- O coeficiente regente de qualquer linha está sempre à esquerda do coeficiente regente abaixo dele.

A Figura 13-6a mostra uma matriz em formato de matriz escalonada reduzido, e a Figura 13-6b não está neste formato, pois o 7 está diretamente acima do coeficiente regente da última linha, e o 2 está acima do coeficiente regente na linha dois.

# Capítulo 13: Resolvendo Sistemas e Misturando com Matrizes

**Figura 13-6:**
Uma matriz (a) em formato de matriz escalonada reduzida e (b) não em formato de matriz escalonada reduzida.

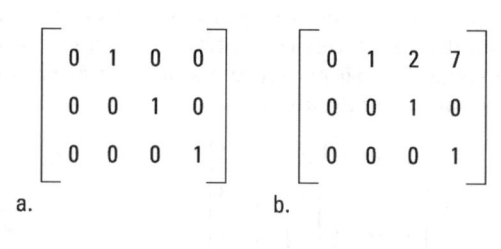

$$\begin{bmatrix} 0 & 1 & 0 & 0 \\ 0 & 0 & 1 & 0 \\ 0 & 0 & 0 & 1 \end{bmatrix} \qquad \begin{bmatrix} 0 & 1 & 2 & 7 \\ 0 & 0 & 1 & 0 \\ 0 & 0 & 0 & 1 \end{bmatrix}$$

a.                      b.

O formato de matriz escalonada reduzido de uma matriz é útil para resolver sistemas de equações 4 × 4 ou maiores, pois o método de eliminação levaria a uma enorme quantidade de trabalho da sua parte. Aqui, mostramos como obter uma matriz no formato de matriz escalonada reduzido usando *operações de linha elementares*. Estas operações são diferentes das operações de matrizes discutidas na seção anterior, pois são realizadas apenas em *uma* linha de uma matriz por vez. Aqui estão as operações que você pode usar em uma linha de uma matriz para deixá-la no formato de matriz escalonada:

- Multiplique cada elemento em uma única linha por um termo constante.
- Alterne duas linhas.
- Junte duas linhas.

Usando essas operações de linha elementares, você pode reescrever qualquer matriz de modo que as soluções do sistema que a matriz representa se tornem aparentes. Mostramos como fazer isso mais para frente, na seção chamada "Conquistando as matrizes".

Use o formato de matriz escalonada reduzido *somente* se for especificamente solicitado que você o faça pelo professor ou por um livro de exercícios de pré-cálculo (e isso acontece em alguns casos, por isso, os incluímos para ajudá-lo). Do contrário, use qualquer um dos outros métodos que discutimos neste capítulo (a regra de Cramer é um *ótimo* método!). O formato de matriz escalonada reduzido exige muito tempo, energia e precisão. Ele pode ter uma centena de passos, o que significa que há uma centena de lugares em que você pode se confundir. Se tiver a opção, recomendamos que você escolha uma tática menos rigorosa (a menos, é claro, que você esteja tentando se exibir).

Talvez a matriz mais famosa (e útil) em pré-cálculo seja a chamada matriz identidade, que possui uma sequência de 1 em sua diagonal a partir do canto superior esquerdo até o canto inferior direito, e 0 em todos os outros lugares. Trata-se de uma matriz quadrada em formato de matriz escalonada reduzido, e representa o elemento identidade da multiplicação no mundo das matrizes (lembra-se da propriedade de identidade da multiplicação de Álgebra II?). Isso significa que multiplicar uma matriz pela identidade resultará na mesma matriz.

Essa é uma ideia importante ao resolver sistemas, pois, se você puder manipular a matriz de coeficientes para se parecer com a matriz identidade (usando operações de matriz aplicáveis, sobre as quais discutimos na seção anterior), então a solução para o sistema estará do outro lado do sinal de igualdade.

$$\begin{bmatrix} 1 & 0 & 0 \\ 0 & 1 & 0 \\ 0 & 0 & 1 \end{bmatrix} \begin{bmatrix} x \\ y \\ z \end{bmatrix} = \begin{bmatrix} -1 \\ 3 \\ -4 \end{bmatrix}$$

Reescrever essa matriz como um sistema produz os valores $x = -1$, $y = 3$ e $z = -4$. Mas você não precisa levar a matriz de coeficientes tão longe só para ter uma solução. Você pode escrevê-la no formato de matriz escalonada, como segue:

$$\begin{bmatrix} 1 & 2 & 3 \\ 0 & 1 & \frac{11}{7} \\ 0 & 0 & 1 \end{bmatrix} \begin{bmatrix} x \\ y \\ z \end{bmatrix} = \begin{bmatrix} -7 \\ -\frac{23}{7} \\ -4 \end{bmatrix}$$

Este formato é diferente do formato de matriz escalonada reduzido, pois o formato de matriz escalonada permite que haja números acima dos coeficientes regentes, mas não abaixo. Reescrever este sistema o deixa com as seguintes informações das linhas:

$$x + 2y + 3z = -7$$
$$y + \frac{11}{7}z = \frac{-23}{7}$$
$$z = -4$$

Como chegar à solução a partir daqui? A resposta a esta pergunta é *resolver ao inverso,* também conhecido como *substituição inversa*. Se uma matriz é escrita em um formato de matriz escalonada, então a variável na linha de baixo deve ser resolvida. Você poderá, então, inserir esse valor na equação de cima para encontrar a outra variável. Você deve ser capaz de continuar esse processo, movimentando para cima (ou ao inverso) até que tenha encontrado todas as variáveis. Isso é o mesmo que um sistema de equações, em que você vai da equação mais simples para a mais complicada.

É assim que você executa a resolução inversa: Agora que você sabe que $z = -4$ pode substituir esse valor na segunda equação para obter $y$:

$$y + \frac{11}{7}(-4) = \frac{-23}{7}$$
$$y - \frac{44}{7} = \frac{-23}{7}$$
$$y = {}^{21}\!/\!_7 = 3$$

E agora que você conhece $z$ e $y$, pode voltar na primeira equação para obter $x$:

$$x + 2(3) + 3(-4) = -7$$
$$x + 6 - 12 = -7$$
$$x - 6 = -7$$
$$x = -1$$

## Formato aumentado

Você também pode escrever uma matriz naquele que é conhecido como *formato aumentado*, em que a matriz de coeficiente e a matriz de solução são escritas na mesma matriz, separadas em cada linha por dois pontos. Isso torna a utilização de operações de linha elementares para a resolução de uma matriz muito mais simples, pois você tem apenas uma matriz à sua frente por vez (ao invés de três!). Você pode fazer isso, pois sabe que seu trabalho principal é encontrar as variáveis, e cada coluna na matriz de coeficiente representa uma variável diferente. Os matemáticos são uma espécie bastante preguiçosa, e gostam de escrever o mínimo possível. Usar a forma aumentada reduzirá a quantia daquilo que você tem de escrever. E quando estiver tentando resolver um sistema de equação que exija muitos passos, você agradecerá por ter de escrever menos! Então, poderá usar as operações de linha elementares como antes para obter a solução do seu sistema.

Considere essa equação de matriz:

$$\begin{bmatrix} 1 & 2 & 3 \\ 2 & -3 & -5 \\ -6 & -8 & 1 \end{bmatrix} \begin{bmatrix} x \\ y \\ z \end{bmatrix} = \begin{bmatrix} -7 \\ 9 \\ -22 \end{bmatrix}$$

Escrita em formato aumentado, a matriz se parece com isso:

$$\begin{bmatrix} 1 & 2 & 3 & : & -7 \\ 2 & -3 & -5 & : & 9 \\ -6 & -8 & 1 & : & -22 \end{bmatrix}$$

## Conquistando as matrizes

Quando estiver familiarizado em alterar a aparência das matrizes (para deixá-las em um formato aumentado e depois em formato de matriz escalonada reduzido, por exemplo), você estará pronto para lidar com matrizes e realmente começar a resolver sistemas difíceis. Com sorte, para sistemas muito grandes (com quatro ou mais variáveis) você terá o auxílio de uma calculadora gráfica. Os programas de computador também podem ser bastante úteis ao trabalhar com matrizes, e podem resolver sistemas de equações de uma série de maneiras. As três maneiras que apresentamos nesta seção são a eliminação de Gauss, as matrizes inversas e a regras de Cramer. A eliminação de Gauss é provavelmente o melhor método a ser usado caso você não tenha uma calculadora gráfica ou um programa de computador para ajudá-lo. Se você tiver essas ferramentas, então poderá usar qualquer uma delas para encontrar o inverso de qualquer matriz e, então, a operação inversa será o melhor plano. Caso o sistema tenha apenas duas ou três variáveis, e você não tenha uma calculadora gráfica para ajudá-lo, então, a regra de Cramer é uma boa pedida.

A seção anterior trata de colocar as matrizes no formato que seria mais fácil para que você as resolvesse. Agora, avançamos mais um passo após obter o formato desejado e passamos a realmente resolver essas complicações. Quando terminarmos, você será um *expert* na resolução de sistemas de equações complicados.

## Usando a eliminação de Gauss para resolver sistemas

A eliminação de Gauss requer o uso de operações de linha elementares da seção "Formato de matriz escalonada reduzido". Usaremos uma matriz aumentada, pois é dessa forma que você é mais frequentemente solicitado a resolver um problema (e é também a maneira mais fácil de chegar às soluções).

Os objetivos da eliminação de Gauss são tornar o elemento do canto superior esquerdo um 1; usar as operações de linha elementares para obter 0 em todas as posições abaixo desse primeiro 1; obter 1 como coeficientes regentes em cada linha diagonalmente a partir do canto superior esquerdo para o canto inferior direito; e colocar 0 abaixo de todos os coeficientes regentes. Basicamente, você elimina todas as variáveis, exceto uma, na última linha, todas as variáveis, exceto duas na equação acima dessa última, e assim por diante até a equação de cima, que terá todas as variáveis. Então, você pode usar a substituição inversa para encontrar uma variável por vez inserindo os valores que conhece nas equações de baixo para cima.

Você realiza essa eliminação tirando a variável $x$ (ou aquela que vier primeiro) em todas as equações, exceto a primeira. Depois, elimine a segunda variável em todas as equações, exceto as duas primeiras. Esse processo continua, eliminando mais uma variável por linha até que haja somente uma variável na última linha. Depois, resolva essa variável.

As operações elementares para a eliminação de Gauss são as mesmas que as operações de linha elementares usadas nas matrizes na seção anterior. Nós as apresentamos novamente aqui para que você não tenha de voltar.

# Capítulo 13: Resolvendo Sistemas e Misturando com Matrizes

Você pode realizar três operações com matrizes para eliminar variáveis em um sistema de equações lineares:

- **Você pode trocar duas linhas quaisquer:** $r_1 \leftrightarrow r_2$ alternariam entre as linhas um e dois.

- **Você pode multiplicar qualquer linha por uma constante:** $-2r3 \to r3$ multiplicaria a linha três por $-2$ para obter uma nova linha três.

- **Você pode adicionar duas linhas:** $r1 + r2 \to r2$ adiciona as linhas 1 e 2 e escreve na linha 2.

Então, isso significa que você pode multiplicar uma linha por um constante e depois adicioná-la a outra linha para mudar essa linha: $3r_1 + r_2 \to r_2$ multiplicaria a linha um por 3 e depois adicionaria isso à linha dois para criar uma nova linha dois.

Considere a seguinte matriz aumentada:

$$\begin{bmatrix} 1 & 2 & 3 & : & -7 \\ 2 & -3 & -5 & : & 9 \\ -6 & -8 & 1 & : & -22 \end{bmatrix}$$

Agora, observe os objetos da eliminação de Gauss para concluir os seguintes passos para resolver essa matriz:

1. **Conclua o primeiro objetivo: colocar um 1 no canto superior esquerdo.**

   Isso você já tem!

2. **Conclua o segundo objetivo: colocar 0 embaixo do 1 na primeira coluna.**

   Você precisa usar uma combinação das operações da segunda e da terceira matriz aqui. Eis o que você deve se perguntar: "O que eu preciso adicionar à linha para fazer com que um 2 se torne um 0?" A resposta é $-2$. Assim, você realiza a seguinte operação: $-2r_1 + r_2 \to r_2$. Concluindo os cálculos, agora você tem esta matriz:

   $$\begin{bmatrix} 1 & 2 & 3 & : & -7 \\ 0 & -7 & -11 & : & 23 \\ -6 & -8 & 1 & : & -22 \end{bmatrix}$$

3. **Coloque um 0 embaixo do 1 na terceira fileira.**

   Para fazer isso, você precisa da seguinte operação: $6r_1 + r_3 \to r_3$. Com este cálculo, agora você deve ter a seguinte matriz:

   $$\begin{bmatrix} 1 & 2 & 3 & : & -7 \\ 0 & -7 & -11 & : & 23 \\ 0 & 4 & 19 & : & -64 \end{bmatrix}$$

4. **Coloque um 1 na segunda linha, segunda coluna.**

   Para fazer isso, você precisa usar a operação da segunda linha; em outras palavras, multiplique a linha dois pelo recíproco adequado: $\frac{-1}{7} r_2 \to r_2$. Isso produz uma nova segunda linha:

   $$\begin{bmatrix} 1 & 2 & 3 & : & -7 \\ 0 & 1 & \frac{11}{7} & : & -\frac{23}{7} \\ 0 & 4 & 19 & : & -64 \end{bmatrix}$$

5. **Coloque um 0 embaixo do 1 que você criou na linha dois.**

   De volta à boa e velha operação combinada para a terceira linha: $-4r_2 + r_3 \to r_3$. Essa é mais uma versão da matriz:

   $$\begin{bmatrix} 1 & 2 & 3 & : & -7 \\ 0 & 1 & \frac{11}{7} & : & \frac{-23}{7} \\ 0 & 0 & \frac{89}{7} & : & \frac{-356}{7} \end{bmatrix}$$

6. **Coloque outro 1, dessa vez na terceira linha, terceira coluna.**

   Multiplique a terceira linha pelo recíproco do coeficiente para obter um 1:

   $$\begin{bmatrix} 1 & 2 & 3 & : & -7 \\ 0 & 1 & \frac{11}{7} & : & \frac{-23}{7} \\ 0 & 0 & 1 & : & -4 \end{bmatrix}$$

Agora você tem uma matriz em formato de matriz escalonada, que oferece a você as soluções ao usar a substituição inversa (consultando essa matriz na seção "Formato de matriz escalonada reduzido", você sabe que $z = -4$). No entanto, se quiser saber como colocar essa matriz no formato de matriz escalonada reduzido para encontrar as soluções, siga estes passos:

1. **Coloque um 0 na linha dois, coluna três.**

   A operação $\frac{-11}{7} r_3 + r_2 \to r_2$, oferece o seguinte:

   $$\begin{bmatrix} 1 & 2 & 3 & : & -7 \\ 0 & 1 & 0 & : & 3 \\ 0 & 0 & 1 & : & -4 \end{bmatrix}$$

2. **Coloque um 0 na linha um, coluna três.**

   A operação $-3r_3 + r_1 \to r_1$ oferece o seguinte:

   $$\begin{bmatrix} 1 & 2 & 0 & : & 5 \\ 0 & 1 & 0 & : & 3 \\ 0 & 0 & 1 & : & -4 \end{bmatrix}$$

3. **Coloque um zero na linha um, coluna dois.**

   Finalmente, a operação $-2r_2 + r_1 \to r_1$ oferece o seguinte:

   $$\begin{bmatrix} 1 & 0 & 0 & : & -1 \\ 0 & 1 & 0 & : & 3 \\ 0 & 0 & 1 & : & -4 \end{bmatrix}$$

   Essa matriz, no formato de matriz escalonada reduzido, é, na verdade, a solução para o sistema. Se você multiplicar as duas matrizes do lado esquerdo e mudar os dois pontos de volta para sinais de igualdade, obterá uma matriz que se parece com $\begin{bmatrix} x \\ y \\ z \end{bmatrix} = \begin{bmatrix} -1 \\ 3 \\ -4 \end{bmatrix}$.

## Multiplicando uma matriz por sua inversa

Você pode incluir outra maneira de resolver um sistema de equações usando matrizes ao seu arsenal; essa técnica se baseia na simples ideia de que, se tem um coeficiente unido a uma variável em um lado de uma equação, pode fazer a multiplicação pelo inverso do coeficiente para fazer com que esse coeficiente desapareça e deixe apenas a variável. Por exemplo, se $3x = 12$, como você resolveria a equação? Você dividiria ambos os lados por 3, que é a mesma coisa que multiplicar por ⅓ para obter x = 4. O mesmo acontece para as matrizes.

No formato de variável, uma função inversa é escrita como $f^{-1}(x)$, em que $f^{-1}$ é o inverso da função $f$. Nomeia-se uma matriz inversa de maneira semelhante; o inverso da matriz A é $A^{-1}$, Se A, B e C são matrizes na equação matricial AB = C, e você quer encontrar B, como você faz isso? Simplesmente multiplique pelo inverso da matriz A, que você escreve desta maneira:

$A^{-1}[AB] = A^{-1}C$

Assim, a versão simplificada é $B = A^{-1}C$.

Agora que você simplificou a equação básica, precisa calcular a matriz inversa para calcular a resposta ao problema.

### Encontrando o inverso de uma matriz

Primeiramente, devemos estabelecer que apenas matrizes quadradas possuem inversas — em outras palavras, o número de linha deve ser igual ao número de colunas. E, mesmo assim, nem toda matriz quadrada tem uma inversa. Se o determinante de uma matriz não for 0, então, a matriz terá uma inversa. Consulte a seção a seguir sobre a regra de Cramer para saber mais sobre determinantes.

Quando uma matriz possui uma inversa, você tem diversas maneiras de encontrá-la, dependendo do tamanho da matriz. Se a matriz for 2 × 2, então, há uma fórmula simples para encontrar a inversa. No entanto, para qualquer matriz maior que 2 × 2, recomendamos que você use uma calculadora gráfica ou um programa de computador (há muitos *Websites* que encontram as inversas das matrizes para você, e a maioria dos professores e dos livros dará a matriz inversa de qualquer sistema que for 3 × 3 ou maior).

Se você não usar uma calculadora gráfica, poderá aumentar sua matriz original conversível por meio da matriz de identidade e usar as operações de linha elementares para obter a matriz de identidade onde antes estava sua matriz original. Isso deixa a matriz inversa onde originalmente você tinha a identidade. No entanto, isso é extremamente difícil, e não recomendamos fazê-lo.

Tendo dito isso, você encontra uma inversa de uma matriz 2 × 2 da seguinte maneira:

Se a matriz A for a matriz $\begin{bmatrix} a & b \\ c & d \end{bmatrix}$, sua inversa é a seguinte: $\frac{1}{ad-bc} \begin{bmatrix} d & -b \\ -c & a \end{bmatrix}$

Simplesmente siga este formato com qualquer matriz 2 × 2 que você tenha de encontrar.

### *Usando uma inversa para resolver um sistema*

Armado com um sistema de equações e o conhecimento de como usar matrizes inversas (consulte a seção anterior), você pode seguir uma série de passos simples para chegar a uma solução para o sistema, novamente usando a boa e velha matriz. Por exemplo, você pode resolver o sistema a seguir usando matrizes inversas:

$$\begin{cases} 4x + 3y = -13 \\ -10x - 2y = 5 \end{cases}$$

Estes passos mostram o caminho:

1. **Escreva o sistema como uma equação matricial.**

   Quando escrito como uma equação matricial (consulte a seção anterior "Escrevendo um sistema no formato de matriz"), você obtém

   $\begin{bmatrix} 4 & 3 \\ -10 & -2 \end{bmatrix} \begin{bmatrix} x \\ y \end{bmatrix} = \begin{bmatrix} -13 \\ 5 \end{bmatrix}$

2. **Crie a matriz inversa com a equação matricial.**

   A matriz inversa é
   $\frac{1}{22} \begin{bmatrix} -2 & -3 \\ 10 & 4 \end{bmatrix}$

3. **Multiplique a inversa na frente por ambos os lados da equação.**

    Agora você tem a seguinte equação:

    $$\frac{1}{22}\begin{bmatrix}-2 & -3\\ 10 & 4\end{bmatrix}\begin{bmatrix}4 & 3\\ -10 & -2\end{bmatrix}\begin{bmatrix}x\\ y\end{bmatrix} = \frac{1}{22}\begin{bmatrix}-2 & -3\\ 10 & 4\end{bmatrix}\begin{bmatrix}-13\\ 5\end{bmatrix} = \frac{1}{22}\begin{bmatrix}(-2)(-13)+(-3)(5)\\ (10)(-13)+(4)(5)\end{bmatrix}$$

4. **Cancele a matriz à esquerda e multiplique as matrizes à direita (consulte a seção "Multiplicando matrizes umas pelas outras").**

    Uma matriz inversa multiplicada por uma matriz é cancelada. Você tem:

    $$\begin{bmatrix}x\\ y\end{bmatrix} = \frac{1}{22}\begin{bmatrix}11\\ -110\end{bmatrix}$$

5. **Multiplique a grandeza escalar para resolver o sistema.**

    Você acaba com os valores de $x$ e $y$: $\begin{bmatrix}x\\ y\end{bmatrix} = \begin{bmatrix}\frac{1}{2}\\ 5\end{bmatrix}$

    Geralmente é mais fácil multiplicar a grandeza escalar após multiplicar as duas matrizes.

## Usando determinantes: a regra de Cramer

O método final que mostramos a você para resolver sistemas (está quase acabando!) foi elaborado por Gabriel Cramer, e seu nome é uma homenagem a ele. Assim como para grande parte daquilo que este capítulo cobre, a calculadora gráfica permite que você evite muito do trabalho e simplifica muito a vida dos alunos de pré-calculo. No entanto, se seu professor pedir que você use a regra de Cramer, e alguns professores certamente farão isso, você pode impressioná-lo com tudo o que aprenderá nesta seção!

A regra de Cramer diz que, se o determinante de uma matriz coeficiente $|A|$ (consulte a seção "Simplificando matrizes para facilitar o processo de resolução", para mais informações sobre como encontrar a matriz coeficiente) não for 0, então as soluções de um sistema de equações lineares podem ser encontradas como segue:

Se a matriz que descrever o sistema de equações se parecer com:

$$\begin{bmatrix}a_1 & b_1 & c_1 & \ldots\\ a_2 & b_2 & c_2 & \ldots\\ a_3 & b_3 & c_3 & \ldots\\ \vdots & \vdots & \vdots & \end{bmatrix}\begin{bmatrix}x_1\\ x_2\\ x_3\\ \vdots\end{bmatrix} = \begin{bmatrix}k_1\\ k_2\\ k_3\\ \vdots\end{bmatrix}, \text{então}$$

$$x_1 = \frac{\begin{vmatrix} k_1 & b_1 & c_1 & \cdots \\ k_2 & b_2 & c_2 & \cdots \\ k_3 & b_3 & c_3 & \cdots \\ \vdots & \vdots & \vdots & \end{vmatrix}}{\begin{vmatrix} a_1 & b_1 & c_1 & \cdots \\ a_2 & b_2 & c_2 & \cdots \\ a_3 & b_3 & c_3 & \cdots \\ \vdots & \vdots & \vdots & \end{vmatrix}}$$

$$x_2 = \frac{\begin{vmatrix} a_1 & k_1 & c_1 & \cdots \\ a_2 & k_2 & c_2 & \cdots \\ a_3 & k_3 & c_3 & \cdots \\ \vdots & \vdots & \vdots & \end{vmatrix}}{\begin{vmatrix} a_1 & b_1 & c_1 & \cdots \\ a_2 & b_2 & c_2 & \cdots \\ a_3 & b_3 & c_3 & \cdots \\ \vdots & \vdots & \vdots & \end{vmatrix}}$$

$$x_3 = \frac{\begin{vmatrix} a_1 & b_1 & k_1 & \cdots \\ a_2 & b_2 & k_2 & \cdots \\ a_3 & b_3 & k_3 & \cdots \\ \vdots & \vdots & \vdots & \end{vmatrix}}{\begin{vmatrix} a_1 & b_1 & c_1 & \cdots \\ a_2 & b_2 & c_2 & \cdots \\ a_3 & b_3 & c_3 & \cdots \\ \vdots & \vdots & \vdots & \vdots \end{vmatrix}}$$

e assim por diante, até que você tenha encontrado todas as variáveis.

Essa regra é útil quando os sistemas são muito pequenos, ou quando você pode usar uma calculadora gráfica para precisar os determinantes, pois ajuda a encontrar as soluções com o mínimo de etapas, nas quais você pode se confundir. Para usar essa regra, você simplesmente encontra o determinante da matriz coeficiente.

O determinante de uma matriz $2 \times 2$ $\begin{bmatrix} a & b \\ c & d \end{bmatrix}$ é definido como sendo $ad - bc$. O determinante de uma matriz $3 \times 3$ é um pouco mais complicado. Se a matriz for $A = \begin{bmatrix} a_1 & b_1 & c_1 \\ a_2 & b_2 & c_2 \\ a_3 & b_3 & c_3 \end{bmatrix}$, então você pode encontrar

## Capítulo 13: Resolvendo Sistemas e Misturando com Matrizes

o determinante como segue. Reescreva as primeiras duas colunas imediatamente após a terceira coluna. Desenhe três linhas diagonais do canto superior esquerdo ao canto inferior direito, e três linhas diagonais do canto inferior esquerdo ao canto superior direito, como mostrado na Figura 13-7.

**Figura 13-7:** Como encontrar o determinante de uma matriz.

$$|A| = \begin{vmatrix} a_1 & b_1 & c_1 \\ a_2 & b_2 & c_2 \\ a_3 & b_3 & c_3 \end{vmatrix} \begin{matrix} a_1 & b_1 \\ a_2 & b_2 \\ a_3 & b_3 \end{matrix}$$

Depois, multiplique as três diagonais para baixo, da esquerda para a direita, e para cima, para as outras três. O determinante da matriz 3 × 3 é:

$$(a_1 b_2 c_3 + b_1 c_2 a_3 + c_1 a_2 b_3) - (a_3 b_2 c_1 + b_3 c_2 a_1 + c_3 a_2 b_1)$$

**DICA**

Para encontrar o determinante da matriz $3 \times 3$ $\begin{vmatrix} 1 & 2 & 3 \\ 2 & -3 & -5 \\ -6 & -8 & 1 \end{vmatrix}$, usa-se um processo conhecido como regra de Sarrus, que você pode ver na Figura 13-8.

**Figura 13-8:** Encontrar o determinante de uma matriz 3 × 3 baseia-se nas diagonais.

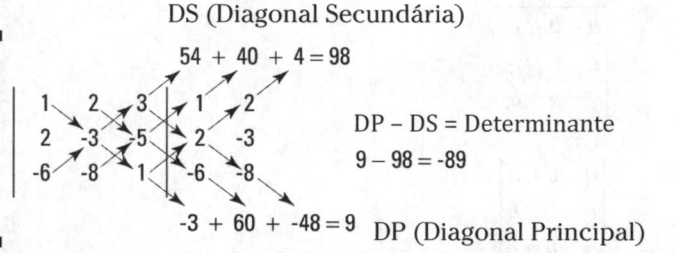

DS (Diagonal Secundária)
54 + 40 + 4 = 98

-3 + 60 + -48 = 9    DP (Diagonal Principal)

DP − DS = Determinante
9 − 98 = −89

Após encontrar o determinante da matriz coeficiente (seja manualmente ou por meio de um dispositivo tecnológico), substitua a primeira coluna da matriz coeficiente pela matriz de solução do outro lado do sinal de igualdade, e encontre o determinante dessa nova matriz. Depois, substitua a segunda coluna da matriz coeficiente pela matriz de solução e encontre o determinante dessa matriz. Continue com esse processo até que você tenha substituído cada coluna e encontrado todos os novos determinantes. Os valores das respectivas variáveis são iguais ao determinante da nova matriz (quando você substituiu a coluna respectiva) dividido pela matriz determinante.

Não é possível usar a regra de Cramer quando a matriz não for quadrada, ou quando o determinante da matriz coeficiente for 0, pois não é possível dividir por 0. A regra de Cramer é mais útil para um sistema de equações lineares 2 × 2 ou mais alto.

Para resolver um sistema de equações 3 × 3 como
$$\begin{cases} ax + by + cz = d \\ ex + fy + gz = h \\ jx + ky + mz = n \end{cases}$$
usando a regra de Cramer, você dispõe as variáveis como segue:

$$x = \frac{\begin{vmatrix} d & b & c \\ h & f & g \\ n & k & m \end{vmatrix}}{\begin{vmatrix} a & b & c \\ e & f & g \\ j & k & m \end{vmatrix}}$$

$$y = \frac{\begin{vmatrix} a & d & c \\ e & h & g \\ j & n & m \end{vmatrix}}{\begin{vmatrix} a & b & c \\ e & f & g \\ j & k & m \end{vmatrix}}$$

$$z = \frac{\begin{vmatrix} a & b & d \\ e & f & h \\ j & k & n \end{vmatrix}}{\begin{vmatrix} a & b & c \\ e & f & g \\ j & k & m \end{vmatrix}}$$

# Capítulo 14
# Sequências, Séries e Expansão de Binômios

*Neste capítulo*

▶ Explorando os termos e fórmulas das sequências
▶ Entendendo as sequências aritméticas e geométricas
▶ Somando sequência para criar uma série
▶ Aplicando o teorema dos binômios para expandir binômios

*É* hora de deixar de lado seu papel quadriculado e os diversos conceitos complexos e intangíveis que o pré-cálculo apresenta como o círculo unitário, seções cônicas e logs. Este capítulo é dedicado a como você pode realmente usar o pré-cálculo no mundo real. As aplicações do mundo real apresentadas nos capítulos anteriores são úteis, provavelmente, a algumas pessoas. Este capítulo é diferente, pois as aplicações são úteis a *todos*. Independentemente de quem você seja, ou daquilo que faça, você, provavelmente, deve compreender o valor de seus pertences. Nós nos concentramos em alguns tópicos diferentes para fazer com que a matemática saia da sala de aula e tome novo ar:

✔ As **sequências** ajudam você a entender os padrões. É possível ver padrões se desenvolverem, por exemplo, na medida em que o valor de seu carro é depreciado, na maneira como os juros do cartão de crédito aumentam e em como os cientistas estimam o crescimento das populações de bactéria.

✔ As **séries** ajudam você a entender a soma de uma sequência de números, como anuidades, a altura que uma bola atinge quando jogada (se é que você realmente quer pensar nisso em seu tempo livre), e assim por diante.

Este capítulo mergulha nestes tópicos e desvenda o mito de que a matemática não é útil no mundo real.

# Falando em Sequência: Entendendo o Método Geral

Uma *sequência* é basicamente uma lista ordenada de números, seguindo algum tipo de padrão. Este padrão pode geralmente ser descrito por uma regra geral que permitirá que você descubra qualquer um dos números nessa lista sem ter que encontrar *todos* os números no meio. Ela é infinita, o que significa que pode continuar no mesmo padrão para sempre. A definição matemática de uma sequência é uma função determinada sobre o conjunto de números inteiros positivos, geralmente escritos na seguinte forma:

$$\{a_n\} = a_1, a_2, a_3, \ldots, a_n, \ldots$$

A parte $\{a_n\}$ representa a notação para todo o conjunto de números. Cada $a_n$ é chamado de *termo da sequência;* $a_1$ é o primeiro termo, $a_2$ é o segundo termo, e assim por diante. O $a_n$ é o número de posição $n$, o que significa que ele pode ser qualquer termo que você precisa que ele seja.

No mundo real, as sequências são úteis ao descrever qualquer quantidade que aumenta ou diminui de acordo com o tempo – juros financeiros, dívidas, vendas, populações e depreciação ou valorização de bens, só para mencionar alguns. Qualquer quantidade que muda de acordo com o tempo com base em uma determinada porcentagem seguirá um padrão, que pode ser descrito usando uma sequência. Dependendo da regra para a sequência, é possível manipular o valor inicial de um objeto em certa porcentagem para encontrar um novo valor após um determinado período de tempo. Repetir este processo revelará o padrão geral e a mudança do valor do objeto.

## Calculando os termos de uma sequência usando a expressão da sequência

A fórmula geral para qualquer sequência envolve a letra n, que é o número do termo (o primeiro termo seria $n = 1$, enquanto o 2º termo seria $n = 20$), bem como a regra para encontrar cada termo. Você pode encontrar qualquer termo de uma sequência inserindo $n$ na fórmula geral, que oferecerá instruções específicas sobre o que fazer com esse valor $n$. Se você tiver alguns termos de uma sequência, poderá usar estes termos para encontrar a fórmula geral para a sequência. Se a fórmula geral for dada (completa com $n$ como a variável), você poderá encontrar qualquer termo inserindo o número do termo que você quer no lugar de $n$.

## Capítulo 14: Sequências, Séries e Expansão de Binômios

**LEMBRE-SE**

A menos que afirmado o contrário, o primeiro termo de qualquer sequência $\{a_n\}$ é $n = 1$. O próximo valor de $n$ sempre aumenta em 1 unidade.

Por exemplo, você pode usar a fórmula para encontrar os primeiros três termos de $a_n = (-1)^{n-1} \cdot (n^2)$:

1. **Encontre $a_1$ primeiro, inserindo 1 sempre que houver um $n$.**

    Isso o deixa com $a_1 = (-1)^{1-1} \cdot (1^2) = (-1)^0 \cdot 1 = 1 \cdot 1 = 1$.

2. **Continue inserindo números inteiros consecutivos para $n$.**

    Isso o dará os termos dois e três:

    - $a_2 = (-1)^{2-1} \cdot (2^2) = (-1)^1 \cdot 4 = -1 \cdot 4 = -4$
    - $a_3 = (-1)^{3-1} \cdot (3^2) = (-1)^2 \cdot 9 = 1 \cdot 9 = 9$

## *Trabalhando ao inverso: Formando uma expressão a partir dos termos*

Se você sabe os primeiros termos de uma sequência, poderá escrever uma expressão geral para a sequência para encontrar o termo de posição $n$. Para escrever a expressão geral, você deve procurar um padrão nos primeiros termos da sequência, o que demonstra um pensamento lógico (e todos nós queremos ter um pensamento lógico, certo?). A fórmula que você escrever deve funcionar para cada valor de número inteiro de $n$, começando com $n = 1$.

Às vezes, esse cálculo é uma tarefa fácil e, às vezes, a resposta é menos aparente e mais complicada. As sequências que envolvem frações e/ou expoentes tendem a ser mais complicadas e menos óbvias quanto a seus padrões. As mais fáceis de serem escritas incluem adição, subtração, multiplicação ou divisão por números inteiros.

Por exemplo, para encontrar a fórmula geral para o termo de posição $n$ da sequência ⅔, ⅗, 4/7, 5/9, 6/11, você deve observar o numerador e o denominador separadamente:

> Os numeradores começam com 2 e aumentam em uma unidade cada vez. Esta sequência é descrita por $a_n = n + 1$.

> Os denominadores começam com 3 e aumentam em duas unidades cada vez. Esta sequência é descrita como $a_n = 2n + 1$.

Portanto, esta sequência pode ser expressa pela fórmula geral $\dfrac{n+1}{2n+1}$.

Para confirmar sua fórmula e garantir que as respostas funcionam, insira 1, 2, 3, e assim por diante, para assegurar que você obtém os números originais da sequência dada.

$$n = 1: a_1 = \frac{1+1}{2 \cdot 1 + 1} = 2/3$$

$$n = 2: a_2 = \frac{2+1}{2 \cdot 2 + 1} = 3/5$$

$$n = 3: a_3 = \frac{3+1}{2 \cdot 3 + 1} = 4/7$$

$$n = 4: a_4 = \frac{4+1}{2 \cdot 4 + 1} = 5/9$$

$$n = 5: a_5 = \frac{5+1}{2 \cdot 5 + 1} = 6/11$$

Todos os valores funcionam, por isso, acertamos!

## *Sequências recursivas: um tipo de sequência geral*

Uma *sequência recursiva* é uma sequência em que cada termo depende do termo antes dele. Para encontrar qualquer termo em uma sequência recursiva, você usa o termo dado (pelo menos um termo — geralmente o primeiro — será dado pelo problema) e a fórmula dada, o que permite encontrar os outros termos.

Você reconhecerá as sequências recursivas, pois a fórmula dada geralmente possuirá $a_n$ (o termo de posição $n$ da sequência) bem como $a_n - 1$ (o termo anterior ao termo de posição $n$ da sequência). A fórmula será dada (uma fórmula diferente para cada problema), e o enunciado desses tipos de problemas pedirá que você encontre os termos da sequência.

Por exemplo, a sequência recursiva mais famosa é a Sequência de Fibonacci, em que cada termo após o segundo (a sequência começa parecendo-se com uma sequência quando $n > 2$) é definido como a soma dos dois termos antes dele. O primeiro termo desta sequência é 1, e o segundo termo também é 1. A fórmula para a Sequência de Fibonacci é $a_n = a_{n-2} + a_{n-1}$, em que $n \geq 3$.

Assim, se for solicitado que você encontre os três termos seguintes da sequência, você teria que usar a fórmula como segue:

$$a_3 = a_{3-2} + a_{3-1} = a_1 + a_2 = 1 + 1 = 2$$

$$a_4 = a_{4-2} + a_{4-1} = a_2 + a_3 = 1 + 2 = 3$$

$$a_5 = a_{5-2} + a_{5-1} = a_3 + a_4 = 2 + 3 = 5$$

Essa sequência é bastante famosa, pois muitas coisas no mundo natural seguem o padrão da Sequência de Fibonacci. Por exemplo, lírios e íris, ambos têm três pétalas. Ranúnculos têm cinco pétalas e cravos-de-defunto têm 13 pétalas. Observou-se também que as sementes das margaridas e girassóis seguem o mesmo padrão que a Sequência de Fibonacci. As pinhas e couve-flores também seguem esse padrão.

# Cobrindo a Distância entre os Termos: Sequências Aritméticas

Um dos tipos mais comuns de sequências é chamado de *sequência aritmética*. Em uma sequência aritmética, cada termo se difere do termo antecedente de acordo com o mesmo número, o que é chamado de *diferença comum*. Para determinar se uma sequência é aritmética, você subtrai cada termo por seu termo precedente; se a diferença entre cada termo for a mesma, a sequência é aritmética.

É bastante útil identificar as sequências aritméticas, pois todas elas seguem uma fórmula, enquanto as fórmulas da seção anterior seriam completamente diferentes e não necessariamente seguiriam quaisquer regras. A fórmula para o termo de posição $n$ de uma sequência aritmética é sempre a mesma:

$$a_n = a_1 + (n-1)d,$$

em que $a_1$ é o primeiro termo, e $d$ é a diferença comum.

Para exercícios envolvendo as sequências aritméticas, será solicitado que você encontre um termo em algum lugar em uma determinada sequência. Você reconhecerá a sequência como sendo aritmética, pois haverá uma diferença comum entre cada termo. Isto faz com que você saiba que deve começar com a fórmula geral para qualquer sequência aritmética. Há sempre três passos para encontrar os termos desejados: encontrar a diferença comum, escrever a fórmula para a sequência específica dada usando o primeiro termo e a diferença comum, e depois encontrar o termo que foi solicitado, inserindo o número do termo no lugar de $n$. Há dois tipos principais de problemas que você pode encontrar, no entanto, como você descobrirá nas duas próximas seções: um em que é dada uma lista de termos consecutivos (que é fácil), e um em que são dados dois termos que não são consecutivos (caso em que encontrar a diferença comum não é das tarefas mais simples).

## Usando termos consecutivos para encontrar outro termo em uma sequência aritmética

Se forem dados dois termos consecutivos de uma sequência aritmética, a diferença comum entre esses termos não está muito distante.

Por exemplo, uma sequência aritmética é –7, –4, –1, 2, 5... Se você quiser encontrar o 55º termo dessa sequência aritmética, poderá continuar o padrão iniciado pelos primeiros termos mais 50 vezes. No entanto, isso exigiria muito tempo e não seria muito eficiente para encontrar termos que viessem posteriormente na sequência.

Em vez disso, você pode usar uma fórmula geral para encontrar qualquer termo de uma sequência aritmética. Encontrar a fórmula geral para o termo de posição $n$ de uma sequência aritmética é fácil, considerando que você saiba o primeiro termo e a diferença comum.

1. **Encontre a diferença comum.**

   Para encontrar a diferença comum, simplesmente subtraia um termo daquele após ele: $-4 - (-7) = 3$.

2. **Insira $a_1$ e $d$ na fórmula geral para qualquer sequência aritmética para escrever a fórmula específica para a sequência dada.**

   Comece com $a_n = a_1 + (n - 1)d$. Insira aquilo que você sabe: O primeiro termo da sequência é –7, e a diferença comum é 3. Assim $a_n = -7 + (n - 1)3 = -7 + 3n - 3 = 3n - 10$.

3. **Insira o número do termo que você está tentando encontrar no lugar de $n$.**

   Para encontrar o 55º termo, insira 55 no lugar de $n$ na fórmula geral para $a_n = a_{35} = a_{55} = 3(55) + 1 = 165 + 1 = 166$.

## *Usando dois termos quaisquer*

Às vezes, você precisará encontrar a fórmula geral para o termo de posição $n$ de uma sequência aritmética sem saber o primeiro termo ou a diferença comum. Neste caso, dois termos serão dados (não necessariamente consecutivos), e você usará essa informação para encontrar $a_1$ e $d$. Os passos ainda serão os mesmos: encontrar a diferença comum, escrever a fórmula específica para a sequência dada e encontrar o termo que você está procurando (não nos cansamos de repetir).

Por exemplo, para encontrar a fórmula geral de uma sequência aritmética em que $a_4 = -23$, e $a_{22} = 40$, siga esses passos:

1. **Encontre a diferença comum.**

   Você terá de ser mais criativo para encontrar a diferença comum para estes tipos de problemas.

   a. **Use a fórmula $a_n = a_1 + (n - 1)d$ para estabelecer duas equações que usam as informações dadas.**

   Para a primeira equação, você sabe que quando $n = 4$, $a_n = -23$:

   $-23 = a_1 + (4 - 1)d$, ou $-23 = a_1 + 3d$.

Para a segunda equação, você sabe que quando $n = 22$, $a_n = 40$:

$40 = a_1 + (22 - 1)d$, ou $40 = a_1 + 21d$.

b. **Estabeleça um sistema de equações (consulte o Capítulo 13) e encontre $d$.**

O sistema se parecerá com isto:
$$\begin{cases} -23 = a_1 + 3d \\ 40 = a_1 + 21d \end{cases}$$

Você pode usar a eliminação ou a substituição para resolver o sistema, como mostramos no Capítulo 13. A eliminação funciona bem, pois você pode multiplicar qualquer equação por $-1$ e adicionar as duas para obter $63 = 18d$. Portanto, $d = 3{,}5$.

2. **Escreva a fórmula para a sequência específica.**

Isto também dá um pouco mais de trabalho do que antes.

a. **Insira $d$ em uma das equações para encontrar $a_1$.**

Você pode inserir 3,5 de volta em qualquer uma das equações: $-23 = a_1 + 3(3{,}5)$, ou $a_1 = -33{,}5$.

b. **Use $a_1$ e $d$ para encontrar a fórmula geral para $a_n$.**

Isto se torna uma simplificação fácil de três passos:
$a_n = -33{,}5 + (n-1)3{,}5$
$a_n = -33{,}5 + 3{,}5n - 3{,}5$
$a_n = 3{,}5n - 37$

3. **Encontre o termo que estava procurando.**

Nós não pedimos, no enunciado deste problema, que qualquer termo específico fosse encontrado (sempre leia o enunciado!), mas, se tivéssemos pedido, você poderia inserir este número no lugar de $n$ e então encontrar o termo que estava procurando.

# *Divisão Proporcional com Pares de Termos Consecutivos*

Uma *sequência geométrica* é uma sequência em que termos consecutivos possuem uma razão comum. Em outras palavras, se você dividir cada termo pelo termo antes dele, o quociente deve ser o mesmo, denotado pela letra $r$.

Certos objetos, como carros, têm seu valor depreciado com o tempo. Você pode descrever esta depreciação usando uma sequência geométrica. O raio comum sempre será a taxa como uma porcentagem (às vezes, denominada TPA, que significa Taxa Percentual Anual). Encontrar o valor do carro em relação a qualquer período de tempo, contanto que você saiba seu valor original, é fácil. As seções a seguir mostram como identificar os termos e expressões de sequências geométricas, o que permite que você aplique as sequências a situações do mundo real (como trocar seu carro!).

Aqui, começamos a trabalhar com sequências geométricas: como encontrar um termo na sequência, além de como encontrar a fórmula para a sequência específica quando ela não é dada. Mas, primeiro, eis algumas ideias gerais que você deve lembrar.

O primeiro termo de qualquer sequência é denotado como $a_n$. Para encontrar o segundo termo de uma sequência geométrica, multiplique o primeiro termo pela razão, $r$. Você pode seguir este padrão infinitamente para encontrar qualquer termo de uma sequência geométrica:

$$\{a_n\} = a_1, a_2, a_3, a_4, a_5, \ldots, a_n, \ldots$$

$$\{a_n\} = a_1, a_1 \cdot r, a_1 \cdot r^2, a_1 \cdot r^3, a_1 \cdot r^4, \ldots, a_1 \cdot r^{n-1}, \ldots$$

Colocando de maneira mais simples, a fórmula para o termo de posição $n$ de uma sequência geométrica é:

$$a_n = a_1 \cdot r^{n-1}$$

Na fórmula, $a_1$ é o primeiro termo e $r$ é a razão.

## Identificando um termo quando você conhece os termos consecutivos

Os passos para lidar com sequências geométricas são notadamente semelhantes àqueles das seções que tratam de sequências aritméticas. Primeiro, você encontra a razão (e não a diferença!); depois, escreve a fórmula específica para a sequência dada, e finalmente encontra o termo que estava procurando.

Um exemplo de uma sequência geométrica é 2, 4, 8, 16, 32. Para encontrar o 15º termo, siga esses passos:

1. **Encontre a razão comum.**

    Nessa sequência, cada termo consecutivo tem duas vezes o termo anterior. Se você não conseguir enxergar a diferença comum observando a sequência, divida qualquer termo pelo termo anterior.

2. **Encontre a fórmula para a sequência dada.**

    Nos termos da fórmula, $a_1 = 2$ e $r = 2$. A fórmula geral para essa sequência é $a_n = 2 \cdot 2^{n-1}$, que é simplificado (usando as regras dos expoentes) para $2^1 \cdot 2^{n-1} = 2^{1+(n-1)} = 2^n$.

3. **Encontre o termo que você está procurando.**

    Se $a_n = 2^n$, então $a_{15} = 2^{15} = 32768$.

**Capítulo 14: Sequências, Séries e Expansão de Binômios** *323*

> **CUIDADO!** A fórmula no exemplo anterior é simplificada, pois as bases dos dois expoentes são iguais. Se o primeiro termo e $r$ não tiverem a mesma base, não será possível combiná-los. (Para saber mais sobre regras como esta, vá para o Capítulo 5.)

## *Saindo da ordem: encontrando um termo quando os termos não são consecutivos*

Se você sabe dois termos consecutivos quaisquer de uma sequência geométrica, pode usar esta informação para encontrar a fórmula geral da sequência, bem como qualquer termo especificado. Por exemplo, se o 5º termo de uma sequência geométrica for 64 e o 10º termo for 2, você pode encontrar o 15º termo. Apenas siga estes passos:

1. **Determine o valor de $r$.**

    Você pode usar a fórmula geométrica para criar um sistema de duas fórmulas para encontrar $r$: $a_5 = a_1 \cdot r^{5-1}$ e $a_{10} = a_1 \cdot r^{10-1}$, ou
    $$\begin{cases} 64 = a_1 \cdot r^4 \\ 2 = a_1 \cdot r^9 \end{cases}$$

    É possível usar a substituição para resolver uma equação para encontrar $a_1$ (consulte o Capítulo 13 para saber mais sobre esse método de resolver sistemas): $a_1 = \dfrac{64}{r^4}$.

    Insira essa expressão no lugar de $a_1$ na outra equação:
    $2 = \left(\dfrac{64}{r^4}\right) \cdot (r^9)$. Agora, simplifique esta equação:

    $2 = 64r^5$

    $\frac{2}{64} = \frac{1}{32} = r^5$

    $\frac{1}{2} = r$

2. **Encontre a fórmula específica para a sentença dada.**

    a. **Insira $r$ em uma das equações para encontrar $a_1$.**

        Isto o deixa com $a_1 = \dfrac{64}{\left(\frac{1}{2}\right)^4} = 64(2)^4 = 1024$

    b. **Insira $a_1$ e $r$ na fórmula.**

        Agora que você conhece $a_1$ e $r$, é possível escrever a fórmula: $a_n = 1024(\frac{1}{2})^{(n-1)}$ antes de seguir em frente.

3. **Encontre o termo que está procurando.**

    Neste caso, você quer encontrar o 5º termo ($n = 15$):
    $a_{15} = 1024 \, (\frac{1}{2})^{15-1} = 1024 \, (\frac{1}{2})^{14} = 1024 \, (\frac{1}{16384}) = \frac{1}{16}$.

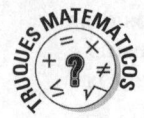

A depreciação anual do valor de um carro é de aproximadamente 30%. Todo ano, o carro vale, na realidade, 70% de seu valor do ano anterior. Se $a_1$ representa o valor de um carro quando ele estava novo e $n$ representa o número de anos que se passaram, $a_n = a_1 \cdot (0{,}7)^n$, em que $n \geq 0$. Observe que esta sequência começa em 0, o que não tem problema, contanto que as informações afirmem que ela começa em 0.

# Criando uma Série: Somando Termos de Uma Sequência

Uma *série* é a soma dos termos em uma sequência. Exceto por uma situação em que possa adicionar a soma de uma série infinita, será solicitado que encontre a soma de certo número de termos (os 12 primeiros, por exemplo). É especialmente útil em cálculo quando se começa a discutir integração. Antes de alguns dos conceitos mais recentes de cálculo terem sido descobertos, os matemáticos usavam as séries para encontrar as áreas abaixo das curvas. Encontrar a área de um retângulo era fácil, mas curvas não são retas, portanto, encontrar a área abaixo delas não era tão descomplicado. Por isso, eles dividiam a região em retângulos bastante pequenos e os adicionavam. Este conceito, então, evoluiu para uma integração, e você a verá bastante em cálculo.

## Revisando as notações de soma gerais

A soma dos primeiros $k$ termos de uma sequência é denominada como sendo a *soma parcial k*. Não deixe que o uso de uma variável diferente o confunda. Seu livro pode até mesmo usar $n$ e chamar de soma parcial $n$. Lembre-se que uma variável somente representa um valor desconhecido, por isso, ela pode ser qualquer variável que você queira, até mesmo aquelas variáveis em grego que usamos nos capítulos sobre trigonometria. Mas, geralmente, vemos os livros usarem $k$ para representar o número de termos em uma série e $n$ para o número de termos em uma sequência. Elas são chamadas de somas parciais, pois você só conseguirá encontrar a soma de um determinado número de termos — não há séries infinitas! Você pode usar as somas parciais quando quer encontrar a área abaixo de uma curva (gráfico) entre dois valores determinados de $x$. Embora não seja de fato possível encontrar *toda* a área abaixo do gráfico (pois ela pode ser infinita se a curva se estender infinitamente), é possível encontrar a área abaixo de uma parte do gráfico.

A notação para a soma parcial $k$ de uma sequência é a seguinte:

$$\sum_{n=1}^{k} a_n = a_1 + a_2 + a_3 + \ldots + a_k$$

Lê-se isso como "a soma parcial $k$ de $a_n$ é ..." em que $n = 1$ é o *limite mínimo* da soma e $k$ é o *limite máximo* da soma. Para encontrar a soma parcial $k$, você começa inserindo o limite mínimo na fórmula geral e continua na ordem, inserindo números inteiros até que atinja o limite máximo da soma. Neste ponto, você simplesmente adiciona todos os termos para encontrar a soma.

Para encontrar a quinta soma parcial de $a_n = n^3 - 4n + 2$, por exemplo, siga estes passos:

1. **Insira todos os valores de $n$ (começando com 1 e terminando com $k$) na fórmula.**

    Devido ao fato de que você quer encontrar a quinta soma parcial, insira 1, 2, 3, 4 e 5:

    - $a_1 = (1)^3 - 4(1) + 2 = 1 - 4 + 2 = -1$
    - $a_2 = (2)^3 - 4(2) + 2 = 8 - 8 + 2 = 2$
    - $a_3 = (3)^3 - 4(3) + 2 = 27 - 12 + 2 = 17$
    - $a_4 = (4)^5 - 4(4) + 2 = 64 - 16 + 2 = 50$
    - $a_5 = (5)^3 - 4(5) + 2 = 125 - 20 + 2 = 107$

2. **Adicione todos os valores de $a_1$ a $a_k$ para encontrar a soma.**

    Isso o deixa com $-1 + 2 + 17 + 50 + 107 = 175$.

3. **Reescreva a resposta final, usando a notação de soma.**

    $$\sum_{n=1}^{5} \left( n^3 - 4n + 2 \right) = 175$$

## *Somando uma sequência aritmética*

A soma parcial $k$ de uma sequência aritmética ainda pede que você adicione os primeiros $k$ termos. Mas, na sequência aritmética, você tem uma fórmula para usar ao invés de inserir cada um dos valores no lugar de $n$. A soma parcial $k$ de uma série aritmética é:

$$S_k = \sum_{n=1}^{k} a_n = \frac{k}{2}(a_1 + a_k)$$

Você simplesmente insere os limites mínimo e máximo na fórmula de $a_n$ para encontrar $a_1$ e $a_k$.

Uma aplicação real de uma soma aritmética envolve os assentos de um estádio. Digamos, por exemplo, que um estádio possui 35 fileiras de assentos; há 20 assentos na primeira fileira, 21 assentos na segunda fileira, 22 assentos na terceira fileira, e assim por diante. Quantos assentos todas as 35 fileiras possuem? Siga estes passos para descobrir:

1. **Encontre o primeiro termo da sequência.**

    O primeiro termo desta sequência (ou o número de assentos na primeira fileira) é dado: 20.

2. **Encontre o termo de posição $k$ da sequência.**

   Devido ao fato de que o estádio possui 35 fileiras, encontre $a_{35}$. Use a fórmula para o termo de posição $n$ da sequência aritmética (consulte a seção anterior "Cobrindo a distância entre os termos: sequências aritméticas"). O primeiro termo é 20, e cada fileira possui um assento a mais do que a fileira anterior, assim, $d = 1$. Insira esses valores na fórmula:

   $a_{35} = a_1 + (35 - 1)d = 20 + (34) \cdot 1 = 54$

   *Nota:* Este é o número de assentos na 35ª fileira, e não a resposta para quantos assentos o estádio possui.

3. **Use a fórmula para a soma parcial k de uma sequência aritmética para encontrar a soma.**

   Agora você tem $S_{35} = {}^{35}\!/\!_2(a_1 + a_{35}) = {}^{35}\!/\!_2(20 + 54) = {}^{35}\!/\!_2(74) = 1295$.

## *Vendo como uma sequência geométrica é adicionada*

Assim como quando você encontrou a soma de uma sequência aritmética, é possível encontrar a soma de uma sequência geométrica. Além disso, devido ao fato de que as fórmulas para encontrar termos específicos em dois tipos de sequências são diferentes, a fórmula para encontrar suas somas também é. Aqui, mostramos como encontrar a soma de dois tipos diferentes de sequências geométricas. O primeiro tipo é uma soma finita (comparável a uma soma parcial $k$ da seção anterior), e ela também terá um limite máximo e um limite mínimo. Não há restrições específicas quanto a razão de somas parciais deste tipo. O segundo tipo de soma geométrica é chamado de soma geométrica *infinita*, e a razão para este tipo é bastante específico (ele deve estar estritamente entre $-1$ e $1$). Este tipo de sequência geométrica é bastante útil se você deixar cair uma bola e contar a distância que ela atinge para cima e para baixo, depois para cima e para baixo de novo, até que finalmente comece a rolar.

Os carros sofrem uma depreciação a uma taxa anual de 30%, começando do instante em que você tira seu carro novinho em folha da concessionária. Digamos que você tenha pago originalmente $22500 por um carro: é possível usar a taxa de depreciação e o preço para descobrir quanto seu carro valerá em qualquer período de tempo — tudo usando sequências geométricas. Apenas encontre o raio comum (que é a percentagem do carro que resta quando a depreciação tiver sido excluída) como um valor decimal. Usando o preço original como o primeiro termo, quando $t = 0$ (pois o carro é novo), é possível usar a sequência geométrica para descobrir quanto valerá o carro após $t$ anos.

Por definição, uma série geométrica continua infinitamente, durante o tempo em que você quiser continuar a inserir valor para $n$. No entanto, em um tipo específico de série geométrica, não importa por quanto tempo você insira valores para $n$: a soma nunca será maior do que um determinado valor. Este tipo de série possui uma fórmula específica para encontrar a soma infinita. A soma não é infinita, o número de termos é. Em termos matemáticos, diz-se que algumas sequências geométricas — aquelas com uma razão entre –1 e 1 — possuem um limite à sua sequência de somas parciais. Em outras palavras, a soma parcial se aproxima cada vez mais (sem de fato alcançar) de um número específico. Chama-se esse número de *soma da sequência*, em oposição à soma parcial $k$ que você encontra nas seções sobre sequência geométrica, anteriores, deste capítulo.

### *Pare aí: determinando a soma parcial de uma sequência geométrica finita*

É possível encontrar uma soma parcial de uma sequência geométrica usando a seguinte fórmula:

$$\sum_{n=1}^{k} a_n = a_1 \left( \frac{1-r^k}{1-r} \right)$$

Por exemplo, para encontrar $\sum_{n=1}^{7} 9 \left( \frac{-1}{3} \right)^{n-1}$, siga estes passos:

1. **Encontre $a_1$ inserindo 1 no lugar de $n$.**

   Isto o deixa com $9(-\frac{1}{3})^{1-1} = 9(1) = 9$.

2. **Encontre $a_2$ inserindo 2 no lugar de $n$.**

   Para isto, você tem $9(-\frac{1}{3})^{2-1} = 9(-\frac{1}{3})^1 = -3$.

3. **Divide $a_2$ por $a_1$ para encontrar $r$.**

   Para este exemplo, $r = -\frac{3}{9} = -\frac{1}{3}$. Observe que esse valor é o mesmo que a fração entre parênteses.

   Você pode ter notado que $9(-\frac{1}{3})^{n-1}$ segue exatamente a fórmula geral para $a_n = a_1 \cdot r^{n-1}$ (a fórmula geral para uma sequência geométrica), em que $a_1 = 9$ e $r = -\frac{1}{3}$. No entanto, caso você não tenha notado, o método usado nos Passos 1 a 3 funciona.

4. **Insira $a_1$, $r$ e $k$ na fórmula da soma.**

   O problema agora se resume às seguintes simplificações:

   - $S_7 = 9 \left( \dfrac{1 - \left( \frac{-1}{3} \right)^7}{1 - \left( \frac{-1}{3} \right)} \right) = 9 \left( \dfrac{1 - \left( \frac{-1}{2187} \right)}{1 + \frac{1}{3}} \right)$

   - $S_7 = 9 \left( \dfrac{1 + \frac{1}{2187}}{\frac{4}{3}} \right) = 9 \left( \dfrac{\frac{2187}{2187} + \frac{1}{2187}}{\frac{4}{3}} \right)$

   - $S_7 = 9 \left( \dfrac{\frac{2188}{2187}}{\frac{4}{3}} \right) = 9 \left( \dfrac{2188}{2187} \right) \left( \dfrac{3}{4} \right) = \dfrac{547}{81}$

Os problemas com somas geométricas envolverão um pouco de trabalho com frações, por isso, assegure-se de encontrar um denominador comum, inverter e multiplicar quando necessário. Ou você pode usar uma calculadora e depois converter de volta os valores para frações. Apenas tome cuidado para usar os parênteses de forma correta ao inserir números.

### *Para a geometria e além: encontrando o valor de uma soma infinita*

Encontrar o valor de uma soma infinita em uma sequência geométrica é na verdade bastante simples — contanto que você não se confunda com as frações e números decimais. Se $r$ estiver fora do intervalo $-1 < r < 1$, $a_n$ crescerá sem limites infinitamente, assim, não há limites sobre o tamanho do valor absoluto que $a_n$ ($|a_n|$) pode obter. Se $|r| < 1$, para cada valor de $n$, $|r^n|$ continuará a diminuir infinitamente até que se torne arbitrariamente próximo de 0. Isto porque, quando você multiplica uma fração entre $-1$ e $1$ por si mesma, o valor absoluto dessa fração continua a diminuir até que ela se torne tão pequena que você mal a nota. Portanto, o termo $r^k$ na fórmula da soma geométrica finita $S_k = \sum_{n=1}^{k} a_1 \cdot r^{n-1} = a_1 \left( \frac{1-r^k}{1-r} \right)$ quase desaparece completamente. E se o $r^k$ desaparece — ou tem seu tamanho muito reduzido — a fórmula finita é alterada para a seguinte e permite que você encontre a soma de uma série geométrica infinita: $\sum_{n=1}^{\infty} a_n = \frac{a_1}{1-r}$.

Por exemplo, para encontrar o valor de $\sum_{n=1}^{\infty} 4 \left( \frac{2}{5} \right)^{n-1}$, siga estes passos:

1. **Encontre o valor de $a_1$ inserindo 1 no lugar de $n$.**

    Isto o deixa com $a_1 = 4(2/5)^{1-1} = 4(2/5)^0 = 4 \cdot 1 = 4$.

2. **Calcule $a_2$ inserindo 2 no lugar de $n$.**

    Para este exemplo, $a_2 = 4(2/5)^{2-1} = 4(2/5)^1 = 8/5$.

3. **Determine $r$.**

    Para encontrar $r$, você divide $a_2$ por $a_1$:

    $$\frac{a_2}{a_1} = \frac{\frac{8}{5}}{4} = \frac{2}{5}$$

4. **Insira $a_1$ e $r$ na fórmula para encontrar a soma infinita.**

    Insira e simplifique para encontrar o seguinte:

    - $\sum_{n=1}^{\infty} 4 \left( \frac{2}{5} \right)^{n-1} = \dfrac{4}{1 - \frac{2}{5}}$

    - $= \dfrac{4}{\frac{5}{5} - \frac{2}{5}} = \dfrac{4}{\frac{3}{5}}$

    - $= 4 \cdot (5/3) = 20/3$

Decimais que se repetem também podem ser expressos como somas infinitas. Considere o número 0,5555555... Você pode escrever este número como 0,5 + 0,05 + 0,005 + ... e assim por diante, infinitamente. O primeiro termo desta sequência é 0,5; para encontrar $r$, $0,05 \div 0,5 = 0,1$. Insira estes valores na fórmula de soma infinita:

$$\sum_{n=1}^{k} 0,5(0,1)^{n-1} = \frac{0,5}{1-0,1} = \frac{0,5}{0,9} = \frac{5}{9}$$

Esta soma será finita somente se $r$ estiver estritamente entre $-1$ e $1$.

## Expandindo com o Teorema dos Binômios

Um *binômio* é um polinômio com exatamente dois termos. A expressão da multiplicação de binômios sem conter nenhum parêntese é chamada de *expansão binomial*. Usar o teorema dos binômios requer que você encontre os coeficientes desta expansão.

A expansão de muitos binômios requer uma aplicação bastante extensa da propriedade distributiva e exige um pouco de tempo. Multiplicar dois binômios é fácil se você usar produtos notáveis (consulte o Capítulo 4), e a multiplicação de três binômios não exige muito esforço. A multiplicação de dez binômios, no entanto, exige tempo suficiente para que você acabe desistindo no meio do caminho. E se você cometer algum erro em algum lugar, isto vira uma bola de neve e afeta cada passo subsequente.

Portanto, para economizar tempo e energia, apresentamos o teorema dos binômios. Se você precisar encontrar toda a expansão de um binômio, este teorema é a melhor coisa desde a invenção da roda:

$(a + b)^n =$

$\binom{n}{0}a^n b^0 + \binom{n}{1}a^{n-1}b^1 + \binom{n}{2}a^{n-2}b^2 + \ldots + \binom{n}{n-2}a^2 b^{n-2} +$

$\binom{n}{n-1}a^1 b^{n-1} + \binom{n}{n}a^0 b^n$

Esta fórmula oferece uma visão bastante abstrata de como multiplicar um binômio $n$ vezes. É um tanto difícil de lê-la, na verdade. Mas é desta forma que ela será mostrada em seu livro de exercícios.

Garantimos que o uso real desta fórmula não é tão difícil quanto parece. Cada $\binom{n}{r}$ vem de uma fórmula de combinação e oferece os coeficientes para cada termo (às vezes, denominados *coeficientes binomiais*). Explicamos como trabalhar com $\binom{n}{r}$ na seção chamada "Usando a álgebra."

Por exemplo, para encontrar $(2y - 1)^4$, inicia-se o teorema dos binômios substituindo a por $2y$, $b$ por $-1$ e $n$ por 4 para obter:

$$\binom{4}{0}(2y)^4(-1)^0 + \binom{4}{1}(2y)^3(-1)^1 + \binom{4}{2}(2y)^2(-1)^2 + \binom{4}{3}(2y)^1(-1)^3 + \binom{4}{4}(2y)^0(-1)^4$$

Você deve então simplificar isso. Detalhamos este processo nas próximas seções. Primeiro, um olhar mais aprofundado sobre o teorema dos binômios, depois como encontrar os temidos coeficientes binomiais e, por último (mas certamente não menos importante), como juntar todas as partes para obter a resposta final.

## Detalhando o Teorema dos Binômios

O teorema dos binômios parece extremamente intimidante, mas ele se torna muito simples se você o dividir em passos menores e examinar as partes. Permita-nos que destaquemos algumas coisas em que você deve prestar atenção para que não se confunda no meio do caminho; depois de esclarecer todas estas informações, sua tarefa parecerá muito mais fácil:

- Os coeficientes binomiais $\binom{n}{r}$ não necessariamente serão coeficientes em sua resposta final. Você elevará cada monômio a uma potência, inclusive quaisquer coeficientes unidos a ela.

- O teorema é escrito como a soma de dois monômios, assim, se for solicitado que você expanda a diferença de dois monômios, os termos em sua resposta final devem se alternar entre números positivos e negativos.

- O expoente do primeiro monômio começa em $n$ e diminui em 1 unidade com cada termo sequencial, até que atinja 0 no último termo. O expoente do segundo monômio começa em 0 e aumenta em 1 unidade cada vez até que chegue a $n$ no último termo.

- Os expoentes de ambos os monômios devem se adicionar a $n$ — a menos que os próprios monômios tenham potências maiores que 1.

## Começando pelo início: coeficientes binomiais

Dependendo de quantas vezes você deve multiplicar o mesmo binômio — um valor também conhecido como *expoente* —, os coeficientes para este expoente específico serão sempre os mesmos. Os coeficientes binomiais são encontrados usando a fórmula de combinações $\binom{n}{r}$. Se o expoente for relativamente pequeno, é possível usar um atalho chamado triângulo de Pascal para encontrar esses coeficientes. Caso contrário, você sempre pode confiar na álgebra!

## Usando o triângulo de Pascal

O *triângulo de Pascal,* que recebe seu nome em homenagem ao famoso matemático Blaise Pascal, denomina os coeficientes de uma expansão binomial. Ele é especialmente útil com graus mais baixos. Por exemplo, se um professor maldoso pedir que você encontre $(3x + 4)^{10}$, não recomendaríamos usar esse atalho; em vez disso, você usaria a fórmula que descrevemos na próxima seção, "Usando a álgebra." A Figura 14-1 ilustra esse conceito. Cada linha oferece os coeficientes de $(a + b)^n$, começando com $n = 0$, dependendo do expoente. Para encontrar qualquer linha do triângulo, você sempre começa pelo início. O número do topo do triângulo é 1, bem como todos os números nos lados externos. Para obter qualquer termo no triângulo, você encontra a soma dos dois números acima dele.

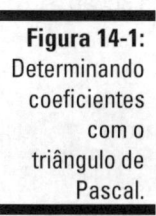

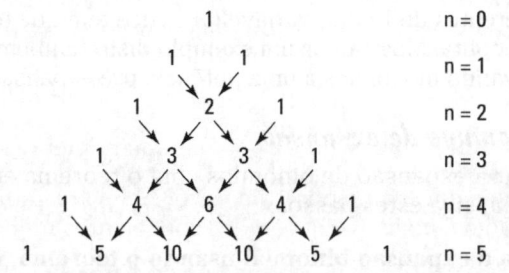

**Figura 14-1:** Determinando coeficientes com o triângulo de Pascal.

```
              1                  n = 0
            1   1                n = 1
          1   2   1              n = 2
        1   3   3   1            n = 3
      1   4   6   4   1          n = 4
    1   5  10  10   5   1        n = 5
```

Por exemplo, os coeficientes binomiais para $(a + b)^5$ são 1, 5, 10, 10, 5, 1 — nessa ordem.

## Usando a álgebra

Caso você precise encontrar os coeficientes dos binômios usando a álgebra, também oferecemos uma fórmula para isto. O coeficiente $r$ para a expansão binomial $n$ é escrito na seguinte fórmula:

$$\binom{n}{r} = \frac{n!}{r!(n-r)!}$$

Você deve se lembrar do termo *fatorial* de suas aulas de matemática. Caso contrário, permita-nos que o lembremos: $n!$, que se lê "$n$ fatorial," é definido como $1 \cdot 2 \cdot 3 \cdot \ldots \cdot (n-2) \cdot (n-1) \cdot n$. Lê-se a expressão para o coeficiente binomial $\binom{n}{r}$ como "$n$ sobre $r$." Geralmente é possível encontrar um botão para combinações na calculadora. Caso ele não exista, você pode usar o botão fatorial e fazer cada parte separadamente.

Para facilitar um pouco as coisas, $0!$ É definido como 1. Portanto, pode-se definir $\binom{n}{0} = 1$ e $\binom{n}{n} = 1$.

Por exemplo, para encontrar o coeficiente binomial dado por $\binom{5}{3}$, substitua os valores na fórmula:

$$= \frac{5!}{3!(5-3)!} = \frac{5!}{3!\,2!}$$

$$= \frac{120}{6 \cdot 2} = 10$$

## Expandindo usando o Teorema dos Binômios

Usar o teorema binomial pode economizar tempo, mas pode ser perigoso (filosoficamente, "nada na vida é fácil"). Manter cada um dos passos separados até o final deve ajudar. Depende, também, de se o monômio original não tinha coeficientes ou expoentes (diferentes de 1) nas variáveis — mostramos como usar o teorema na próxima seção, "Problemas comuns de expansão." Quando o monômio original possui coeficientes ou expoentes diferentes de 1 na(s) variável(is), você tem que tomar cuidado ao levá-los em conta. Mostramos um exemplo disto também na seção chamada "Elevando monômios a uma potência pré-expansão."

### Problemas comuns de expansão

Para encontrar a expansão de binômios com o teorema em uma situação básica, siga estes passos:

1. **Escreva a expansão binomial usando o teorema, mudando as variáveis quando necessário.**

   Por exemplo, considere o problema $(m + 2)^4$. De acordo com o teorema, você deve substituir a letra $a$ por $m$, a letra $b$ por 2 e o expoente $n$ por 4:

   $(m + 2)^4 =$
   $\binom{4}{0}(m)^4(2)^0 + \binom{4}{1}(m)^3(2)^1 + \binom{4}{2}(m)^2(2)^2 + \binom{4}{3}(m)^1(2)^3 + \binom{4}{4}(m)^0(2)^4$

   Os expoentes de $m$ começam em 4 e terminam em 0 (consulte a seção "Detalhando o teorema binomial"). De maneira semelhante, os expoentes de 2 começam em 0 e terminam em 4. Para cada termo, a soma dos expoentes na expansão é sempre 4.

2. **Encontre os coeficientes binomiais (consulte a seção "Começando pelo início: coeficientes binomiais").**

   Usamos a fórmula das combinações para encontrar os cinco coeficientes, mas você pode usar o atalho do triângulo de Pascal, pois o grau é baixo (não dói escrever 5 linhas do triângulo de Pascal — começando com 0 até 4).

- $\binom{4}{0} = 1$
- $\binom{4}{1} = 4$
- $\binom{4}{2} = 6$
- $\binom{4}{3} = 4$
- $\binom{4}{4} = 1$

Você pode ter notado que, após alcançar o meio da expansão, os coeficientes são uma imagem espelhada da primeira metade. Este é outro truque que economiza tempo para que você não precise realizar todos os cálculos para $\binom{n}{r}$.

3. **Substitua todos os $\binom{n}{r}$ pelos coeficientes do Passo 2.**

   Isto o deixa com $1(m)^4(2)^0 + 4(m)^3(2)^1 + 6(m)^2(2)^2 + 4(m)^1(2)^3 + 1(m)^0(2)^4$.

4. **Eleve os monômios às potências especificadas para cada termo.**

   Agora você tem $1 \cdot m^4 \cdot 1 + 4 \cdot m^3 \cdot 2 + 6 \cdot m^2 \cdot 4 + 4 \cdot m \cdot 8 + 1 \cdot 1 \cdot 16$.

5. **Combine os termos semelhantes e simplifique.**

   Você termina com $m^4 + 8m^3 + 24m^2 + 32m + 16$.

Observe que os coeficientes que você obtém na resposta final não são os coeficientes binomiais que encontrou no Passo 1. Isto porque você deve elevar cada monômio a uma potência (Passo 4), e o termo constante no binômio original é alterado a cada vez.

### Elevando monômios a uma potência pré-expansão

Às vezes, os monômios podem ter coeficientes e/ou serem elevados a uma potência antes de você começar a expansão binomial. Quando este for o caso, você tem que elevar todo o monômio à potência apropriada em cada passo. Por exemplo, é assim que você deve expandir a expressão $(3x^2 - 2y)^7$:

1. **Escreva a expansão binomial usando o teorema, mudando as variáveis quando necessário.**

   Substitua a letra $a$ no teorema pela quantidade $(3x^2)$ e a letra $b$ por $(-2y)$. Não deixe que os coeficientes ou expoentes o assustem — você está simplesmente substituindo-os no teorema dos binômios. Substitua $n$ por 7. Você termina com:

$$(3x^2 - 2y)^7 = \binom{7}{0}(3x^2)^7(-2y)^0 + \binom{7}{1}(3x^2)^6(-2y)^1 + \binom{7}{2}(3x^2)^5(-2y)^2 +$$
$$\binom{7}{3}(3x^2)^4(-2y)^3 + \binom{7}{4}(3x^2)^3(-2y)^4 + \binom{7}{5}(3x^2)^2(-2y)^5 +$$
$$\binom{7}{6}(3x^2)^1(-2y)^6 + \binom{7}{7}(3x^2)^0(-2y)^7$$

2. **Encontre os coeficientes binomiais (consulte a seção "Começando pelo início: coeficientes binomiais").**

    Usar a fórmula da combinação oferece o seguinte:

    - $\binom{7}{0} = 1$
    - $\binom{7}{1} = 7$
    - $\binom{7}{2} = 21$
    - $\binom{7}{3} = 35$ (o ponto médio para o espelho)
    - $\binom{7}{4} = 35$
    - $\binom{7}{5} = 21$
    - $\binom{7}{6} = 7$
    - $\binom{7}{7} = 1$

3. **Substitua todos os $\binom{n}{r}$ pelos coeficientes do Passo 2.**

    Isto o deixa com $1(3x^2)^7(-2y)^0 + 7(3x^2)^6(-2y)^1 + 21(3x^2)^5(-2y)^2 + 35(3x^2)^4(-2y)^3 + 35(3x^2)^3(-2y)^4 + 21(3x^2)^2(-2y)^5 + 7(3x^2)^1(-2y)^6 + 1(3x^2)^1(-2y)^7$.

4. **Eleve os monômios às potências especificadas para cada termo.**

    Agora você tem o seguinte: $1(2187x^{14})(1) + 7(729x^{12})(-2y) + 21(243x^{10})(4y^2) + 35(81x^8)(-8y^3) + 35(27x^6)(16y^4) + 21(9x^4)(-32y^5) + 7(3x^2)(64y^6) + 1(1)(-128y^7)$.

5. **Simplifique.**

   Você acaba com o seguinte: $2187x^{14} - 10206x^{12}y + 20412x^{10}y^2 - 22680x^8y^3 + 15120x^6y^4 - 6048x^4y^5 + 1344x^2y^6 - 128y^7$.

## Expansão com números complexos

O tipo mais complicado de expansão binomial envolve o número complexo $i$ (para saber mais sobre números complexos, consulte o Capítulo 11), pois você não está apenas trabalhando com o teorema dos binômios, mas também com números imaginários. Ao elevar números complexos a uma potência, observe que $i^1 = i$, $i^2 = -1$, $i^3 = -i$ e $i^4 = 1$. Se você se deparar com potências mais altas, este padrão se repete: $i^5 = i$, $i^6 = -1$, $i^7 = -i$, e assim por diante. Devido ao fato de que as potências do número imaginário $i$ podem ser simplificadas, sua resposta final à expansão não deve incluir as potências de $i$. Em vez disso, use as informações oferecidas aqui para simplificar as potências de $i$ e depois combinar os termos semelhantes.

Por exemplo, para expandir $(1 + 2i)^8$, siga esses passos:

1. **Escreva a expansão binomial usando o teorema, mudando as variáveis quando necessário.**

   $(1 + 2i)^8$ expande-se para $\binom{8}{0}(1)^8(2i)^0 + \binom{8}{1}(1)^7(2i)^1 + \binom{8}{2}(1)^6(2i)^2 +$

   $\binom{8}{3}(1)^5(2i)^3 + \binom{8}{4}(1)^4(2i)^4 + \binom{8}{5}(1)^3(2i)^5 +$

   $\binom{8}{6}(1)^2(2i)^6 + \binom{8}{7}(1)^1(2i)^7 + \binom{8}{8}(1)^0(2i)^8$

2. **Encontre os coeficientes binomiais.**

   Usando a fórmula da combinação, você tem o seguinte:

   - $\binom{8}{0} = 1$
   - $\binom{8}{1} = 8$
   - $\binom{8}{2} = 28$
   - $\binom{8}{3} = 56$
   - $\binom{8}{4} = 70$ (o ponto médio para o espelho)

- $\binom{8}{5} = 56$
- $\binom{8}{6} = 28$
- $\binom{8}{7} = 8$
- $\binom{8}{8} = 1$

3. **Substitua todos os $\binom{n}{r}$ pelos coeficientes do Passo 2.**

   Isto o deixa com $1(1)^8(2i)^0 + 8(1)^7(2i)^1 + 28(1)^6(2i)^2 + 56(1)^5(2i)^3 + 70(1)^4(2i)^3 + 56(1)^5(2i)^3 + 70(1)^4(2i)^4 + 56(1)^3(2i)^5 + 28(1)^2(2i)^6 + 8(1)^1(2i)^7 + 1(1)^0(2i)^8$.

4. **Eleve os monômios às potências especificadas para cada termo.**

   Agora você tem $1(1)(1) + 8(1)(2i) + 28(1)(4i^2) + 56(1)(8i^3) + 70(1)(16i^4) + 56(1)(32i^5) + 28(1)(64i^6) + 8(1)(128i^7) + 1(1)(256i^8)$.

5. **Simplifique os $i$ que puder.**

   O problema é simplificado para $1(1)(1) + 8(1)(2i) + 28(1)(4 \cdot -1) + 56(1)(8 \cdot -i) + 70(1)(16 \cdot 1) + 56(1)(32 \cdot i) + 28(1)(64 \cdot -1) + 8(1)(128 \cdot -i) + 1(1)(256 \cdot 1)$.

6. **Combine os termos semelhantes e simplifique.**

   Você termina com o seguinte:

   $1 + 16i - 112 - 448i + 1120 + 1792i - 1792 - 1024i + 256 = -527 + 336i$

# Capítulo 15
# Esperando Ansiosamente o Cálculo

*Neste capítulo*

▶ Determinando limites gráfica, analítica e algebricamente
▶ Colocando limites e operações em pares
▶ Identificando continuidades e descontinuidades em uma função

*T*odas as coisas boas uma hora chegam ao fim, e, em relação ao pré-cálculo, o fim é, na verdade, o começo — o começo do cálculo. *Cálculo* é o estudo das mudanças e taxas de mudança (sem mencionar que é uma grande mudança para você!). Antes do cálculo, tudo tinha de ser *estático* (estacionário ou sem movimento), mas o cálculo mostra que as coisas podem ficar diferentes com o tempo. Essa ramificação da matemática permite que você estude o modo como as coisas se movem, crescem, viajam, se expandem e diminuem, e o ajuda a realizar muito mais do que qualquer outra matéria de matemática vista antes.

Este capítulo ajuda a prepará-lo para o cálculo apresentando os primeiros fundamentos da matéria. Primeiro, passamos pela diferença entre pré-cálculo e cálculo. Depois, observamos os *limites,* que ditam que um gráfico pode se aproximar bastante dos valores sem de fato chegar a alcançá-los. Antes de chegar ao cálculo, os problemas matemáticos sempre oferecem uma função $f(x)$ e pedem que você encontre o valor de $y$ em um ponto $x$ específico no domínio (consulte o Capítulo 3). Mas quando você chega a cálculo, observa o que acontece com a função conforme vai chegando mais perto de determinados valores (como um jogo muito difícil de esconde-esconde).

Especificando ainda mais, uma função pode ser *descontínua* nesse ponto. Observamos esses pontos, um por vez, na tentativa de verificar o que acontece na função em um determinado valor específico — essa informação é bastante útil em cálculo quando você começa a estudar as mudanças. Ao estudar limites e continuidade, você não está trabalhando com o estudo da mudança especificamente, e é por isso que o limite não é na verdade um tópico de cálculo — a maioria dos livros de cálculo considera os tópicos neste capítulo como sendo matérias de revisão.

## As Diferenças entre Pré-Cálculo e Cálculo

Aqui estão algumas distinções básicas entre pré-cálculo e cálculo para ilustrar a mudança:

- **Pré-cálculo:** Estuda a inclinação de uma linha. **Cálculo:** Estuda a inclinação de uma linha tangente a uma curva.

  Uma linha reta possui a mesma inclinação a todo momento. Independentemente do ponto que você escolha observar, a inclinação é a mesma. No entanto, devido ao fato de que uma curva se move e muda, a inclinação da linha tangente será diferente em pontos diferentes.

- **Pré-cálculo:** Estuda a área de formas geométricas. **Cálculo:** Estuda a área abaixo de uma curva.

  Em pré-cálculo, você pode ficar tranquilo ao saber que uma forma geométrica será basicamente sempre a mesma, assim, você pode encontrar sua área com uma fórmula usando certas medidas. Uma curva se estende infinitamente e, dependendo de que seção você está observando, sua área mudará. Não há mais fórmulas prontas para encontrar a área aqui; em vez disso, usa-se um processo chamado *integração*.

- **Pré-cálculo:** Estuda o volume de um sólido geométrico. **Cálculo:** Estuda o volume de formas complicadas chamadas *sólidos de revolução*.

  Os sólidos geométricos para os quais você encontra o volume (prismas, cilindros e pirâmides, por exemplo) possuem fórmulas que são sempre as mesmas, baseados em formas básicas do sólido e em suas dimensões. A única maneira de encontrar o volume de um sólido de revolução, no entanto, é dividir a forma em pedaços infinitamente pequenos, para cada um dos quais você pode encontrar o volume. No entanto, o volume muda com o tempo, com base na seção da curva que você está observando.

- **Pré-cálculo:** Estuda objetos que se movem com velocidades constantes. **Cálculo:** Estuda objetos que se movem em aceleração.

  Usando a álgebra, é possível encontrar a taxa média de variação de um objeto em um determinado intervalo de tempo. Usando o cálculo, é possível encontrar a taxa *instantânea* de mudança para um objeto em um momento exato no tempo.

- **Pré-cálculo:** Estuda funções em termos de $x$. **Cálculo:** Estuda mudanças das funções em termos de $x$ com mudanças em termos de $t$.

  Os gráficos das funções geralmente são denominados como $f(x)$, e é possível encontrar esses gráficos delimitando pontos. Em cálculo, você descreve as mudanças de um gráfico $f(x)$ usando a variável $t$, como em $\frac{dx}{dt}$.

**Dica:** Nosso melhor conselho: o cálculo é melhor entendido com uma mente aberta e duas aspirinas! É melhor não vê-lo como um monte de matérias a serem memorizadas. Em vez disso, tente se basear em seu conhecimento e experiência com pré-cálculo. Tente elaborar um entendimento profundo de *por que* o cálculo faz o que faz. Nessa arena, os conceitos são a chave.

# Entendendo e Comunicando Limites

É possível calcular o limite de uma função, pois nem toda função é definida em cada valor de $x$. As funções racionais, por exemplo, são indefinidas se o denominador da função for 0. Esse é, na verdade, um exemplo perfeito de como você pode usar um limite para observar uma função e ver o que ela *faria* se pudesse. Observe o comportamento de uma função próxima ao(s) valor(es) indefinido(s). Literalmente, você estará observando a função quando ela mais se aproxima. Se uma função for indefinida em $x = 3$, você pode observar $x = 2$, $x = 2,9$, $x = 2,99$, $x = 2,999$, e assim por diante. Agora, faça isso de novo do outro lado: $x = 4$, $x = 3,1$, $x = 3,01$, e assim por diante. Todos esses valores são definidos, *exceto* $x = 3$.

**Regras do Pré-Cálculo:** $\frac{1 + 1}{2}$

Em símbolos, escreve-se $\lim_{x \to n} f(x) = L$, que se lê como "o limite conforme $x$ se aproxima de $f(x)$ é $L$". $L$ é o limite que você vai procurar. Para que o limite de uma função exista, o limite esquerdo e o limite direito devem existir e ser equivalentes.

- Um limite esquerdo começa em um valor menor àquele que número $x$ está se aproximando e fica cada vez mais próximo do lado esquerdo.

- Um limite direito é o oposto exato; ele começa maior do que o número que $x$ está tentando se aproximar e fica cada vez mais perto da direita.

Se, e somente se, o limite esquerdo for igual ao limite direito, você poderá dizer que a função possui um limite para aquele valor específico de $x$.

Matematicamente, escrever-se-ia de modo que $f$ fosse uma função e $c$ e $L$ fossem números reais. Então, $\lim_{x \to c} f(x) = L$, exatamente quando $\lim_{x \to c^-} f(x) = L$ e $\lim_{x \to c^+} f(x) = L$. Na linguagem do mundo real, isso significa que, se você pegasse dois lápis, um em cada mão, e começasse a fazer traços ao longo do gráfico da função em medidas iguais, os dois lápis teriam de se encontrar em um ponto para que o limite existisse. (A Figura 15-1 mostra que, muito embora a função não seja definida em $x = 3$, o limite existe.)

# Encontrando o Limite de uma Função

É possível procurar o limite de uma função de três maneiras para um determinado valor de $x$: graficamente, analiticamente e algebricamente. Guardamos todas as discussões de *como* fazer isso para as seções que se seguem. No entanto, você nem sempre será capaz de chegar a uma conclusão (a função não se aproxima apenas de *um* valor de *y* no valor de *x* específico que você está procurando). Nesses casos, o gráfico dará um salto, e você dirá que ele não é contínuo (discutimos continuidade posteriormente neste capítulo).

**DICA**

Se for solicitado que você encontre o limite de uma função, e inserir o valor de *x* de fato funcionar na função, você também terá encontrado o limite. É literalmente fácil assim!

Recomendamos usar o método de gráfico somente quando o gráfico for dado e for solicitado que você encontre um limite (pois a leitura de gráficos pode ser bastante imprecisa, especialmente se é você quem está elaborando o gráfico). O método analítico sempre funciona para qualquer função, mas ele é lento. Se puder usar o método algébrico, você economizará tempo. Aprofunde-se em cada método nas seções que se seguem.

## *Graficamente*

Quando o gráfico de uma função for dado e o problema pedir que você encontre o limite, você tirará os valores do gráfico — algo que você está fazendo desde que aprendeu o que é um gráfico! Se estiver procurando um limite da esquerda, siga essa função do lado esquerdo em direção ao valor de *x* em questão. Repita esse processo a partir da direita para encontrar o limite direito. Se o valor de *y* existente for o mesmo da esquerda que da direita (os lápis se encontram?), esse valor de *y* é o limite. Devido ao fato de que o processo de elaboração do gráfico de uma função pode ser longo e complicado, não recomendamos usar a abordagem gráfica a menos que o gráfico tenha sido dado.

Por exemplo, na Figura 15-1, encontre $\lim\limits_{x \to -1} f(x)$, $\lim\limits_{x \to 3} f(x)$ e $\lim\limits_{x \to -5} f(x)$:

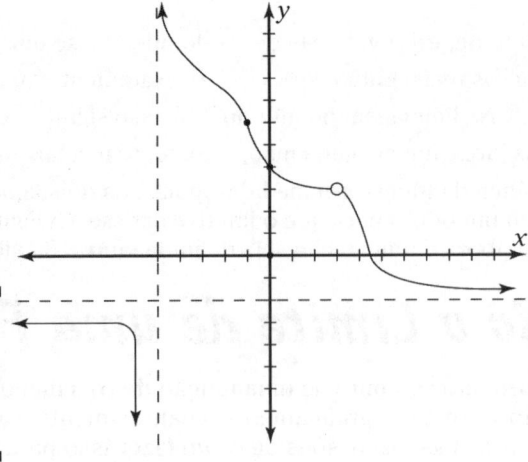

**Figura 15-1:** Encontrando o limite de uma função graficamente.

✔ $\lim_{x \to -1} f(x)$: Devido ao fato de que a função é definida em $x = -1$ — o que você pode ver no gráfico, pois ele possui um valor (um ponto) —, seu limite é o valor $f(x) = 6$ (o valor de $y$ quando $x = -1$).

✔ $\lim_{x \to 3} f(x)$: No gráfico, é possível ver um buraco na função em $x = 3$, o que significa que a função é indefinida — mas isso não significa que você não pode demarcar um limite. Se você observar os valores da função a partir da esquerda — $\lim_{x \to 3^-} f(x)$ — e a partir da direita — $\lim_{x \to 3^+} f(x)$ — verá o valor de $y$ se aproximando bastante de 3. Assim, diz-se que o limite da função conforme $x$ se aproxima de 3 é 3.

✔ $\lim_{x \to -5} f(x)$: Pode-se ver que a função possui uma assíntota vertical em $x = -5$ (para saber mais sobre assíntotas, consulte o Capítulo 3). A partir da esquerda, a função se aproxima de $-\infty$ conforme se aproxima de $x = -5$. É possível expressar isso matematicamente como $\lim_{x \to -5^-} f(x) = -\infty$. A partir da direita, a função se aproxima de $\infty$ conforme se aproxima de $x = -5$. Escreve-se isso como $\lim_{x \to -5^+} f(x) = \infty$. Portanto, o limite não existe nesse valor, pois um lado é $-\infty$ e o outro é $\infty$.

Para que uma função tenha um limite, os valores da esquerda e da direita devem ser iguais. Você pode ter uma função com um buraco no gráfico, como $\lim_{x \to 3} f(x)$, que possui um limite, mas a função não pode pular por cima de uma assíntota em um valor e ter um limite (como $\lim_{x \to -5} f(x)$).

## Analiticamente

Para encontrar um limite analiticamente, basicamente você elabora uma tabela e insere o número de que $x$ está se aproximando bem no meio dela. Depois, vindo da esquerda na mesma linha, escolha aleatoriamente números que se aproximam desse número. Faça o mesmo vindo da direita. Na linha seguinte, você calcula os valores de $y$ que correspondem a esses valores de que $x$ está se aproximando.

Resolver analiticamente é o caminho mais longo para encontrar um limite, mas, às vezes, você se deparará com uma função (ou com um professor) que exija que essa técnica seja usada, por isso, é bom que você a conheça. Basicamente, se você puder usar a técnica algébrica que descrevemos a seguir, use-a. Quando não puder, estará preso a esse método. No estilo típico matemático, os professores sempre ensinam o caminho mais longo antes de mostrar um atalho. É por isso que também incluímos o método analítico antes do algébrico. Não gostamos de ir contra a maré; poderíamos nos afogar!

Por exemplo, a função $f(x) = \dfrac{x^2 - 6x + 8}{x - 4}$ é indefinida em $x = 4$, pois esse valor torna o denominador 0. Mas é possível encontrar o limite da função conforme $x$ se aproxima de 4 usando uma tabela. A Tabela 15-1 mostra como elaborar.

| Tabela 15-1 | Encontrando um limite Analiticamente | | | | | | | | |
|---|---|---|---|---|---|---|---|---|---|
| x | 3,0 | 3,9 | 3,99 | 3,999 | 4,0 | 4,001 | 4,01 | 4,1 | 5,0 |
| f(x) (ou o valor de y) | 1,0 | 1,9 | 1,99 | 1,999 | ??? | 2,001 | 2,01 | 2,1 | 3,0 |

Os valores que você escolhe para $x$ são completamente arbitrários — podem ser qualquer coisa que você quiser. Apenas assegure-se de que eles se aproximam cada vez mais do valor que você está procurando a partir de ambas as direções. Quanto mais você se aproximar do valor real de $x$, no entanto, mais próximo estará também o seu limite. Se você observar os valores de $y$ na tabela, observará que eles se aproximam cada vez mais de 2 a partir de ambos os lados; assim, 2 é o limite da função, determinado analiticamente.

É bastante fácil elaborar essa tabela com uma calculadora e seu recurso de tabela. Leia o manual de sua calculadora para descobrir como.

## *Algebricamente*

A última maneira para encontrar um limite é fazer isso algebricamente. Quando você puder usar uma das técnicas que descrevemos nesta seção, deve usá-las. Você tem quatro técnicas que deve saber para encontrar um limite algebricamente. O melhor lugar para começar é a primeira técnica; se você inserir o valor de que $x$ está se aproximando e a resposta for indefinida, deve seguir para as outras técnicas de simplificação, para que possa inserir o valor aproximado de $x$. As seções a seguir as detalham.

### *Inserção*

A primeira técnica para resolver um limite algebricamente é inserir o número de que $x$ está se aproximando na função. Se você obtiver um valor indefinido (0 no denominador), deverá seguir em frente para outra técnica. Mas quando você obtiver um valor, terá chegado ao fim e encontrado o limite! Por exemplo, é possível encontrar o limite de $\lim_{x \to 5} \frac{x^2 - 6x + 8}{x - 4}$ com este método. O limite é 3, pois $f(5) = 3$.

### *Fatoração*

A fatoração é o método a ser experimentado quando a inserção falhar — especialmente quando qualquer parte da função dada for uma expressão polinomial. (Se você tiver esquecido como fatorar um polinômio, consulte o Capítulo 4.)

Se for solicitado que você encontre $\lim_{x \to 4} \frac{x^2 - 6x + 8}{x - 4}$, primeiro tente inserir 4 na função, e você obterá 0 no numerador e no denominador, o que é sinal de que deve prosseguir para a técnica seguinte. A expressão quadrática no numerador grita para que você experimente a fatoração.

Observe que o numerador da função anterior é fatorado como $(x-4)$ $(x-2)$. O $x-4$ é cancelado na parte de cima e de baixo da fração. Isso o deixa com $f(x) = x - 2$. Você pode inserir 4 nessa função para obter 2.

Agora, se desenhar o gráfico dessa função, ele se parecerá com a linha reta $f(x) = x - 2$, mas com um buraco quando $x = 4$, pois a função original ainda é indefinida aí (isso cria 0 no denominador). Consulte a Figura 15-2 para obter uma ilustração do que estamos falando.

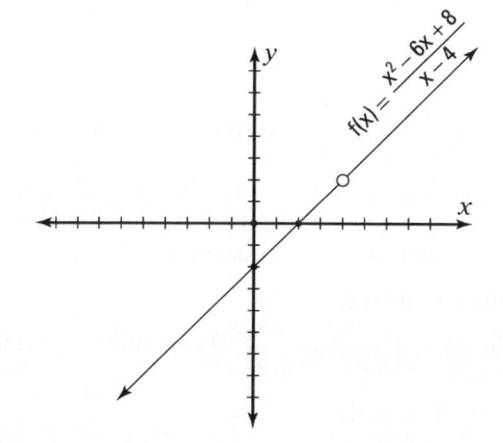

**Figura 15-2:**
O gráfico da função de limite
$$f(x) = \frac{x^2 - 6x + 8}{x - 4}.$$

Se, após você ter fatorado a parte de cima e a de baixo da fração, um termo no denominador não tiver se cancelado, e o valor que você está procurando for indefinido, o limite da função nesse valor de $x$ não existe (às vezes, você escreve isso como NE).

Por exemplo, $f(x) = \dfrac{x^2 - 3x - 28}{x^2 - 6x - 7}$ é fatorado para $\dfrac{(x-7)(x+4)}{(x-7)(x+1)}$, e os $x - 7$ na parte de cima e na de baixo se cancelam. Assim, se for solicitado que você encontre o limite da função conforme $x$ se aproxima de 7, você pode inseri-lo na versão cancelada e obter $11/8$. Mas se estiver procurando $\lim_{x \to -1}$, o limite não existe, pois você teria 0 no denominador. Essa função, portanto, possui um limite em todos os pontos, exceto quando $x$ se aproxima de $-1$.

### Racionalizando o numerador

A terceira técnica que você precisa conhecer para encontrar limites algebricamente requer que você racionalize o numerador. As funções que exigem esse método possuem uma raiz quadrada no numerador e uma expressão polinomial no denominador. Por exemplo, se for solicitado que você encontre o limite de $g(x) = \dfrac{\sqrt{x-4}-3}{x-13}$ conforme $x$ se aproxima de 13, a inserção falha quando você obtém 0 no denominador da fração. A fatoração falha, pois não há polinômio a ser fatorado. Nessa situação, se você multiplicar a parte de cima por seu conjugado, o termo no denominador que era um problema deve ser cancelado, e você poderá encontrar o limite:

1. **Multiplique a parte de cima e a de baixo da fração pelo conjugado. (Consulte o Capítulo 2 para mais informações.)**

    O conjugado aqui é $\sqrt{x-4}+3$. Fazendo a multiplicação, você obtém $\dfrac{(\sqrt{x-4}-3)}{(x-13)} \cdot \dfrac{(\sqrt{x-4}+3)}{(\sqrt{x-4}+3)}$. Aplique distributiva de multiplicação na parte para obter $(x-4)+3\sqrt{x-4}-3\sqrt{x-4}-9$, que é simplificado para $x-13$ (os dois termos do meio são cancelados e você combina os termos semelhantes da distribuição).

2. **Cancele os fatores.**

    Isso dá $\dfrac{(x-13)}{(x-13)(\sqrt{x-4}+3)}$. Os termos $(x-13)$ se cancelam, e você obtém $\dfrac{1}{\sqrt{x-4}+3}$.

3. **Calcule o limite.**

    Ao inserir 13 na função, você obtém 1/6, que é seu limite.

## *Encontrando o mínimo denominador comum*

Para a quarta e última técnica para encontrar limites usando a álgebra, será dada uma função racional complexa. A técnica de inserção falha, pois você acaba com um 0 no denominador em algum lugar. A função não é fatorável, e não há raízes quadradas a serem racionalizadas. Isso faz com que você saiba que deve prosseguir para a última técnica. Com esse método, você combina as funções encontrando o mínimo múltiplo comum (MMC). Os termos irão se cancelar e, nesse ponto, você poderá encontrar o limite. Por exemplo, para encontrar $\lim\limits_{x \to 0} \dfrac{\dfrac{1}{x+6}-\dfrac{1}{6}}{x}$, siga estes passos:

1. **Encontre o MMC das frações na parte de cima.**

    Isso dá $\lim\limits_{x \to 0} \dfrac{\dfrac{6 \cdot 1}{6(x+6)} - \dfrac{1(x+6)}{6(x+6)}}{x}$.

2. **Distribua os numeradores na parte de cima.**

Agora você tem $\lim\limits_{x \to 0} \dfrac{\dfrac{6}{6(x+6)} - \dfrac{x+6}{6(x+6)}}{x}$.

3. **Adicione ou subtraia os numeradores e depois cancele os termos.**

   Subtrair os numeradores dá $\lim\limits_{x \to 0} \dfrac{\dfrac{6-x-6}{6(x+6)}}{x}$, que então é cancelado para $\lim\limits_{x \to 0} \dfrac{\dfrac{-x}{6(x+6)}}{x}$.

4. **Use as regras para frações complexas para simplificar ainda mais.**

   Isso se resume a $\lim\limits_{x \to 0} \dfrac{-x}{6(x+6)} \div x = \lim\limits_{x \to 0} \dfrac{-x}{6(x+6)} \cdot \dfrac{1}{x} = \dfrac{-1}{6(x+6)}$.

5. **Substitua o valor do limite nessa função e simplifique.**

   Você quer encontrar o limite conforme $x$ se aproxima de 0, assim, o limite aqui é $-\frac{1}{36}$.

# Realizando Operações com Limites: As Leis dos Limites

Se você conhece as leis dos limites em cálculo, será capaz de encontrar limites de todas as funções malucas que o cálculo pode pôr em seu caminho. Graças às leis dos limites, por exemplo, é possível encontrar o limite de funções combinadas (adição, subtração, multiplicação e divisão de funções, bem como elevá-las a potências). Tudo o que você tem de ser capaz de fazer é encontrar o limite de cada função individual separadamente.

Se você conhece os limites de duas funções (consulte as seções anteriores deste capítulo), conhece seus limites quando adicionadas, subtraídas, multiplicadas, divididas ou levadas a uma potência. Se $\lim\limits_{x \to b} f(x) = L$ e $\lim\limits_{x \to b} g(x) = M$, você sabe o seguinte:

- **Lei da adição:** $\lim\limits_{x \to b} \big(f(x) + g(x)\big) = L + M$
- **Lei da subtração:** $\lim\limits_{x \to b} \big(f(x) - g(x)\big) = L - M$
- **Lei da multiplicação:** $\lim\limits_{x \to b} \big(f(x) \cdot g(x)\big) = L \cdot M$
- **Lei da divisão:** $\lim\limits_{x \to b} \left(\dfrac{f(x)}{g(x)}\right) = \dfrac{L}{M}$
- **Lei da potência:** $\lim\limits_{x \to b} \big(f(x)\big)^p = L^p$

Por exemplo, se $\lim\limits_{x \to 3} f(x) = 10$ e $\lim\limits_{x \to 3} g(x) = 5$, você encontra

$$\lim_{x \to 3} \left[ \frac{2f(x) - 3g(x)}{g(x)^2} \right]$$ com os seguintes cálculos:

$$\frac{2 \cdot 10 - 3 \cdot 5}{5^2} = \frac{20 - 15}{25}$$

$= 5/25$

$= 1/5$

Fácil assim!

# Explorando a Continuidade nas Funções

Quando mais complicada se torna uma função, mais complicado se torna também seu gráfico. Uma função pode ter buracos que ela pula, ou pode possuir assíntotas, para mencionar algumas variações (como você viu nos exemplos anteriores neste capítulo). No entanto, um gráfico que é suave, sem buracos, saltos ou assíntotas, é chamado de *contínuo*. Geralmente dizemos, informalmente, que você pode desenhar um gráfico contínuo sem levantar o lápis do papel.

Qualquer função polinomial, função exponencial ou função logarítmica sempre será contínua em todos os pontos (sem buracos nem saltos). Se seu livro ou professor pedir que você descreva a continuidade de um desses grupos específicos de funções, sua resposta é que elas são sempre contínuas!

Além disso, se você precisar encontrar um limite para qualquer uma dessas funções, poderá usar a primeira técnica que mencionamos na seção anterior, pois as funções são todas definidas em *cada* ponto. Você pode inserir qualquer número, e o valor de *y* sempre existirá.

É possível observar a continuidade de uma função em um valor específico de *x*. Você geralmente não observa a continuidade de uma função como um todo, só analisa se ela é contínua em determinados pontos. Até mesmo funções descontínuas são somente descontínuas em determinados pontos. Nas seções a seguir, mostramos como determinar se uma função é contínua. Você pode usar essa informação para saber se poderá encontrar uma derivada (algo com que você se familiarizará bastante em cálculo).

## Determinando se uma função é contínua

**LEMBRE-SE**

Três coisas devem ser verdadeiras para que uma função seja contínua em algum valor $x$ em seu domínio:

- **f(c) deve ser definido.** A função deve existir em um valor $(c)$ de $x$, o que significa que não pode haver um buraco na função (como um 0 no denominador).
- **O limite da função conforme $x$ se aproxima do valor $c$ deve existir.** Os limites da esquerda e da direita devem ser os mesmos, em outras palavras, o que significa que a função não pode saltar nem ter uma assíntota. A maneira matemática de dizer isso é que $\lim_{x \to c} f(x)$ deve existir.
- **O valor e o limite da função devem ser os mesmos.** $f(c) = \lim_{x \to c} f(x)$.

Por exemplo, você pode mostrar que $f(x) = \dfrac{x^2 - 2x}{x - 3}$ é contínuo em $x = 4$ devido a:

1. *f(4)* existe. Você pode substituir 4 nessa função para obter uma resposta: 8.
2. $\lim_{x \to 4} f(x)$ existe. Se você olhar a função algebricamente (consulte a seção anterior sobre esse tópico), ela é fatorada como $\dfrac{x(x-2)}{x-3}$. Nada é cancelado, mas você ainda pode inserir 4 para obter $\dfrac{4(4-2)}{4-3} = \dfrac{f(2)}{1}$, que dá 8.
3. $f(4) = \lim_{x \to 4} f(x)$. Ambos os lados da equação dão 8, por isso, ela é contínua em 4.

Se qualquer uma das situações acima não for verdadeira, a função será descontínua nesse ponto.

## Trabalhando com a descontinuidade

As funções que não são contínuas em um valor $x$ têm ou uma *descontinuidade removível* (um buraco) ou uma *descontinuidade não removível* (uma assíntota):

- Se a função for fatorada e o termo de baixo for cancelado, a descontinuidade será removível, assim, o gráfico terá somente um buraco.

    Por exemplo, $f(x) = \dfrac{x^2 - 4x - 21}{x + 3}$ é fatorado como $\dfrac{(x+3)(x-7)}{(x+3)}$, que, após o cancelamento, deixa você com $x - 7$. Isso significa que $x + 3 = 0$ (ou $x = -3$) é uma descontinuidade removível — há um buraco no gráfico, como você vê na Figura 15-3a.

✔ Se um termo não puder ser fatorado, a descontinuidade será não removível, e o gráfico terá uma assíntota vertical.

Se você observar a função $g(x) = \dfrac{x^2 - x - 2}{x^2 - 5x - 6}$, ela será fatorada como $\dfrac{(x-2)(x+1)}{(x+1)(x-6)}$. Devido ao fato de que o $x + 1$ é cancelado, você tem uma descontinuidade removível em $x = -1$ (você veria um buraco no gráfico nesse ponto, e não uma assíntota). Mas o $x - 6$ não foi cancelado no denominador, por isso você tem uma descontinuidade removível em $x = 6$. Isso cria uma assíntota vertical no gráfico em $x = 6$. A Figura 15-3b mostra o gráfico de $g(x)$.

$f(x) = \dfrac{x^2 - 4x - 21}{x + 3}$

a.

Descontinuidade removível

Descontinuidade não removível

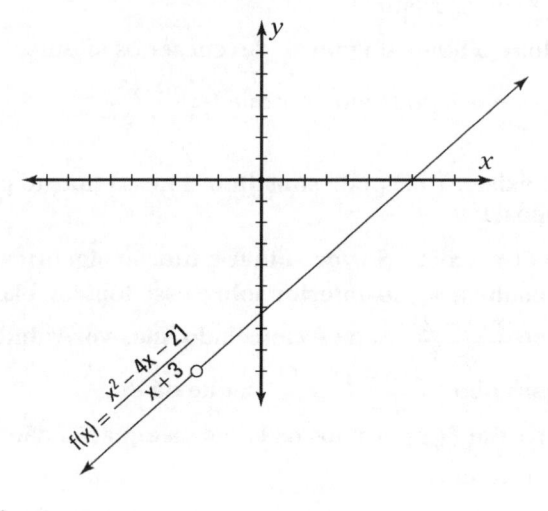

$x = 6$

**Figura 15-3:** O gráfico de uma descontinuidade removível deixa você se sentido vazio, enquanto o gráfico de uma descontinuidade não removível deixa você animado.

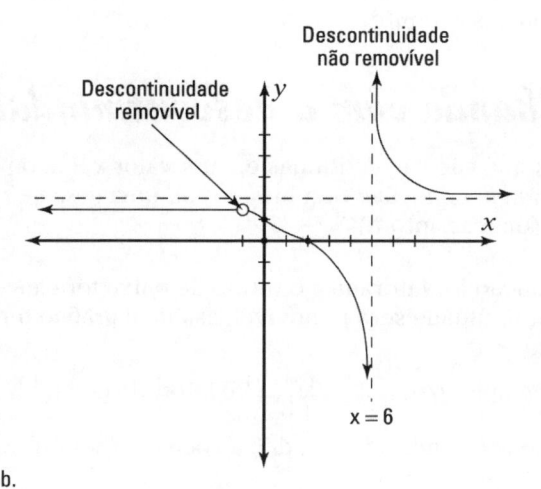

b.

# Parte IV
# A Parte dos Dez

## A 5ª Onda
Por Rich Tennant

"Certo, senhora, vou pedir que você ande em linha reta, depois vou pedir que você divida essa linha com uma reta perpendicular com a inclinação da equação y = 3x + 5."

## Nesta parte...

Esta parte apresenta dois lados opostos de um espectro em termos de preparação para o cálculo: bons hábitos matemáticos a serem perpetuados quando se chegar ao cálculo e hábitos dos quais você deve se livrar antes do cálculo. Ambos os lados desse espectro são essenciais para seu sucesso, pois os problemas ficam maiores e a simpatia dos professores de álgebra em relação aos erros fica menor.

# Capítulo 16
# Dez Hábitos que Ajudam Você a Atacar o Cálculo

*Neste capítulo*
▹ Preparando-se para resolver um problema
▹ Trabalhando um problema
▹ Verificando a exatidão após resolver um problema
▹ Fazendo um esforço a mais para garantir o sucesso no pré-cálculo

Adotar certas tarefas como hábitos certamente ajudará seu cérebro conforme você se prepara para enfrentar o cálculo. Neste capítulo, destacamos 10 hábitos que devem fazer parte de seu arsenal matemático diário. Talvez seus professores já ditem certas tarefas que devem ser feitas desde o primário — como, "mostre todo o desenvolvimento" —, mas outros truques podem ser novos para você. De qualquer maneira, temos certeza de que, se você se lembrar desses 10 conselhos, estará pronto para qualquer coisa que o cálculo colocar em seu caminho.

## Descubra o que o Problema Está Pedindo

Geralmente, os professores de matemática testam a compreensão textual dos alunos (nós sabemos, não é justo!) e sua habilidade de trabalhar com partes múltiplas que fazem parte de um todo, que é a essência dos conceitos por trás da matemática. Quando tiver de encarar um problema matemático, comece lendo todo o problema ou todas as direções para o problema. Procure a pergunta dentro da pergunta. Fique atento para palavras como "resolva", "simplifique", "encontre" e "prove". Estas são palavras comuns para chamar a atenção em qualquer livro de matemática. Não comece a trabalhar em um problema até que tenha certeza daquilo que ele quer que você faça.

Por exemplo, observe este problema:

> A largura de um jardim retangular é 24 centímetros maior do que o comprimento do jardim. Se você adicionar 3 centímetros ao comprimento, a largura será 8 centímetros maior do que o dobro do comprimento. Quanto mede o novo jardim?

Se você deixar passar qualquer uma das informações importantes, poderá começar a resolver o problema sem descobrir a largura do jardim. Ou poderá encontrar o comprimento, mas deixar passar o fato de que você tem de encontrar sua extensão com 3 centímetros *adicionados* a ele. Olhe antes de pular de cabeça!

Geralmente é útil se você sublinhar as palavras-chave e as informações no enunciado. Não nos cansamos de repetir isso. Destacar palavras e informações importantes as solidificará em seu cérebro de forma que, conforme você trabalha, poderá redirecionar seu foco se ele sair do percurso. Quando for apresentado um problema, por exemplo, primeiro transforme as palavras em uma equação algébrica. Se você tiver a sorte de a equação algébrica ser dada desde o começo, poderá seguir para o próximo passo, que é criar uma imagem visual da situação em mãos.

## Faça Desenhos (E Muitos Deles)

Seu cérebro é como uma tela de cinema em seu crânio, por isso, é sua tarefa projetar aquilo o que você vê para o papel. Quando você visualiza problemas matemáticos, fica mais apto a compreendê-los. Faça desenhos que correspondam a um problema e identifique todas as partes, para que você tenha uma imagem visual para seguir, que permita que você confira símbolos matemáticos a estruturas físicas. Esse processo trabalha a parte conceitual do seu cérebro e ajuda você a se lembrar dos conceitos importantes. Assim, você estará menos propenso a pular passos ou se desorganizar.

Se o enunciado estiver falando sobre um triângulo, por exemplo, desenhe um triângulo; se ele mencionar um jardim retangular com narcisos enchendo 30% de seu espaço, desenhe isso. Na verdade, toda vez que um problema muda e novas informações são apresentadas, seu desenho também deve mudar. (Entre os muitos capítulos neste livro, os Capítulos 6 e 10 ilustram como fazer um desenho relativo a um problema pode melhorar muito suas chances de resolvê-lo!)

Se fosse solicitado que você resolvesse o problema do jardim retangular da seção anterior, você começaria desenhando dois retângulos: um para o jardim antigo e menor e outro para o novo jardim, maior. Esses desenhos são identificados na próxima seção, em que começamos a planejar como chegar à solução (consulte a Figura 16-1).

## Planeje seu Ataque

Quando você sabe e pode visualizar aquilo que deve encontrar, poderá planejar seu ataque a partir daí. As equações com as quais você trabalhará virão disso. Se seguir o caminho que mostramos abaixo, você resolverá problemas num piscar de olhos!

Tente fazer x =" para começar. No problema do jardim das duas últimas seções, você está procurando o comprimento e a largura de um jardim depois de ele ter sido aumentado. Comece definindo algumas variáveis:

- Faça $x$ = o comprimento atual do jardim
- Faça $y$ = a largura atual do jardim

Agora, inclua essas variáveis ao seu desenho do jardim antigo (consulte a Figura 16-1a).

Você sabe que o novo jardim tem 3 centímetros a mais em seu comprimento, então

- Faça $x + 3$ = o novo comprimento do jardim
- Faça $y$ = a largura do jardim (que não muda)

Agora inclua essas especificações no desenho do novo jardim (consulte a Figura 16-1 b).

**Figura 16-1:** Desenhar o jardim antigo e o novo jardim ajuda você a planejar seu ataque.

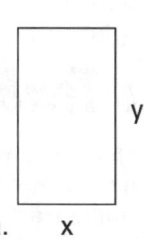

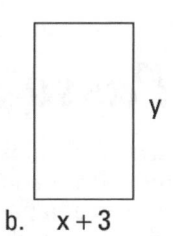

a. $x$, $y$
b. $x + 3$, $y$

Assegure-se de escrever as informações dadas próximo ao enunciado. Você pode escrever as seguintes informações para nosso problema de exemplo:

- **A largura é 24 centímetros maior do que o comprimento.**

  Isso se torna a equação algébrica $y = x + 24$.

- **Quando adicionamos 3 cm ao comprimento, a largura terá então 8 centímetros a mais do que o dobro do comprimento.**

  Isso se torna a equação algébrica $y = 2(x + 3) + 8$.

Essa técnica ajuda você a identificar a equação que precisa resolver.

## Escreva as Fórmulas

Se você começar seu ataque escrevendo a fórmula necessária para resolver o problema, tudo o que você tem de fazer é inserir aquilo que conhece e depois encontrar o que é desconhecido. Um problema sempre fará muito mais sentido se a fórmula for a primeira coisa escrita ao resolvê-lo. Antes de poder fazer isso, no entanto, você precisa descobrir que fórmula usar; isso deve se evidenciar no enunciado do problema.

No caso do problema do jardim da seção anterior, as duas equações que você formula — $y = x + 24$ e $y - 2(x + 3) + 8$ — se tornam as fórmulas com as quais você precisa trabalhar. Entretanto, às vezes, você não precisará pensar tanto para elaborar a fórmula necessária, embora ainda seja melhor que você a escreva.

Por exemplo, se precisar resolver um triângulo retângulo, você pode começar escrevendo o Teorema de Pitágoras (consulte o Capítulo 6) se conhecer o valor de dois lados e estiver procurando pelo terceiro. Para outro triângulo retângulo, talvez sejam dados um ângulo e a hipotenusa, e você precise encontrar o lado oposto; nesse caso, você começaria escrevendo a razão do seno (também no Capítulo 6).

## Mostre cada Passo do seu Trabalho

Sim, você ouve isso há séculos, mas seu professor da terceira série estava certo: demonstrar cada passo do seu trabalho é vital em matemática. Escrever cada passo no papel minimizará as chances de erros primários que você pode cometer quando faz cálculos de cabeça. Essa também é uma ótima maneira de manter um problema organizado e limpo. É necessário um tempo precioso para escrever cada passo, mas vale o investimento.

**LEMBRE-SE**

Deixar de mostrar seus passos pode fazer com que você não ganhe parte da nota. Se você mostrar todo o seu trabalho, seu professor poderá recompensá-lo pelo conhecimento que você demonstrou, mesmo que sua resposta final esteja errada. Mas se você chegar a uma resposta errada e não mostrar o trabalho, não receberá crédito algum.

## Saiba Quando "Desistir"

O que é pior, uma prova surpresa ou roncar quando você dorme em sala? Ver uma questão de múltipla escolha que não lista a sua resposta como uma das possibilidades. É de fazer você gritar. Não, a prova não está errada, mesmo que você queira acreditar nisso. Às vezes, um problema não tem solução. Se você já tentou todos os truques em sua manga e não achou uma saída, considere que pode não haver uma solução.

Alguns problemas comuns que podem não apresentar uma solução incluem os seguintes:

- Equações de valor absoluto
- Equações com a variável embaixo de um sinal de raiz quadrada
- Equações quadráticas (que podem ter soluções que são números complexos; consulte o Capítulo 11)
- Equações racionais
- Equações trigonométricas

Por outro lado, você pode chegar a uma solução para alguns problemas, mas ela não fará sentido. Tome cuidado com o seguinte:

- Se você estiver resolvendo uma equação para uma medida (como o comprimento ou o ângulo em graus) e obter uma resposta negativa, ou você cometeu algum erro ou não há solução. Os problemas com medidas incluem distância, e a distância não pode ser negativa.
- Se você estiver resolvendo uma equação para encontrar um número de coisas (como quantos livros há em uma prateleira) e obter uma resposta decimal, isso não faz sentido. Como você poderia ter 13,4 livros em uma prateleira?

## Confira suas Respostas

Até mesmo os melhores matemáticos cometem erros. Quando você se apressa para realizar cálculos ou quando trabalha sob uma situação estressante, você tende a cometer erros com mais frequência. Por isso, confira seu trabalho. Geralmente, esse é um processo bastante fácil: você pega sua resposta e a insere de volta na equação para ver se ela funciona. Exige pouco tempo para fazer a verificação, e é uma garantia de que você chegou à resposta certa, por que não fazer?

Agora voltamos e resolvemos o problema do jardim de antes observando seu sistema de equações:

$$y = x + 24$$
$$y = 2(x + 3) + 8$$

Resolvendo esse sistema (usando as técnicas que descrevemos no Capítulo 13), você obtém o par ordenado (10, 34). Insira $x = 10$ e $y = 34$ em *ambas* as equações originais, só para ter certeza; ao fazer isso, você verá que ambas funcionam:

$$34 = 10 + 24 \quad \checkmark$$
$$34 = 2(10 + 3) + 8 \quad \checkmark$$

## Pratique com Muitos Problemas

Você não nasceu sabendo como andar de bicicleta, jogar futebol ou até mesmo falar. A maneira de melhorar perante tarefas difíceis é praticar, praticar, praticar. E a melhor maneira de praticar matemática é trabalhar com problemas. Você pode procurar exemplos mais difíceis ou mais complicados de enunciados que o prepararão e o deixarão melhor em um conceito da próxima vez que você o vir.

Além de trabalhar conosco nos problemas de exemplos contidos neste livro, você pode se beneficiar dos livros de exercício da coleção *Para Leigos*, que incluem muitos exercícios para praticar. Confira o *Livro de Exercícios de Trigonometria para Leigos*, de Mary Jane Sterling, o *Livro de Exercícios de Álgebra* e o *Livro de Exercícios de Álgebra II para Leigos*, ambos de Mary Jane Sterling, e o *Livro de Exercícios de Geometria para Leigos*, de Mark Ryan (todos publicados pela Wiley), apenas para mencionar alguns.

Até mesmo o seu livro da escola é ótimo para praticar. Por que não experimentar fazer alguns (gulp!) problemas que o seu professor não tenha passado, ou talvez voltar a uma matéria mais antiga para revisar e garantir que você ainda se lembra. Geralmente, os livros de exercícios mostram as respostas para os problemas mais complicados, por isso, se você se ativer a esses poderá sempre conferir suas respostas. E se ficar com vontade de praticar ainda mais, simplesmente faça uma busca na internet por "prática de problemas de matemática" para ver o que encontra. Por exemplo, para ver mais problemas como o do jardim das seções anteriores, fizemos uma pesquisa na internet por "prática de problemas de sistemas de equações" e encontramos mais de 3 milhões de acessos. Isso dá para praticar bastante!

## Assegure-se de Entender os Conceitos

A maioria das aulas de matemática baseia-se em matérias anteriores para que os alunos possam entender conceitos novos. Por isso, geralmente, se você não tiver entendido uma ideia no capítulo 1 de um livro, esse problema afetará o resto do curso. Por esse motivo, você deve sempre se lembrar de não seguir em frente em matemática até que tenha dominado cada conceito.

Seu professor é seu melhor recurso, pois ele sabe o que é importante e o que está por vir no restante do curso. Encontre-se com seu professor após a aula e peça a ajuda que precisa até que os conceitos façam sentido para você. Devido ao fato de que esses encontros de reforço geralmente são feitos somente entre você e o professor, ele poderá dedicar um tempo maior para explicar o conceito a *você*.

Além disso, considerando dois alunos — um que está indo bem, mas que está procurando ajuda, e outro que não está indo bem, mas que não faz perguntas após a aula —, com quem você acha que o professor terá mais tempo, paciência e simpatia? Acertou. Dar a cara a tapa significa mostrar que você se importa. A seção a seguir discute mais profundamente as perguntas e como fazê-las, por isso, pedimos que você continue lendo.

# Bombardeie seu Professor de Perguntas

Não existe essa coisa de pergunta boba em matemática. Se você não entendeu um conceito que o professor apresentou, ou se simplesmente não conseguiu resolver um problema sozinho, procure orientação. Faça 20 perguntas sobre um problema até que tenha entendido completamente. *Confie em nós,* seu professor não ligará que você está perguntando demais se estiver sinceramente tentando entender! (Se estiver fazendo perguntas somente para fazer graça na aula, no entanto, seu professor *vai saber* disso e, com certeza, não gostará.)

Aqui estão alguns exemplos de boas perguntas sobre matemática que você pode querer fazer ao seu professor:

- *Por que* isso funciona dessa maneira?
- *Por que* tenho que seguir esse passo aqui?
- *Quais* são os passos, em geral, para resolver esse tipo de equação?
- *Você pode* me dar outro exemplo para eu tentar?
- *Quando* usarei essa informação no futuro nessa aula? No mundo real? Na minha vida?

# Capítulo 17
# Dez Hábitos para se Livrar Antes de Entrar em Cálculo

*Neste capítulo*
- Reconhecendo todos os maus hábitos
- Lembrando todos os hábitos corretos

Você já chegou até aqui em matemática e, por isso, merece grandes elogios. Mas podemos dizer com confiança que 1% das pessoas têm poucos ou nenhum mau hábito. Por isso, ficamos um pouco nervosos de incluí-los aqui, com medo de que você possa, na verdade, passar a cometê-los. Para os outros 99% de pessoas, criamos um capítulo que se concentra em extinguir maus hábitos na esperança de que vocês reconheçam um erro que geralmente cometem e aprendam a não cometê-lo mais. O 1% das pessoas que são perfeitas pode sair da sala!

## Realizando Operações Fora da Ordem

Não caia na armadilha em que muitos alunos caem realizando operações em ordem da esquerda para a direita. Por exemplo, $2 - 6 \cdot 3$ não se torna $-4 \cdot 3$, nem $-12$. Por quê? Porque você não realizou a multiplicação antes, como tinha de fazer. Lembre-se de PEMDAS toda e cada vez:

**P**arênteses (e outros dispositivos de agrupamento) primeiro

**E**xpoentes

**M**ultiplicação e **D**ivisão da esquerda para a direita

**A**dição e **S**ubtração da esquerda para a direita

Nunca saia da ordem, e isso é uma ordem!

## Elevar ao Quadrado sem o Método Produtos Notáveis

Sempre se lembre do método produtos notáveis. Eis um erro comum que observamos: $(x + 3)^2$ não é igual a $x^2 + 9$. Por quê? Porque você esqueceu que elevar algo ao quadrado significa multiplicá-lo por ele mesmo. Você se enganou de novo! Aqui está o processo correto: $(x + 3)^2 = (x + 3)(x + 3)$. Você deve chegar à resposta $x^2 + 6x + 9$ para essa equação. Não seja quadrado e se esqueça de aplicar produtos notáveis. (Consulte o Capítulo 4 para revisar o método.)

## Dividindo Denominadores

Estamos aqui para dizer que $\frac{3}{2x+1}$ não é igual a $\frac{3}{2x} + \frac{3}{1}$. Se você observar essa situação somente com números — como em $\frac{3}{2+1}$ — obterá $\frac{3}{2} + \frac{3}{1}$, que deveria ser $\frac{3}{3}$. Mas observe que você se esqueceu do PEMDAS (consulte a primeira seção deste capítulo). Essa barra de divisão é um sinal de agrupamento. Você tem de simplificar o que está na parte de cima e o que está na parte de baixo antes de fazer a divisão. A resposta deve ser $\frac{3}{3}$, ou 1. O mesmo aviso se aplica às variáveis também, como em $\frac{3}{2x+1}$. Devido ao fato de que as variáveis representam números (exceto as desconhecidas), elas devem seguir as mesmas regras que os números.

## Combinando os Termos Errados

Reconhecer termos semelhantes pode ser bastante simples ou irritantemente difícil. Do lado simples, você deve perceber que não pode adicionar uma variável e um termo constante — $4x + 3$ não dá $7x$, não importa o quanto você tente. Esses não são termos semelhantes. (É a mesma coisa que dizer que quatro galinhas mais três cachorros é igual a sete cachorros. Não é bem assim!)

Quanto mais complicado for o polinômio, mais propenso você estará a combinar termos que não são semelhantes, por isso, tome um cuidado extra ao trabalhar com equações problemáticas. Por exemplo, $4a^2b^3 - a^3b^2$ está no formato simplificado. Muito embora os dois termos pareçam ser notavelmente semelhantes, eles não são, por isso, você não pode combiná-los. A expressão $4a^2b^3 - a^2b^3$, no entanto, é outra história. Esses são termos semelhantes, e você pode encontrar sua diferença: $3a^2b^3$.

## Esquecendo a Recíproca

As chances de cometer erros aumentam ao trabalhar com frações complexas — especialmente quando se trata de dividi-las. Você está seguindo em frente, e então, de repente, $\frac{\frac{4}{x}}{\frac{2}{x+2}}$ se torna $\frac{4}{x} \cdot \frac{2}{x+2}$. Você se esqueceu de realizar a divisão! A grande barra entre as duas frações significa "divida!", então, você deveria fazer isso: $\frac{4}{x} \div \frac{2}{x+2}$.

Dividir uma fração significa multiplicá-la por sua recíproca, ou $\frac{4}{x} \cdot \frac{x+2}{2}$. Quando isso é simplificado, você tem $\frac{2(x+2)}{x}$.

## Perdendo a Conta dos Sinais de Menos

Ao subtrair polinômios, a maioria das pessoas tende a perder a conta dos sinais de menos. Por exemplo, ao trabalhar nesse problema:

$(4x^2 - 6x + 3) - (2x^2 - 4x + 3)$

Você pode ter uma tendência a escrever

$4x^2 - 6x + 3 - 2x^2 - 4x + 3$, ou $2x^2 - 10x + 6$

Mas você se esqueceu de subtrair todo o segundo polinômio; você apenas subtraiu o primeiro termo. Assegure-se de que o sinal de menos na frente do segundo polinômio execute sua função em cada termo subsequente. A maneira correta de trabalhar esse problema é $4x^2 - 6x + 3 - 2x^2 + 4x - 3$, que se torna $2x^2 - 2x$.

Um erro comum como esse ocorre ao subtrair funções racionais — $\frac{4x-1}{x+3} - \frac{2x-6}{x+3}$, por exemplo. A maioria das pessoas transformaria isso em $\frac{4x-1-2x-6}{x+3}$, mas, ao fazer isso, se esquecem de subtrair todo o segundo polinômio no numerador. O problema deveria se tornar $\frac{4x-1-(2x-6)}{x+3}$, que acaba sendo simplificado para $\frac{2x+5}{x+3}$.

## Simplificando Demais os Radicais

As pessoas tendem a simplificar demais os radicais ao progredir pelos estágios da matemática. Alguns erros comuns incluem ignorar o sinal da raiz por completo, de forma que $\sqrt{3}$ se torne simplesmente 3. Algumas pessoas até mesmo ignoram o índice, de forma que $\sqrt[3]{4}$ se torna $\sqrt{4}$, que é 2 ... tirando o fato de que está errado. A raiz cúbica de 4 está entre 1 e 2.

Outros erros incluem adicionar raízes que não deveriam ser adicionadas — como $\sqrt{3} + \sqrt{5} = \sqrt{8}$, ou $2\sqrt{2}$. Essas duas raízes não são termos semelhantes, por isso, você não pode adicioná-las (consulte a seção anterior, "Combinando os termos errados").

Ao trabalhar com radicais, certifique-se de sempre simplificar, mas não caia nas armadilhas comuns descritas aqui.

# Errando ao Lidar com Exponenciais

Multiplicar monômios que têm expoentes não significa que você multiplica seus expoentes — em vez disso, você os adiciona. Por exemplo, $x^3 \cdot x^4$ não é $x^{12}$; é $x^7$. De maneira semelhante, ao encontrar a potência de um produto, não se esqueça de aplicar a potência a cada termo, multiplicando os expoentes. Por exemplo, $(3x^4y^2)^2$ não é $3x^8y^4$, pois você se esqueceu da potência no 3. Deveria ser $9x^8y^4$.

**LEMBRE-SE:** Tome cuidado com os negativos – principalmente nas calculadoras. Os monômios $-3^2$ e $(-3)^2$ representam $-9$ e $9$, respectivamente, pois a ordem das operações diz que você deve tirar o expoente primeiro.

# Cancelando Rápido Demais

As pessoas cancelam os termos incorretamente de tantas maneiras diferentes, que poderíamos escrever um livro *Para Leigos* inteiro para discutir isso. Em vez disso, apontamos os erros mais comuns na lista a seguir:

- **Ao lidar com expressões racionais, você não pode simplificar termos constantes jogando a propriedade distributiva pela janela.** Ao cancelar termos no numerador e no denominador, o termo de baixo deve se aplicar a *cada* termo na parte de cima. A divisão é bastante parecida com a multiplicação; se você tem uma expressão com mais do que um termo no numerador, deve assegurar-se de que o termo na parte de baixo seja dividido por inteiro por todos os termos da parte de cima. Por exemplo, $\frac{4x-1}{2}$ não é igual a $2x - 1$, pois o 2 na parte de baixo não pode ser dividido tanto por $4x$ quanto por $-1$. Portanto, essa expressão racional não é simplificada; você a deixa como $\frac{4x-1}{2}$. Se for dividir o 2, é melhor que o resultado seja $2x - \frac{1}{2}$.

- **Você não pode cancelar e anular variáveis de termos.** $\frac{3x^2 - 6x + 2}{2x}$ não pode ser simplificado para $3x - 6 + 1$, ou $3x - 5$, cancelando os termos com $x$ e 2. Você pode reescrever a fração $\frac{3x^2 - 6x + 2}{2x}$ como $\frac{3x^2}{2x} - \frac{6x}{2x} + \frac{2}{2x}$, que é simplificada para $\frac{3x}{2} - 3 + \frac{1}{x}$.

- **Não cancele termos múltiplos que não possam ser cancelados na parte de cima e de baixo de uma expressão racional.** Após ter fatorado quaisquer polinômios fatoráveis e cancelado os termos semelhantes, você chegou ao fim. Por exemplo, já vimos alunos cancelarem expressões como fazendo isso: $\frac{x^2 - 2x - 3}{x^2 - x - 6} = \frac{-2}{2} = -1$. Você tem de fatorar a equação primeiro para obter $\frac{(x-3)(x+1)}{(x+2)(x-3)}$, que é reduzida cancelando $\frac{x+1}{x+2}$. Agora você chegou ao fim. Por favor, não caia na armadilha e não simplifique demais.

## Capítulo 17: Dez Hábitos Para Se Livrar Antes de Entrar em Cálculo

**LEMBRE-SE**

**Mesmo que não haja fatoração a fazer em uma expressão racional, não a cancele se não puder.** Por exemplo, $\dfrac{x^2-8}{x+2}$ não pode ser fatorada. Você não pode começar a cancelar assim: $\dfrac{\cancel{x}^x\cancel{{}^2}-\cancel{8}^4}{\cancel{x}+\cancel{2}} = x-4$. Lembrando que as variáveis representam números, você deve seguir a ordem das operações para simplificar completamente o numerador e o denominador antes de poder dividir (ou cancelar). $\dfrac{x^2-8}{x+2}$ não pode ser simplificada na parte de cima nem de baixo de maneira alguma, por isso, você não pode cancelar nada.

# Distribuindo Inadequadamente

Ao distribuir, não se esqueça de multiplicar o termo que está distribuindo por cada termo dentro dos parênteses. (Pense em como o sinal de negativo em uma subtração se aplica a cada termo.) Por exemplo, $2(4x^2 - 3x + 1)$ não é igual a $2x^2 - 3x + 1$ nem a $8x^2 - 6x + 1$; é igual a $8x^2 - 6x + 2$.

# Índice

## Símbolos e Expressões Numéricas

2 × 2, matriz inversa  310
2(π) radianos  150
3 × 3 sistema de equações e a regra de Cramer  314
45° triângulo de  131, 132, 138
360, conveniência do número  120
> Maior que  21
≥ Maior ou igual a  21
< Menor que  21
≤ Menor ou igual a  21
θ (téta)
   calculadora gráfica, inserindo como uma variável na  251, 252
   como a entrada de uma função trigonométrica  147
   como pontos de delimitação  244
   comprimento do raio  243
   em funções trigonométricas  125
   téta primo, como o nome dado ao ângulo de referência  141

## •A•

aceleração, objetos que se movem com velocidades constantes  338
Adição
   adição, lei para limites  345
   Aditiva, Identidade  14
   associativa de, Propriedade  13
   comutativa de, Propriedade  13
   de expoentes, multiplicando  362
   de fração  11, 179
   de graus  197
   de matrizes  297, 298
   de números complexos  241
   de radianos  197
   funções  58, 59
Aditiva, Propriedade Inversa  14
Agrupando para fatorar quatro ou mais termos  77
Agudo, triângulo  222

ALA (Ângulo, Lado, Ângulo)  218, 219, 220
álgebra, Identificando elipses e expressando-as com  269
Álgebra I e II, pré-cálculo  10
Álgebra II, Livro de Exercícios de para Leigos  356
Álgebra para Leigos  240
Álgebra para Leigos, de Mary Jane Sterling  240, 356
Álgebra, Teorema Fundamental de  82, 83, 89, 95
algebricamente  283, 337, 339, 342, 347
algébricas, expressões simplificar  178
algoritmo de divisão  86
Amplitude
   Alterando a  160, 161, 162, 163, 168, 169
   definição  160
   função de seno  161, 162
   método, encontrar um limite analiticamente  341
   mudança de  161, 169
   período, encontrar seu  165
   transformações, combinando  167, 168
   valores positivos de  161
"E", expressão  25
Ângulo
   ângulo de referência  141, 143, 144
   ângulos principais corretamente  134
   Aplicando as fórmulas  202
   arco como  145
   central  145, 146
   como soma ou diferença  196, 197, 200, 201, 202
   comuns  128
   conhece as medidas de dois  219
   cosseno de  122, 123
   desenhando  120, 130
   dobrando o Valor Trigonométrico de  205
   em graus  197
   fórmula adequada para encontrar  200, 201, 229
   lados, encontrar os  228, 229, 230
   negativo  130, 246
   no círculo unitário  129, 140, 141, 142, 143
   seno de  121, 122, 139, 197, 227

tangente de 123, 124, 203
ângulo de referência 134, 140, 141, 143, 206, 250
Ângulos, Ângulo, Lado – AAL 218, 219, 220
ângulos congruentes (ângulos com a mesma medida) têm os mesmos valores para as diferentes funções trigonométricas 134
ângulos coterminais 120
ângulo(s) de solução, encontrar o(s) 141
ângulos especiais no círculo unitário pela metade 210
ângulos negativos 184, 246
ângulos positivos para valores de θ 246
ângulo téta 248
anotação de intervalo 5, 10, 21, 24, 25, 26
anotações de soma gerais, Revisando as 324, 325
antilogaritmo 106
Anual, Taxa Porcentual – TPA 321
arco, comprimento de 146
arco-cosseno, Cosseno inverso 125
Arcos, Construindo e Medindo 145
arco-seno, Seno inverso 125
arco-tangente, Tangente inversa 125
área, encontrar a dos triângulos 232, 233
área máxima, para retângulos 260
Argand, plano de coordenadas 238
Aritméticas, Sequências 319, 320, 322, 325, 326
Arnone, Wendy 228
Arquimedes, Espiral de 250
assíntota
　da hipérbole 275, 276, 277
　gráfico da cossecante 158
　gráfico da secante 156
　gráfico da tangente 152
　horizontal 51, 53, 54, 55, 56, 98, 101
　mudou, log também 109
　oblíqua 51, 52
　o gráfico 49
　verticais 49, 50, 53, 55, 56, 57, 153, 155
assíntota horizontal
　descrição 55
　desenhe 53, 54
　elaborar o gráfico 56
　encontrar 51
　função exponencial pai 98
　mover 101
assíntota oblíqua 51, 52, 57
assíntota vertical
　busca por 50
　descrição 49, 55
　desenhe a(s) assíntota(s) vertical(ais) 56
　encontrar o domínio de uma função de tangente 153
　expressando em gráfico 53, 54, 57
　gráfico pai completo da cotangente 155
associativa de, propriedade
　adição 13
　multiplicação 13
ataque, Planeje seu 352, 353
aumentando o formato , em que a matriz 305
avançadas, identidades 195

● B ●

barra de divisão é um sinal de agrupamento 360
base 103, 106
base negativa 99
binômio 67, 74, 329
biologia, conceitos exponenciais 98
botão fatorial, na calculadora 331

● C ●

calculadora gráfica
　configurá-la para o modo paramétrico 280
　delimitar todas essas funções polares 251
　descrição 18, 19, 93
　matriz possui uma inversa 310
　ordem das operações 231
　parênteses para separar o numerador e o denominador 232
　vértice 267
calculadora, ordem das operações 231
calculadora, TI-89 ou TI-89 Titanium 18
Calcule os pontos máximos do gráfico 149, 151
Calcule os pontos mínimos do gráfico 149
Cálculo
　as diferenças entre pré-cálculo e cálculo 338
　definição 337
　hábitos para se livrar antes 359
　hábitos que ajudam 351

cancelando 362, 363
cardioide 250
centro
   ângulo central 145, 146
   confira suas respostas 355
   da elipse 269, 270
   da hipérbole 274, 275
   forma centro-raio 257
   fórmula de mudança de base 105
   verifique as respostas 284
círculo(s)
   características peculiares 256
   da hipérbole 259
   definição 254
   descrição 257
   desenhando o gráfico 257
   elaboração de gráficos 250, 258
   excentricidade 281
   fórmula para a circunferência 145
círculo unitário
   ângulos 129, 140, 141, 142, 143
   ângulos em radianos 198, 199
   completo 137
   definição 126
   descrição 119
   encontrando o ângulo 140, 141, 142, 143
   entendendo o 128, 129, 130
   famílias no 140
   Fusão dos Triângulos e do Círculo Unitário 134, 135, 136, 137, 138, 139, 140
   usando os ângulos especiais 197
coeficiente 39
coeficiente binomial 329, 330, 331, 332, 333, 334, 335
coeficientes negativos nas parábolas 261
coeficientes regentes 51, 55, 302, 304, 306
coisas, encontrar um número de 355
combinações, botão para na calculadora 331
comparações, de expressões 16
completando o quadrado 78, 79
comportamento final de seu gráfico 92
composição de funções 60
comprimento de um arco 145
Conceitos, Entender os 356
concluindo o quadrado 267
cones, cortando com um plano 254, 255
confira suas respostas 355
cônicas 285
conjugado, multiplique a parte de cima 344

conjugado complexo 82, 241
conjugado, multiplique um número pelo seu 30, 191, 192, 204
conjunto de números 11, 12
conjuntos separados 25
constante de crescimento 113
constante negativa 165
constante positiva 165
constantes
   definição 68, 294
   equações de seções cônicas 256
   escalar 241, 297, 298
   multiplique as equações 288
   não pode ser adicionado a variáveis 360
contínua, função é 347
continuidade nas funções 346
coordenadas cartesianas 15, 243, 246, 247, 278, 280
coordenadas polares
   alterar a coordenada 247, 248, 249, 250
   coordenadas $x$ e $y$ 248, 249
   delimitação 243, 244, 245, 246
   descrição 243
   elaborando o gráfico de coordenadas polares com valores negativos 246, 247
   equações estranhas e notáveis, elaboração de gráficos de algumas 251
   infinitas maneiras de nomear o mesmo ponto 249
   $x$-$y$ mapeadas no mesmo plano 248
coordenadas polares complicadas 246
coordenadas polares simples 246
coordenadas, ponto no círculo unitário 135
cossecante
   definição 124
   desenhar gráficos 156, 173
   do ângulo 139
   elaborando o gráfico 158, 159, 174
   forma do gráfico 175
cosseno
   ângulo 122, 123, 139
   arco duplo 210
   definição 122
   definição ponto no plano 137
   fórmula do arco metade 210
   fórmulas para a diferença dos cossenos 200
   mudar todas as funções em uma equação para 180
   recíprocos 124

cosseno inverso (arco-cosseno) 125
cotangente 138, 139
cotangente 125, 152
cotangente, transformar seu gráfico 170, 172
covértices 269, 270, 271, 272
Cramer, Gabriel 311
crescimento exponencial 99, 113
curva, área abaixo de uma 338

## •D•

decaimento exponencial 98, 99
decimais que se repetem também podem ser expressos como somas infinitas 329
decompondo frações parciais 293
definição ponto no plano 126
denominador comum, ângulos radianos 198
denominadores
 conjugado dos 30
 contém um binomial com um radical 30
 dividindo 360
 grau maior 53, 54
 graus iguais 56
 graus iguais no numerador 55
 multiplique pelo conjugado 192
 prova trigonométrica 189, 190
 racionalizando 28, 29, 30, 204
denominadores comuns, ângulos radianos 199
depreciação 316, 321, 324, 326
derivativo, encontrar um 346
Descartes, René 15
descontinuidade não removível 347, 348
descontinuidade removível 347, 348
desenha com essa técnica é uma elipse 268
desenhando
 figuras representando os triângulos retângulo 201
 qualquer problema de trigonometria 130
 resolver o problema 352
desigualdades
 definição 21
 expressando soluções para desigualdades com anotação de intervalo 24
 gráficos de igualdades 16
 notação de intervalo 26

quebra a 24
 resolvendo 21
 resolver uma 22
 sistemas de 284, 295, 296
deslocamento, descrição 166
deslocamento horizontal, de um círculo 257
deslocamentos horizontais
 combinando transformações 167, 168
 descrição 41, 166, 170
 deslocamentos verticais 42
 função da cotangente 172, 173
 parábolas 262, 263
 representar 259
 revela 168
deslocamentos verticais
 descrição 166, 167
 gráfico 42, 43
 parábolas horizontais 262, 263
 parábolas verticais 262
 representar o 259
 tangente 171
deslocamento vertical, de um círculo 257
determinante de uma matriz coeficiente 311
diferença
 aplicando as fórmulas 199
 conceito das fórmulas 198
 de cubos 74
 de quadrados 74, 75
 do cosseno 200
 para a tangente 203
 para o seno 197
 transportando de somas (ou diferenças) 213
diferença comum 319, 320
dimensões de uma matriz 297
diretriz 263, 265, 266
diretriz da parábola 260
discriminante 82, 240
dispositivos mnemônicos
 Dois Macacos Saboreiam Bananas 86
 PEMDAS 13
 SOHCAHTOA 121
distância focal, parábola 264, 265
dividendo, definição 85, 86
divisão
 de polinômios 51
 funções 59
 raízes racionais 85, 86
 sintética 88, 89, 90, 96

divisão longa  51, 52, 57, 84, 85, 86, 87, 88, 90
divisor, definição  85, 86
domínio
  de uma relação  15
  função combinada  61
  função da secante  175
  função da tangente  172
  função do cosseno  150, 170
  função do seno  148
  função exponencial  99
  gráfico da cossecante  176
  valor de $x$  147

## •E•

eixo conjugado, de um hipérbole  274
eixo, da elipse  271
eixo de simetria  260, 263, 264, 265, 266
eixo do meio, da elipse  270
eixo, horizontal  15
eixo imaginário  242
eixo maior da elipse  269, 271
eixo menor da elipse  269
eixo real  238, 242
eixos de simetria  274
eixos transversal e conjugado da hipérbole  276
eixo transversal  274, 275, 276
elementos, em matrizes  284
eliminação
  de Gauss  284, 306, 307
  método da eliminação  287, 292
  resolver sistemas lineares  285
eliminação de Gauss  306
elipse
  características peculiares  256
  covértices  269, 270, 271, 272
  descrição  255, 268
  desenhar o gráfico da função polar  281
  eixos e focos  271
  em formato não padrão  272
  em termos astronômicos  253
  expressando-as com álgebra  269
  focos  268, 269, 270, 271, 273
  partes  269, 273
  vertical  269, 271
elipse horizontal  269, 270
elipses verticais  269, 271
e-mail  1

encontrando o ponto do meio  17
equação fatorada, encontrando as raízes de uma  78
equação horizontal, de uma elipse  270
equação linear  17, 279, 288, 289
equação logarítmica  113
equação quadrática  78
equação vertical, de uma elipse  270
equações
  encontrando o parâmetro  279
  equação das assíntotas da hipérbole  277
  para as quatro seções cônicas  257
  para cada variável presente, você precisará de uma equação separada e exclusiva se quiser resolvê-la  283
  reescrever algumas coisas  206
  resolvendo equações com expoentes e logs  109
  resolvendo equações, visão geral  22
  resolvendo sistemas com mais de duas equações  291
  resolver equações que possuem logs  112
  seção cônica  254, 256, 257
  tipos de equações se aplicam às elipses  270
  trabalhando com formato não padrão  272
  vendo como as identidades de periodicidades funcionam para simplificar equações  187
equações exponenciais
  aplicações no mundo real  113
  log, transforme-o em uma equação  112
  mudando logs para  106
  resolvendo  110, 112
  tirando o log de ambos os lados  111
  variáveis aparecem em ambos os lados  110
  variável de um lado  110
equações lineares  291, 301, 307, 311, 314
equações logarítmicas  112
equações não lineares  285, 288, 291
equações não lineares, resolvendo  285
equações paramétricas, descrição  278
equações polares, Desenhando  250, 251, 252
equalidades
  identidades de cofunções  186, 187
  identidades pares e ímpares para elaborar  184
  premissa básica das identidades de cofunções  185

provando uma igualdade com as identidades de periodicidade 188
use as identidades recíprocas 181, 190
use as propriedades 191
expansão binomial 329, 332, 333, 335
expoentes
adiciona, multiplica seus expoentes 362
definição 26, 330
definindo e relacionando 26
funções exponenciais 98
logaritmo é 102
reescreva 28
reescrevendo radicais 27
resolvendo equações 109
expoentes fracionários 27, 67
expoentes negativos 99
expoentes racionais 27, 28
expressando em gráfico 57
expressão geral para a sequência para 317
expressão polinomial, fatorando 69, 70, 71, 72, 73, 74, 75, 76, 77
expressões matemáticas em formato visual 14, 15, 16, 18
expressões racionais, simplificar 184, 362

## •F•

famílias no círculo unitário 140
fatorando
com provas trigonométricas 189
definição 69
diferença de quadrados 74
expressão polinomial 69
limite é fazer isso algebricamente 342
outras técnicas de resolução 143
para cancelar termos 59
quatro ou mais termos 77
fator de conversão, radianos 247
fatores
definição 69
mínimo múltiplo comum 143
múltiplos fatores dentro de parênteses elevados a uma potência 99
usando soluções para encontrar 91
fatores primos, Separe todos os termos em 70
fatorial 331
figuras, desenhando
para qualquer problema de trigonometria 130

problema e identifique todas as partes 352
representando os triângulos retângulos 201
foco (focos)
da elipse 268, 269, 270, 271, 273
das parábolas 260, 263, 264, 265, 266
hipérbole 275
formato de matriz escalonada 308
formato de matriz escalonada reduzida 302, 303, 304, 305, 308, 309
formato de matriz, Escrevendo um sistema em 301
formato inclinação-interseção 16, 277
formato padrão 70, 143, 272, 274, 281
formato paramétrico, com seções cônicas que não são facilmente expressadas como o gráfico 278, 279
formato polar 10, 278, 280, 281
fórmula da combinação 334
fórmula de ângulo duplo 205, 206, 207, 208, 209
fórmula de distância 17, 127
Fórmula de Heron 233
fórmula de soma/diferença
aplicando as fórmulas de soma e diferença do seno às provas 199, 200, 201, 202, 204, 205
cossenos 200, 202
seno 197
fórmula geral 316, 317, 319, 320, 321, 322, 323, 325, 327
fórmula quadrática
descrição 78
resolva a equação linear 289
resolver o polinômio reduzido 96
um número negativo abaixo do sinal de raiz quadrada 95
usando a fórmula quadrática 79
fórmulas de meio ângulo 195, 210
fórmulas de produto para seno . cosseno 212
fórmulas de produto para soma 212, 213, 214
fórmulas de produto para soma seno . seno 212
fórmulas de redução de potência 214, 215
fórmulas de soma e diferença 200, 202
fórmulas de soma para produto 213
fração é indefinida 152
fração(ões)
adicionar 179

altere quaisquer funções trigonométricas recíprocas 191
começando com 191
com provas trigonométricas 189
criando frações ao trabalhar com identidades recíprocas 190
dividir uma por outra fração 179
em provas 189
multiplicada pelo período 165
prova trigonométrica 190
reduza as 199
separe 294
somar 11
subtrair 11, 179, 185
fração racionalizada, simplifique 204
frações parciais, decompondo 293, 294, 295
fractais 239
função composta 60, 61
função cúbica 37, 42, 43
função de cosseno 170
função descontínua 48
função ímpar 34, 37, 150
função linear, desenhando gráfico 48
função logarítmica 108, 346
função máxima, gráfico da 267
função(ões)
 adição 58, 59
 calcular o limite 339
 contínua 346, 347
 cúbica 37
 definição 33
 determinando se uma função é contínua 347
 dividir 59
 em trechos 47, 48
 encontre o limite 340, 342, 343, 345
 estuda mudanças das 338
 gráficos de 163, 164, 165, 167
 ímpar 34
 inversa 63, 64, 65
 multiplicar 59
 operações com 58, 59
 par 34
 quadráticas 34, 35
 raiz cúbica 37, 38
 raiz quadrada 35, 36
 separando 60
 subtração 58, 59, 361
 transformando funções ponto a ponto 46

trigonométrica 121
valor absoluto 36
função pai, de logs 106, 107
função par 34, 151
funções combinadas 58, 60, 345
funções, cosseno 148
funções cúbicas 37
funções definidas em trechos 47, 48
funções de raiz quadrada 35, 36, 61
funções descontínuas 346
funções de tangente 152, 153, 187
funções exponenciais
 contínua em todos os pontos 346
 crescimento 98
 definição 98
 domínio 99
 elaborando o gráfico 99, 100, 101, 108
 investigando o Inverso 102
 rege, ordem das operações ainda 99
 regras básicas que se aplicam 98
 transformando 99, 100
funções ímpares 183
funções inversas
 descrição 63, 64, 125
 elaborando o gráfico 63, 64, 106
 encontre a função inversa 106
 escrita 309
 função trigonométrica 121, 209
 gráfico da 107
 muda o domínio e o intervalo para obter a 109
 obter a função inversa 108
 resolver uma equação de ângulo duplo 209
 solucione-a para obter 65
 troque os valores do domínio e do intervalo para obter a 108
 verificando 65
funções pares 183
funções polinomiais, desenhando o gráfico de
 equação quadrática 78, 79, 80
 fatoração 69, 70, 71, 72, 73, 74, 75, 76, 77
 função de graus e raízes 68, 69
 raízes de uma equação fatorada 78
 resolvendo polinômios infatoráveis com grau maior do que dois 80, 81, 82, 83, 84, 85, 86, 87
 soluções para encontrar fatores 88, 89, 90
 soluções para encontrar fatores 91

funções quadráticas
  bombardeie seu professor de perguntas 357
  descrição 35
  expressar em gráfico 48
  parábolas 260
  quociente, definindo 85, 86
  regra do quociente 104, 105
  saiba quando "desistir" 354, 355
  termo quadrático, chamado de 68
  transformando 38
funções racionais
  calculando saídas para 49, 50, 51, 52
  cotangente possuem gráficos 152
  definição matemática de uma 49
  denominador tem o grau maior 53, 54, 55
  descrição 49
  domínios não são todos números reais 61
  elaborando o gráfico da tangente 152
  expressando em gráfico 52, 53, 54, 55, 56
  numerador tem um grau maior 57
  o numerador e o denominador têm graus iguais 55, 56
  subtrair 361
  tipos de 53
  valor(es) indefinido(s) 339
funções recíprocas 124, 125, 173, 174
funções trigonométricas
  avaliar todos os tipos de funções trigonométricas sem uma calculadora! 134
  definição 121
  elaborando gráficos 147, 160
  eliminando expoentes 214, 215
  encontrando funções trigonométricas de somas e diferenças 196, 197, 198, 199, 200, 201, 202, 203, 204, 205
  encontrando valores 137, 138, 139, 140
  multiplica uma função trigonométrica por um número negativo 161
  raiz quadrada de ambos os lados 144
  recuperando valores de funções trigonométricas no círculo unitário 136, 137, 138, 139, 140

• G •

Gauss, eliminação de 306
Gauss, plano de coordenadas 238, 242

Geometria 10
*Geometria para Leigos* (Arnone) 228
geométrica, soma 326
geométricas, sequências 322, 326, 327
geométricos, sólidos 338
geral, expressão 317
gráfico contínuo 346
gráfico, função da cotangente 155
gráfico pai 118
gráfico pai da secante, desenhando 156, 157
gráficos de cosseno
  descrito 150, 151
  gráfico pai completo do cosseno 151
gráficos de secante, Transformando os 173, 174, 175, 176
gráficos do seno
  após as transformações 162, 163
  descrição 148, 149, 150
  gráfico da tangente, comparação 152
  gráficos do cosseno, comparção 150
  mola, comparação 160, 161, 162, 163, 164, 165, 166, 167, 168, 169, 170
  tangente, comparação 152
  transformação do gráfico da cossecante 175
gráficos e sua elaboração
  círculos 257, 258, 259
  comportamento final 92
  consulte também funções polinomiais, desenhando o gráfico 96
  coordenada polar com um raio e um ângulo negativos 247
  coordenadas polares com valores negativos 246
  cosseno 151
  denominador tem o grau maior 53, 54
  descrição 14, 15, 16, 17
  desenhar o gráfico dessas desigualdades 295
  deslocamentos horizontais 41
  deslocamentos verticais 42, 43
  função do cosseno 150
  função do seno 148, 149, 150
  função exponencial 99, 100, 101, 102, 108
  função trigonométrica 147
  funções combinadas 58
  funções de raiz cúbica 37, 38
  funções de raiz quadrada 35, 36
  funções de valor absoluto 36
  funções do cosseno 148

funções inversas 63, 64, 106
funções quadráticas 34, 35
funções racionais 52, 53, 54, 55, 57
gráfico pai. consulte gráficos pai 107
igualdades *versus* desigualdades 16, 295
logaritmo 107, 108
logs transformados 107, 108, 109
método de gráfico 340
números complexos 242, 243
polinômio 68, 91, 92, 94, 95, 96
secante 156, 157, 173, 174, 175
uma hipérbole 275, 276
gráficos, funções da cotangente possuem 152
gráficos pai
  descrição 34, 147
  do cosseno 150
  função do seno 148, 149, 150, 151
  funções exponenciais 100, 101
  seno e cosseno 148, 149, 150, 151
  transformando gráficos trigonométricos 159, 160
  transformando os 38, 39, 40, 41, 42, 43, 44, 45, 46, 47
gráficos trigonométricos, transformando
  função trigonométrica mais complicada 159, 160
  gráficos de cossecante 173, 176
  gráficos de cosseno 160, 161, 162, 163, 164, 165, 166, 167, 168, 169, 170
  gráficos de cotangente 170, 171, 172, 173
  gráficos de secante 173, 174, 175, 176
  gráficos de seno 160, 161, 162, 163, 164, 165, 166, 167, 168, 169, 170
  gráficos de tangente 170, 171, 172, 173
grandeza escalar 241, 297, 298
graus
  adicionar e subtrair 197
  do numerador e do denominador 29, 52
  dos polinomiais 51
  polinômio 68, 81
  trabalhe com ângulos 196

## •H•

hábitos para se livrar 359
hábitos que ajudam 351
hipérbole
  assíntotas 277
  definição 273
  descrição 255, 256
  desenhar o gráfico 275
  excentricidade 281
  forma padrão 274
  tipos 273, 274
hipérbole horizontal
  assíntotas 275, 277
  chamados de eixo transversal e eixo transversal e passa pelo centro é chamado de eixo conjugado 274
  descrição 273, 274, 275
  desenhar 276
  equação para 274
  inclinações dessas assíntotas 275
  vértices 275
hipérbole vertical
  assíntota 275, 277
  descrição 273, 274, 275
  eixo transversal e eixo transversal e passa pelo centro é chamado de eixo conjugado 274
  equação para uma 274
  inclinações dessas assíntotas 275
  vértices 275
hipotenusa
  de um triângulo retângulo 128
  identifique 121
  triângulo 133
  triângulo de 45 132
  triângulos especiais no círculo unitário 134

## •I•

identidade multiplicativa 14
identidades
  avançadas 195
  básicas 177, 178, 179
  cofunções 185, 186, 187
  de pitágoras 181
  pares/ímpares 183, 184
  periodicidade 187, 188
  procure 193
  provar as 204
  recíprocas 179, 180, 181
identidades de cofunções 185, 186, 187, 202, 204
identidades de meio ângulo 210
identidades de periodicidade 187, 188, 204
identidades de soma/diferença para produto 213

identidades pares e ímpares 183, 184
identidades recíprocas
    definição 179, 180, 181
    lista 179
    mudar a secante para cosseno 207
    provar igualdades 180, 181
    secante e a definição de senos e cossenos para tangente 187, 207
    simplificando uma expressão 180
    trabalhar com 190, 191
identidades trigonométricas
    aplicando as fórmulas 204, 205
    avançadas 195
    básicas 177, 183
    cofunções 185, 186, 187
    de pitágoras 181, 182, 183
    pares/ímpares 183, 184, 185
    periodicidade 187, 188, 189
    procure 193
    recíprocas 179, 180, 181
inclinação de uma linha 17
inclinação indefinida 18
inclinação (slope) da linha 16, 17, 18
inclinações negativas 18
inclinações positivas 18
índice, descrição 31
infinito, descrição 12
integração, usa-se 338
internet, "prática de problemas de matemática" 356
interseção, definição 52
interseção de $x$
    calcule as interseções de $x$ do gráfico 149
    delimite a(s) 53, 54, 56, 57
    encontrar os zeros 91
    gráfico do cosseno 150, 151
    gráfico pai da tangente 153
    gráfico pai para a cotangente 155
    localizando 52
interseção de $y$
    delimite a(s) 53, 56, 57
    localizando 52
    polinômio 92
intersectem 285
intervalo
    afetado pela amplitude 161
    definição 15
    domínio do cosseno 150
    função combinada 61
    função composta 62

função da tangente 153
função de seno 148, 149
função que foi deslocada verticalmente 170
gráfico da cossecante transformado 176
gráfico de seno transformado 175
intervalo da cotangente 155
o valor de $y$ 147
intervalo aberto 25, 26
intervalo fechado 25
intervalo, obter uma solução em um interval 206
invertendo uma função 64

● K ●

$k$, soma parcial 324, 325

● L ●

lado inicial do ângulo 120
Lado, Lado, Ângulo, LLA 218
lado maior, de um triângulo 132, 133
lado mais curto 132
lado menor, em um triângulo 133
lados faltantes, encontrar os 228
lados faltantes, fórmulas à sua disposição para encontrar os 228
lado terminal do ângulo 120, 128
LAL: identificando 230, 231, 232, 233
LAL, resolvendo 230, 231, 232, 233
lei da adição 345
lei da divisão 345
lei da multiplicação 345
lei da potência 345
lei das tangentes 217
Lei dos Cossenos 4, 118, 217, 218, 228, 229, 230, 231, 232, 233
Lei dos Senos 118, 217, 218, 219, 220, 221, 223, 224, 225, 227
Leis dos Limites 345
Lemniscata, desenhando um gráfico 251
Limacon, desenhando o gráfico 251
limite de uma função 339
limite esquerdo, de uma função 339
limite máximo da soma 325
limite mínimo da soma 325
limite, processo é chamado de 53
limites
    algebricamente 342

analiticamente 341, 342
apresentando as matrizes 297
descrição 337
encontrado o 340, 343
entendendo e comunicando 339
graficamente 340
linhas 307
*Livro de Exercícios de Álgebra* 356
*Livro de Exercícios de Geometria Para Leigos* (Ryan) 356
*Livro de Exercícios de Trigonometria para Leigos*, de Mary Jane Sterling 356
LLA (Lado, Lado, Ângulo), resolvendo 218, 221, 222, 223, 224, 225, 226, 227
LLL, resolvendo 228, 229, 230, 233
logaritmo inverso 106
logaritmos (logs)
   alterando a base de um log 105
   calculando um número 106
   definição 102
   em gráfico 106, 108
   erro crítico 104, 105
   função exponencial 103
   investigando o inverso das funções exponenciais 102
   número negativo dentro do log 113
   propriedades e identidades 104, 105
   resolvendo equações 109, 110, 111, 112
   tipo de 103
logaritmos naturais 103
log natural 111

### • M •

maior ou igual a ≥ 21
maior que: > 21
martini das parábolas 264
matriz coeficiente 311, 312, 313, 314
matriz de identidade 304, 310
matriz de resposta 301
matrizes ao quadrado possuem inversas 309
matriz (matrizes)
   adicionar 297, 298
   aplicando as operações básicas às 297, 298, 299, 300
   apresentando as matrizes 296
   descrição 296
   formato de matriz escalonada reduzido 302, 303, 304
   fundamentos 296, 297, 298, 299, 300
   multiplicando matrizes umas pelas outras 298, 299, 300
   multiplicando uma matriz por sua inversa 309, 310, 311
   o inverso de uma 309, 310
   operações básicas às matrizes 297
   resolver sistemas difíceis 305, 306, 307, 308, 309, 310, 311, 312, 313, 314
   simplificando matrizes 301, 302, 303, 304
   subtrair matrizes 297, 298
matriz pela identidade 303
matriz por sua inversa 309, 310
maus hábitos, matemática 359
máximo da parábola vertical 267, 268
máximo divisor comum (mdc) 69, 70, 71, 72, 73, 74, 75, 76, 77, 179, 291
máximo nem parábolas verticais 266
medida negativa de um ângulo 120
medida positiva, o ângulo terá uma 120
menor que: < 21
menor ou igual a: ≤ 21
método de adivinhação e verificação para a fatoração 71
método de inserção de variáveis 61
método inglês 71
método peiú 69, 71, 72, 73, 74, 80, 184, 188, 192, 204, 214, 241, 329, 344, 360
métodos
   encontrando soluções de sistemas 285, 286, 287, 288
   resolvendo sistemas de equação 283
MMC 70
mínimo denominador comum (MMC) 191, 344
mínimo em parábolas verticais 266
mínimo múltiplo comum 292
mínimo múltiplo comum (MMC) 292
mnemônica Dois Macacos Saboreiam Bananas 86
mnemônico SOHCAHTOA 121
modelo exato, aproximado para a calculadora gráfica 18
modo de grau, configurar sua calculadora para o 123
modo na sua calculadora está configurado 19
modo paramétrico, calculadora gráfica 280
Módulo 13, 22, 23, 24, 36, 48
Modulares, Funções de 36
monômios
   definição 67

elevando monômios a uma potência pré-expansão 333, 334, 335
multiplicar monômios com expoentes 99, 362
teorema é escrito como a soma de dois monômios 330
movimento dos corpos no espaço 253
multiplicação
 funções 59
 propriedade associativa de 13
 propriedade comutativa de 13
multiplicidade da solução 80, 89
multiplicidade de dois 89
multiplicidade ímpar na raiz 95
multiplicidade par, qualquer raiz 95

## •N•

numerador 11, 27, 29, 30, 31, 51, 52, 53, 55, 57, 59, 187, 188, 191, 193, 214, 231, 232, 241, 242, 281, 294, 317, 342, 343, 344, 345, 361, 362, 363
número de base 99
números
 calculando um número quando você conhece seu log 106
 operações fundamentais 12, 13
 propriedades de 13, 14
 tipos de 11
números complexos
 adicionar 241
 definição 12, 238
 desenhar o gráfico 238
 divida 242
 elaboração dos gráficos 242
 expansão 335
 formato de 83
 manipular 240
 multiplicar 240, 241
 operações com números reais e imaginários 240
 realizando operações 240, 241, 242
 sistema de 83, 237, 238, 239
 subtrair 241
 tipos 240
números, contá-los 11
números imaginários
 algumas raízes são 95
 combinando real e imaginário 239
 como números complexos 240
 definição 12, 238
 entendendo real *versus* imaginário 238
 multiplicar um número complexo por 241
 são tão importantes no mundo real 239
números inteiros, definição 11
números irracionais, definição 12
números naturais, descrição 11
números negativos
 multiplicado apenas pela entrada 44
 multiplicar ou dividir uma desigualdade 22
 multiplicar uma função trigonométrica 161
 raiz quadrada 12
números racionais 11
números reais
 com números complexos 240
 definição 12
 entendendo real *versus* imaginário 238
 operações fundamentais 12, 13
 quando todas as raízes são 92, 93, 94, 95

## •O•

ondas, gráficos do seno se movem em 148
opção elementar escolhas de solução de sistemas, descrição 284
operações
 aplicando as operações básicas às matrizes 297, 298
 expressões "ou" 25, 26
 ordem 359
 realizando operações com números complexos 240, 241, 242
operações com funções 58, 59, 60, 62
operações de linha elementares 303, 305, 306, 310
ordem das operações
 definição 12, 13
 função exponencial 99
 ordem das operações em mente 290
 seguindo a ordem das operações ao usar a Lei dos Cossenos 231
 trabalhar com matrizes 297
ordem de uma matriz 297
origem 35, 257, 258, 259, 261
oval. Consulte elipse 54

## •P•

padrão, em sequências 316
palavras-chave, sublinhar e as informações no enunciado 352
parábola horizontal
   descrição 260
   desenhe o gráfico 266
   formas 262
   partes 265, 266
   transformações de 262
parábolas
   características de uma 261
   curva paramétrica 279, 280
   descrição 33, 254, 259, 260
   elabore o gráfico da parábola 264, 265
   excentricidade 281
   o gráfico de qualquer função quadrática 35
parábola vertical
   determinando 263
   equação da 261
   identificando o mínimo e o máximo 266, 267
   informações 262
   parábola vertical 260
parâmetro, formato paramétrico 278
par coordenado $(x, y)$ 15
parênteses na anotação de intervalos 25
parte imaginária no denominador 241
Pascal, Blaise 331
PEMDAS 359
PEMDAS, mnemônico 13
perfeitos fatores de raiz quadrada, encontre 31
período
   alterando o 163, 164, 165, 168, 169, 171, 172
   combinando transformações 167, 168, 169, 170
   da função da tangente 172
   deslocamentos de período devem ser fatorados para fora da expressão 168
   do gráfico da função 163, 164, 165
   do gráfico do seno 150
   gráficos de tangente e cotangente 171
   valores positivos e valores fracionários entre 0 e 1 fazem com que o gráfico se repita com menos frequência. 165
período do gráfico 150
Pitágoras, identidades fundamentais 181, 182, 183

plano, a interseção desse plano com os cones 254
plano de coordenadas
   círculo unitário 126
   definição 33
   deslocamento 167
   deslocando as ondas 166
   fazer gráfico 16
   localize o ponto 126
plano de coordenadas complexas 238, 242
plano de coordenadas polares 243, 244, 245, 249, 280, 281
polinômio reduzido 84, 90, 96
polinômios
   contando as raízes 81
   definição 67
   dividir dois 86, 87, 88
   divisão longa de 51
   elaborar gráficos 68, 91, 92, 93, 94, 95, 96
   fatorado 70, 71
   fatorando tipos especiais de 73, 74, 75, 76
   testando raízes ao dividir 85, 86
polinômios infatoráveis com grau maior do que dois 80, 81, 82, 83, 88, 89, 90
polo, círculos concêntricos ao redor de um ponto central, chamado de 243
ponto crítico 35, 37, 42
pontos críticos 92, 93, 94
posição padrão 120, 130, 244, 246
postulados de congruência, para triângulo 228
potência 26
primo, polinômio como primo 70
problema 286
problemas
   descubra o que o problema está pedindo 351, 352
   faça desenhos que correspondam a um 352
   não tem solução 354, 355
   pratique 356
   problema de palavras 122, 123, 352
problemas com medidas, não pode ser negativa 355
problemas comuns de expansão 332
problemas de palavras 352
processo é chamado de substituição inversa 293
produtos 195, 211, 212, 213
programa de computador, encontram as inversas das matrizes 310

propriedade comunicativa
   de adição 13
   de multiplicação 13
propriedade de produto zero
   descrição 14, 78, 143
   expressão polinomial 69, 70
   use a 291
propriedade distributiva 59, 69, 197, 329, 362
propriedade distributiva 14
propriedade inversa multiplicativa 14
propriedade multiplicativa de zero 14
propriedade reflexiva, dos números 13
provas
   descrição 177
   fórmulas de soma e diferença para a tangente 204, 205
   frações em 189
   identidade 178
   provas trigonométricas difíceis: algumas técnicas 189
provas trigonométricas 189, 190

• Q •

quadrado, elevar ambos os lados ao 208
quadrados perfeitos, fatorando 74, 75
quadrante 182
quadrante 1 134, 136
quadrantes
   da tangente 153
   determine em quais quadrantes suas soluções 142
   no círculo unitário 129
   plano de coordenadas 136
   regras de 141
quadrática, equação 50, 61, 68, 70, 79, 80, 82, 240, 267, 289, 290, 291
quadrática, expressão 68, 70, 342

• R •

racionalizando
   denominador 28, 29, 30, 31
   o numerador 343, 344
radiano(s)
   adicionar 197
   calculando em 198, 199
   descrição 119, 120
   elaborar o gráfico 147
   expressar as soluções de equações trigonométricas 140
   fórmula 146
   medidas de ângulo 247
   modo de gráfico para "polar". 251
   mostram relacionamentos claros entre cada uma das famílias 140, 141
   subtrair 197
   trabalhe com ângulos em 196
radicais
   definindo e relacionando 26, 27
   reescrevendo radicais como expoentes 27, 28
   simplificando demais 361
   simplifique 31
radicando 61, 62
raio
   definição 120
raio comum 321, 322, 326, 327
raio negativo 246, 247
raios
   temos consecutivos em pares 126, 257, 321, 323, 324
   triângulos retângulos 120
raios trigonométricos 120, 121, 123, 124, 126
raiz cúbica 27, 28, 29, 31, 37, 361
raiz dupla 89, 95
raízes
   contando as raízes reais 81
   definição 26, 27
   encontrar fatores 91
   encontre todas as 84
   imaginárias 82, 83, 84
   insira o gráfico 94
   multiplicidade dois 89
   para desenhar o gráfico de funções polinomiais. consulte funções polinomiais, desenhando o gráfico 94
   quando algumas (ou todas) raízes são números imaginários 95, 96
   quando todas as raízes são números reais 92
   raízes de uma equação fatorada 78
   testando raízes ao dividir polinômios 85, 86
raízes complexas 83, 90, 240
raízes imaginárias, explicando 82, 83
raízes imaginárias puras 83
raízes irracionais 84
raízes não reais, função polinomial 95
raízes negativas 81, 82

raízes positivas 83, 87
raízes racionais 84, 85, 95, 96
raízes reais 61, 81, 83, 84, 85, 95, 96, 240
raízes reais negativas 83
raízes reais positivas 83
raiz positiva 27
raiz principal 27
raiz quadrada
   ambos os lados para resolver uma função trigonométrica 144
   de um número negativo 237
   em uma prova 189
   gráfico de 35
   racionalizar expressões com 29
   simplificar 31
r como pontos de delimitação 244
recíproco(s)
   do seno 124
   esquecendo 360, 361
   funções trigonométricas 124, 127, 179
   recíproco de 0 158
   regras recíprocas para simplificar 193
redução, transformação vertical de extensão 39
reflexão 43, 44, 46
reflexão horizontal 43
reflexão vertical 44
regra da lesma 103, 104
regra da potência 104, 105, 111, 114
regra de cramer 311, 314
regra do produto 104, 105
regra dos sinais de descartes 81, 82, 83, 84, 87, 95
regras matemáticas aleatoriamente 179
relação,um plano coordenado 15
resolução inversa 304
resolvendo um triângulo 218, 219
resto 85, 86
Rosa, desenhando o gráfico 251
Ryan, Mark 356

•S•

saídas 49, 53, 54, 98
secante
   constante escalar 125
   definição 124
   do ângulo, Encontre a 139
   expressá-la em gráfico 156, 157, 173, 174, 175, 176

seções cônicas
   características peculiares a cada tipo 256
   curva paramétrica 279
   descrição 253
   desenhar os gráficos 279, 280
   elaboramos os gráficos 278
   elaborar o gráfico 281
   equações de 256, 257
   esboço do gráfico 282
   formato polar 281
   identificando 254
   informam qual 256
   interseção 285
   mais do que quatro soluções 290
   modo paramétrico 280
   no plano polar 280
   parábolas 260
   semelhantes/diferenças sutis 257
seções cônicas, baseia-se em equações valor especial excentricidade 280
seções, cônicas, diferentemente de desenhar gráficos em coordenadas cartesianas 280
seções cônicas, expressando fora do âmbito das coordenadas cartesianas 278
segmento de linha do ponto perpendicular à linha 260
segmento, encontrar o comprimento do 17
sen2x (fórmulas de arco duplo) 205, 206, 207, 208, 209
seno
   altere todas as funções para versões das funções 180
   altere todos os senos para cossenos 208
   definição 121, 137
   de um ângulo 121, 122, 139, 197, 227
   de um arco dobrado 205, 206, 207, 210
seno, função de 148, 149, 150, 151, 164, 175, 223
senoide 149
senoide, eixo 160, 161
seno inverso (arco-seno) 125, 223
sequência de fibonacci 318, 319
sequência(s)
   aritmética 319, 320, 321
   definição 316
   descrição 315
   entendendo o método geral 316
   geométrica 321, 322, 323
   recursivas 318

soma parcial k  324, 325
sequências geométricas  322, 326, 327
sequências recursivas, descrição  318, 319
série  315, 324, 325, 326, 327, 328, 329
símbolo da união  26
símbolos, expressam desigualdades  21
simetria, de parábolas  260
simétrica, propriedade  13
simétricas, funções são  34
simplificar expressões algébricas  178
sinais de menos, perdendo a conta dos  361
sinal de raiz, radicais são representados pelo  27
sintética, divisão  84, 85, 86, 88, 90, 95, 96
sistema, consistente e independente  285
sistema de equações 3 x 3 e regras de cramer  314
sistema dependente  285, 290
sistema inconsistente  285
sistema(s)
   de desigualdades  295, 296
   descrição  283, 284
   encontrando soluções de sistemas com duas equações de maneira algébrica  285, 286, 287
   equação do sistema é não linear  289, 290
   escrevendo um sistema em formato de matriz  301, 302
   resolvendo sistemas com mais de duas equações  291, 293
sistemas de desigualdades lineares  295
sistemas lineares  285, 289, 290, 291
sistemas não lineares  285, 288, 289
sólido de revolução, volume de um  338
sólidos geométricos  338
solução(ões) de uma dada equação  67
soluções. consulte também raiz(raízes); problemas específicos
   chegando ao ideal: uma  225, 226, 227
   para encontrar fatores  91
   sem solução  227
   triângulos  142, 217, 218
   módulo  22, 23, 24
soluções são infinitas  23
soma finita  326
soma geométrica  326
soma geométrica infinita  326
soma infinita, encontrando  326, 328, 329
soma(s)
   de cubos  74

expressar produtos como  211, 212, 213
fórmulas de soma  197, 198
fórmulas para a soma dos cossenos  200
fórmulas para encontrar a tangente  202, 203, 204, 205
sequência aritmética  325, 326, 327
sequência geométrica  326, 327, 328, 329
transportando de somas a produtos  213, 214
somas parciais  324, 326, 327
sterling, mary jane  240, 356
substituição
   resolvendo sistemas lineares  285, 286, 287, 289
subtração
   frações  11, 179, 185
   funções  58, 59, 361
   funções racionais  361
   graus  197
   matrizes  297, 298
   números complexos  241
   radianos  197
   sistema de equações 3 x 3  314

•T•

tangente
   ângulo  123, 124, 139
   definição  123, 152
   fórmula de ângulo duplo  208, 209
   fórmula do meio ângulo  210
   fórmulas para encontrar a tangente de uma soma ou diferença  202
   recíproco da  125
   retornará um valor de  248
   soma ou diferença de ângulos  202, 203
tangente, Adaptando gráficos de  170, 171, 172, 173
tangente, Gráficos pai da  154, 155
tangente, Inclinação de uma linha de  338
tangente inversa (arco-tangente)  125, 126
taxa instantânea de mudança  338
taxa média de mudança de um objeto  338
taxa percentual anual, tpa  321
teorema de fatores  91
teorema de pitágoras
   coordenadas polares  250
   descrição  121
   encontrar os valores faltantes  201
   encontrar raio do triângulo  248

encontre o comprimento da hipotenusa 127
teorema de raiz racional 84, 85, 95
teorema do resto 90
teorema dos binômios
  definição 329
  detalhando 330
  expansão 333, 335
  teorema dos binômios 332
  usar 329
teorema dos binômios é escrito como a soma de dois monômios 330
termo da sequência 316, 320, 325
termos
  calculando os termos de uma sequência 316, 317
  combinando os termos errados 360
  formando uma expressão a partir dos 317, 318
  identificando um termo 322, 323
  usando dois termos 320, 321
termos consecutivos 319, 321, 322, 323
teste do coeficiente regente 92, 94, 96
teste um valor no intervalo 54, 55
téta (θ)
  comprimento (ou raio 243
  funções trigonométricas 125
  funções trigonométricas a entrada da função 147
  pontos de delimitação 244
  seções cônicas no formato de coordenadas polares 280, 281, 282
  (téta primo) é o nome dado ao ângulo de referência 141
trabalhando com a descontinuidade 347
trabalhando em ambos os lados de 189
trabalho, mostre cada passo do seu 354
transformação horizontal 40, 44, 101, 160
transformação(ões)
  combinando 44, 45, 46, 167, 168, 169, 170
  de gráficos trigonométricos. consulte gráficos trigonométricos, 159
  de gráficos trigonométricos.
    consulte gráficos trigonométricos, transformando 159
  domínio e imagem do gráfico 167
  função da cossecante 176
  função da secante 175
  função do seno 176
  função exponencial 100, 101, 102
  função recíproca 174

gráfico da cossecante 176
gráfico da cotangente 170, 171, 172
gráfico da secante 174
gráfico do logaritmo 107, 108, 109
gráficos do seno 162, 163, 175
gráficos pai 38
gráficos trigonométricos 159
horizontais 38, 40, 101, 160
preenchendo o triângulo ao calcular a área 232
tangente 170, 171, 172, 173
tipos de 38
vertical. consulte propriedade transitiva da transformação vertical, de 38
transformação vertical
  descrição 38, 39, 40
  função pai 101, 102
  gráfico pai de qualquer gráfico trigonométrico 160
  intervalo de uma função pode ser afetado por uma transformação 167
  parábolas 262
transformações horizontais 38
translação vertical 167
translações 38, 41, 42, 43, 160
três fórmulas de produto para soma cosseno . cosseno 212
triângulo de 30°-60° 132, 133, 135
triângulo de 45° 132, 136, 138
triângulo de pascal 331
triângulo oblíquo 232
triângulo obtuso 222
triângulo(s)
  AAL (Ângulo, Ângulo, Lado) 218, 219, 220
  ala (ângulo, lado, ângulo 218
  digerindo razões de 131, 132, 133
  fusão dos triângulos e do círculo unitário 134, 135, 136, 137, 138, 139, 140
  hipotenusa 121, 128, 132, 133, 134
  lal 230, 231, 232
  lei dos cossenos 228, 229, 230, 231, 232, 233
  lei dos senos 218, 219, 220, 221, 223, 224, 225, 227
  lll (lado lado lado) 218, 221, 222, 223, 224, 225, 226, 227, 228, 229, 230, 233
  postulados de congruência 228, 229, 230
  preenchendo o triângulo ao calcular a área 233
  resolvendo 217, 218, 219, 220, 221, 222, 223, 224, 225, 226, 227, 228, 229, 230, 231, 232

sem solução 227
triângulo de 45º 131, 132, 138
triângulos de 30º-60º 132, 133, 135
triângulos oblíquos 217
triângulos retângulos, raios em 120
trigonometria 10
trinômios 69, 71, 73

## •U•

unidade imaginária, definição 12

## •V•

valor de x entre as duas raízes 68
valor do NE 343
valores de funções trigonométricas 136, 137, 138, 139, 140
valores de teste, Delimitando saídas de 54
valores excluídos para o domínio 61
valores indefinidos
   no domínio 61
   para funções racionais 49
   recíproco de 158
valores negativos, elaborando o gráfico de coordenadas polares com 246
valor trigonométrico de um ângulo 205
variáveis
   alinhem uma embaixo da outra 287
   com um coeficiente de 1 286
   elevação ao quadrado das variáveis na equação da parábola 261
   encontre uma das variáveis 286
   isole a função trigonométrica 125, 126

não cancele termos 362
não pode adicionar uma variável 360
processo de eliminação 287
variáveis, matriz de 301
variável desconhecida 287, 288
variável de semiperímetro 233
variável negativa dentro de uma função trigonométrica 184
verifique as respostas 284
vértices. consulte vértice (vértices)
   complete o quadrado 267
   da função 35
   da hipérbole 275
   da parábola 260, 261, 262, 263, 264, 265, 266
   elipse 271, 272
vetores, multiplicação de matrizes e os produtos escalares dos 299

## •X•

$x = r\cos\theta$ 248
$x$-$y$, coordenadas polar e 248, 249, 250
$x$-$y$, plano de coordenadas 238

## •Y•

$y$, eixo horizontal 15

## •Z•

zero, inclinação 18
zero, Propriedade multiplicativa de 14

# Anotações

# Anotações

# Anotações

# Anotações

# Anotações

# CONHEÇA OUTROS LIVROS DA PARA LEIGOS!

Negócios - Nacionais - Comunicação - Guias de Viagem - Interesse Geral - Informática - Idiomas

- Codificação Para Leigos — Nikhil Abraham
- Controlando o TOC com TCC (Transtorno Obsessivo-Compulsivo) Para Leigos — Katie d'Ath, Rob Willson
- Neurociência Para Leigos — Frank Amthor
- Trigonometria Para Leigos — Mary Jane Sterling
- Vinho Para Leigos — Ed McCarthy, Mary Ewing-Mulligan
- Italiano Para Leigos — Francesca Romana Onofri, Karen Antje Möller, Teresa L. Picarazzi, Ph.D
- Contabilidade Para Leigos — Julio Sergio de Souza Cardozo
- Programando Excel VBA Para Leigos — John Walkenbach
- Atitudes Sustentáveis Para Leigos — Rosana Jatobá, Rafael Loschiavo
- Sensualidade e Erotismo Para Leigos — Janaina Rico
- Adestramento de Cães Para Leigos — Jack Volhard, Wendy Volhard
- Codependência Para Leigos — Darlene Lancer

Todas as imagens são meramente ilustrativas.

**SEJA AUTOR DA ALTA BOOKS!**

Envie a sua proposta para: autoria@altabooks.com.br

Visite também nosso site e nossas redes sociais para conhecer lançamentos e futuras publicações!

www.altabooks.com.br

/altabooks • /altabooks • /alta_books

ALTA BOOKS
EDITORA

# CONHEÇA OUTROS LIVROS DA PARA LEIGOS!

Negócios - Nacionais - Comunicação - Guias de Viagem - Interesse Geral - Informática - Idiomas

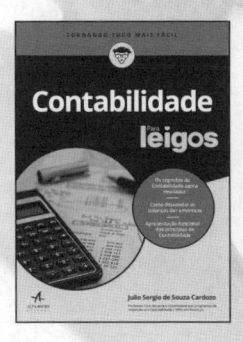

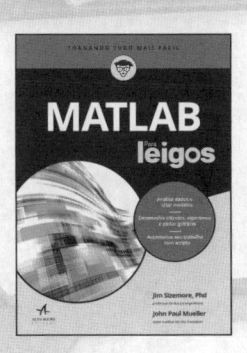

Todas as imagens são meramente ilustrativas.

**SEJA AUTOR DA ALTA BOOKS!**

Envie a sua proposta para: autoria@altabooks.com.br

Visite também nosso site e nossas redes sociais para conhecer lançamentos e futuras publicações!

www.altabooks.com.br

/altabooks ▪ /altabooks ▪ /alta_books

ALTA BOOKS
EDITORA

Este livro foi impresso nas oficinas gráficas da Editora Vozes Ltda.,
Rua Frei Luís, 100 – Petrópolis, RJ.